Additive Manufacturing
Technology of
Magnesium Alloys

镁合金增材制造技术

刘 帅 闫星辰 / 著

化学工业出版社
· 北京 ·

内容简介

本书全面介绍了增材制造镁合金原材料、成型、工艺、前处理、后处理、性能以及人工智能和经济性分析等内容，阐述了激光粉床熔融镁合金成型的关键技术与成型机理。书中对增材制造镁合金的相变从冶金原理角度进行了透彻分析，将传统镁合金制备方式下其组织、性能特点与增材制造背景下的镁合金相对比，深入浅出，方便读者更好地理解增材制造技术下镁合金的成型与性能特点，为镁合金增材制造工艺参数等的合理设计、后期镁合金表面处理、球化控制提供基础性支撑，为镁合金增材制造领域的相关人员提供有益借鉴。

本书可供增材制造、镁合金领域的研发人员、技术人员阅读，也可供相关专业师生参考。

图书在版编目（CIP）数据

镁合金增材制造技术 / 刘帅，闫星辰著．—北京：化学工业出版社，2024.8．— ISBN 978-7-122-46267-1

Ⅰ．TG146.2

中国国家版本馆 CIP 数据核字第 2024HR0891 号

责任编辑：刘丽宏　　文字编辑：徐　秀　师明远
责任校对：李　爽　　装帧设计：刘丽华

出版发行：化学工业出版社
（北京市东城区青年湖南街 13 号　邮政编码 100011）
印　　装：涿州市般润文化传播有限公司
710mm×1000mm　1/16　印张 17½　字数 340 千字
2024 年 8 月北京第 1 版第 1 次印刷

购书咨询：010-64518888　　售后服务：010-64518899
网　　址：http：//www.cip.com.cn
凡购买本书，如有缺损质量问题，本社销售中心负责调换。

定　　价：89.00 元

前言

近年来，镁合金的增材制造受到材料领域越来越多的重视，增材制造突破了传统制造的限制，可以制备出传统制造无法实现的复杂结构产品，扩大了镁合金在生物医用、汽车、消费电子等领域的应用。然而，要进一步发展镁合金的增材制造技术，还需要克服许多困难，如增材制造镁合金产品延展性相对较差、产品一致性不足以及原材料镁粉的安全与成本等问题。

增材制造镁合金结合了镁资源及增材制造技术的优势，赋予了镁合金在航空航天、生物医疗等应用领域无可替代的地位。目前镁合金增材制造还处于发展期，笔者团队结合国内外研究进展及多年的科研成果与工程应用编写了本书。

本书在介绍镁合金特性与增材制造技术的基础上，重点说明了镁合金增材制造从原材料、成型工艺、前处理、后处理到经济性分析等内容，深入阐述了激光粉床熔融镁合金成型的关键技术与成型机理。书中对增材制造镁合金的相变从冶金原理角度进行了透彻分析，将传统镁合金制备方式下其组织、性能特点与增材制造背景下的镁合金相对比，深入浅出，方便读者更好地理解增材制造技术下的镁合金的成型与性能特点，为镁合金增材制造工艺参数等的合理设计、后期镁合金表面处理、球化控制提供基础性支撑，为镁合金增材制造领域的相关人员提供有益借鉴。

本书由北京工商大学计算机与人工智能学院刘帅、广东省科学院新材料研究所闫星辰著，全书共十章，其中第1～6章、第8～10章由刘帅编写，第7章中7.1、7.2.2、7.3.1、7.3.2由闫星辰编写，其余部分由刘帅编写。全书由刘帅统稿。本书的编写得到了许多专家和单位的支持，在此表示诚挚的谢意。

由于著者水平所限，书中难免出现不足之处，恳请广大读者批评指正。

著者

目录

第1章 镁合金的特性、分类以及用途

1.1 镁合金概述

镁（Magnesium）于1755年首次被确认为是一种元素，是一种轻质有延展性的银白色金属。镁的化学符号为Mg，原子序数为12，密度1.74 g/cm^3，熔点648.8 ℃，沸点1107 ℃。镁无磁性，有良好的热消散性，热导率为156 W/(m·K)，电离能为7.65 eV。镁的还原性较强，与热水反应放出氢气，燃烧时能产生眩目的白光。镁与氟化物、氢氟酸和铬酸不发生作用，也不受苛性碱侵蚀，但极易溶解于有机和无机酸中。镁能直接与氮、硫和卤素等反应，但与包括烃、醛、醇、酚、胺、脂和大多数油类在内的有机化学药品仅轻微地发生反应或不发生反应[1]。

镁在地壳中含量排名第八位，其丰度为2.1%，是地球上储量最丰富的元素之一。镁元素主要存在于地壳、海水、盐泉和湖水中。在镁工业方面，我国是镁资源大国，储量居世界首位，同时也是原镁生产大国和出口大国，其中产量占全球2/3，出口量约占产量的80%～85%。由于镁的市场开发应用空间大，镁资源也在发挥更重要的作用，渐渐接过了铜、铝时代后的接力棒，成为当今最重要的金属材料之一。

镁矿石是提炼镁的重要原料，而镁矿石几乎存在于世界上所有国家。镁矿石主要指菱镁矿、白云石矿和光卤石这三种。菱镁矿是一种碳酸盐矿物，也是生产金属镁最重要的矿石，其分子式为$MgCO_3$，理论上含47.82%的MgO和52.18%的CO_2。世界上最大的菱镁矿矿床在中国营口大石桥地区，其储量与质量居世界第一。白云石是碳酸镁与碳酸钙的复盐，其分子式为$CaCO_3 \cdot MgCO_3$，理论上含21.8%的MgO、0.4%的$CaCO_3$和48.8%的CO_2。苏联的白云石矿的储量和品位在世界上居首位，中国广西、湖南、江苏等地的白云石矿的储量和品位也居世界前列。光卤石是氯化镁和氯化钾的含水复盐，其分子式为$KCl \cdot MgCl_2 \cdot 6H_2O$，理论上含 34.5% 的 $MgCl_2$、26.7% KCl 和 38.8% H_2O，其中 $MgCl_2/KCl=1.0$（摩尔比）。

1.1.1 晶体结构

标准大气压下纯镁的晶体结构为密排六方（HCP）结构，如图 1-1 所示[2]。25 ℃时镁的晶格常数为 $a=0.3209$ nm、$c=0.5211$ nm、$c/a=1.6236$，与理论值 1.633 十分接近。由于晶体发生塑性变形时滑移面总是晶体的密排面，而滑移方向总是晶体密排方向，因此，在低于 498 K 时，多晶密排六方结构镁的塑性变形仅限于基面 {0001}〈1120〉滑移及锥面 {1012}〈1011〉孪生[3]。与其他常用金属相比，如铝（FCC 结构）、铁（BCC 结构）和铜（FCC 结构），镁的滑移系少，这也是造成其塑性变形能力差的主要原因。在较高温度下，出现镁晶体中 {1011}〈1120〉滑移系，故而其塑性有所增加。

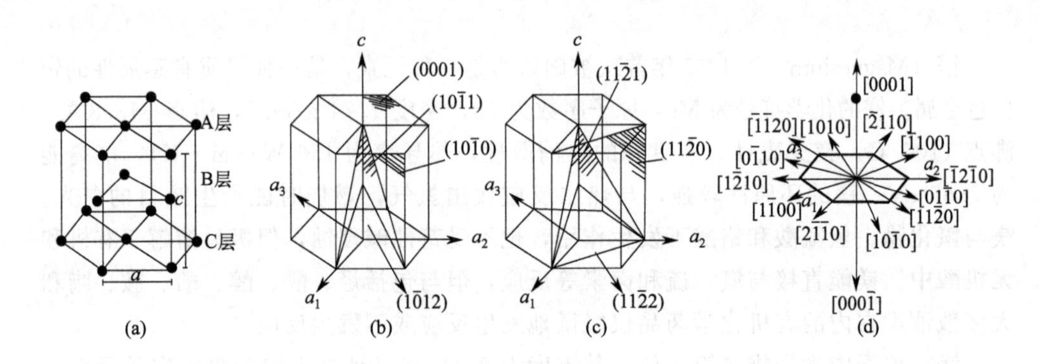

图 1-1 纯镁结构[2]

1.1.2 基本物理性能

表 1-1 为镁的基本物理性能。镁合金的密度比纯镁稍高，通常在 1.75～1.90 g/cm³ 之间，约为铝合金的 2/3、钛合金的 1/3、钢的 1/4，与塑料相近，是目前实际应用中最轻的金属结构材料。

表 1-1 纯镁的基本性质

原子数	**原子量**	**晶体结构(298K)**	**电阻系数(293K)/Ω·m**	**热导率/W·m⁻¹·K⁻¹ 300K**	**800K**
12	24.31	密排六方	4.46×10^{-8}	156	146
熔点/K	**沸点/K**	**密度(298K)/(kg·m⁻³)**	**弹性模量(298K)/GPa**	**热胀系数/$10^{-6}K^{-1}$ 298K**	**845K**
923.0	1363	1736	45	25.0	30.0

1.1.3 力学性能

表 1-2 为镁在室温下的力学性能。铸造镁合金的屈服强度和拉伸强度相比于其他工艺制备的镁合金都要低。此外，镁合金由于 HCP 结构滑移系较少的缘故，延伸率普遍较差。目前，冷作硬化后的镁合金（如挤压态镁合金、冷轧态镁合金）力学性能最优。退火后由于残余应力的释放，强度略有下降，但延伸率得到了提升。

表 1-2　镁在室温下的力学性能

试样规格	σ_b/MPa	$\sigma_{0.2}$/MPa	$\sigma_{0.2}$(压缩)/MPa	δ/%	硬度	
					HRE	HB
砂型铸件	90	21	21	2～6	16	30
挤压件	165～205	69～105	34～55	5～8	26	35
冷轧薄板	180～220	115～140	105～115	2～10	48～54	45～47
退火薄板	160～195	90～105	69～83	3～15	37～39	40～41

1.1.4 耐蚀性能

镁的标准电极电位为－2.37 V，比铝（－1.71 V）低，是电负性很强的金属。镁的化学活性很强，耐蚀性差，在潮湿大气、海水、无机酸及其盐类、有机酸、甲醇等介质中均会发生剧烈腐蚀，其表面的自然氧化膜一般为多孔疏松质，故具有极高的化学性和电化学活性，同时其自然氧化膜远不及铝及铝合金的氧化膜坚实致密，因此无法保护基体。表 1-3 为纯镁在不同介质中的腐蚀情况。为了防止镁及镁合金发生腐蚀，在储存使用前，须采取适当的防腐措施，如进行表面氧化、涂油和涂漆保护。

镁及镁合金在与其他金属接触时，还可能产生接触腐蚀。因此，在与铝、铜、镍、钢和贵金属，以及其合金等金属材料接触时，需在接触面上垫以浸油纸、石蜡纸或其他对镁无腐蚀作用的材料隔开两种金属。

表 1-3　纯 Mg 在不同介质中的耐蚀性对比

介质	耐蚀性	介质	耐蚀性
干燥空气	不发生腐蚀	无水乙醇	不发生腐蚀
潮湿空气	易腐蚀	氨溶液、氢氧化铵	腐蚀严重
淡水	易腐蚀	石油、汽油、煤油	不发生腐蚀
海水	易腐蚀	氢氧化钠溶液	不发生腐蚀
有机酸、无机酸及其盐(不包括氟盐)	腐蚀严重	丙酮	不发生腐蚀

1.1.5 纯净度

由于镁密排六方晶格结构滑移系少，在室温变形时，只有单一的滑移系

({0001}〈1120〉)，故其工艺塑性低于铝且其各向异性也比铝显著。但当温度高于225℃时，镁的滑移系增多，塑性显著提高，因此镁及镁合金的压力加工大都在升温状态下进行。镁变形后，会发生强度提高而塑性降低的现象。若恢复其塑性，可进行再结晶退火。退火也是纯镁的又一热处理方式。纯镁的再结晶温度与纯度有关，表 1-4 为不同纯度镁的再结晶温度。

表 1-4　不同纯度镁的再结晶温度对比

纯度/%	工艺	再结晶开始温度/℃	再结晶终了温度/℃
99.8	10%变形，退火 1 h	170	260
99.9	20%～30%变形，退火 1 h	150～175	250～275
99.99	20% ～30%变形，退火 1 h	100～125	225～250
99.994	20% ～30%变形，退火 1 h	75～100	200～225

随着镁的纯净度不断提高，其性能会发生跃变，这也是提高材料综合性能的一大秘诀。受钢水纯净度对钢液组织和性能影响研究的启发，以［O］对铁基材料性能影响为例，以氧化物夹杂为主的非金属夹杂物对钢的性能的有害影响已得到广泛认识。例如在轴承钢中，钢液的脱氧和纯净化一直是人们关注的焦点。研究发现，当钢中总氧含量从 0.0026%减少到 0.001%，轴承钢的疲劳寿命增加了 10 倍，而当总氧含量从 0.001%减少到 0.0004%，疲劳寿命在之前的基础上又增加了 10 倍。究其原因，可能是凝固过程中氧原子被“挤出”晶格并于晶界处形成氧化物，材料在不断地形变过程中，氧化物夹杂导致晶界形成微裂纹，最终致使材料疲劳寿命降低。

然而对于增材制造过程中不可避免的“氧”，如原始粉末中的氧，也可通过合金成分设计对氧元素加以利用，并结合增材制造工艺设计，实现材料的强韧化。最新研究表明，低氧钛合金 Ti-O-Fe 在打印态表现出优异的拉伸性能，其中，氧含量为 0.3%～0.5%的 Ti-O-3Fe 合金相较于 Ti-6Al-4V 合金具有类似的延展性，且强度更高。其 α 相板条内部为低氧区，具有良好的塑性或延展性，而高氧部位则毗邻 α/β 相界处，具备较高的强度。这种氧原子的分布或 α 相超细板条中的低氧-高氧组合有利于减轻氧脆化的风险。而对于亲氧性更强的增材制造镁合金而言，还未有相关研究。因此，提高材料的纯净度，平衡溶解氧以及凝固过程中产生的氧化物夹杂物的含量，并实现对“氧”的合理充分利用是未来提高增材制造镁合金性能的重要途径之一。

1.1.6　合金元素

合金元素影响镁合金的力学、物理、化学和工艺性能。铝（Al）是镁合金中最常见且重要的合金元素，通过形成 $Mg_{17}Al_{12}$ 相能显著提高镁合金的抗拉强度；

锌（Zn）和锰（Mn）也具有类似的作用；银（Ag）能提高镁合金的高温强度；锆（Zr）与氧的亲和力较强，能形成氧化锆质点细化晶粒；稀土元素钇（Y）、镧（La）和铈（Ce）等通过沉淀强化而大幅度提高镁合金强度；硅（Si）能降低镁合金的铸造性能，并导致脆性；铜（Cu）、镍（Ni）和铁（Fe）等因影响腐蚀性而很少采用。表 1-5 和表 1-6 展示了镁合金中不同金属间化合物的熔点及生成热。

表 1-5 不同镁合金系金属间化合物的熔点

合金系	化合物	熔点/℃	合金系	化合物	熔点/℃
Mg-Al	$Mg_{17}Al_{12}$	437	Mg-Pb	Mg_2Pb	550
Mg-Ba	$Mg_{17}Ba_2$	707	Mg-Sn	Mg_2Sn	772
Mg-Bi	Mg_3Bi_2	823	Mg-Sr	$Mg_{17}Sr_2$	606
Mg-Ca	Mg_2Ca	714	Mg-Si	Mg_2Si	1087
Mg-Ce	$Mg_{12}Ce$	616	Mg-Th	$Mg_{23}Th_6$	772
Mg-Cu	Mg_2Cu	568	Mg-Zn	MgZn	347
Mg-Gd	Mg_5Gd	658			

表 1-6 镁合金金属间化合物生成热

金属间化合物	生成热/($kJ \cdot mol^{-1}$)	金属间化合物	生成热/($kJ \cdot mol^{-1}$)
$Mg_{17}Al_{12}$	29.3	Mg_2Sn	83.6
Mg_4Ca_3	25.5	MgCe	27.2
$MgZn_2$	17.6	Mg_3Ce	18.0
MgLa	12.1	MgPr	17.1
Mg_3La	13.4	Mg_3Pr	11.7

需要注意的是，当合金用作结构材料时，合金元素对加工性能的影响比对物理性能的影响重要得多。以下将介绍常见的合金元素对镁合金的作用。

（1）铝（Al） 铝是镁合金中最常用的合金元素。铝与镁能形成有限固溶体，在共晶温度（437℃）下的饱和溶解度为 12.7%(质量分数)，可在提高合金强度和硬度的同时拓宽凝固区，从而改善铸造性能。由于铝的溶解度随温度降低而显著减小，所以 Mg-Al 合金可以通过热处理来改善铝在镁中的溶解度。当铝含量过高时，镁合金的应力腐蚀加剧，脆性提高。一般商业化镁合金的铝含量通常低于 10%(质量分数)。当铝含量为 6%(质量分数）时，合金的强度和延展性匹配最好。

（2）钙（Ca） 少量的钙能够提高镁合金的冶金质量，一般生产时利用这一点来控制镁合金的冶金质量。钙的作用主要有两点：一是在铸造合金浇注前加入从而减轻金属熔体和铸件热处理过程中的氧化；二是细化合金晶粒，提高合金蠕变抗力，提高薄板的可轧制性。钙的添加量应控制在 0.3%(质量分数）以下，否则薄板在焊接过程中容易开裂。钙还可以降低镁合金的微电池效应。快速凝固 AZ91 合金中添加 2%(质量分数）钙后，腐蚀速率由 0.8 mm/a 下降至 0.2 mm/a。然而钙在水溶液中不稳定，在pH值较高时能形成$Ca(OH)_2$。此外，添加钙易导致铸造镁合金产生热裂。

(3) 锌（Zn） 锌在镁中最大固溶度为6.2%（质量分数），是除铝以外的另一种常见且有效的合金化元素，具有固溶强化和时效强化的双重作用。通常通过锌与铝的结合来提高室温强度。当镁合金中铝含量为7%（质量分数）～10%（质量分数）且锌添加量超过1%（质量分数）时，镁合金的热脆性明显增加。锌也会同锆等稀土元素结合，形成强度较高的沉淀强化镁合金。高锌镁合金由于结晶温度区间间隔太大，合金流动性大大降低，从而铸造性能较差。此外，锌也能减轻因铁和镍存在而引起的腐蚀作用。

(4) 铜（Cu） 铜的存在会影响镁合金耐蚀性能，当添加大于0.05%（质量分数）时，会显著降低镁合金耐蚀性能。在Mg-Al-Zn合金中，Cu的存在会形成共晶相Mg(Cu，Zn)，导致镁合金的耐蚀性能降低，但Cu能提高镁合金的高温强度。

(5) 锂（Li） 锂的密度为0.534 g/cm^3，轻于镁，锂在镁中的固溶度相对较高，可以产生固溶强化效应，并能显著降低镁合金的密度，甚至能够得到比纯镁密度还低的Mg-Li合金。锂还可以改善镁合金的延展性，特别是当其含量达到约11%（质量分数）时，可以形成具有体心立方结构的β相，从而大幅度提高镁合金的塑性变形能力。当锂含量达到约30%（质量分数）以上时，Mg-Li合金具有面心立方结构。但锂在提高镁合金的延展性的同时会显著降低镁合金的强度和耐蚀性能。温度稍高时，Mg-Li合金会出现过时效现象，但有时也能产生时效强化效应。由于Mg-Li合金的强度问题，至今为止其应用仍然非常有限。此外，锂增大了镁蒸发及燃烧的危险，只能在保护密封条件下冶炼。

(6) 硅（Si） 镁合金中添加硅能提高熔融金属的流动性，添加硅后生成的Mg_2Si相具有高熔点（1085℃）、低密度（1.9 g/cm^3）、高弹性模量（120 GPa）和低线膨胀系数（7.5×10^{-6}℃$^{-1}$）的特点，是一种非常有效的强化相，通常可在冷却速度较快的凝固过程中得到。特别是当Si与稀土一起加入时，可以形成稳定的硅化物来改善合金的高温抗拉性能和蠕变性能。但当其与铁或稀土共存时，会对镁合金耐蚀性能产生不利影响。

(7) 稀土 稀土是一种重要的合金化元素，开发高温稀土镁合金是近年来的研究热点。镁合金中添加的稀土元素分两类，一类为含铈的混合稀土，含铈的混合稀土是一种天然的稀土混合物，由镧、钕和铈组成，其中铈含量为50%（质量分数）；另一类为不含铈的混合稀土，为85%（质量分数）的钕和15%（质量分数）的镨混合物。稀土镁合金的固溶和时效强化效果随着稀土元素原子序数的增加而增加，因此稀土元素对镁及其合金的力学性能的影响基本是按镧(La)、铈(Ce)、富铈混合稀土、镨(Pr)、钕(Nd)的顺序排列。

稀土元素的原子扩散能力差，既可以提高镁合金再结晶温度和减缓再结晶过程，又可以析出非常稳定的弥散相粒子，从而能大幅度提高镁合金的高温强度和蠕变抗力。有研究表明，钆（Gd）、镝（Dy）和钇（Y）等通过影响沉淀析出反应动力学和沉淀相的体积分数来影响镁合金的性能，Mg-Nd-Gd 合金时效后的抗拉强度高于相应的 Mg-Nd-Y 和 Mg-Nd-Dy 合金。镁合金中添加两种或两种以上稀土元素时，由于稀土元素间的相互作用，能降低彼此在镁中的固溶度，并相互影响其过饱和固溶体的沉淀析出动力，后者能产生附加的强化作用。此外，稀土元素能使合金凝固温度区间变窄，并且能减轻焊缝开裂和提高铸件的致密性。

（8）锰（Mn） 镁合金中添加锰元素对抗拉强度几乎没有影响，但是能略微提高镁合金的屈服强度。锰在镁中的固溶度较低，在镁合金中通常可以起到细化晶粒，提高可焊性的作用。加入的锰通过去除其他重金属元素，在熔炼过程中将部分有害的金属间化合物分离出来，避免生成有害的金属间化合物来提高 Mg-Al 合金和 Mg-Al-Zn 合金的抗海水腐蚀能力。

（9）银（Ag） 银在镁中的固溶度大，最大可达到 15.5%(质量分数)。银的原子半径与镁相差 11%，当银溶入镁后，间隙式固溶原子造成非球形对称畸变，产生很强的固溶强化效果。同时银能增大固溶体和时效析出相之间的单位体积自由能。此外，银与空位结合能较大，可优先与空位结合，使原子扩散减慢，阻碍时效析出相长大以及溶质原子和空位逸出晶界，减少或消除了时效处理时在晶界附近出现的沉淀带，使合金组织中弥散性连续析出的 γ 相占主导地位。因此，在镁合金中添加银，能增强时效强化效应，提高镁合金的高温强度和蠕变抗力，但会降低合金耐蚀性能。

（10）锆（Zr） 锆在镁中的固溶度很小，在包晶温度下仅为 0.58%（质量分数），具有很强的晶粒细化作用。α-锆的晶格常数（$a=0.323$nm，$c=0.514$ nm）与镁（$a=0.321$nm，$c=0.521$nm）非常接近，在凝固过程中先形成的富锆固相粒子将为镁晶粒提供异质形核位置。锆可以添加到含锌、稀土或这些元素的镁合金中充当晶粒细化剂，但不能添加到含铝的镁合金中，因为它能与铝元素形成稳定的化合物并从固溶体中分离出来。此外，锆也能与熔体中的铁、硅、碳、氮、氧和氢等元素形成稳定的化合物。因为只有固溶体中的锆可用于晶粒细化，所以对镁合金有用的只是固溶部分的锆。目前锆细化镁合金的机理尚不十分清楚，普遍认为其可以作为镁合金形核的基底。锆在变形镁合金中可以抑制晶粒长大，因而含锆镁合金在退火或加工后仍具有较高的力学性能。

（11）钇（Y） 钇在镁中的固溶度较大，为 12.4%(质量分数)，同其他稀土元素一起能提高镁合金高温抗拉性能及蠕变性能，改善镁合金的腐蚀行为，其高温力学性能的改善可归因于固溶强化、合金枝晶组织的细化和沉淀产物的弥散强化。镁中添加 4%～5%(质量分数）的钇元素可以形成 WE54、WE43 合金，其在

250℃以上的高温性能优良。就Mg-Y二元合金而言，镁合金的延展性随钇含量的增加而向高延展性—延展性—脆性转变，当钇大于8%(质量分数）时，Mg-Y合金就会产生脆性。

1.2 镁合金分类

镁合金是以金属镁为基体，通过添加一些其他的合金元素而形成的合金，镁合金中添加的合金元素主要有铝、锌、锰、硅、锆、钙以及部分稀土族元素，一般可按化学成分（主要元素差异）、成型工艺和是否含锆三种依据进行分类。其中成型工艺是最主要的分类依据，如图1-2所示。

根据化学成分分类，镁合金可以简单分成Mg-Al（镁铝）、Mg-Zn（镁锌）、Mg-Li（镁锂）、Mg-RE（镁稀土）以及添加其他元素但尚未商业化的镁合金，如Mg-Fe（镁铁）、Mg-Mn（镁锰）等镁合金。一般而言，以五个主要合金元素锰、铝、锌、锆和稀土为基础，组成基本镁合金系：Mg-Mn、Mg-Al-Mn、Mg-Al-Zn-Mn、Mg-Zr、Mg-Zn-Zr、Mg-RE-Zr、Mg-Ag-RE-Zr、Mg-Y-RE-Zr。钍（Th）也是镁合金中的一种主要合金元素，亦可组成镁合金系Mg-Th-Zr、Mg-Th-Zn-Zr、Mg-Ag-Th-RE-Zr。但因钍具有放射性，除个别情况外，已很少使用。

根据成型工艺，镁合金可分为铸造镁合金和变形镁合金两大类，如图1-2所示，两者没有严格的区分。这两类合金在成分上存在重合，在组织和性能上存在差异。大部分镁合金通过调整成分含量的高低既可以归类于铸造合金，也可以归类于变形合金。例如，铸造镁合金AZ91、AM20、AM50、AM60、AE42等也可以作为锻造镁合金。

根据是否含锆，镁合金可分为含锆合金和不含锆合金，其中锆的作用主要是细化镁合金晶粒。最常见的含锆镁合金系列为：Mg-Zn-Zr、Mg-RE-Zr、Mg-Th-Zr、Mg-Ag-Zr系列。不含锆镁合金有：Mg-Zn、Mg-Mn和Mg-Al系列。前面所提到的目前应用最多的压铸Mg-Al系列镁合金属于不含锆镁合金。含锆和不含锆镁合金中均既包含变形镁合金，又包含铸造镁合金。锆在镁合金中的主要作用就是细化镁合金晶粒，同时可以提高室温性能和高温性能。然而，锆不能用于所有的工业合金中，对于Mg-Al和Mg-Mn合金，由于冶炼时锆与铝及锰会形成稳定的化合物，并沉入底部，无法起到细化晶粒的作用。

目前，国际上习惯于采用美国ASTM镁合金命名法来表示镁合金牌号。ASTM命名法规定镁合金名称由字母-数字-字母三部分组成。第一部分由两种主要合金元素的代码组成，按含量高低顺序排列。第二部分由这两种元素的质量分数组成，按元素代码顺序排列。第三部分由指定的字母，如A、B和C等组成，表示合金发展的不同阶段，大多数情况下，该字母（指 A、B 和 C）表征合金的纯度，区分具有相同名称不同化学组成的合金。“X”表示该合金仍是实验性的。

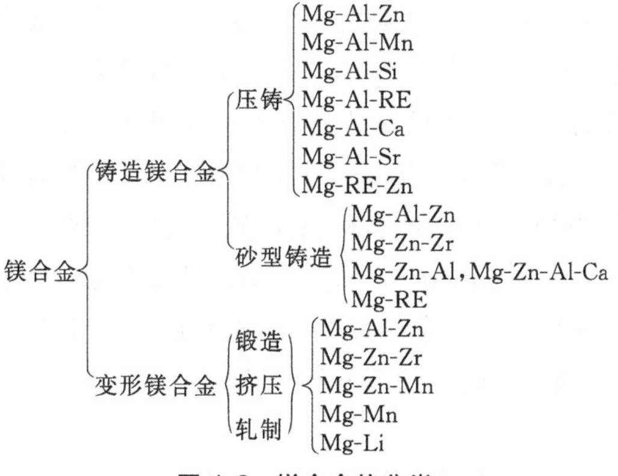

图 1-2 镁合金的分类

1.2.1 铸造镁合金

铸造镁合金具有较好的流动性，通常用于制备大尺寸、结构较为复杂的非承力结构件。铸造工艺包括真空压铸、低压压铸、挤压铸造、消失模铸造及半固态铸造等。通过在高温环境下使材料熔融，将熔融后的材料填充铸模，冷却开模后得到与铸模尺寸和形状相似的毛坯。铸造镁合金按照使用特性可分为一般铸造镁合金、高强度铸造镁合金及热处理强化铸造镁合金。铸造镁合金一般都是利用细晶强化、固溶强化、时效强化和弥散强化来提高合金的力学性能，因此其合金化设计应从晶体学、原子的相对大小、原子价及电化学因素等方面考虑。选择的合金化元素应在镁基体中有较高的固溶度，并且随温度的变化有明显变化，在时效过程中合金元素能形成强化效果比较突出的过渡相，除了对力学性能进行优化外，还要考虑镁合金的耐蚀性、加工性能及抗氧化性能。

在实际应用中，铸造镁合金在汽车行业制造中的使用约占 70%，在汽车生产中用于制备包括仪表盘、保险杠、轮毂、踏板支架以及传动齿轮箱等零部件，大幅度地减轻了汽车的自重，实现汽车的轻量化并减少能耗。同时铸造镁合金也广泛应用于笔记本、手机、数码相机等外壳材料。

传统的铸造工艺比较成熟，铸造领域中一些生产工艺和技术，如压力铸造（diecasting）技术、半固态成形（semi-solid forming）技术、ThixomoldingTM 专利技术，都被用来开发新型镁合金材料[4-6]。国外在工业中应用较广泛的镁合金是压铸镁合金，压铸镁合金具有生产效率高、精度高、铸件表面质量好和铸态组织优良等特点。主要有以下 4 个系列：AZ 系列 Mg-Al-Zn、AM 系列 Mg-Al-Mn、AS 系列 Mg-Al-Si 和 AE 系列 Mg-Al-RE。我国使用较多的铸造镁合金主要有如下三个系列：Mg-Zn-Zr、Mg-Zn-Zr-RE 和 Mg-Al-Zn 系列。在现存镁合金中铸造镁合金是最常用的，特别是Mg-Al系列和Mg-Zn系列合金。对几种常见的不同镁合金系，如Mg-Al系、Mg-Zn系、Mg-RE系、Mg-Li系的特点介绍如下：

（1）Mg-Al系　Mg-Al系合金是目前牌号最多、应用最广的镁合金系列，通常含铝的质量分数为6%～10%。Mg-Al系合金共晶温度较低（437℃），随铝含量增加合金的铸造性能也相应提高，并且具有较高的室温强度和良好的抗腐蚀性能。进入21世纪后，随着低碳经济和环保节能的发展，新型高强度、耐热、耐蚀Mg-Al系铸造镁合金的开发成为世界各国材料工作者的研究热点。以镁-铝二元合金为基础最早开发了一系列Mg-Al-Zn和Mg-Al-Mn三元合金，并以AZ和AM系列命名，如AZ91、AM50和AM60等。其中，AZ91合金由于其优异的成型性，甚至可以压铸成复杂结构的薄壁部件，广泛应用于汽车、航空航天等轻量化需求较高的零部件中。

（2）Mg-Zn系　Mg-Zn系铸造镁合金是最常用的铸造镁合金系之一，具有良好的时效强化效果。Mg-Zn二元合金由于其结晶温度区间大而易产生显微缩松，且晶粒细化困难，在实际中很少应用。近些年来，通过合金化的方式开发出了很多种新型Mg-Zn系合金，主要有Mg-Zn-Zr、Mg-Zn-Zr-RE、Mg-Zn-RE、Mg-Zn-Cu、Mg-Zn-Al和Mg-Zn-Mn等。Mg-Zn系铸造镁合金较Mg-Al系合金具有更高的强度和承载能力，但是其铸造性能较差，一般用于砂型铸件，金属型仅铸造简单的小型件，目前已用作代替Mg-Al系镁合金来制造飞机、航天器用零件中的一些受力部件。

（3）Mg-RE系　Mg-RE系铸造镁合金是以镁为基体，通过加入稀土元素（RE）组成的合金。“稀土”一词是十八世纪沿用下来的名称，因为当时用于提取这类元素的矿物比较稀少，而且获得的氧化物难以熔化，难以溶于水，很难分离，外观酷似“土壤”，而称为稀土。稀土元素指元素周期表中的第ⅢB族，包括原子序数从57至71的15个镧系元素：镧（La）、铈（Ce）、镨（Pr）、钕（Nd）、钷（Pm）、钐（Sm）、铕（Eu）、钆（Gd）、铽（Tb）、镝（Dy）、钬（Ho）、铒（Er）、铥（Tm）、镱（Yb）、镥（Lu），以及21号元素钪（Sc）和39号元素钇（Y）共17个元素。按原子序数分为“轻稀土元素”和“重稀土元素”。“轻稀土元素”指原子序数较小的钪（Sc）、钇（Y）、镧（La）、铈（Ce）、镨（Pr）、钕（Nd）、钷（Pm）、钐（Sm）、铕（Eu）。“重稀土元素”指原子序数比较大的钆（Gd）、铽（Tb）、镝（Dy）、钬（Ho）、铒（Er）、铥（Tm）、镱（Yb）、镥（Lu）。在铸造镁合金中，稀土元素能有效地提高铸造镁合金的耐热性，改善铸造性能，减少显微疏松和热裂倾向，提高合金的耐蚀性能。基于稀土元素优异的固溶强化和时效硬化效应，人们对开发Mg-RE系合金的兴趣日益浓厚，Mg-RE系合金经历了从Mg-Th系、Mg-Y系过渡到目前的Mg-Gd系合金的发展历程。先后开发了多种以稀土为主要添加元素的新型镁合金，如WE54、WE43的Mg-Y系等。目前，稀土镁合金的研究主要集中在 Mg-Gd、Mg-Y、Mg-Gd-Y、Mg-Y-Gd、Mg-Y-Sm、Mg-Sm-Y/Gd、Mg-Dy-Nd、Mg-Gd-Nd、Mg-Y-Nd、Mg-Nd-Zn、Mg-Gd(-Y)-Zn、Mg-Y(-Gd)-Zn 和 Mg-Gd(-Y)-Ag 等合金系。Mg-RE 系铸造镁合金的应用性能优势，主要体现在高温和高强度方面。高性能的 Mg-RE 系铸造镁合金主要应用于航空航天、导弹等军工领域，且随着社会经济发展，也被广泛应用于汽车工业、轨道交通、航空航天、武器装备、3C 产品和生物医疗植入材料等领域。

（4）Mg-Li 系　Mg-Li 系铸造镁合金是迄今为止使用的密度最小的金属结构材料，被称为超轻质合金，Mg-Li 系铸造镁合金有密度小、比刚度和比强度高、加工变形能力强等优点，还具有优良的导热性、电磁屏蔽和阻尼减震性能。锂元素在元素周期表上的原子序数为 3，密度为 0.53 g/cm^3。国外开发的具有优异性能的 Mg-Li 系铸造镁合金有 MA21、MA18、LA91A、LA933A 和 LA141A，这些 Mg-Li 系铸造镁合金都具有强度高、耐腐蚀性好和焊接性能优异的特点。我国针对 Mg-Li 系铸造镁合金的研究起步于 20 世纪 80 年代，随后国内掀起了研究 Mg-Li 系铸造镁合金的热潮，开展了相关技术的开发应用，取得了较好的研究成果，为我国 Mg-Li 系铸造镁合金的发展奠定了良好的基础，在航空航天、武器装备、3C 和生物医疗领域已获得不同程度的应用。

1.2.2　变形镁合金

变形镁合金为尺寸多样的板、棒、管、型材及锻件等产品，主要通过挤压、轧制、锻造和冲压等塑性变形方法来获得。与铸造镁合金相比，通过材料结构的控制、热处理工艺的应用，变形镁合金可获得更高的强度、更好的延展性和更多样化的力学性能，从而满足多样化工程结构件的应用需求。但变形镁合金的冷加工性能差，在室温下矫直、变形难度大，成形件内部易产生缺陷。因此，与铝合金相比，变形镁合金通常需要在高温下加工，且成型过程工艺控制要求严格、成本要求高。

常用的变形镁合金有 Mg-Al 系与 Mg-Zn-Zr 系两大类。Mg-Al 系变形镁合金中添加了铝元素，具有强度高、塑形好、一定的耐腐蚀性能和成本低的特点。因此，Mg-Al 系变形镁合金是变形镁合金系中使用最频繁的镁合金系。Mg-Al 系变形镁合金中典型的合金为 AZ31、AZ61 和 AZ80 合金。Mg-Zn 系变形镁合金虽然塑性变形能力不如 Mg-Al 系变形镁合金，但一般通过挤压等工艺进行生产，成为具有高强度的材料。Mg-Zn 系变形镁合金中的代表合金为 Mg-Zn-Zr（ZK60）合金。

根据是否可以进行热处理强化，变形镁合金分为可热处理强化变形镁合金（如 AZ80M、ZK61M 合金）和不可热处理强化变形镁合金（如 M2M、AZ40M、AZ41M 和 ME20M 合金）。根据合金的应力腐蚀倾向，变形镁合金还可分为两类：

第一类为无应力腐蚀破裂倾向的合金（M2M、ME20M、ZK61M 等）；第二类为有应力腐蚀开裂倾向的合金（AZ40M、AZ41M、AZ61M、AZ80M 等）。此外，按合金的化学成分，变形镁合金又分为：Mg-Li 系合金、Mg-Mn 系合金、Mg-Al-Zn-Mn 系合金、Mg-Zn-Zr 系合金、Mg-RE 系合金以及 Mg-Th 系合金。

1.3　镁合金特点

镁合金具有比强度高、比弹性模量大、散热性和消震性好、承受冲击载荷能力强、耐有机物和碱的腐蚀性能好等优点，主要用于航空、航天、运输、化工和火箭等工业部门。镁合金及其产品具有如下特性[7]：

① 密度小：镁的密度是钢的 23%、铝的 67%，是最轻的金属结构材料。镁合金的屈服强度与铝合金大体相当，只略低于碳钢，是塑料的 4～5 倍，而镁合金的比强度明显高于铝合金和钢，比刚度与铝合金和钢相当。因此在相同的强度和刚度情况下，用镁合金做结构件可以大大减轻零件的质量，这对航空工业、汽车工业和手提电子器件均有很重要的意义。据悉，汽车质量每减轻 10%，可节油 5%，在节约能源和降低环境污染方面均具有实际意义。因此，镁及镁合金是理想的绿色轻量化材料。

② 比弹性模量高但弹性模量低：镁合金在受外力作用时应力分布均匀，可避免过高的应力集中，在骨科植入中，具有与人骨接近的弹性模量，被广泛用作生物医疗金属材料。其与铝合金、钢和铁相比具有较低的弹性模量，在相同的受力条件下，可消耗更大的变形功，具有降噪和减震功能，可承受较大的冲击振动负荷。

③ 高温下具有较好的塑性、优良的切削加工性能及较稳定的收缩率：镁合金可用压力加工的方法获得各种规格的棒材、管材、型材、锻件、模锻件、板材、压铸件和冲压件等，具有良好的切削加工性能，切削较为容易，且对刀具的磨损很低。切削相同的零件时，镁合金、铝合金、铸铁及低合金钢消耗的功率比值为 1∶1.8∶3.5∶6.3。镁合金有较高的尺寸稳定性和稳定的收缩率，铸件和加工件尺寸精度高，除 Mg-Al-Zn 合金外，大多数镁合金在热处理及长期使用中由于相变而引起的尺寸变化接近于零，适合做样板、夹具和电子产品外罩。

④ 镁合金的振动阻尼容量高：镁合金具有高减振性和低惯性，被称为敲不响的“金属”，不仅可以抵抗振动，降低噪声，而且可防止共振引起材料的疲劳破坏，裂纹倾向较低。

⑤ 镁合金具有优良的散热性、电磁屏蔽性和可回收性：虽然镁合金的热导率不及铝合金，但是比塑料高出数十倍，可有效地将内部的热散发到外面，非常适合应用在 3C 产品［计算机类（computer）、通信类（communication）、消费类（consumer）电子产品的统称］上，镁合金的电磁波屏蔽性能比在塑料上电镀屏蔽膜的效果好，因此，使用镁合金可省去电磁波屏蔽膜的电镀工序，适合做电子产品的壳罩，尤其是紧靠人体的手机外壳。镁合金与铝和铜等有色金属一样具有非火花性，适合做矿山设备和粉粒操作设备。由于镁合金表面具有非黏附性，还适合做在冰、雪和沙尘中运动的器件。镁合金较好的耐磨性使其适宜做缠绕和滑动设备。与塑料类材料相比，镁合金具有可回收性，这对降低制品成本、节约资源和改善环境都是有益的。

⑥ 熔点低，压铸成型性能好。

⑦ 焊接性能和抗疲劳性能优异。

⑧ 导热导电性能好，比塑料高 200 倍，但其热膨胀性能只有塑料的 1/2。

⑨ 较好的铸造性能和加工性能：镁与铁的反应速度很低，熔炼时可采用铁坩埚，熔融镁对坩埚的侵蚀小，压铸时对压铸模的侵蚀也较小，与铝合金压铸相比，压铸模使用寿命可提高 3～5 倍，通常可维持在 20 万次以上。铸造镁合金的铸造性能良好，镁合金压铸件的最小壁厚可达 0.6 mm，而铝合金为 1.2～1.5 mm。镁的结晶潜热比铝小，在模具内凝固快，生产率比铝压铸件高出 40％～50％，最高可达两倍。

虽然添加合金元素后的镁合金性能已经比纯镁强，但镁合金依然面临一些问题，缺点如下：

① 易燃性：镁元素与氧元素具有极大的亲和力，在高温甚至还处于固态的情况下，就很容易与空气中的氧气发生反应，放出大量热，且生成的氧化镁导热性能差，热量不能及时发散，继而进一步促进了氧化反应的进行，形成了恶性循环。而且氧化镁疏松多孔，不能有效阻隔空气中氧的侵入。

② 室温塑性差：镁合金具有密排六方晶体结构，因此表现为较为显著的各向异性。在室温下镁合金的滑移系少，其塑性变形以基面滑移为主，但镁晶体中的滑移仅发生在滑移面与拉力方向相倾斜的某些晶体内，无法满足 Von-Mises 屈服准则，因而滑移的过程将会受到极大的限制，导致镁合金在室温环境下塑性较低。而且在这种取向下孪生很难发生，所以晶体很快就会出现脆性断裂，加工成型能力弱。在温度超过 250℃时，镁晶体中的附加滑移面开始起作用，塑性变形能力增强。

③ 铸造性差：镁合金凝固时易产生显微疏松，因而会降低铸件的力学性能，综合成本也高于铝合金，塑性加工件的价格远高于铝合金。

④ 耐蚀性差：镁的电极电位很低，电化次序在常用金属中居最后一位，所以镁的耐蚀性较差，但可以用它作牺牲阳极，保护其他金属物件免受电化学腐蚀。镁在干燥及氢氟酸、铬酸、矿物油（如汽油、煤油）和碱性介质中比较稳定，可用作输油管道；而在潮湿大气、淡水、海水及大多数酸和盐溶液中容易腐蚀，故在镁合金的生产、加工、储存及使用期间，表面应采取适当的防护措施，如表面氧化处理

或涂漆。镁合金在与其他金属接触时易造成接触腐蚀，因此镁合金部件在使用中应只让它和绝缘材料接触，以防止其电化学腐蚀的发生。

⑤ 缺口敏感大，易造成应力集中：多数镁合金在125℃以上的高温条件下抗蠕变性能较差，在选材和设计零件时应考虑这一点。

1.4 传统镁的生产方法

镁的生产方法分为两大类，氯化镁熔盐电解法和热还原法。世界各国的炼镁方法都是根据自己的资源特点来组织镁工业生产，因此都具有自己独特的经验。

(1) 电解法　电解法炼镁可分为电解熔融氯化镁和电解溶于熔盐中的氧化镁。电解法又以氯化镁的制得方法不同分为四种：道乌（DOW）法、阿玛克斯（Amax）法、诺斯克（NorskHydro）法和氧化镁氯化法。道乌法以海水为原料，阿玛克斯法以盐湖中的卤水为原料，诺斯克法以海水或 $MgCl_2$ 及含量高的卤水为原料，氧化镁氯化法以菱镁矿为原料。

由于电解熔盐中氧化镁法存在电解温度高、电解单位消耗大和工艺指标低等缺点，因而没有得到推广，其工艺技术经济指标也不能与已经成熟的电解熔融氯化镁法和热还原法相比较。

(2) 热还原法　热还原法又分为皮江（Pidgeon）法、波尔扎诺（Bolzano）法和玛格尼特（Manetherm）法三种。

皮江法的原料为白云石，还原剂为硅铁，矿化剂为萤石。将原料粉碎至200目左右制成球团，装入还原罐，在1200℃的高温和小于13.3 Pa的真空下热还原制得结晶镁，经精炼后铸成镁锭，也称外热法。我国目前大都采用此法。

波尔扎诺法原理及原料和皮江法相同，只是改外加热为内加热，因此也称为内热法或改良皮江法。与皮江法的不同之处在于：原料制成砖形，不是小球状，还原炉尺寸约为 ϕ2 m×5 m，采用钢外壳，内砌耐火材料。内部有若干串联的电阻环，砖形料放在电阻环上直接加热，镁结晶器在还原炉上部，精炼工艺与皮江法相同。

玛格尼特法起源于法国，中国和日本曾使用过该法冶炼镁。其使用的原料为白云石，还原剂为硅铁，造渣剂为铝土矿。在真空电炉中进行还原反应，反应温度为1600℃左右，真空度为20～100 mmHg（1mmHg=133.322 Pa）。所有炉料均呈液态，产品为液态镁，炉渣也为液态。单相交流电导入炉渣层中，用以加热并熔化炉渣，炉渣是电阻体。炉底有一出口，可排渣和残余的硅铁。上部冷凝器中收集液态镁，冷凝器定期更换。

1.5 镁合金的应用

工业镁合金主要可分为铸造镁合金和变形镁合金。铸造镁合金和变形镁合金在成分组织性能与用途上存在很大差异。铸造镁合金主要应用于汽车零件、机件壳罩和电气构件等。铸造镁合金多用于压铸工艺生产，其主要工艺特点为生产效率高、精度高、铸件表面质量好、铸态组织优良、可生产薄壁及复杂形状的构件等。为了进一步推动镁合金在结构材料上的使用，开展变形镁合金的研制非常必要。由于密排六方的镁变形能力有限，易开裂，因此早期的变形镁合金要求其兼具良好的塑性变形能力和尽可能高的强度，对其组织的设计，大多要求不含金属间化合物，其强度的提高主要依赖合金元素对镁合金的固溶强化和塑性变形引起的加工硬化。目前，变形镁合金中主要含有铝、锰、锆和锌等合金元素以及稀土元素。这些元素一方面能提高镁合金的强度，另一方面能提高热变形性，以利于锻造和挤压成型。AZ31B 和 AZ31C 是最重要的工业用变形镁合金，具有良好的强度和延展性，两者区别在于所容许的杂质含量。而 AZ 系列合金随铝含量提高而轧制开裂倾向增大，因此 AZ61 合金很少以板材形式出售。除此之外，目前开发成功的 ZK60 也是一种很有前途的新型变形镁合金。表 1-7～表 1-11 分别展示了目前工业用铸态、锻件、挤压件、压铸件及片材等镁合金的基本特性及其主要应用方向。

表 1-7 工业铸态镁合金的基本特性及应用方向

合金牌号及处理状态	特性及应用方向
AM100A-T61	气密性好，强度和延伸率匹配良好
AZ63A-T6	室温强度、延展性和韧性良好
AZ81A-T4	铸造性能、韧性和气密性良好
AZ91C、E-T6	普通合金，强度适中
AZ92A-T6	气密性和强度适中
EQ21A-T6	气密性和短时间高温力学性能优良
EZ33A-T5	铸造性能、阻尼性、气密性和 245℃抗蠕变性优良
HK31A-T6	铸造性能、气密性和 350℃抗蠕变性优良
HZ32A-T5	铸造性能、气密性良好和 260℃抗蠕变性比 HK31A-T6 优良
K1A-F	阻尼性良好
QE22A-T6	铸造性能、气密性良好和 200℃屈服强度较高
QH21A-T6	铸造性能、气密性、抗蠕变性和 250℃屈服强度较高
WE43A-T6	室温和高温强度较高，抗腐蚀性良好
WE54A-T6	类似于 WE43A-T6，150℃下会缓慢失去延展性
AS41A-F	类似于 AS21-F，延展性和抗蠕变性降低，强度和铸造性能提高
AZ91A、B 和 D-F	铸造性能优良、强度较高

表 1-8　工业锻造态镁合金的基本特性及应用方向

合金牌号及处理状态	特性及应用方向
AZ31B-F	锻造性能优良,强度适中,可锤锻,但很少应用
AZ61A-F	强度比 AZ31B-F 高
MZ80A-T5	强度比 AZ61A-F 高
MZ80A-T6	抗蠕变性比 AZ80A-T5 高
MIA-F	抗腐蚀性高,中等强度,可锤锻,但很少应用
ZK31-T5	强度高,焊接性能适中
ZK60A-T5	强度接近 AZ80A -T5,但延展性更高
ZK61A-T5	类似于 AZ60A -T5
ZM21-F	锻造性能和阻尼性良好,中等强度

表 1-9　工业挤压态镁合金的基本特性及应用方向

合金牌号及处理状态	特性及应用方向
AZ10A-F	成本低,强度适中
AZ31B 和 C-F	中等强度
ZC63A-T6	气密性良好,强度和铸造性能比 AZ91C 优良
ZE41A-T5	气密性好,中等强度高温合金,铸造性能比 ZK51A 优良
ZE63A-T6	特别适合于强度高、薄壁和无气孔铸件
ZH62A-T5	室温屈服强度高
ZK51A-T5	室温强度和延展性良好
ZK61A-T5	类似于 ZK51A-T5,屈服强度较高
ZK61A-T6	类似于 ZK61A-T5,屈服强度较高

表 1-10　工业压铸镁合金的基本特性及应用方向

合金牌号及处理状态	特性及应用方向
AE42-F	强度高和 150℃抗蠕变性优良
AM20-F	延展性和冲击强度较高
AM50A-F	延展性和能量吸收特性优异
AM60A、B-F	类似于 AM50A-F,强度稍高
AS21-F	类似于 AE42
AZ61A-F	成本适中,强度高
AZ80A-T5	强度比 AZ61A-F 高
MIA-F	抗腐蚀性高,强度低,可锤锻,但是很少应用
ZC71-T6	成本适中,强度和延展性高
ZK21A-F	强度适中,焊接性能良好
ZK31-T5	强度高,焊接性能适中
ZK40A-T5	强度高,比 ZK60A 的挤压性能好,但不适合焊接
ZK60A-T5	强度高,不适合焊接
ZM21-F	成型性和阻尼性能良好,中等强度

表 1-11　片材、板材类镁合金的基本特性及应用方向

合金牌号及处理状态	特性及应用方向
AZ31B-H24	中等强度
ZM21-O	成型性和阻尼性能良好
ZM21-H24	中等强度

1.5.1 在汽车工程领域的应用

镁合金在汽车领域的应用已有多年的历史。从 20 世纪 20 年代开始，镁合金零件开始在赛车上应用。90 年代，随着镁合金的快速发展，德国、日本和美国等相继出台了镁研究计划，旨在提高本国在镁合金应用方面的水平。镁的密度比铝轻 35%，是钢的四分之一，轻量、环保、安全和价廉是现在汽车行业研究发展的重点。质量的降低会直接影响到能源的消耗，每减轻 100 kg 的重量，车辆每百公里的燃油消耗将节约 0.5 L，CO_2 的排放量也会相应降低。比如，大众汽车首先将镁合金应用于甲壳虫车型，该车型的每辆车使用 22 kg 镁；1928 年，保时捷首次将镁应用于发动机；宝马制造了复合镁铝合金发动机 R6，这是世界上最轻的 3.0 L 直列六缸汽油发动机。镁铝合金发动机比传统的铝制发动机轻 24%，同时提高了动力性能和燃油效率，油耗降低了 30%。此外还有奔驰及奥迪等企业也都将镁合金应用于变速箱和发动机上，为汽车减重，并提升汽车性能。

相较于铝合金，在成熟产品上镁合金将具备更高的性价比：如果按原镁 16000 元/t 和电解铝 13000 元/t 的行业平均成本分析，由于镁合金密度较小，相同体积的镁合金成本较铝合金低 30%。据报道，2005 年、2010 年及 2015 年，每辆车的镁平均使用量分别为 3 kg，20 kg 和 50 kg，镁合金正逐步取代铝合金和塑料，成为汽车行业新的选择。

目前，镁合金在汽车上的应用零部件可归纳为两类。

(1) 壳体类　如离合器壳体、阀盖、仪表板、变速箱体、曲轴箱、发动机前盖、气缸盖和空调机外壳等。

(2) 支架类　如方向盘、转向支架、刹车支架、座椅框架、车镜支架和分配支架等。

1.5.2 在航空航天领域的应用

镁合金由于其轻量化的特点而被广泛地应用于国防和航空航天产品，其应用包括飞行器机身及其发动机、起落轮、火箭、导弹及其发射架、卫星探测器、旋转罗盘、电磁套罩、雷达和电子装置以及地面控制装置等。太空飞船和卫星部件使用镁合金后能适应太空运行的特殊环境，诸如由空气动力学加热引起的温度极限、臭氧侵蚀、短波电磁辐射和高能粒子（电子、质子和小陨石）的冲击等。美、英和日等国家已成功将镁合金应用于卫星、导弹舱体、翼片骨架及设备箱体等部件，以此为飞行器降低质量，提升性能。

2005～2009 年，欧盟相继实施了两项关于航空工业镁合金的技术研究，包括空客等公司在内的多家单位参与。研究结果表明，镁合金可以取代中等强度的 2 系铝合金，对于某一项性能镁合金可以达到甚至超过高强度的铝合金，但综合性能稍差。

2015 年 2 月，德国的座椅制造商 ZIMF LUGSITZ GmbH 公司成功将镁合金应用于航空座椅，该座椅在保持强度和韧性的前提下，取代现有铝合金座椅，减重 25%～50%。这是变形镁合金在航空领域取代铝合金的巨大进展。可以肯定的是，由于镁及镁合金的显著优势，未来航空航天工业将越来越倚重于镁合金在减重方面的巨大潜能。

1.5.3 在生物医疗领域的应用

镁合金以其良好的生物相容性、与骨组织匹配的力学性能以及可以在人体内降解吸收等特点，成为一类极具临床应用前景的新型生物可降解（吸收）骨植入材料。镁合金的密度与力学性能接近人体骨骼，具有较好的生物力学相容性，植入后不会因为应力屏蔽现象导致骨组织生长缓慢或停止，如表 1-12。目前，骨科手术中所使用的内固定材料主要由不锈钢和钛合金等构成，这些材料在人体内不可降解，需要二次手术将其取出。镁合金材料植入人体后不舒适感远低于不锈钢及钛合金等，它不仅能被人体吸收，其释放出的镁离子还可促进骨细胞的增殖及分化，促进骨骼生长及愈合。因此镁合金在骨钉和骨板方面具有极高的应用潜力[8]。镁合金还可以用于心血管疾病的治疗，例如，可降解的镁合金心血管支架。可降解镁合金支架配合药物缓释的手段，可以抑制血管内膜增生和支架内再狭窄的发生。

表 1-12 合金与人体骨骼参数对比

特性	人骨	镁合金	钛合金	钴铬合金	不锈钢	羟基磷灰石
密度/(g/cm^3)	1.8～2.1	1.78～2.0	4～4.5	8.3～9.2	7.9～8.1	3.1
弹性模量/GPa	3～20	35～45	110～117	230	189～205	73～117
压缩屈服强度/MPa	130～180	100～200	758～1117	450～1000	170～310	600
断裂韧性/($MPa \cdot m^{1/2}$)	3～6	15～35	55～115	—	50～200	0.7

国内医院和研究所积极开发全新镁合金植入材料及加工制备方法，结合金属增材制造技术，试制出适用于人体的骨爪、骨钉及骨板等医用镁合金材料样品。虽然医用镁合金相关技术还需探索，临床中的广泛应用还有待时日，但相较于现用于临床的不锈钢和钛合金，其优势明显，前景十分广阔。行业数据显示，每年我国大概有 300 万人次做骨折手术，骨科植入物市场规模已经超过 120 亿元。随着人口老龄化的到来，骨科产业年均增长率约为 15%～20%，医用镁合金材料市场规模会越来越大。

1.5.4 在海洋工程领域的应用

镁合金在造船工业和海洋工程中主要用于航海仪器、水中兵器、海水电池、潜水服、牺牲阳极以及定时装置等。应用普遍的是 Mg-Al-Zn 系合金，其次是 Mg-Mn 系、Mg-Zn-Zr 系、Mg-Nd 系、Mg-Th 系和 Mg-Li 系合金。镁合金具有电化学性能高、阳极消耗均匀、寿命长和单位质量发电量大等特点，是理想的牺牲阳极材料，适用于土壤和淡水介质中金属构筑物的阴极保护，也是淡水介质中有效防止金属腐蚀的方法之一，广泛应用于海洋工程中。

镁合金能提供−2.37 V 的标准电极电位，有高的法拉第容量和合适的腐蚀速率。作为海水电池时，其最突出的特点就是不需要携带电解质，可以利用天然海水形成电解液，简化了相关结构，并减少了电池的重量，直接提高了电池的单位能量密度。耐蚀型的镁合金在海洋环境中可以制成自毁腐蚀链，用于海洋环境中的定时和触发装置。尤其是因镁合金与海水发生反应时可产生大量的热量和氢气，在海洋中直接作为热源和氢气源。其中，热源可制成潜水服以暖和潜水员的身体；而氢气源，可利用其与海水反应时产生的大量氢气供燃料电池和内燃机作动力或者提供打捞海底重物所需要的浮力。

因此，必须重视镁资源的低耗提取与镁合金高效制备、加工及应用的关键科学问题，需在原镁冶金动力学及合金熔体纯净化、镁合金强韧化与塑性变形机理以及镁合金与环境交互作用机制等方面取得突破，从而为我国镁产业中的各个关键环节的发展提供理论与技术支撑。

参考文献

[1] 屈伟平，高崧．镁合金的特点及应用现状 [J]．金属世界，2011，(02)：10-14.

[2] 余琨，黎文献，王日初，等．变形镁合金的研究、开发及应用 [J]．中国有色金属学报，2003，(02)：277-288.

[3] 陈振华，夏伟军，严红革，等．镁合金材料的塑性变形理论及其技术 [J]．化工进展，2004，(02)：127-135.

[4] 孙伯勤．镁合金压铸件在汽车行业中的巨大应用潜力 [J]．特种铸造及有色合金，2002，(S1)：287-288.

[5] 毛卫民，赵爱民，钟雪友．半固态金属成形应用的新进展与前景展望 [J]．特种铸造及有色合金，2002，(S1)：245-248.

[6] HU H. Squeeze casting of magnesium alloys and their composites [J]. J Mater Sci，1998，33 (6)：1579-1589.

[7] 徐红霞，张修丽．21 世纪的绿色环保材料——镁合金 [J]．上海工程技术大学学报，2007，(04)：322-325.

[8] 姚素娟，张英，褚丙武，等．镁及镁合金的应用与研究世界 [J]．有色金属，2005，(01)：26-30.

第2章 镁合金热力学

镁合金热力学是研究镁合金最重要、最基础的学科，但又是相对较难的部分。欲获得优质的镁合金材料，需要在合金热力学模型的基础上，以相关相图为指导，对镁合金凝固过程的组织及析出物进行准确的表征。在本章的内容中，首先详细介绍镁合金热力学适宜的模型，从基础的正规溶液模型，到正规溶液统计热力学模型，这是目前诸多研究者计算相图时使用的模型，但该模型基本上不能用于三元以上的体系。为此重点介绍了“原子-分子共存理论（AMCT）”，该理论可以精确计算高于三元体系液态组元的平衡浓度，并在此基础上，研究了常用镁合金的二元系、三元系的热力学性质及相关相图。

2.1 合金的正规溶液模型

热力学模型是获取相图、计算镁合金材料的重要工具。由于目前发展不够成熟，需在理想溶液模型的基础上进行各种修正，产生其适宜范围的各种模型，本文将对常用或最新的三种模型进行系统表述[1]。

2.1.1 正规溶液模型

2.1.1.1 几个基本概念

首先对正规溶液模型的建立，必须掌握几个基本概念。

混合过程的吉布斯自由能与摩尔吉布斯自由能：对于两个独立的组元 1、2，设其自由能分别为 $G_{1,m}^*$ 和 $G_{2,m}^*$，形成溶液后，组元 1、2 在混合体系中的物质的量分别为 n_1 和 n_2，其自由能分别为 $G_{1,m}$、$G_{2,m}$；构成溶液前后体系的总吉布斯自由能分别为 G^* 和 G，如式(2-1)、式(2-2) 所示。

$$G^{*}=n_1G_{1,m}^{*}+n_2G_{2,m}^{*} \tag{2-1}$$

$$G=n_1G_{1,m}+n_2G_{2,m} \tag{2-2}$$

组元 1、2 的摩尔分数分别为：

$$x_1=\frac{n_1}{n_1+n_2};x_2=\frac{n_2}{n_1+n_2}$$

根据溶液中偏摩尔自由能的定义，1-2 构成的二元系溶液中组元 1、2 的偏摩尔自由能（或化学位）分别为：

$$G_{1,m}=G_{1,m}^{*}+RT\ln\gamma_1x_1;G_{2,m}=G_{2,m}^{*}+RT\ln\gamma_2x_2$$

按照混合摩尔吉布斯自由能的定义，组元 1、2 混合后的总自由能与混合前的总自由能的差即为该体系的混合自由能，如式(2-3)：

$$\Delta_{mix}G=G-G^{*} \tag{2-3}$$

此处会出现两种情况：

① 若组元 1、2 混合形成理想溶液，则 $\gamma_1=1$，$\gamma_2=1$，体系的理想混合吉布斯自由能变化为：

$$\begin{aligned}\Delta_{mix}G^{id}&=G-G^{*}\\&=[n_1(G_{1,m}^{*}+RT\ln x_1)+n_2(G_{2,m}^{*}+RT\ln x_2)]-[n_1G_{1,m}^{*}+n_2G_{2,m}^{*}]\\&=n_1(G_{1,m}^{*}+RT\ln x_1-G_{1,m}^{*})+n_2(G_{2,m}^{*}+RT\ln x_2-G_{2,m}^{*})\\&=n_1RT\ln x_1+n_2RT\ln x_2\end{aligned}$$

因此，体系理想混合的吉布斯自由能变化如式(2-4)：

$$\Delta_{mix}G^{id}=n_1RT\ln x_1+n_2RT\ln x_2 \tag{2-4}$$

② 若体系混合后形成真实溶液，则体系的摩尔混合吉布斯自由能为式(2-5)

$$\begin{aligned}\Delta_{mix}G&=G-G^{*}\\&=n_1(G_{1,m}^{*}+RT\ln\gamma_1x_1-G_{1,m}^{*})+n_2(G_{2,m}^{*}+RT\ln\gamma_2x_2-G_{2,m}^{*})\\&=n_1RT\ln a_1+n_2RT\ln a_2\end{aligned} \tag{2-5}$$

按照混合自由能的定义，组元 1、2 的偏摩尔混合自由能（混合后的偏摩尔自由能-混合前的偏摩尔自由能）分别为：

$$\Delta_{mix}G_{1,m}=G_{1,m}-G_{1,m}^{*}=G_{1,m}^{*}+RT\ln\gamma_1x_1-G_{1,m}^{*}=RT\ln\gamma_1x_1$$

$$\Delta_{mix}G_{2,m}=G_{2,m}-G_{2,m}^{*}=G_{2,m}^{*}+RT\ln\gamma_2x_2-G_{2,m}^{*}=RT\ln\gamma_2x_2$$

也可以将式(2-5) 写成集合的形式，如式(2-6)：

$$\Delta_{mix}G=n_1\Delta_{mix}G_{1,m}+n_2\Delta_{mix}G_{2,m} \tag{2-6}$$

由此得到组元 i 的偏摩尔混合吉布斯自由能的通式(2-7)：

$$\Delta_{mix}G_{i,m}=RT\ln a_i \tag{2-7}$$

以上是在体系的总量为（n_1+n_2）的情况下获得的，若组元 1、2 形成溶液的总量为 1mol，或将式(2-4)、式(2-6) 两边同除以（n_1+n_2）使得体系的总量为

1mol，则体系的混合自由能分别成为理想摩尔混合自由能和实际摩尔混合自由能，表示为式(2-8）和式(2-9)：

$$\Delta_{mix}G_m^{id}=x_1RT\ln x_1+x_2RT\ln x_2=x_1\Delta_{mix}G_{1,m}^{id}+x_2\Delta_{mix}G_{2,m}^{id} \tag{2-8}$$

$$\Delta_{mix}G_m=x_1RT\ln\gamma_1x_1+x_2RT\ln\gamma_2x_2=x_1\Delta_{mix}G_{1,m}+x_2\Delta_{mix}G_{2,m} \tag{2-9}$$

2.1.1.2 超额（或过剩）摩尔混合吉布斯自由能

为了描述真实溶液与理想溶液的偏差程度，引入超额（或者过剩）函数。

真实溶液与相同浓度的理想溶液的摩尔热力学性质之差，称为组元的“超额（或者过剩）”函数。

组元1和2混合形成真实溶液的摩尔混合吉布斯自由能与形成理想溶液时的摩尔混合吉布斯自由能的差值为体系的过剩摩尔混合吉布斯自由能，用符号$\Delta_{mix}G_m^E$表示。

由式(2-9）与式(2-8）相减，可得：

$$\begin{aligned}\Delta_{mix}G_m^E&=\Delta_{mix}G_m-\Delta_{mix}G_m^{id}\\&=RT(x_1\ln\gamma_1x_1+x_2\ln\gamma_2x_2)-RT(x_1\ln x_1+x_2\ln x_2)\\&=RT(x_1\ln\gamma_1+x_2\ln\gamma_2)\end{aligned}$$

对于组元$i(i=1、2)$，超额偏摩尔混合吉布斯自由能可以表示为式(2-10)

$$\Delta_{mix}G_{i,m}^E=\Delta_{mix}G_{i,m}-\Delta_{mix}G_{i,m}^{id}=RT\ln\gamma_i \tag{2-10}$$

由此可见，组元i的超额混合吉布斯自由能与其活度系数有关。

2.1.1.3 正规溶液的定义

1929年，希尔德布兰德提出正规溶液模型（regular solution model)[1]。

由纯物质混合形成正规溶液时，没有体积的变化，混合熵为无序混合，与理想溶液的偏差只由混合焓引起，其特征的热力学表述为：

① 混合焓不等于零，即$\Delta_{mix}H\neq0$；

② 混合熵与理想溶液相同，即$\Delta_{mix}^ES=0$；

③ 混合前后没有体积变化，即$\Delta_{mix}V=0$。

对于组元1、2构成的溶液，与理想溶液对比，正规溶液的混合熵与理想溶液混合熵相等，如式(2-11)：

$$\Delta_{mix}S_m=\Delta_{mix}S_m^{id}=-\left(\frac{\partial\Delta_{mix}G_m^{id}}{\partial T}\right)_p=-R(x_1\ln x_1+x_2\ln x_2) \tag{2-11}$$

混合溶液中组元i的偏摩尔混合熵，如式(2-12)：

$$\Delta_{mix}S_i=-R\ln x_i \tag{2-12}$$

相应地，正规溶液的混合焓可以通过吉布斯自由能的基本表达式推导得出，如式(2-13)～式(2-15)：

$$\Delta_{mix}G_{i,m}=\Delta_{mix}H_{i,m}-T\Delta_{mix}S_{i,m} \tag{2-13}$$

$$\Delta_{mix}G_{m}=x_1RT\ln a_1+x_2RT\ln a_2 \tag{2-14}$$

$$\Delta_{mix}H_{i,m}=\Delta_{mix}G_{i,m}+T\Delta_{mix}S_{i,m}=x_1RT\ln\gamma_1+x_2RT\ln\gamma_2 \tag{2-15}$$

同理，正规溶液中某组元 i 的偏摩尔混合焓为

$$\Delta_{mix}H_i=RT\ln\gamma_i \tag{2-16}$$

2.1.1.4 正规溶液的超额函数

根据吉布斯自由能的基本表达形式，超额摩尔混合吉布斯自由能表述为：

$$\Delta_{mix}G_{i,m}^{E}=\Delta_{mix}H_{i,m}^{E}-T\Delta_{mix}S_{i,m}^{E} \tag{2-17}$$

由于$\Delta_{mix}^{E}S=0$，则

$$\Delta_{mix}G_{i,m}^{E}=\Delta_{mix}H_{i,m}^{E}=RT\ln\gamma_i \tag{2-18}$$

由于理想溶液的混合焓为零，$\Delta_{mix}H_{i,m}^{id}=0$，故正规溶液的超额摩尔混合焓为

$$\Delta_{mix}H_{i,m}^{E}=\Delta_{mix}H_{i,m}-\Delta_{mix}H_{i,m}^{id}=\Delta_{mix}H_{i,m}=RT\ln\gamma_i \tag{2-19}$$

对于形成正规溶液，若活度系数 $\gamma_i>1$，组元 i 对理想溶液产生正偏差，组元1、2 的混合过程会产生吸热现象；而 $\gamma_i<1$，组元 i 对理想溶液产生负偏差，组元1、2 混合时产生放热现象。

2.1.1.5 正规溶液的性质

(1) 正规溶液的超额摩尔混合吉布斯自由能与温度无关　可以进行如下证明，由

$$\Delta_{mix}^{E}S=0,\Delta_{mix}^{E}S_i=0$$

则：

$$\left(\frac{\partial\Delta_{mix}G_{m}^{E}}{\partial T}\right)_p=-\Delta_{mix}S_{m}^{E}=0 \tag{2-20}$$

所以，超额摩尔混合吉布斯自由能与温度无关。

对于正规溶液，尽管超额摩尔混合吉布斯自由能函数的表达式中含有温度参数 T，但 $RT\ln\gamma_i$ 不随温度变化，因此，$RT\ln\gamma_i=$常数。

利用这一重要性质，若已知某温度下的 γ_i 值，即可求另一温度下的 γ_i 值。

(2) 超额摩尔混合焓与温度无关　由于正规溶液超额混合熵为零，则超额混合吉布斯自由能等于超额混合焓，因此

$$\Delta_{mix}G_{i,m}^{E}=\Delta_{mix}H_{i,m}^{E}=RT\ln\gamma_i=\text{常数}$$

可以得到超额混合焓与温度也无关的结论。

(3) 二元正规溶液的 α 函数与成分无关　根据 α 函数的定义

$$\alpha = \frac{\ln\gamma_i}{(1-x_i)^2} \tag{2-21}$$

二元正规溶液的组元 1、2 的 α 函数均可以写出：

$$\alpha_1 = \frac{\ln\gamma_1}{(1-x_1)^2} \quad \alpha_2 = \frac{\ln\gamma_2}{(1-x_2)^2} \tag{2-22}$$

或者

$$\ln\gamma_1 = \alpha_1 x_2^2 \quad \ln\gamma_2 = \alpha_2 x_1^2 \tag{2-23}$$

$$\mathrm{d}\ln\gamma_2 = 2\alpha_2 x_1 \mathrm{d}x_1 + x_1^2 \mathrm{d}\alpha_2 \tag{2-24}$$

根据 Gibbs-Duhem 方程 $x_1 \mathrm{d}\ln\gamma_1 + x_2 \mathrm{d}\ln\gamma_2 = 0$

将式(2-24) 代入 G-D 方程，则有：

$$\mathrm{d}\ln\gamma_1 = -2\alpha_2 x_2 \mathrm{d}x_1 - x_1 x_2 \mathrm{d}\alpha_2 \tag{2-25}$$

对式(2-25) 进行定积分

$$\begin{aligned}\ln\gamma_1 &= -2\alpha_2 x_1 x_2 + \int_{x_1}^{1} \alpha_2 \mathrm{d}x_1 \\ &= -\alpha_2 x_1 x_2 + \alpha_2(1-x_1) = \alpha_2 x_2(1-x_1) = \alpha_2 x_2^2\end{aligned}$$

$$\ln\gamma_1 = \alpha_1 x_2^2 = \alpha_2 x_2^2 \tag{2-26}$$

所以，对于二元正规溶液

$$\alpha_1 = \alpha_2 = \alpha \tag{2-27}$$

由此得到，二元正规溶液中 α 函数与浓度无关，且 $\ln\gamma_1 \sim x_2$ 与 $\ln\gamma_2 \sim x_1$ 的关系是对称的，从而可以得到，在二元正规溶液中，超额混合吉布斯自由能和混合焓在 $x=0.5$ 的两边呈对称关系。

2.1.1.6 三元及多元正规溶液[1]

对于组元 1、2、3 组成的三元正规溶液，其摩尔混合熵、摩尔混合焓和摩尔混合吉布斯自由能可以分别表达，如式(2-28)～式(2-30)

$$\Delta_{\mathrm{mix}} S_{\mathrm{m}} = \Delta_{\mathrm{mix}} S_{\mathrm{m}}^{\mathrm{id}} = -\left(\frac{\partial \Delta_{\mathrm{mix}} G_{\mathrm{m}}^{\mathrm{id}}}{\partial T}\right)_p = -R \sum_{i=1}^{n} x_i \ln x_i \tag{2-28}$$

$$\Delta_{\mathrm{mix}} H_{i,\mathrm{m}} = RT \sum_{i=1}^{n} x_i \ln\gamma_i = \sum_{i=1}^{n} \sum_{j^1 i}^{n} a_{ij} x_i x_j \tag{2-29}$$

$$\Delta_{\mathrm{mix}} G_{\mathrm{m}} = RT \sum_{i=1}^{n} x_i \ln x_i + \sum_{i=1}^{n} \sum_{j^1 i}^{n} a_{ij} x_i x_j \tag{2-30}$$

三元正规溶液的超额函数的表达式如式(2-31)和式(2-32)：

$$\Delta_{\mathrm{mix}} G_{\mathrm{m}}^{E} = \Delta_{\mathrm{mix}} H_{\mathrm{m}}^{E} = \sum_{i=1}^{n} \sum_{j^1 i}^{n} a_{ij} x_i x_j \tag{2-31}$$

$$\Delta_{\mathrm{mix}} S_{\mathrm{m}}^{E} = 0 \tag{2-32}$$

对于组元 1、2、3 组成的三元正规溶液，体系超额混合吉布斯自由能是 1-2、

1-3 和 2-3 三个二元系混合超额吉布斯自由能之和。因此，三个二元正规溶液组成的三元系也符合正规溶液行为，如式(2-33)所示。

$$\Delta_{\text{mix}}G_{\text{m}}^{E}=a_{12}x_1x_2+a_{23}x_2x_3+a_{13}x_1x_3 \tag{2-33}$$

2.1.2 正规溶液的统计热力学方法

利用统计热力学方法研究溶液模型是近代冶金物理化学的一种新的分支。

对于正规溶液模型来说，其最重要的特征是$\Delta_{\text{mix}}S^E=0$。

在实际溶液中$\Delta_{\text{mix}}G^E=\Delta_{\text{mix}}H^E-T\Delta_{\text{mix}}S^E$，而$T\Delta_{\text{mix}}S^E$和$\Delta_{\text{mix}}H^E$对$\Delta_{\text{mix}}G^E$的贡献的数量级是基本相同的。如在多数金属溶液中，一般$-T\Delta_{\text{mix}}S^E$约为$\Delta_{\text{mix}}H^E/2$；而实际溶液在热力学中，超额混合吉布斯自由能和混合焓并不像正规溶液那样在$x=0.5$的两边呈对称关系。很多学者提出了更为准确的溶液模型，如亚正规溶液模型（sub-regular solution model）、似化学模型（quasi-chemical theory model）、亚晶格化合物能模型（sublattice-compound energy model）等几何模型。而这些模型中的许多都建立在统计热力学的基础上，所以下面首先利用统计热力学的基本原理讨论二元正规溶液模型。

正规溶液模型的统计方法[1]

对于组元 A、B 构成的二元正规溶液，A、B 原子数分别为N_A和N_B，总原子数为N_A+N_B个。

A 和 B 原子混合时能量发生变化，设ω_{AA}、ω_{BB}、ω_{AB}分别表示 A-A 原子对、B-B 原子对及 A-B 原子对的相互作用能。

设在形成的正规溶液中，组元 A、B 分别分布在 1 和 2 两个位置上，且形成溶液时无序混合，则有如下几种情况：

① 1 个 A 原子在位置 1，1 个 B 原子占有位置 2 的概率为：$N_A/(N_A+N_B)$；

② 1 个 B 原子在位置 1，1 个 A 原子占有位置 2 的概率为：$N_B/(N_A+N_B)$；

③ 1 个 A 原子占有位置 1 同时 1 个 B 原子占有位置 2 的概率为$N_A N_B(N_A+N_B)^2$；与此同时，B 占有位置 1，而 A 占有位置 2 的概率亦为$N_A N_B(N_A+N_B)^2$。

以上两个事件同时发生的概率为$2N_AN_B(N_A+N_B)^2$。

由此可以得到，在位置 1 和 2 上形成 A-A 原子对和 B-B 原子对的概率分别为$N_A^2/(N_A+N_B)^2$、$N_B^2/(N_A+N_B)^2$。

溶液中总的原子数为(N_A+N_B)，设平均最近邻数为z，则整个溶液中近邻位置原子对的总数为$\frac{1}{2}z(N_A+N_B)$。由此得到：

A-B 原子对的总数为：$N_{AB}=\frac{1}{2}z\ (N_A+N_B)\ \frac{2N_AN_B}{(N_A+N_B)^2}=z\ \frac{N_AN_B}{N_A+N_B}$

A-A 原子对的总数为：$N_{AA}=\frac{1}{2}z\ \frac{N_A^2}{N_A+N_B}$

B-B 原子对的总数为：$N_{BB}=\frac{1}{2}z\ \frac{N_B^2}{N_A+N_B}$

在形成 A-B 二元系正规溶液前，纯 A 组元中 A-A 原子对数为$\frac{1}{2}zN_A$，纯 B 的 B-B 对数为$\frac{1}{2}zN_B$。

A、B 混合后，溶液中形成三个类型的原子对：A-A、B-B、A-B，数目分别为 N_{AA}、N_{BB}、N_{AB}。当所有原子混合形成正规溶液达到平衡时，溶液中总的原子相互作用能如式(2-34)：

$$u_{AB}=N_{AA}\omega_{AA}+N_{BB}\omega_{BB}+N_{AB}\omega_{AB} \tag{2-34}$$

混合前系统的总能量为：

$$u_{AB}^{\circ}=u_{AA}^{\circ}+u_{BB}^{\circ}=\frac{1}{2}zN_A\omega_{AA}+\frac{1}{2}zN_B\omega_{BB} \tag{2-35}$$

混合前后系统内能的变化为：

$$\Delta_{mix}u=u_{AB}-(u_A^{\circ}+u_B^{\circ})=\frac{1}{2}z\ \frac{N_AN_B}{N_A+N_B}(2\omega_{AB}-\omega_{AA}-\omega_{BB}) \tag{2-36}$$

令 $\omega=\omega_{AB}-\frac{1}{2}(\omega_{AA}+\omega_{BB})$，式(2-36) 右边分子、分母同除以阿伏伽德罗常数 N_0，则变为式(2-37)：

$$\Delta_{mix}u=z\omega N_0\ \frac{n_An_B}{n_A+n_B} \tag{2-37}$$

式中，n_A、n_B 分别为组元 A、B 的摩尔数（物质的量）。

设溶液体系混合前后体积不变，即$\Delta_{mix}V=0$。

$$\Delta_{mix}H=\Delta_{mix}u=z\omega N_0\ \frac{n_An_B}{n_A+n_B} \tag{2-38}$$

对于混合形成正规溶液，混合熵等于理想溶液的混合熵，则有

$$\Delta_{mix}H=\Delta_{mix}S^{id}=-R(n_A\ln x_A+n_B\ln x_B) \tag{2-39}$$

于是

$$\Delta_{mix}G=z\omega N_0\ \frac{n_An_B}{n_A+n_B}+RT(n_A\ln x_A+n_B\ln x_B) \tag{2-40}$$

而经典热力学中，有：

$$\Delta_{\text{mix}}G=RT(n_{\text{A}}\ln a_{\text{A}}+n_{\text{B}}\ln a_{\text{B}})=RT(n_{\text{A}}\ln\gamma_{\text{A}}+n_{\text{B}}\ln\gamma_{\text{B}})+RT(n_{\text{A}}\ln x_{\text{A}}+n_{\text{B}}\ln x_{\text{B}}) \tag{2-41}$$

溶液的超额热力学函数分别如式(2-42)和式(2-43)：

$$\Delta_{\text{mix}}H^E=\Delta_{\text{mix}}H-\Delta_{\text{mix}}H^{\text{id}}=\Delta_{\text{mix}}H=z\omega N_0\frac{n_{\text{A}}n_{\text{B}}}{n_{\text{A}}+n_{\text{B}}} \tag{2-42}$$

$$\Delta_{\text{mix}}G^E=\Delta_{\text{mix}}G-\Delta_{\text{mix}}G^{\text{id}}=RT(n_{\text{A}}\ln\gamma_{\text{A}}+n_{\text{B}}\ln\gamma_{\text{B}}) \tag{2-43}$$

$$\Delta_{\text{mix}}S^E=\Delta_{\text{mix}}S-\Delta_{\text{mix}}S^{\text{id}}=0 \tag{2-44}$$

又

$$\Delta_{\text{mix}}G^E=\Delta_{\text{mix}}H^E-T\Delta_{\text{mix}}S^E=\Delta_{\text{mix}}H^E \tag{2-45}$$

所以

$$\Delta_{\text{mix}}H^E=\Delta_{\text{mix}}G^E=RT(n_{\text{A}}\ln\gamma_{\text{A}}+n_{\text{B}}\ln\gamma_{\text{B}}) \tag{2-46}$$

式(2-40) 与式(2-41) 对比，得：

$$\Delta_{\text{mix}}G^E=z\omega N_0\frac{n_{\text{A}}n_{\text{B}}}{n_{\text{A}}+n_{\text{B}}} \tag{2-47}$$

溶液中活度系数 γ 与组成的关系，可以通过$\Delta_{\text{mix}}G^E$ 分别对 n_{A}、n_{B} 求偏微分，得：

$$\left(\frac{\partial\Delta_{\text{mix}}G^E}{\partial n_{\text{A}}}\right)_{T,P,n_{\text{B}}}=RT\ln\gamma_{\text{A}}=z\omega N_0\left(\frac{n_{\text{B}}}{n_{\text{A}}+n_{\text{B}}}\right)^2 \tag{2-48}$$

所以

$$RT\ln\gamma_{\text{A}}=z\omega N_0x_{\text{B}}^2 \tag{2-49}$$

亦即 A 的超额偏摩尔吉布斯自由能为：

$$\Delta G_{\text{A,m}}^E=RT\ln\gamma_{\text{A}}-z\omega N_0x_{\text{B}}^2 \tag{2-50}$$

同理可得

$$\Delta G_{\text{B,m}}^E=RT\ln\gamma_{\text{B}}=z\omega N_0x_{\text{B}}^2 \tag{2-51}$$

其他超额偏摩尔函数，可以进行类似推导：

$$\Delta S_{\text{A,m}}^E=(\partial\Delta_{\text{mix}}S/\partial n_{\text{A}})=-R\ln x_{\text{A}} \tag{2-52}$$

$$\Delta S_{\text{B,m}}^E=(\partial\Delta_{\text{mix}}S/\partial n_{\text{B}})=-R\ln x_{\text{B}} \tag{2-53}$$

$$\Delta H_{\text{A,m}}^E=RT\ln\gamma_{\text{A}} \tag{2-54}$$

$$\Delta H_{\text{B,m}}^E=RT\ln\gamma_{\text{B}} \tag{2-55}$$

由上式(2-54) 和式(2-55) 得：

$$\ln\gamma_{\text{A}}=z\omega\frac{N_0}{RT}x_{\text{B}}^2 \tag{2-56}$$

$$\ln\gamma_{\text{B}}=z\omega\frac{N_0}{RT}x_{\text{A}}^2 \tag{2-57}$$

令 $\beta=\frac{N_0}{RT}$，$\alpha=z\omega\frac{N_0}{RT}=z\omega\beta$，则得活度系数 γ_i 与组成的摩尔分数 x_i 之间的

一组关系，则在二元系中，可以得到：

$$\ln\gamma_i=\alpha_i(1-x_i)^2 \tag{2-58}$$

其中，

$$\alpha_i=\frac{\ln\gamma_i}{(1-x_i)^2} \tag{2-59}$$

式(2-59) 中，在一定温度下 α_i 是常数，与组成无关，两组元数值相同，即 $\alpha_A=\alpha_B=z\omega\beta$。

可以看到，正规溶液有两个重要特性：

① 偏摩尔混合焓和超额偏摩尔混合焓均与温度无关。

② $\ln\gamma_i$ 与 T 成反比关系。

③ $\Delta_{mix}G/RT$、$\Delta_{mix}G_m^E$ 及 $\Delta_{mix}H_m$ 与组成呈抛物线关系，即：

$$\Delta_{mix}G/RT=z\omega\beta(1-x_B)x_B+[(1-x_B)\ln(1-x_B)+x_B\ln x_B] \tag{2-60}$$

$$\Delta_{mix}G_m^E/RT=z\omega\beta(1-x_B)x_B=z\omega\beta(x_B-x_B^2) \tag{2-61}$$

$$\Delta_{mix}H_m=z\omega N_0(x_B-x_B^2) \tag{2-62}$$

在各个恒定温度下，x_B 从 0→1 时，以上各式皆呈抛物线关系，$z\omega\beta$（或 $z\omega N_0$）正负不同曲线凹向不同，且存在极值。当 $\omega<0$（或 $z\omega\beta<0$），表示异名质点间相互作用力大于同名质点间的力，各式是负值，与理想溶液呈负偏差，曲线呈向下凹形。当 $\omega>0$（或 $z\omega\beta>0$），情况则相反，表示同名质点间的相互作用强于异名质点间的。以上各式皆为正值，表明与理想溶液成正偏差。当 $z\omega\beta$ 增大到某个值（如 $z\omega\beta=3$）时，存在一个 MN 区域，溶液不稳定，分解成两个相，一个相含 A 高，另一个相含 B 高。显然 MN 是两相吉布斯自由能的公切线。当 $\omega=0$，$z\omega\beta=0$ 时，$\Delta_{mix}G_m=\Delta_{mix}G_m^{id}$，$\Delta_{mix}G^E=\Delta_{mix}H^E=0$，溶液为理想溶液。

在恒温下，式(2-60) 对 x_B 求偏导数，并令其等于零，得

$$\left(\frac{\partial\left(\frac{\Delta_{mix}G_m^E}{RT}\right)}{\partial x_B}\right)_T=\frac{z\omega\beta}{RT}(1-2x_B)=0$$

如果作图的话，可以看出，在 $x_B=0.5$，$\Delta_{mix}G_m^E/(RT)$ 对 x_B 上有一个最高点。在 $z\omega\beta=3$ 时会有溶液分解成两个相 M 和相 N 的现象。开始出现两相的拐点温度为临界温度 T_c。

正规溶液的吉布斯自由能可表示如式(2-63)：

$$G_m=x_AG_A^*+x_BG_B^*+RT(x_A\ln x_A+x_B\ln x_B)+\omega x_Ax_B \tag{2-63}$$

在式(2-63) 中，G_A^* 和 G_B^* 分别为纯组元 A 和纯组元 B 的吉布斯自由能；ω 是溶液中原子的相互作用特性参数。式(2-63) 分别对 x_B 一次、二次和三次偏微分，得：

$$\frac{\partial G_m}{\partial x_B}=(G_B^*-G_A^*)+RT(-\ln x_A+\ln x_B)+\omega(1-2x_B) \tag{2-64}$$

$$\frac{\partial^2 G_m}{\partial x_B^2}=RT\left(\frac{1}{x_A}+\frac{1}{x_B}\right)-2\omega \tag{2-65}$$

$$\frac{\partial^3 G_m}{\partial x_B^3}=RT\left(\frac{1}{x_A^2}-\frac{1}{x_B^2}\right) \tag{2-66}$$

令式(2-65) 的二次微分式等于零，得式(2-67)：

$$x_A x_B=RT/(2\omega) \tag{2-67}$$

可以发现，式(2-67) 是一条对称性抛物线。

令式(2-66) 的三次微分式等于零，则得式(2-68)：

$$x_A=x_B=\frac{1}{2} \tag{2-68}$$

由式(2-68) 和式(2-67) 可得，临界（拐点）温度为 $T_c=\omega/(2R)$。

诸多的研究发现，同族间元素 Cd-Zn、Ga-In、Pb-S 等在整个组成范围内符合 $\Delta_{mix}H_m=\omega x_A x_B$ 关系。而不同族如 Zn-In、Zn-Sn、Zn-Bi 等积分混合焓曲线不对称。但有特殊情况，如 Au-Cu 等同族元素形成的溶液，在 1550K 时 $\Delta_{mix}H_m$ 出现不对称曲线，而且 $\Delta_{mix}S_m^E\neq 0$，$\Delta_{mix}G_m^E=\Delta_{mix}H_m$，其原因可能是 $z\omega$ 值不能反映溶液的真实情况，原子间的相互作用超出了 z 个最近邻原子之外。

同理可以推导三元正规溶液有类似的方程形式，如式(2-69)～式(2-71) 所示。

$$\Delta_{mix}G_m^E=\omega_{AB}x_A x_B+\omega_{AC}x_A x_C+\omega_{BC}x_B x_C+RT(x_A\ln x_A+x_B\ln x_B+x_C\ln x_C) \tag{2-69}$$

$$\Delta_{mix}G_m^E=\Delta_{mix}H_m^E=\Delta_{mix}H_m=\omega_{AB}x_A x_B+\omega_{AC}x_A x_C+\omega_{BC}x_B x_C \tag{2-70}$$

$$\Delta_{mix}S_m^E=0 \tag{2-71}$$

2.2 合金熔体原子-分子共存热力学模型

多元溶液的活度一直是困扰冶金、化学及材料相关学科的一个大问题，100 余年来，冶金与材料热力学研究中建立了许多计算活度的模型，但对三元以上的体系，在溶质浓度较高时还没有一个准确的计算模型。目前的溶液热力学模型普遍存在两个问题：

① 对于溶液中组元的存在形式没有明确的定义，如 A-B 二元系，一概认为溶液中就只有 A 与 B 两个原子的形式，虽然考虑它们之间的相互作用，但往往忽略了其相互作用的最终结果是以分子的形式存在，即只认为分子存在于固态中，分子熔化了，就不承认其存在的形式了，这是一个特别匪夷所思的思维模式。

② 各个热力学模型的应用范围都有局限性，三元以上的多元系溶液只有 Wagner模型可用，但由于其是在溶质浓度趋于零的情况下推导得出的数学模型，在溶质浓度较大时出现较大偏差。人们的习惯思维还是试图利用数学模型解决热力学问题，有可能偏离了热力学的本质。导致到目前为止很少有多元系组元的模型能够较准确地计算合金溶液在全成分范围内的活度。

目前对于合金溶液物相的研究，已经从宏观发展到微观，诸多的研究发现相图中在固态下金属间化合物的合金，无论多少个组元的体系和温度，其与形成它的组元间始终存在着热力学平衡，溶液中总会依据质量作用定律稳定地存在着金属间化合物分子。

根据合金溶液存在金属间化合物的结构特点，提出了适用于全浓度范围新的热力学模型，并称作合金熔体原子-分子热力学模型（简称为原子-分子热力学模型）。在该模型中，多元系组元与其形成的金属间化合物平衡时的摩尔分数事实上就是所谓的“活度”，这也揭示了在金属间化合物存在于溶液中时，合金熔体中的活度概念可能不再存在，只有热力学概念下的浓度（摩尔分数），而所谓的“活度”，是没有对溶液的本质认识清楚下的模糊概念。

2.2.1 合金熔体原子-分子共存理论模型

2.2.1.1 模型的假设条件[2-4]

基于合金熔体中金属间化合物分子存在的假设，在一定温度下，合金溶液中的金属间化合物分子与组成它的金属原子间的化学平衡，遵循质量作用定律。如二元合金熔体体系 A-B，合金熔体 A、B 原子与其可能形成的分子的热力学模型的假设：

① 二元 A-B 合金体系在固态下存在的金属间化合物，其也存在于该体系的熔体中，且与 A、B 原子存在化学平衡。

② 合金熔体体系由原子 A、B 和所有可能形成的化合物分子共同组成，此时的熔体中各组元为：A、B、An1Bm1、An2Bm2，平衡时合金熔体中的这些组元在全浓度范围服从理想溶液规律或拉乌尔定律。

③ 合金熔体达到平衡时，所有的化合物分子的摩尔分数与 A、B 的摩尔分数在全浓度范围内遵循质量作用定律，与合金溶液中所有的金属间化合物构成平衡的组元 A、B 的摩尔分数即分别为组元 A、B 的活度。

以上假设的验证，文献［2］与文献［5-7］进行过对比。

对于液态中化合物存在最直接的依据莫过于对已经测量得到的化合物的热力学数据，文献［3-5］列出了 32 个化合物的熔化熵的值，如表 2-1 所示。可以看出，这些化合物熔化熵的值大多在 20～50J/(mol·K)之间，而一般化合物的分解熵的值为 100～200J/(mol·K)之间，这说明熔化过程化合物没有分解，而是由固态变为液态的相变。表 2-1 的数据也间接证明，固态下形成的稳定化合物，如果在相图上没有发生明显的分解（如没有到熔点就发生离解的不稳定化合物），到液态时还应该以化合物的形式存在。

表 2-1 部分化合物的熔点和熔化熵[3, 4, 8]

化合物	T_m/K	S_m/[J/(mol·K)]	化合物	T_m/K	S_m/[J/(mol·K)]
NaF	1269	26.12688	$FeCl_3$	581	65.3
NaCl	1074	26.2	$ScCl_3$	1240	54.4
KF	1131	24.1	$HoBr_3$	1192	41.9
KCl	1044	25.2	$CeCl_3$	1090	49.0
MgO	3098	25.0	$PrBr_3$	966	49.0
AgCl	728	17.8	YCl_3	994	31.8
BeO	2850	28.3	$HoCl_3$	993	30.6
FeS	1468	22.0	MoO_3	1073	45.2
TlCl	702	22.6	WO_3	1745	42.0
TlBr	733	22.40045	Al_2O_3	2327	50.9
$MgCl_2$	987	43.7	V_2O_5	943	69.3
$MnCl_2$	923	40.8	PbI_2	680	23.8
$FeCl_2$	950	45.2	$PbCl_2$	772	29.8
$CaCl_2$	1045	27.2	$TeCl_4$	497	37.9
MgF_2	1536	37.9	$SnCl_4$	239	38.5
TiO_2	2143	31.1	UF_6	337	57.0

2.2.1.2 合金熔体原子-分子共存理论模型的建立流程

对于 A、B 两个组元组成的合金熔体，假设 A、B 在固态下形成稳定化合物 $A_\eta B_\xi$、$A_\eta B_\xi$ 在熔液中依然存在，如反应式(2-72) 所示。

$$\eta A_{(l)}+\xi B_{(l)}=A_\eta B_{\xi(l)} \qquad \Delta_r G^{\ominus}_{A_\eta B_\xi}=a+bT \tag{2-72}$$

取 100g 溶液，设 A、B 初始配料时的质量分别为 $w[A]^0_{\%}$、$w[B]^0_{\%}$，则其物质的量分别为

$$n^0_A=\frac{w[A]^0_{\%}}{Ar_A} \qquad n^0_B=\frac{w[B]^0_{\%}}{Ar_B} \qquad n^0_{A_\eta B_\xi}=0 \tag{2-73}$$

一定温度下，混合后的 A-B 形成了 A、B、$A_\eta B_\xi$ 等三个组元构成的溶液，若体系达到平衡时，生成的化合物 $A_\eta B_\xi$ 的量为 x mol，则

$$n_A=n^0_A-\eta x \tag{2-74}$$

$$n_B=n^0_B-\xi x \tag{2-75}$$

体系中的总物质的量为

$$\sum n_i=n_A+n_B+x=(n^0_A-\eta x)+(n^0_B-\xi x)+x=n^0_A+n^0_B+(1-\eta-\xi)x \tag{2-76}$$

可以计算出A、B、$A_\eta B_\xi$等三个组元构成的溶液中，各自的摩尔分数（也就是所谓的活度）如式(2-77)所示。

$$\begin{cases} a_A = x_A = \dfrac{n_A^0 - \eta x}{n_A^0 + n_B^0 + (1-\eta-\xi)x} \\ a_B = x_B = \dfrac{n_B^0 - \xi x}{n_A^0 + n_B^0 + (1-\eta-\xi)x} \\ a_{A_\eta B_\xi} = x_{A_\eta B_\xi} = \dfrac{x}{n_A^0 + n_B^0 + (1-\eta-\xi)x} \end{cases} \tag{2-77}$$

这是溶液中存在化合物时计算活度的统一模型。

由等温方程式

$$\Delta_r G^\theta = -RT\ln K^\theta = -RT\ln \frac{a_{A_\eta B_\xi}}{a_A^\eta a_B^\xi} \tag{2-78}$$

一定温度T下，可用式(2-72)计算出$K^\theta(T)$，则

$$K^\theta(T) = \frac{\dfrac{x}{n_A^0 + n_B^0 + (1-\eta-\xi)x}}{\left[\dfrac{n_A^0 - \eta x}{n_A^0 + n_B^0 + (1-\eta-\xi)x}\right]^\eta \left[\dfrac{n_B^0 - \xi x}{n_A^0 + n_B^0 + (1-\eta-\xi)x}\right]^\xi} = \frac{x[n_A^0 + n_B^0 + (1-\eta-\xi)x]^{\eta+\xi-1}}{(n_A^0 - \eta x)^\eta (n_B^0 - \xi x)^\xi} \tag{2-79}$$

由式(2-79)可以解出x，并代入式(2-77)活度a_A、a_B表达式中，可以得到组元A、B的摩尔分数，也就是所谓A、B的活度。

2.2.1.3 Mg-Si二元系活度的求解

Mg-Si二元系相图如图2-1[9]所示，其中横坐标x为摩尔分数，这个二元系在固态时存在一个化合物Mg_2Si，假设其在溶液中也存在，选用Barin的[10]热力学数据$\Delta G^\theta_{1373K} = -55.206$ kJ/mol。

这是一个典型的金属熔体中存在A_2B型化合物的二元系，设A为Mg，B为Si，其反应通式如式(2-80)所示。

$$2A + B = A_2B, \Delta G^\theta = a + bT \tag{2-80}$$

温度T时，可以计算得式(2-80)的平衡常数K^θ，将$\eta = 2$、$\xi = 1$代入式(2-80)，并整理得式(2-81)。

$$4(K^\theta+1)x^3 - 4(n_A^0 + n_B^0)(K^\theta+1)x^2 + [n_A^0(n_A^0 + 4n_B^0)K^\theta + (n_A^0 + n_B^0)^2]x - (n_A^0)^2 n_B^0 K^\theta = 0 \tag{2-81}$$

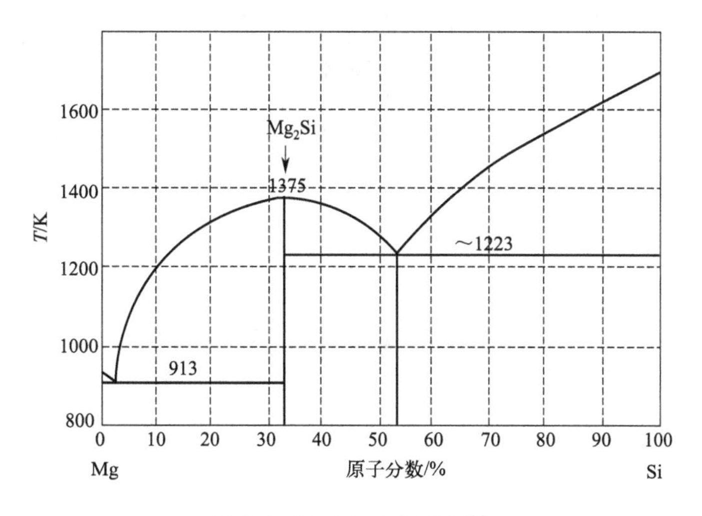

图 2-1　Mg-Si 二元系相图[9]

得到的 x 代入式(2-77)，得 A(Mg)、B(Si) 和 $A_2B(Mg_2Si)$ 平衡的摩尔分数如式(2-82) 所示。

$$
\begin{cases}
a_A = x_A = \dfrac{n_A^0 - 2x}{n_A^0 + n_B^0 - 2x} \\
a_B = x_B = \dfrac{n_B^0 - x}{n_A^0 + n_B^0 - 2x} \\
a_{A_2B} = x_{A_2B} = \dfrac{x}{n_A^0 + n_B^0 - 2x}
\end{cases}
\tag{2-82}
$$

这也是所谓 A(Mg)、B(Si)和 $A_2B(Mg_2Si)$的活度。

由式(2-82) 计算得到的 1373K 时 Mg、Si 的活度和文献［5-7］的实验数据对比，如图 2-2 所示，其中纵坐标 a_i 为 Mg、Si 的活度。可以看出，模型在假设溶液中存在化合物 Mg_2Si 的情况下，计算得到的摩尔分数与诸多研究者[5-7] 实验测得的活度相同。

上述计算合金熔体中组元活度的通用方法可以总结为，首先查相关的合金相图，根据固态下存在的金属间化合物作为合金溶液体系的结构单元建立模型。由形成金属间化合物的$\Delta_r G^{\circ}_{A_\eta B_\xi} = a + bT$，根据等温方程式$\Delta G^{\circ}_{A_\eta B_\xi} = -RT\ln K$ 求出平衡常数 K，此处分成两种求解方法。

① 若 $\Delta G^{\circ}_{A_\eta B_\xi} = a - bT$ 已知，则可以直接求出 K 代入模型，求解多元非线性方程组即可得到目标成分处各组元的实际摩尔分数（活度），即正向解法。

② 若 $\Delta G^{\circ}_{A_\eta B_\xi} = a - bT$，则 K 不已知，可由实测活度代入模型拟合 K，再将其

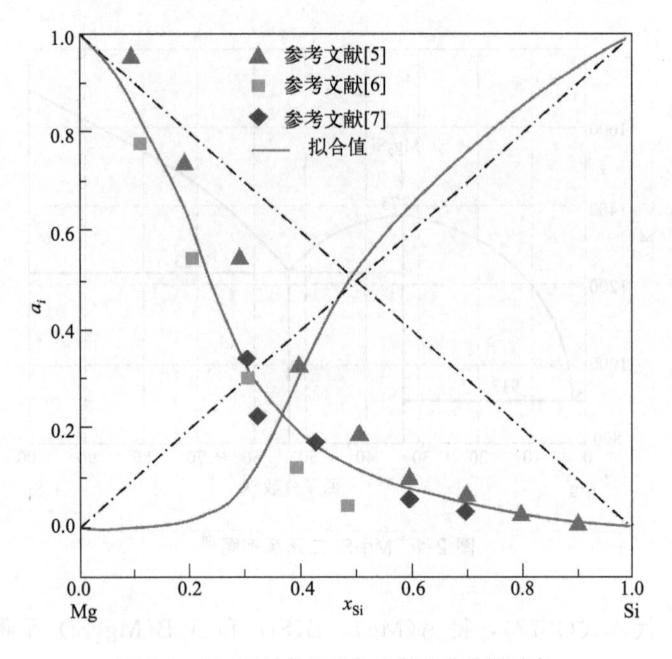

图 2-2 Mg-Si 计算活度与文献实验数据对比

代入模型中求解各组元的实际摩尔分数，此为反向解法。

不论哪种方法，将计算得到的组元摩尔分数与实测活度比对，以验证建立模型的合理性。如果计算结果不合理，则需要重新优化模型，而模型的问题可能由于熔体中金属间化合物分子的选取上有所差异，不同文献的相图对于金属间化合物的认定也会有差别，或文献中 $\Delta_r G^{\varnothing}_{A_\eta B_\xi}=a+bT$ 的数值有时也差别很大。因此，需要查找更多文献，以确定合金体系中存在的化合物分子的合理性或 $\Delta_r G^{\varnothing}_{A_\eta B_\xi}=a+bT$ 数据的准确性。

对准确确定的体系结构单元，重复上述步骤。合金熔体原子-分子热力学模型的建模流程如图 2-3 所示。

2.2.2 二元合金溶液通用热力学模型的构建和求解方法

假设二元合金系 A-B，其相图中含有 AB、AB_2、…、AB_n 共 n 个金属间化合物。在 A-B 二元合金溶液中，这些金属间化合物分子与金属原子 A、B 同时存在如下式(2-83) 的化学平衡[11]。

$$A(l)+B(l)=AB(l)$$
$$A(l)+2B(l)=AB_2(l)$$
$$\cdots$$
$$A(l)+nB(l)=AB_n(l) \tag{2-83}$$

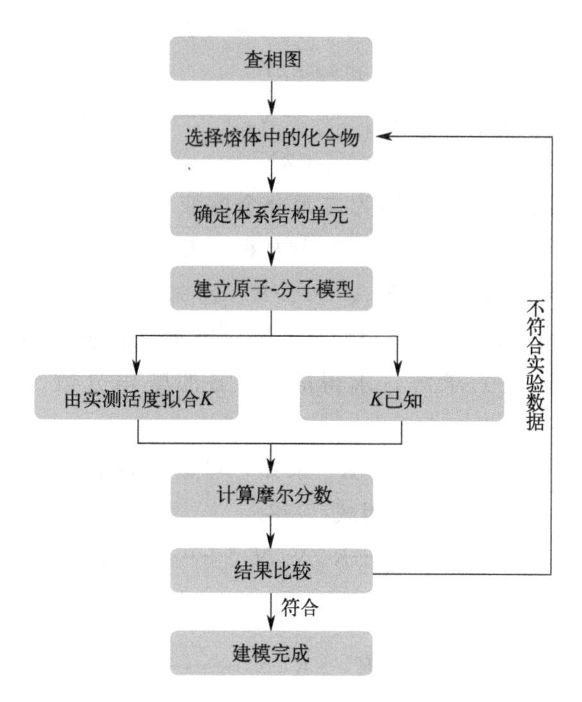

图 2-3 合金熔体原子-分子热力学模型的建模流程图[11]

假设 A-B 二元合金的初始总物质的量为 1mol，令 A、B 的初始摩尔分数为 $a=x_A$，$b=x_B$，则 a、b 也表示 A、B 初始加入的物质的量。

统一将溶液中的金属原子和化合物分子称为结构单元。

溶液达到平衡时，假设各结构单元的摩尔分数为：

$$N_A、N_B、N_{AB}、N_{AB_2}、\cdots、N_{AB_n}$$

令 $N_1=N_A, N_2=N_B, N_3=N_{AB}, N_4=N_{AB_2}, \cdots, N_{n+2}=N_{AB_n}$

n_{bal} 为平衡时熔体中所有结构单元的总物质的量。

故平衡时存在着如下方程式(2-84)

$$K_1=\frac{N_3}{N_1N_2}$$

$$K_2=\frac{N_4}{N_1{N_2}^2}$$

$$\cdots$$

$$K_n=\frac{N_{n+2}}{N_1{N_2}^n} \tag{2-84}$$

其中，K_1、K_2、…、K_n 分别为式(2-83) 中各反应的平衡常数，式(2-83) 中共含有 n 个方程式。摩尔分数归一方程为式(2-85)

$$N_1+N_2+N_3+N_4+\cdots+N_{n+2}=1 \tag{2-85}$$

而质量守恒方程为式(2-86) 和式(2-87)

$$a=n_{\mathrm{bal}}(N_1+N_3+N_4+\cdots+N_{n+2}) \tag{2-86}$$

$$b=n_{\mathrm{bal}}(N_2+N_3+2N_4+\cdots+nN_{n+2}) \tag{2-87}$$

联立式(2-84)~式(2-87)，即为二元合金溶液求解 N_1、N_2、N_3、N_4、…、N_{n+2} 的通用热力学模型，共计 $n+3$ 个方程。其中，初始摩尔分数 a、b 为已知条件，当热力学数据 K_1、K_2、…、K_n 已知时，未知参数为 N_1、N_2、N_3、N_4、…、N_{n+2} 和 n_{bal}，共计 $n+3$ 个。因此，该多元非线性方程组可以使用 Matlab（数学软件）求解。求得的 A、B 的摩尔分数 N_1、N_2 即为组元 A、B 的活度。

若热力学数据 K_1、K_2、…、K_n 未知，可以通过如下方法计算得到：

将式(2-84) 代入式(2-85) 中得式(2-88)：

$$N_1+N_2+K_1N_1N_2+K_2N_1N_2{}^2+\cdots+K_nN_1N_2{}^n=1 \tag{2-88}$$

整理得式(2-89)：

$$\frac{1-N_1-N_2}{N_1N_2}=K_1+K_2N_2+\cdots+K_nN_2{}^{n-1} \tag{2-89}$$

令

$$\begin{cases} Y=\dfrac{1-N_1-N_2}{N_1N_2} \\ X_1=N_2 \\ X_2=N_2{}^2 \\ \cdots \\ X_{n-1}=N_2{}^{n-1} \end{cases} \tag{2-90}$$

则式(2-90) 可以化简为

$$Y=K_1+K_2X_1+K_3X_2+\cdots+K_nX_{n-1} \tag{2-91}$$

查找相关文献或实验得到组元 A、B 若干个不同浓度时的活度 a_{A} 和 a_{B}，将 $N_1=a_{\mathrm{A}}$，$N_2=a_{\mathrm{B}}$ 代入式(2-90) 中，利用式(2-91) 通过最小二乘法进行 $(n-1)$ 元线性拟合求出平衡常数 K_1、K_2、…、K_n。再根据所得的 $K_i(i=1,2,\cdots,n)$，代入式(2-84)~式(2-87)，建立求解 a、b 为其他值时的活度模型。求得 A、B 的摩尔分数 N_1、N_2(即活度) 后，可与实测活度对比验证建立的模型是否合理。

2.2.3 Mg-Ca 熔体原子-分子共存理论模型

在镁合金及各种冶金的精练过程中，Mg-Ca 二元系合金有着非常广泛的应用，可以作为冶金过程精练阶段的强脱硫、脱氧剂。因此，对 Mg-Ca 熔体热力学性质的研究意义重大。

研究者用电动势法在 1010K 时测得不同成分下的 Mg-Ca 熔体活度[12]，下面以其实测活度与原子-分子模型求得的 Ca、Mg 摩尔分数（活度）进行对比，检验与实测活度是否相符。

2.2.3.1 计算模型的建立

建立合金熔体原子-分子热力学模型的一般流程的方法：

（1）查阅相关相图 Ca-Mg 二元系相图如图 2-4 所示，从相图中可以发现，该体系中存在一个金属间化合物 $CaMg_2$。

（2）确立体系结构单元 依据相图，在合金熔体原子-分子热力学模型的假设下，确定该体系熔体中存在三种物质，分别是原子 Mg、Ca 和化合物分子 $CaMg_2$。每种物质为一个结构单元，则该体系存在三个结构单元。在平衡状态下，三个结构单元处于动态的化学平衡之中，且遵从质量作用定律。

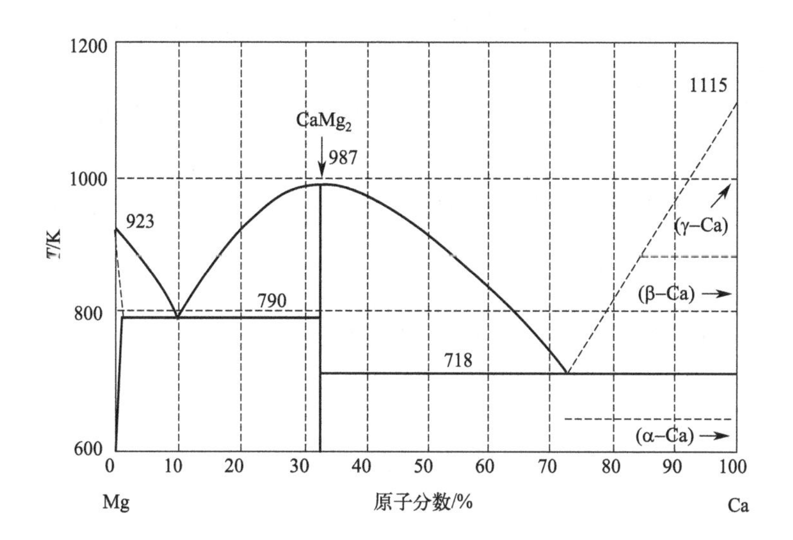

图 2-4 Ca-Mg 二元合金相图[9]

（3）建立模型 根据合金熔体中假设存在的原子 Mg、Ca 和化合物分子 $CaMg_2$，初始总物质的量为 1mol，令 $a=\sum x_{Ca}$，$b=\sum x_{Mg}$，a、b 既表示各组元的初始摩尔分数，又表示各组元的初始摩尔数。熔体中原子 Mg、Ca 和化合物分子 $CaMg_2$ 达到平衡时，各组元的摩尔分数分别为 $N_1=N_{Ca}$，$N_2=N_{Mg}$，$N_3=N_{CaMg_2}$，n_{bal} 为平衡时熔体中结构单元总摩尔数。

依据质量作用定律

$$\mathrm{Ca}(l)+2\mathrm{Mg}(l)=\!=\!=\mathrm{CaMg_2}(l) \qquad K_1=\frac{N_3}{N_1N_2^2} \tag{2-92}$$

由式(2-92) 整理后得式(2-93)：

$$N_3=K_1N_1N_2^2 \tag{2-93}$$

根据物料平衡方程式(2-94) 及式(2-95)：

$$a=n_{\mathrm{bal}}(N_1+N_3) \tag{2-94}$$

$$b=n_{\mathrm{bal}}(N_2+2N_3) \tag{2-95}$$

将摩尔分数归一化，得式(2-96)：

$$N_1+N_2+N_3=1 \tag{2-96}$$

式(2-93)～式(2-96) 为 Ca-Mg 熔体的原子-分子共存理论模型。

在一定温度 T 下，K_1 为平衡常数，a、b 为给定 Ca、Mg 的摩尔数，也为常数，有 N_1、N_2、N_3、n_{bal} 四个变量，该四元非线性方程组模型有唯一解。

由于无法查到 $\mathrm{CaMg_2}$ 的 $\Delta_r G^{\circ}_{\mathrm{CaMg_2}}=a+bT$ 的相应数据，因此无法计算出形成 $\mathrm{CaMg_2}$ 的吉布斯自由能，继而无法求得 K_1。

(4) 平衡常数 K 的拟合求取　将式(2-93) 代入式(2-96) 得式(2-97)

$$N_1+N_2+K_1N_1N_2^2=1 \tag{2-97}$$

其中，N_1、N_2 即为 Ca、Mg 的活度a_{Ca} 和a_{Mg}，令 $y=1-N_1-N_2$，$x=N_1N_2^2$，则得式(2-98)

$$y=K_1x \tag{2-98}$$

由 n 个实测活度可得到式(2-99) 的向量形式

$$\begin{bmatrix} y_1 \\ y_2 \\ \cdots \\ y_n \end{bmatrix}=K_1\begin{bmatrix} x_1 \\ x_2 \\ \cdots \\ x_n \end{bmatrix} \tag{2-99}$$

代入文献［12］的 1010K 下的实测活度，使用最小二乘法对式(2-98) 进行线性拟合，求出 $K_1=11.26$。

2.2.3.2　计算结果和分析

将 $K_1=11.26$ 代入式(2-93)，使用 Matlab 的 fsolve 函数求解式(2-93)～式(2-96) 的原子-分子热力学模型，得到的结果列于表 2-2，计算所得的实际组元摩尔分数与实测活度作于图 2-5 中进行比较。

表 2-2　1010K 下 Ca-Mg 二元系原子-分子共存理论模型求解结果

序号	x_{Ca}	N_{Ca}	N_{Mg}	N_{CaMg_2}	n_{bal}
1	0	0	1	0	1
2	0.05	0.0050	0.94	0.050	0.91
3	0.1	0.013	0.88	0.11	0.82
4	0.15	0.025	0.80	0.18	0.74
5	0.2	0.047	0.70	0.26	0.66
6	0.25	0.085	0.59	0.33	0.60
7	0.3	0.15	0.47	0.38	0.57
8	0.35	0.23	0.38	0.38	0.57
9	0.4	0.33	0.31	0.36	0.58
10	0.45	0.42	0.26	0.32	0.61
11	0.5	0.50	0.22	0.28	0.64
12	0.55	0.57	0.19	0.24	0.68
13	0.6	0.64	0.16	0.20	0.72
14	0.65	0.70	0.14	0.16	0.76
15	0.7	0.75	0.12	0.13	0.80
16	0.75	0.80	0.10	0.097	0.84
17	0.8	0.84	0.086	0.071	0.88
18	0.85	0.88	0.069	0.048	0.91
19	0.9	0.92	0.051	0.027	0.95
20	0.95	0.96	0.031	0.010	0.98
21	1	1	0	0	1

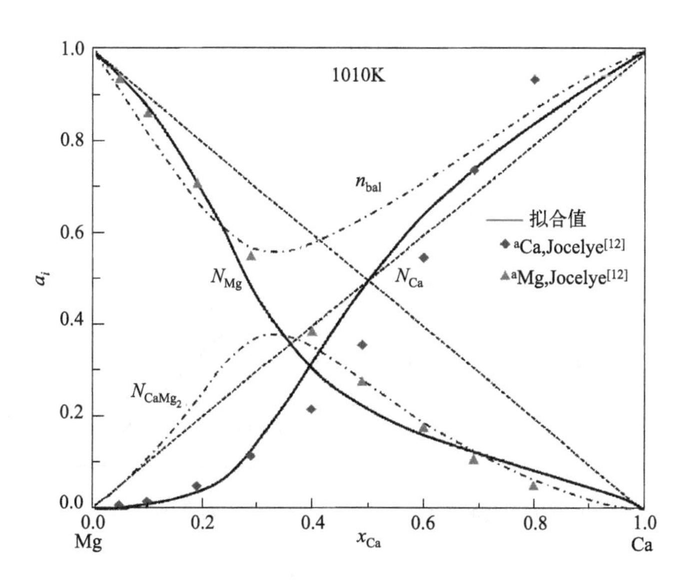

图 2-5　计算所得的 Ca、 Mg 摩尔分数与实测活度的比较（1010K）

从图 2-5 中可以看出，用该模型求解得到的 Ca、Mg 摩尔分数与实测得到的活度吻合得很好。这一方面证明 Ca-Mg 熔体中存在 $CaMg_2$ 分子，且与 Ca、Mg 原子存在着遵循质量作用定律的化学平衡关系，另一方面也证实用原子-分子热力学模型来描述 Ca-Mg 熔体是合理可信的。

2.2.4 Mg-Sn 熔体原子-分子共存理论模型

对 Mg-Sn 合金系最早的研究始于 20 世纪 90 年代，研究者们发现了该合金高温下具有的使用潜力，其有望成为一种新型廉价的高强耐热镁合金材料，对 Mg-Sn 熔体热力学性质的研究是具有意义的。Ram A. Sharma[13] 使用电动势法在 1073K 时测得 Mg-Sn 熔体中 Mg、Sn 的活度，以此实测活度作为依据，检验原子-分子共存理论模型求得的溶液中 Mg、Sn 实际摩尔分数（活度）的正确与否。

2.2.4.1 计算模型的建立

建立合金熔体原子-分子共存理论模型的一般流程的方法：

（1）查 Mg-Sn 二元系相图　Mg-Sn 二元系相图如图 2-6 所示[9]，该体系中存在 1 个金属间化合物 Mg_2Sn，但也有研究者发现 Mg-Sn 二元系在固态下存在着 MgSn 和 Mg_2Sn 两种金属间化合物分子，且计算结果最为合理。因此在建立 Mg-Sn 熔体原子-分子热力学模型时，需要考虑溶液中存在 MgSn 和 Mg_2Sn 两种分子的情况。

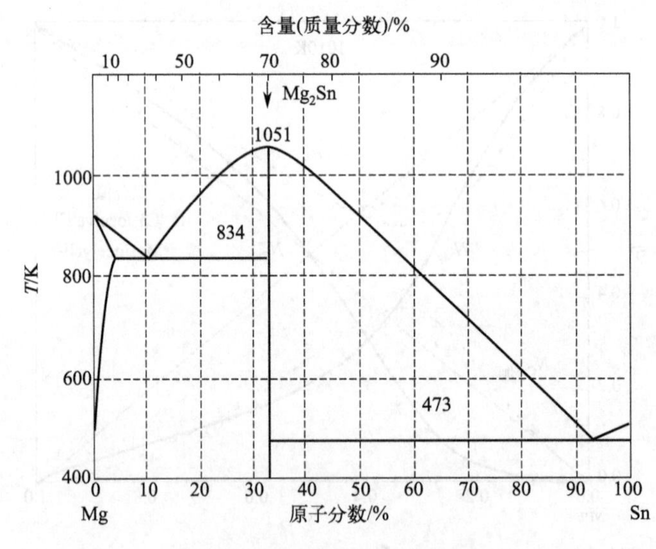

图 2-6 Mg-Sn 二元合金相图[9]

（2）确立体系结构单元，并建立原子-分子模型　由上面的分析可以确定该合金溶液体系中存在 4 种物质，分别是 Sn、Mg 原子和 MgSn、Mg_2Sn 分子。在合金溶液达到平衡时，Sn、Mg 及 MgSn、Mg_2Sn 等 4 个结构单元处于动态的化学平衡之中，且遵循质量作用定律。

假设合金的初始总物质的量为 1mol，令 $a=\sum x_{Mg}$，$b=\sum x_{Sn}$。

当熔体达到平衡时，各组元的实际摩尔分数为$N_1=N_{Mg}$、$N_2=N_{Sn}$、$N_3=N_{Mg_2Sn}$、$N_4=N_{MgSn}$，n_{bal} 为平衡时熔体中结构单元总摩尔数。

依据质量作用定律：

$$2Mg(l)+Sn(l)=\!=\!=Mg_2Sn(l) \qquad K_1=\frac{N_3}{N_1^2N_2} \tag{2-100}$$

$$Mg(l)+Sn(l)=\!=\!=MgSn(l) \qquad K_2=\frac{N_4}{N_1N_2} \tag{2-101}$$

由式(2-100) 和式(2-101) 整理后得式(2-102)和式(2-103)：

$$N_3=K_1N_1^2N_2 \tag{2-102}$$

$$N_4=K_2N_1N_2 \tag{2-103}$$

体系中始终存在质量守恒方程：

$$a=n_{bal}(N_1+2N_3+N_4) \tag{2-104}$$

$$b=n_{bal}(N_2+N_3+N_4) \tag{2-105}$$

摩尔分数存在如下归一化方程：

$$N_1+N_2+N_3+N_4=1 \tag{2-106}$$

式(2-102)～式(2-106) 为 Mg-Sn 熔体的原子-分子热力学模型。

在一定温度下，K_1、K_2 为反应式(2-100) 和式(2-101) 平衡常数，a、b 为给定 Mg、Sn 的初始量，均为常数，有 N_1、N_2、N_3、N_4 和n_{bal} 五个变量，有式(2-102)～式(2-106) 五个方程式，因此该模型有唯一解。

由于缺乏 K_1、K_2 的热力学数据，所以可以通过实测活度值来拟合求得 K_1、K_2。

2.2.4.2 平衡常数 K_1、K_2 的拟合求取

将式(2-102)和式(2-103) 代入式(2-106) 中，可得式(2-107)。

$$N_1+N_2+K_1N_1^2N_2+K_2N_1N_2=1 \tag{2-107}$$

分别将文献中的活度 $N_1=a_{Mg}$，$N_2=a_{Sn}$ 代入式(2-107)。

对式(2-107) 进行整理，并令 $y=1-N_1-N_2$，$x_1=N_1^2N_2$，$x_2=N_1N_2$，得式(2-108)：

$$y=K_1x_1+K_2x_2 \tag{2-108}$$

由 n 个实测活度代入式(2-108) 中，可得到 n 个 y 值：

$$y_1,y_2,\cdots,y_n$$

n 个 x_1 值：x_{11}，x_{12}，…，x_{1n}

和 n 个 x_2 的值：x_{21}，x_{22}，…，x_{2n}

整理可得式(2-109) 的矩阵形式：

$$\begin{bmatrix} y_1 \\ y_2 \\ \cdots \\ y_n \end{bmatrix} = \begin{bmatrix} x_{11} & x_{21} \\ x_{12} & x_{22} \\ \cdots & \cdots \\ x_{1n} & x_{2n} \end{bmatrix} \begin{bmatrix} K_1 \\ K_2 \end{bmatrix} \tag{2-109}$$

使用最小二乘法对式(2-109) 进行多元线性回归，代入文献［13］中 1073K 下的实测活度，分别求出 $K_1=328.75$，$K_2=36.15$。

2.2.4.3 计算结果和分析

将计算所得的 K_1、K_2 代入式(2-102)和式(2-103)，使用 Matlab 的 fsolve 函数求解式(2-102)～式(2-106) 的原子-分子热力学模型，得到的结果如表 2-3 所示，与实测活度的对比如图 2-7 所示。

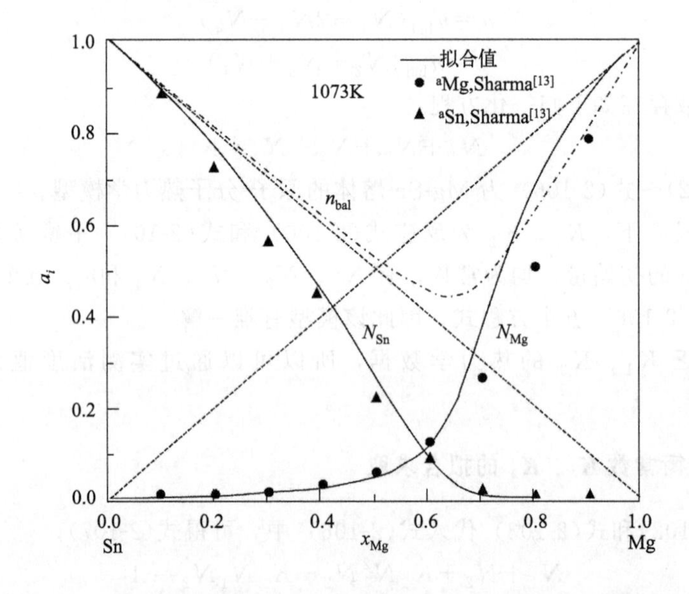

图 2-7　1073K 的 Mg-Sn 熔体计算所得的 Mg、 Sn 的活度与实测活度的对比

从图 2-7 可以看出，原子-分子共存理论模型求解得到的活度与 Sharma 实测活度吻合得很好。这一方面证明 Mg-Sn 熔体中存在 MgSn 和 Mg_2Sn 分子，且与 Mg、Sn 原子存在着遵循质量作用定律的化学平衡关系。另一方面也说明用原子-分子共存理论模型来描述 Mg-Sn 熔体是合理的。

表 2-3 1073K 下 Mg-Sn 二元系原子-分子共存理论模型求解结果

序号	x_{Mg}	N_{Mg}	N_{Sn}	N_{Mg_2Sn}	N_{MgSn}	n_{bal}
1	0	0	1	0	0	1
2	0.05	0.001453	0.948103	0.000658	0.049787	0.951382
3	0.1	0.003155	0.89216	0.00292	0.101765	0.902849
4	0.15	0.005179	0.831776	0.007333	0.155712	0.854425
5	0.2	0.007622	0.766544	0.014638	0.211197	0.806144
6	0.25	0.010629	0.696062	0.025853	0.267456	0.758057
7	0.3	0.01442	0.619993	0.042385	0.323201	0.710242
8	0.35	0.019343	0.538151	0.066197	0.376309	0.662821
9	0.4	0.025983	0.450679	0.100024	0.423313	0.616006
10	0.45	0.035396	0.358396	0.147617	0.458591	0.570182
11	0.5	0.049681	0.263438	0.213757	0.473124	0.526139
12	0.55	0.073508	0.170509	0.302888	0.453095	0.485703
13	0.6	0.118557	0.088974	0.411138	0.38133	0.453802
14	0.65	0.212127	0.033582	0.496774	0.257517	0.444234
15	0.7	0.371583	0.010504	0.476811	0.141102	0.47739
16	0.75	0.542175	0.003905	0.377381	0.076539	0.54606
17	0.8	0.682457	0.001776	0.271949	0.043818	0.629836
18	0.85	0.79152	0.000885	0.182273	0.025322	0.719493
19	0.9	0.876818	0.000432	0.109072	0.013679	0.811805
20	0.95	0.944782	0.000168	0.049311	0.005739	0.905501
21	1	1	0	0	0	1

2.2.5 Mg-Pb 熔体原子-分子共存理论模型

Mg-Pb 合金也是一种重要的镁合金体系，研究者们欲利用该合金体系制备一种新型的以金属间化合物 Mg_2Pb 为主相的高硬、高强的铅基合金。因此，对 Mg-Pb 熔体热力学性质的研究具有重要价值。Ram A. Sharma[13] 使用电动势法在 1073K 时测得 Mg-Pb 熔体中 Mg、Pb 的活度，以 Sharma 的实测活度作为依据，来检验用原子-分子热力学模型求得的溶液中 Mg、Pb 实际摩尔分数（即活度）与实测活度是否相符。

2.2.5.1 计算模型的建立

建立合金熔体原子-分子共存理论模型的一般流程的方法：

（1）查 Mg-Pb 二元系相图　Mg-Pb 二元系相图如图 2-8 所示，该体系中存在 1 个金属间化合物 Mg_2Pb，且与 Mg-Sn 相图十分相似，二者的熔体结构和热力学性质相似。通过建模试算时发现，在 Mg-Pb 合金溶液考虑有 MgPb 和 Mg_2Pb 两种分子时，计算结果最为合理。因此 Mg-Pb 熔体原子-分子共存理论模型，应考虑溶液中存在 MgPb 和 Mg_2Pb 两种分子。

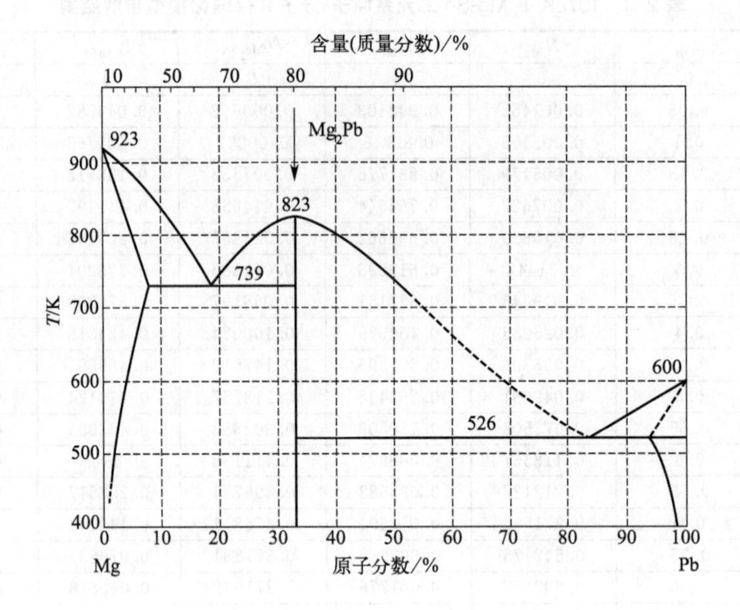

图 2-8　Mg-Pb 二元合金相图[9]

(2) 确立体系结构单元并建立原子-分子模型　上面的分析可以确定 Mg-Pb 二元合金溶液体系中存在 4 种物质，分别是 Pb、Mg 原子和 MgPb、Mg_2Pb 分子，则该体系存在 4 个结构单元。在合金溶液达到平衡时，4 个结构单元处于动态的化学平衡之中，且遵循质量作用定律。

假设该合金熔体的初始总物质的量为 1mol，令 $a=\sum x_{Mg}$，$b=\sum x_{Pb}$。

当熔体达到平衡时，令各组元的实际摩尔分数为 $N_1=N_{Mg}$、$N_2=N_{Pb}$、$N_3=N_{Mg_2Pb}$、$N_4=N_{MgPb}$，n_{bal} 为平衡时熔体中结构单元总物质的量。

依据质量作用定律：

$$2Mg(l)+Pb(l)=\!=\!=Mg_2Pb(l) \qquad K_1=\frac{N_3}{N_1^2 N_2} \tag{2-110}$$

$$Mg(l)+Pb(l)=\!=\!=MgPb(l) \qquad K_2=\frac{N_4}{N_1 N_2} \tag{2-111}$$

由式(2-110) 和式(2-111) 整理后得式(2-112) 和式(2-113)

$$N_3=K_1 N_1^2 N_2 \tag{2-112}$$

$$N_4=K_2 N_1 N_2 \tag{2-113}$$

质量守恒方程：

$$a=n_{bal}(N_1+2N_3+N_4) \tag{2-114}$$

$$b=n_{bal}(N_2+N_3+N_4) \tag{2-115}$$

摩尔分数归一化后的方程为：

$$N_1+N_2+N_3+N_4=1 \tag{2-116}$$

式(2-112)～式(2-116) 即为 Mg-Pb 熔体的原子-分子热力学模型。

在一定温度下，K_1、K_2 为反应式(2-110) 和式(2-111) 平衡常数，a、b 为给定 Mg、Pb 的初始量，均为常数，有 N_1、N_2、N_3、N_4 和 n_{bal} 五个变量，有式(2-112)～式(2-116) 五个方程式，因此该模型有唯一解。

2.2.5.2 平衡常数 K_1、K_2 的拟合求取

将式(2-112)和式(2-113) 代入式(2-116) 中得式(2-117)：

$$N_1+N_2+K_1N_1^2N_2+K_2N_1N_2=1 \tag{2-117}$$

将实际活度 $N_1=a_{Mg}$，$N_2=a_{Pb}$ 代入式(2-117) 整理后，令 $y=1-N_1-N_2$，$x_1=N_1^2N_2$，$x_2=N_1N_2$，得式(2-118)。

$$y=K_1x_1+K_2x_2 \tag{2-118}$$

将文献 [13] 中 n 个实测活度代入式(2-118) 中，可得到 n 个 y 数据点：

y_1，y_2，…，y_n

及 n 个 x_1 数据点：x_{11}，x_{12}，…，x_{1n}

和 n 个 x_2 数据点：x_{21}，x_{22}，…，x_{2n}

整理后可得到式(2-119) 的矩阵形式

$$\begin{bmatrix} y_1 \\ y_2 \\ \cdots \\ y_n \end{bmatrix}=\begin{bmatrix} x_{11} & x_{21} \\ x_{12} & x_{22} \\ \cdots & \cdots \\ x_{1n} & x_{2n} \end{bmatrix}\begin{bmatrix} K_1 \\ K_2 \end{bmatrix} \tag{2-119}$$

使用最小二乘法对式(2-119) 进行多元线性回归，代入文献 [13] 中 1073 K 下的实测活度，求出 $K_1=81.59$，$K_2=10.11$。

2.2.5.3 计算结果和分析

将前面求得的 K_1、K_2 代入式(2-112)、式(2-113)，使用 Matlab 的 fsolve 函数求解式(2-112)～式(2-116) 的原子-分子热力学模型，得到的计算结果列于表 2-4 中，将计算所得的组元摩尔分数（活度）与实测活度进行比较，如图 2-9 所示。

表 2-4　1073 K 下 Mg-Pb 二元系原子-分子共存理论模型求解结果

序号	x_{Mg}	N_{Mg}	N_{Pb}	N_{Mg_2Pb}	N_{MgPb}	n_{bal}
1	0	0	1	0	0	1
2	0.05	0.00463	0.949273	0.00166	0.044437	0.954419
3	0.1	0.009595	0.89669	0.006735	0.08698	0.908719
4	0.15	0.01502	0.841673	0.015493	0.127813	0.862962
5	0.2	0.021067	0.783645	0.028378	0.16691	0.817217
6	0.25	0.027951	0.722005	0.046021	0.204024	0.771566
7	0.3	0.035974	0.656123	0.069277	0.238627	0.726121
8	0.35	0.04559	0.58535	0.099264	0.269796	0.681049
9	0.4	0.057515	0.509074	0.137397	0.296014	0.636615
10	0.45	0.072952	0.426861	0.185355	0.314831	0.593281
11	0.5	0.09409	0.338839	0.244749	0.322322	0.551931
12	0.55	0.125265	0.246635	0.315755	0.312345	0.514442
13	0.6	0.175706	0.155665	0.392106	0.276522	0.485264
14	0.65	0.26331	0.079053	0.447191	0.210445	0.475098
15	0.7	0.400171	0.033119	0.432719	0.133991	0.500143
16	0.75	0.553646	0.014122	0.353185	0.079047	0.560093
17	0.8	0.686779	0.006747	0.25963	0.046844	0.638527
18	0.85	0.793077	0.00343	0.175996	0.027498	0.724906
19	0.9	0.877294	0.001689	0.10604	0.014977	0.814958
20	0.95	0.944869	0.000661	0.048155	0.006315	0.906927
21	1	1	0	0	0	1

从图 2-9 中可以看出，用该模型求解的摩尔分数（活度）与 Sharma 测得的实测活度很吻合。这证明 Mg-Pb 熔体中存在 MgPb 和 Mg_2Pb 分子，且与 Mg、Pb 原子存在着遵循质量作用定律的化学平衡关系。因此用原子-分子热力学模型来描述 Mg-Pb 熔体是合理的。

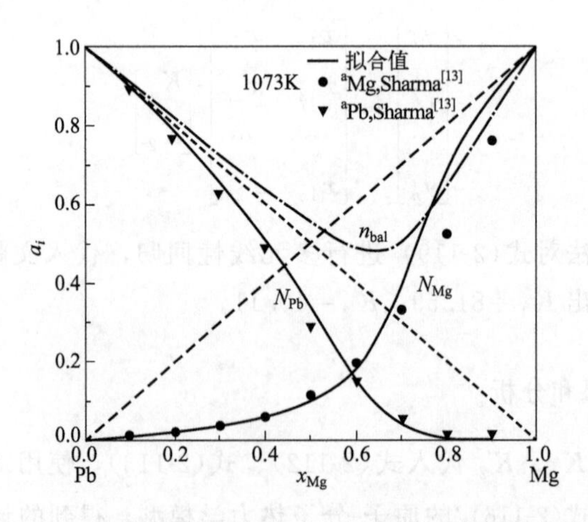

图 2-9　1073K 的 Mg-Pb 熔体中计算活度与实测活度的比较

上述利用原子-分子共存理论模型对 Mg-Si、Mg-Ca、Mg-Sn、Mg-Pb 四个二元系的活度计算与实测活度的对比都证实，熔体原子-分子热力学模型对于镁合金熔体的研究是适合的，可得出如下结论：

① Mg-i（i=Si、Ca、Sn、Pb）合金熔体中存在 Mg、i 原子和 Mg 与 i 原子形成的分子，且彼此之间存在着遵循质量作用定律的化学平衡关系；

② 原子-分子共存理论模型计算值和文献实测值吻合的事实证明该模型的合理性，亦说明原子-分子共存理论模型可以反映 Mg-i 合金熔体结构的本质；

③ 在 Mg-i 熔体中，Mg 与 i 原子形成与固态下存在的相同分子的假设下，由原子-分子热力学模型计算得到的 Mg、i 的摩尔分数实际上就是各自的活度。

2.3 镁合金热力学

镁合金热力学是研究镁合金最重要、最基础的学科，但又是相对较难的部分。欲获得优质的镁合金材料，需要在合金热力学模型的基础上，以相关相图为指导，对镁合金凝固过程的组织及析出物进行准确的表征。在本章的内容中，首先详细介绍镁合金热力学适宜的模型，从基础的正规溶液模型，到正规溶液统计热力学模型，这是目前诸多研究者计算相图时使用的模型，但该模型基本上不能用于三元以上的体系。为此重点介绍了“原子-分子共存理论（AMCT）”，可以利用其精确计算高于三元体系液态组元的平衡浓度；研究了常用镁合金的二元系、三元系的热力学性质及相关相图。

2.3.1 Mg-Al-Zn 三元系热力学

根据前述利用原子-分子共存理论对镁合金熔体结构的研究发现，溶液中有以缔合物形式存在的金属间化合物。即在 A-B 二元金属熔体中存在 A 原子、B 原子及 A_xB_y 分子三类独立的结构单元，所有的结构单元在 A-B 二元系全浓度范围内存在连续性；A、B 原子与 A_xB_y 分子之间存在化学平衡，且分子形成反应满足质量守恒定律，如下所示：

$$xA+yB=A_xB_y \quad K^{\theta}_{A_xB_y}=\frac{a_{A_xB_y}}{a_A^x a_B^y}=\frac{N_{A_xB_y}}{N_A^x N_B^y} \tag{2-120}$$

式(2-120) 中，$K^{\theta}_{A_xB_y}$ 表示形成化合物 A_xB_y 分子反应的平衡常数；a_i 代表结构单元 i 的活度。N_i 表示结构单元 i 的摩尔分数，摩尔分数 N_i 与 a_i 在数值上相等。

实际上，原子-分子共存理论与离子-分子共存理论（IMCT）的观点一致，所以亦可称为 AMCT[14,15]，金属熔体混合热力学性质可以表示为[16]

$$\Delta_{mix}G_m = \sum x \cdot [\sum_{i=3}^{i} N_i \cdot \Delta G_i^{\theta} + RT\sum_{j=1}^{j} N_j \cdot \ln N_j] \quad (2\text{-}121)$$

$$\Delta_{mix}H_m = \sum x \cdot \sum_{i=3}^{i} N_i \cdot \Delta H_i^{\theta} \quad (2\text{-}122)$$

$$\Delta_{mix}S_m = \sum x \cdot [\sum_{i=3}^{i} N_i \cdot \Delta S_i^{\theta} - R\sum_{j=1}^{j} N_j \cdot \ln N_j] \quad (2\text{-}123)$$

式中，$\Delta_{mix}G_m$ 表示摩尔混合吉布斯自由能($J \cdot mol^{-1}$)；$\Delta_{mix}H_m$ 表示摩尔混合焓($J \cdot mol^{-1}$)；$\Delta_{mix}S_m$ 表示摩尔混合熵($J \cdot mol^{-1} \cdot K^{-1}$)；$\sum x$ 表示分子组元成分的质量作用浓度总和；T、R、ΔG_i^{θ}、ΔH_i^{θ} 与 ΔS_i^{θ} 分别表示熔体温度（K）、气体常数、结构单元 i 的吉布斯自由能($J \cdot mol^{-1}$)、焓($J \cdot mol^{-1}$)与熵($J \cdot mol^{-1} \cdot K^{-1}$)。

对于 Mg-Al-Zn 三元系热力学性质的研究，先计算出 Mg-Al、Mg-Zn、Al-Zn 三个二元系的热力学性质，根据三个二元系的反应平衡常数，外推得出三元合金热力学体系性质。结合前人的实验数据与 AMCT 的理论计算，对 Mg-Al-Zn 三元系热力学性质进行表征，可以为 Zn 合金、Al 合金以及 Mg 合金领域进行新工艺开发及理论研究奠定基础依据。

2.3.2 Mg-Al 二元系熔体热力学

Al 是为了提高 Mg 合金强度和铸造性应用最广泛的元素。437 ℃时 Al 在 Mg 中最大的溶解度为 12.7%，在室温条件下溶解度降至约 2%。$Mg_{17}Al_{12}$ 是 Mg-Al 合金中的强化相，通常形成于合金凝固或时效处理过程中。文献［17］总结了诸多文献对 Mg-Al 相图特点的评价，利用 Pandat 软件计算得到了相对准确的 Mg-Al 相图，如图 2-10 所示。

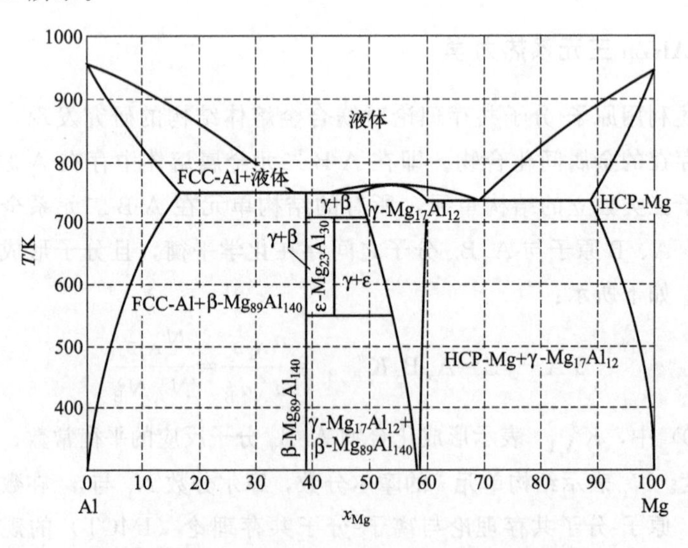

图 2-10 Pandat 软件计算的 Mg-Al 二元系相图

文献 [14，18] 基于 AMCT 模型与 Mg-Al 二元相图计算了 1073 K 条件下 Mg-Al 的热力学性质，发现在 Mg-Al 二元系全浓度范围内存在 Mg、Al 两种原子及 Mg_2Al、$Mg_{17}Al_{12}$ 与 $MgAl_2$ 三种分子，共五种结构单元。根据 2.2 的方法，利用实测活度数据可以通过拟合方法求出一定温度下生成 Mg_2Al、$Mg_{17}Al_{12}$ 与 $MgAl_2$ 三种分子的平衡常数 K_i^θ，ΔH_i^θ、ΔS_i^θ 及 ΔG_i^θ 等热力学基础数据，如式(2-124)～式(2-128) 所示。

$$1-(x_{Al}+1)N_{Mg}-(1-x_{Mg})N_{Al}=(x_{Al}-2x_{Mg}+1)K^\theta_{Mg_2Al}N^2_{Mg}N_{Al}+ (12x_{Al}-17x_{Mg}+1)K^\theta_{Mg_{17}Al_{12}}N^{17}_{Mg}N^{12}_{Al}+(2x_{Al}-x_{Mg}+1)K^\theta_{MgAl_2}N_{Mg}N^2_{Al} \tag{2-124}$$

$$\begin{aligned}\Delta_{mix}G_m &= \sum x\left[\sum_{i=3}^{i}N_i\cdot\Delta G_i^\theta+RT\sum_{j=1}^{j}N_j\cdot\ln N_j\right]\\ &=(N_{Mg}+N_{Al})\begin{bmatrix}N_{MgAl_2}\Delta G^\theta_{MgAl_2}+N_{Mg_{17}Al_{12}}\Delta G^\theta_{Mg_{17}Al_{12}}+N_{Mg_2Al}\Delta G^\theta_{Mg_2Al}\\ +RT\begin{pmatrix}N_{Mg}\ln N_{Mg}+N_{Al}\ln N_{Al}+N_{MgAl}\ln N_{MgAl}+\\ N_{Mg_{17}Al_{12}}\ln N_{Mg_{17}Al_{12}}+N_{Mg_2Al}\ln N_{Mg_2Al}\end{pmatrix}\end{bmatrix}\end{aligned} \tag{2-125}$$

$$\begin{aligned}\Delta_{mix}H_m &= \sum x\sum_{i=3}^{i}N_i\cdot\Delta H_i^\theta\\ &=(N_{Mg}+N_{Al})(N_{MgAl_2}\Delta H^\theta_{MgAl_2}+N_{Mg_{17}Al_{12}}\Delta H^\theta_{Mg_{17}Al_{12}}+N_{Mg_2Al}\Delta H^\theta_{Mg_2Al})\end{aligned} \tag{2-126}$$

$$\begin{aligned}\Delta_{mix}S_m &= \sum x\left[\sum_{i=3}^{i}N_i\cdot\Delta S_i^\theta-R\sum_{j=1}^{j}N_j\cdot\ln N_j\right]\\ &=(N_{Mg}+N_{Al})\begin{bmatrix}N_{MgAl_2}\Delta S^\theta_{MgAl_2}+N_{Mg_{17}Al_{12}}\Delta S^\theta_{Mg_{17}Al_{12}}+N_{Mg_2Al}\Delta S^\theta_{Mg_2Al}\\ -R\begin{pmatrix}N_{Mg}\ln N_{Mg}+N_{Al}\ln N_{Al}+N_{MgAl}\ln N_{MgAl}\\ +N_{Mg_{17}Al_{12}}\ln N_{Mg_{17}Al_{12}}+N_{Mg_2Al}\ln N_{Mg_2Al}\end{pmatrix}\end{bmatrix}\end{aligned} \tag{2-127}$$

$$\Delta G_j^\theta=-RT\cdot\ln K_j^\theta=\Delta H_j^\theta-T\Delta S_j^\theta \tag{2-128}$$

由以上式(2-124)～式(2-128)，可以回归得到以上三个平衡常数 K_i^θ。

式(2-128) 为等温方程式，其中 j 表示液相中分子结构单元，分别代表 Mg-Al 二元系中的 Mg_2Al、$Mg_{17}Al_{12}$ 及 $MgAl_2$。可以根据上式得出并修正得出基础数据，如 K_i^θ、ΔH_i^θ、ΔS_i^θ 及 ΔG_i^θ 等，如表 2-5 所示。

根据表 2-5 的数据可以外推得出任意温度下，Mg 与 Al 二元系内 Mg 的活度 $a_{Mg}(N_{Mg})$ 与 Al 的活度 $a_{Al}(N_{Al})$ 以及其他分子结构单元 N_{MgAl_2}、$N_{Mg_{17}Al_{12}}$ 及 N_{Mg_2Al} 的活度。将理论计算的 N_{Mg} 与 N_{Al} 与前人的实验数据进行对比，发现二者吻合很好[19-23]，如图 2-11 所示。

表 2-5 Mg-Al 二元系热力学性质

化合物分子	ΔH_i^θ /(J·mol^{-1})	ΔS_i^θ /(J·mol^{-1}·K^{-1})	ΔG_i^θ/(J·mol^{-1})		K_i^θ	
			1073 K	1000 K	1073 K	1000 K
Mg_2Al	−54050	−59.822	−10138	−5771.9	0.32092	0.49945
$Mg_{17}Al_{12}$	−177538	−27.248	−148301	−150290	16583835	70896627
$MgAl_2$	−22629	−19.791	−1393.5	−2838.3	1.169079	1.406904

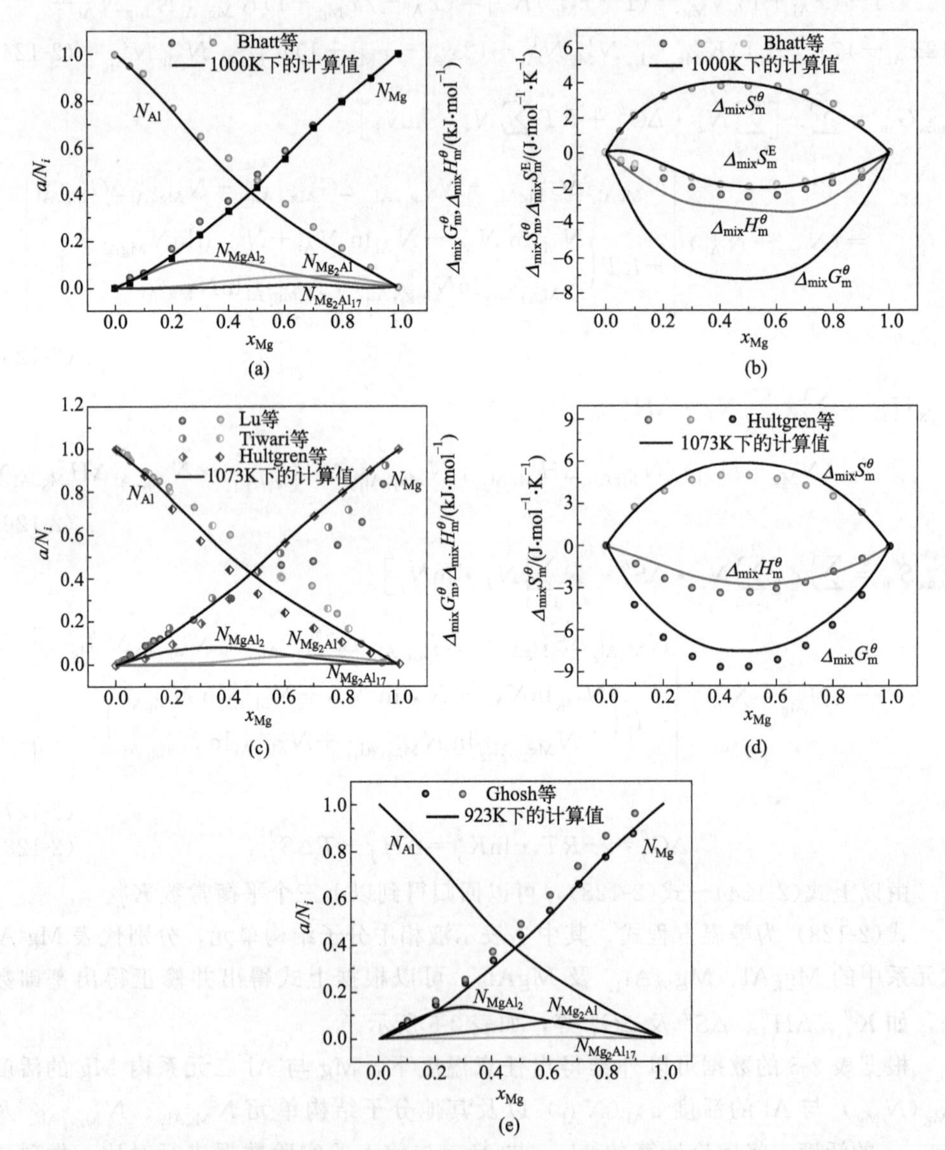

图 2-11 基于 AMCT 计算的 Mg-Al 热力学性质与前人[19-23] 实验值：(a)，(c)，(e) 为 1000 K、1073 K、923 K 活度计算；(b)，(d) 为 1000 K、1073 K 混合热力学计算

2.3.3 Mg-Zn 二元系熔体热力学

Mg 合金中通常加入 Zn 进行合金化，形成 AZ、EZ、ZK 系列的商用镁合金。当 Mg-Zn 二元合金不添加其他元素时，其组织粗大，力学性能极差，在实际生活中不能得到应用。但在其基础上发展的 Mg-Zn-RE、Mg-Zn-Al、Mg-Zn-Zr 等体系是非常重要的合金。所以研究 Mg-Zn 二元合金依然有重要意义。文献［16］在优化的热力学参数基础上，利用 Pandat 软件成功复现了较为合理的 Mg-Zn 二元相图，如图 2-12 所示。

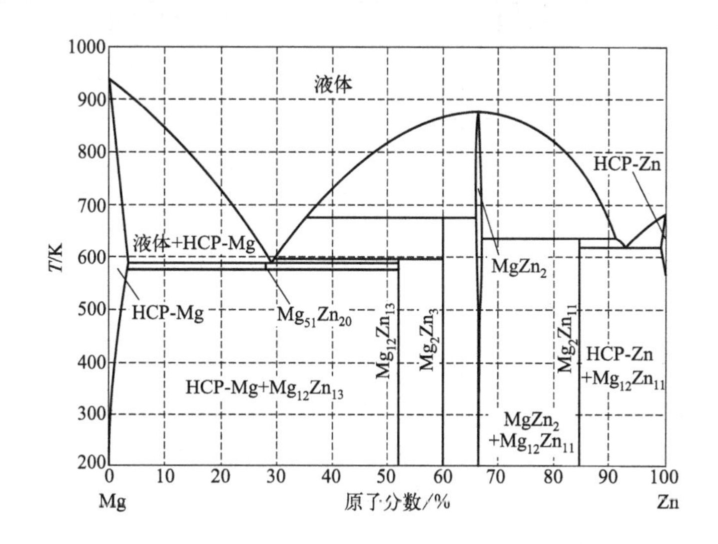

图 2-12 采用 Pandat 软件计算的 Mg-Zn 二元系相图

在图 2-12 中，Mg-Zn 二元系中的金属间化合物为 $Mg_{12}Zn_{13}$、Mg_2Zn_3、$MgZn_2$ 与 Mg_2Zn_{11} 四种。诸多文献对 Mg-Zn 二元系中的金属间化合物存在分歧，文献［16］基于 AMCT 理论，假设 Mg-Zn 二元系全浓度范围内存在 Mg、Zn 两种原子结构单元及 $MgZn_2$、Mg_2Zn_{11}、Mg_4Zn_7 与 MgZn 四种分子结构单元情况下。与 Mg-Al 二元系回归的逻辑过程相似，根据前人实验所测的四种不同温度下的活度，回归得出四种不同温度下的反应平衡常数 K_i^θ，如表 2-6 所示。

表 2-6 基于 AMCT 模型计算得到的平衡常数

反应平衡常数	880 K	923 K	933 K	973 K
$K^\theta_{MgZn_2}$	3.09	1.04	0.82	0.33
$K^\theta_{Mg_2Zn_{11}}$	709.40	587.77	564.02	482.29
$K^\theta_{Mg_4Zn_7}$	6657.31	6754.55	6776.07	6858.35
K^θ_{MgZn}	4.46	3.64	3.48	2.95

为研究 Mg-Zn 二元金属熔体的热力学性质，假设 Mg、Zn 的物质的量分别为 a、b，则 Mg、Zn 的摩尔分数分别为 $x_{Mg}=\dfrac{a}{a+b}$、$x_{Zn}=\dfrac{b}{a+b}$。

Mg-Zn 二元金属熔体中各结构单元的物质的量分别为：

n_{Zn}、n_{Mg}、n_{MgZn_2}、$n_{Mg_2Zn_{11}}$、$n_{Mg_4Zn_7}$、n_{MgZn}。

假设 Mg-Zn 熔体中各结构单元处于动态平衡，则各结构单元的物质的量如表 2-7 所示。其中 Mg-Zn 二元金属熔体遵循质量守恒定律。

表 2-7　基于 AMCT 模型计算得到的 Mg-Zn 二元系结构单元

类型	结构单元	物质的量	质量作用浓度
原子	Mg	n_{Mg}	$N_{Mg}=\dfrac{n_{Mg}}{n_{Mg}+n_{Zn}+n_{MgZn_2}+n_{Mg_2Zn_{11}}+n_{Mg_4Zn_7}+n_{MgZn}}$
	Zn	n_{Zn}	$N_{Mg}=\dfrac{n_{Zn}}{n_{Mg}+n_{Zn}+n_{MgZn_2}+n_{Mg_2Zn_{11}}+n_{Mg_4Zn_7}+n_{MgZn}}$
分子	$MgZn_2$	n_{MgZn_2}	$N_{Mg}=\dfrac{n_{MgZn_2}}{n_{Mg}+n_{Zn}+n_{MgZn_2}+n_{Mg_2Zn_{11}}+n_{Mg_4Zn_7}+n_{MgZn}}$
	Mg_2Zn_{11}	$n_{Mg_2Zn_{11}}$	$N_{Mg}=\dfrac{n_{Mg_2Zn_{11}}}{n_{Mg}+n_{Zn}+n_{MgZn_2}+n_{Mg_2Zn_{11}}+n_{Mg_4Zn_7}+n_{MgZn}}$
	Mg_4Zn_7	$n_{Mg_4Zn_7}$	$N_{Mg}=\dfrac{n_{Mg_4Zn_7}}{n_{Mg}+n_{Zn}+n_{MgZn_2}+n_{Mg_2Zn_{11}}+n_{Mg_4Zn_7}+n_{MgZn}}$
	MgZn	n_{MgZn}	$N_{Mg}=\dfrac{n_{MgZn}}{n_{Mg}+n_{Zn}+n_{MgZn_2}+n_{Mg_2Zn_{11}}+n_{Mg_4Zn_7}+n_{MgZn}}$

Mg-Zn 二元系中存在所有的结构单元 Mg、Zn 原子及 $MgZn_2$、Mg_2Zn_{11}、Mg_4Zn_7 与 MgZn 之间存在化学平衡，则质量作用浓度（活度）之间的关系为表 2-8 所示。

表 2-8　基于 AMCT 模型计算得到的 Mg-Zn 结构单元关系

化学反应	反应平衡常数	质量作用浓度
$Mg+2Zn=MgZn_2$	$K^{\theta}_{MgZn_2}=\dfrac{a_{MgZn_2}}{a_{Mg}a_{Zn}^2}=\dfrac{N_{MgZn_2}}{N_{Mg}N_{Zn}^2}$	$N_{MgZn_2}=K^{\theta}_{MgZn_2}N_{Mg}N_{Zn}^2$
$2Mg+11Zn=Mg_2Zn_{11}$	$K^{\theta}_{Mg_2Zn_{11}}=\dfrac{a_{Mg_2Zn_{11}}}{a_{Mg}^2a_{Zn}^{11}}=\dfrac{N_{Mg_2Zn_{11}}}{N_{Mg}^2N_{Zn}^{11}}$	$N_{Mg_2Zn_{11}}=K^{\theta}_{Mg_2Zn_{11}}N_{Mg}^2N_{Zn}^{11}$
$4Mg+7Zn=Mg_4Zn_7$	$K^{\theta}_{Mg_4Zn_7}=\dfrac{a_{Mg_4Zn_7}}{a_{Mg}^4a_{Zn}^7}=\dfrac{N_{Mg_4Zn_7}}{N_{Mg}^4N_{Zn}^7}$	$N_{Mg_4Zn_7}=K^{\theta}_{Mg_4Zn_7}N_{Mg}^4N_{Zn}^7$
$Mg+Zn=MgZn$	$K^{\theta}_{MgZn}=\dfrac{a_{MgZn}}{a_{Mg}a_{Zn}}=\dfrac{N_{MgZn}}{N_{Mg}N_{Zn}}$	$N_{MgZn}=K^{\theta}_{MgZn}N_{Mg}N_{Zn}$

根据 AMCT 的假设，Mg-Zn 二元系满足质量守恒定律，则有式(2-129)

$$N_{Mg}+N_{Zn}+N_{MgZn_2}+N_{Mg_2Zn_{11}}+N_{Mg_4Zn_7}+N_{MgZn}=1 \tag{2-129}$$

Mg、Zn 分别满足质量守恒式(2-130) 和式(2-131)

$$\begin{aligned} x_{Mg} &= (N_{Mg}+N_{MgZn_2}+2N_{Mg_2Zn_{11}}+4N_{Mg_4Zn_7}+N_{MgZn})\sum n_i \\ &= \begin{pmatrix} N_{Mg}+K^{\theta}_{MgZn_2}N_{Mg}N^2_{Zn}+2K^{\theta}_{Mg_2Zn_{11}}N^2_{Mg}N^{11}_{Zn}+ \\ 4K^{\theta}_{Mg_4Zn_7}N^4_{Mg}N^7_{Zn}+K^{\theta}_{MgZn}N_{Mg}N_{Zn} \end{pmatrix}\sum n_i \end{aligned} \tag{2-130}$$

$$\begin{aligned} x_{Zn} &= (N_{Zn}+2N_{MgZn_2}+11N_{Mg_2Zn_{11}}+7N_{Mg_4Zn_7}+N_{MgZn})\sum n_i \\ &= \begin{pmatrix} N_{Zn}+2K^{\theta}_{MgZn_2}N_{Mg}N^2_{Zn}+11K^{\theta}_{Mg_2Zn_{11}}N^2_{Mg}N^{11}_{Zn} \\ +7K^{\theta}_{Mg_4Zn_7}N^4_{Mg}N^7_{Zn}+K^{\theta}_{MgZn}N_{Mg}N_{Zn} \end{pmatrix}\sum n_i \end{aligned} \tag{2-131}$$

将式(2-129)～式(2-131) 联立得式(2-132)

$$\begin{aligned} &(x_{Zn}-2x_{Mg}+1)K^{\theta}_{MgZn_2}N_{Mg}N^2_{Zn}+(2x_{Zn}-11x_{Mg}+1)K^{\theta}_{Mg_2Zn_{11}}N^2_{Mg}N^{11}_{Zn}+ \\ &(4x_{Zn}-7x_{Mg}+1)K^{\theta}_{Mg_4Zn_7}N^4_{Mg}N^7_{Zn}+(x_{Zn}-x_{Mg}+1)K^{\theta}_{MgZn}N_{Mg}N_{Zn} \\ &\quad =1-(x_{Zn}+1)N_{Mg}-(1-x_{Mg})N_{Zn} \end{aligned} \tag{2-132}$$

式(2-132) 即求解 Mg-Zn 二元系活度（N_{Mg}、N_{Zn}）的计算模型。

根据等温方程式(2-133)

$$\Delta G^{\theta}_i=-RT\ln K^{\theta}_i=\Delta H^{\theta}_i-T\Delta S^{\theta}_i \tag{2-133}$$

将文献 [23-26] 在实验中所测的活度数据代入式(2-132) 便可以回归得出 K^{θ}_i，将回归的不同温度下的 K^{θ}_i 代入等温方程式(2-133)，可以求出任意温度下的 K^{θ}_i，i 代表 $MgZn_2$、Mg_2Zn_{11}、Mg_4Zn_7 与 MgZn 等四种结构单元分子。

此时根据表 2-8 中求得的 K^{θ}_i，代入式(2-129)～式(2-131) 中即可求得该温度下的质量作用浓度，如图 2-13 所示。

2.3.4 Al-Zn 二元系熔体热力学

文献 [28] 在 Al-Zn 二元系的热力学参数优化的基础上，利用 Pandat 软件计算了 Al-Zn 的二元相图，如图 2-14 所示。

Balanović[27] 与 Wasiur[24] 实验测量了 1000 K、1073 K 条件下 Al-Zn 二元系的活度，结果发现 Al 与 Zn 对拉乌尔定律呈正相关，这是一种极为特殊的溶液。张鉴[14] 将这种正相关的金属熔体定义为非均相熔体，其中的化合物存在不稳定性，呈现分层或熔体相分离现象。

这种溶液计算时需引入非均相熔体的计算公式，非均相熔体的结构单元活度可用该熔体的热力学参数及所计算的质量作用浓度来表征。非均相熔体中的质量作用浓度按照两相结构计算，在此模型假设下质量作用浓度与活度具有相同概念。

文献 [14] 基于 AMCT 理论，假设 Al-Zn 二元系存在 Al、Zn 原子及 AlZn 结

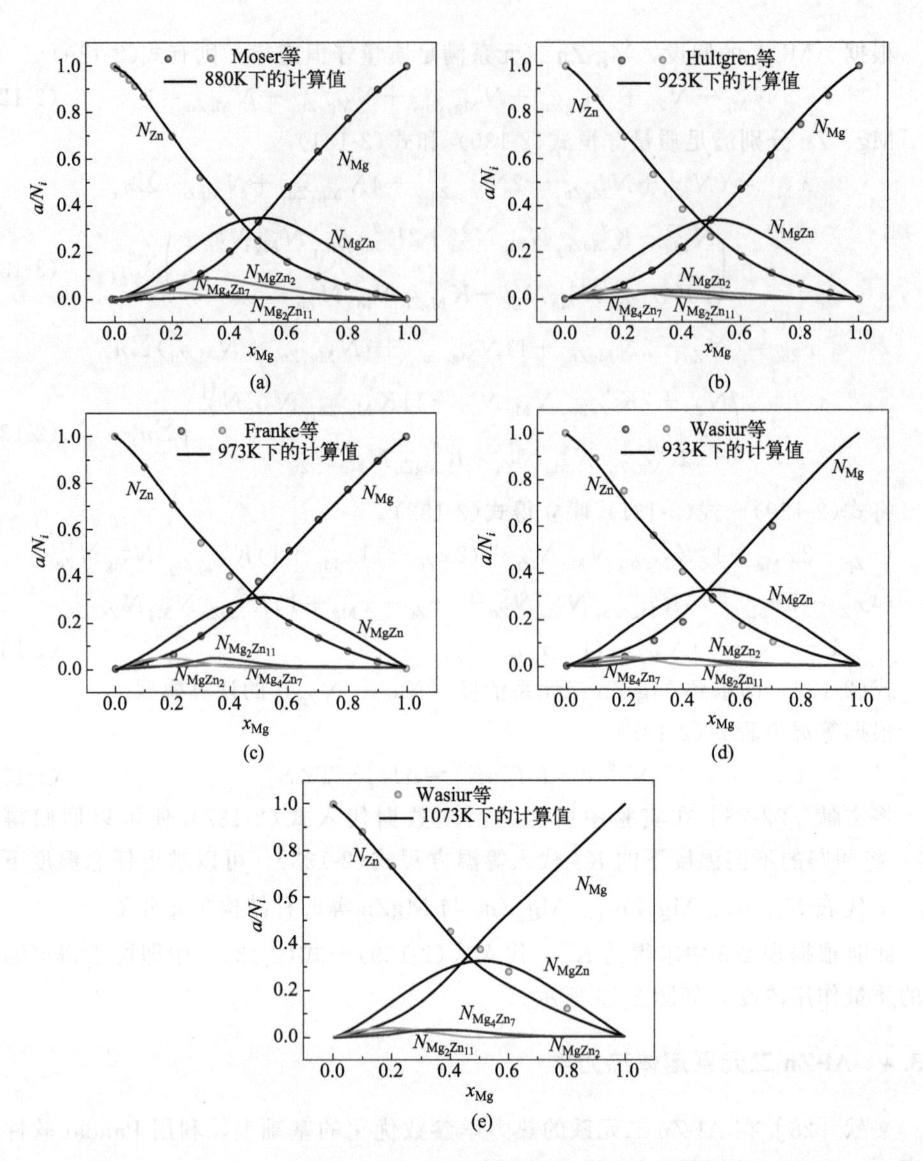

图 2-13　基于 AMCT 计算的 Mg-Zn 热力学性质与文献 [24-27] 实验值的对比

(a), (b), (c), (d), (e) 为 880 K、 923 K、 973 K、 933 K、 1073 K 活度计算

构单元时，计算了 653 K 及 1000 K 温度下 Al-Zn 二元系全浓度范围内的活度。由于 Al-Zn 二元系熔体实测活度表现出正偏差，在 AlZn 分子化合物存在的假设下，Al-Zn 二元系为 Al、Zn 两种原子结构单元及 AlZn 亚稳态分子结构单元，形成两相溶液为：Al＋AlZn 与 AlZn＋Zn。

按照前述 AMCT 模型的假设，得到计算模型式(2-134)～式(2-138)，将前人在 1000 K、1073 K 实测的活度数据及 1000 K 的混合热力学参数代入公式(2-135)～

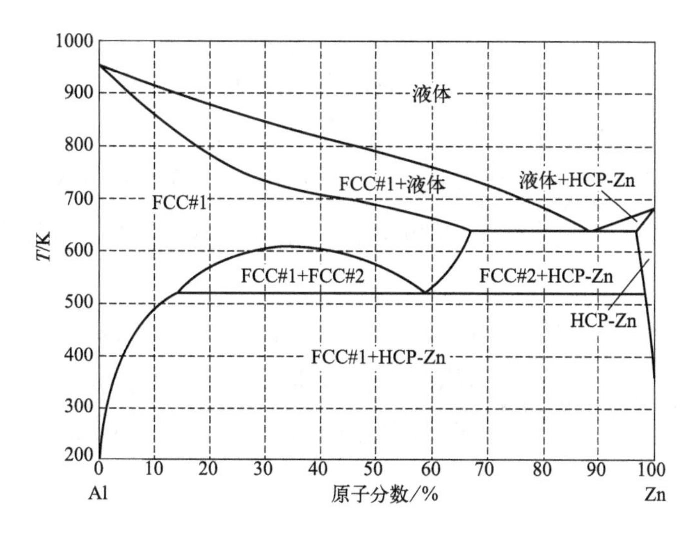

图 2-14　Pandat 软件计算的 Al-Zn 二元相图

式(2-138)，同样可以回归得到 ΔG_i^θ 与 K_i^θ，代入式(2-135) 中即可求得该温度下的质量作用浓度（活度），如图 2-15 所示。

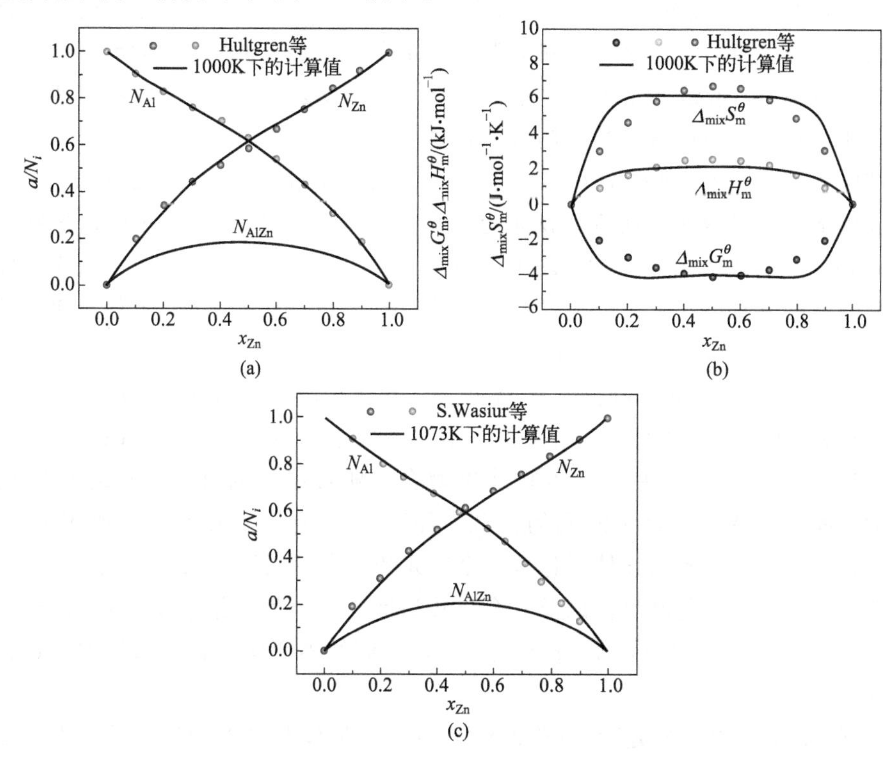

图 2-15　基于 AMCT 模型计算 Al-Zn 的热力学性质与前人[29, 31] 实验值
(a)，(c) 1000 K、 1073 K 下活度计算；(b) 1000 K 下混合热力学性质计算

$$\mathrm{Al}+\mathrm{Zn} = \mathrm{AlZn} \tag{2-134}$$

$$K_{\mathrm{AlZn}}^{\theta}=\frac{ab(2-N_{\mathrm{Al}}-N_{\mathrm{Zn}})}{(a+b)N_{\mathrm{Al}}N_{\mathrm{Zn}}} \tag{2-135}$$

$$\Delta_{\mathrm{mix}}G_{\mathrm{m}}=(N_{\mathrm{Zn}}+N_{\mathrm{Al}})\cdot\left\{\begin{array}{l}K_{\mathrm{AlZn}}^{\theta}N_{\mathrm{Zn}}N_{\mathrm{Al}}\Delta G_{\mathrm{AlZn}}^{\theta}+RT\left[N_{\mathrm{Al}}\ln N_{\mathrm{Al}}+\right.\\ \left.N_{\mathrm{Zn}}\ln N_{\mathrm{Zn}}+K_{\mathrm{AlZn}}^{\theta}N_{\mathrm{Zn}}N_{\mathrm{Al}}\ln(K_{\mathrm{AlZn}}^{\theta}N_{\mathrm{Zn}}N_{\mathrm{Al}})\right]\end{array}\right\} \tag{2-136}$$

$$\Delta_{\mathrm{mix}}H_{\mathrm{m}}=(N_{\mathrm{Zn}}+N_{\mathrm{Al}})K_{\mathrm{AlZn}}^{\theta}N_{\mathrm{Zn}}N_{\mathrm{Al}}\Delta H_{\mathrm{AlZn}}^{\theta} \tag{2-137}$$

$$\Delta_{\mathrm{mix}}S_{\mathrm{m}}=(N_{\mathrm{Zn}}+N_{\mathrm{Al}})\cdot\left\{\begin{array}{l}K_{\mathrm{AlZn}}^{\theta}N_{\mathrm{Zn}}N_{\mathrm{Al}}\Delta S_{\mathrm{AlZn}}^{\theta}-R\left[N_{\mathrm{Al}}\ln N_{\mathrm{Al}}+\right.\\ \left.N_{\mathrm{Zn}}\ln N_{\mathrm{Zn}}+K_{\mathrm{AlZn}}^{\theta}N_{\mathrm{Zn}}N_{\mathrm{Al}}\ln(K_{\mathrm{AlZn}}^{\theta}N_{\mathrm{Zn}}N_{\mathrm{Al}})\right]\end{array}\right\} \tag{2-138}$$

2.3.5 Mg-Al-Zn 三元系熔体热力学

2.3.5.1 Mg-Al-Zn 三元系相图

AZ 系列是最重要的商业化 Mg 合金之一，是耐热 Mg 合金，性价比高，具有广泛的应用开发潜力。但该体系基础理论研究非常有限，缺乏更全面准确的实验数据，成为新型 AZ 系镁合金开发设计的瓶颈，加快 Mg-Al-Zn 三元系基础理论方面的实验研究和完善该体系的基础热力学数据库具有重大意义。

该体系最早研究出现在 1913 年，有人对三元系液相线投影图和 298 K 和 608 K 两个温度下的等温截面图研究，认定存在两个较大均质范围的三元相，分别为 T 相和 φ 相，分子式分别为 $(\mathrm{Al},\mathrm{Zn})_{49}(\mathrm{Mg})_{32}$ 和 $\mathrm{Al}_{20.4}\mathrm{Mg}_{54.9}\mathrm{Zn}_{24.7}$。从 608 K 的等温截面图可以看出几乎所有的二元相都具备第三组元的溶解度，但没有更多的实验数据证明准确的溶解度值，如图 2-16 所示。

文献 [17] 在 Liang 的研究[29] 基础上。对富镁端的相图进行了优化计算，优化后 φ 相表现出一定的固溶度，在 300 ℃和 320 ℃下出现了三相区 (Mg)+MgZn+T 和 (Mg)+φ+T，相关系与实验结果吻合。随着温度的升高 (Mg)+T 两相平衡的区间范围变大，直至液相的出现，如图 2-17 所示，为计算得到 Mg-Al-Zn 系的液相投影图。可看出该体系包含 4 个三元和 8 个二元体系的共晶反应，3 个三元和 5 个二元体系的包晶反应以及 5 个包共晶反应。涉及 φ 相的反应有三个：L+γ+T→φ、L+γ→φ+Mg、L+φ→Mg+T，它们的零变反应温度都得到一定程度的更新。

根据新建 φ 相热力学模型的计算得到了 Mg-Al-Zn 体系的 3D 液相投影，如图 2-18 所示。设定液相线步长为 30 ℃，从该图中获得很多热力学信息，如体系液相与某两相共存的温度区间，对某具体成分合金可进行凝固模拟分析解决相应的工艺问题等[28]。

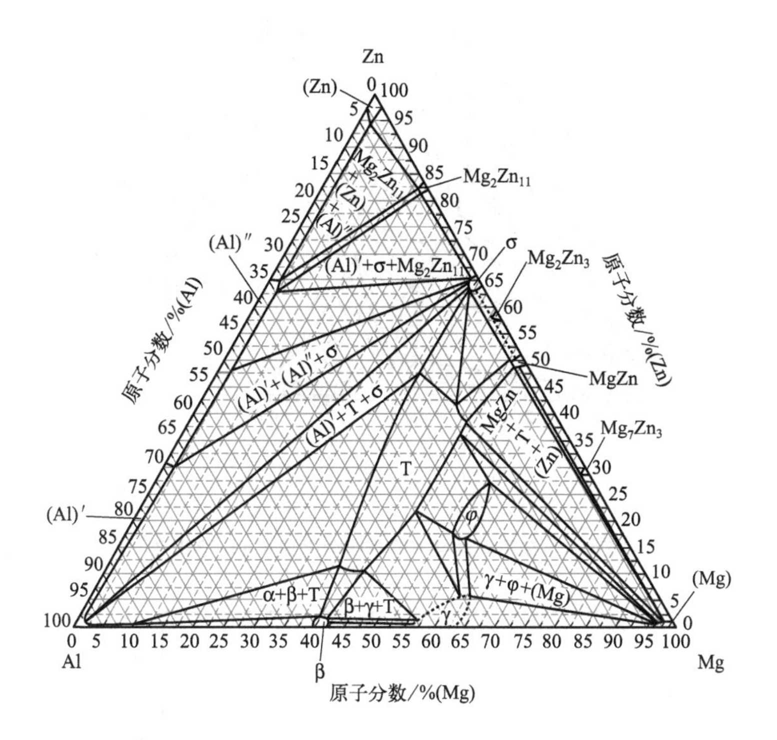

图 2-16　Mg-Al-Zn 三元系在 608 K 的等温截面图

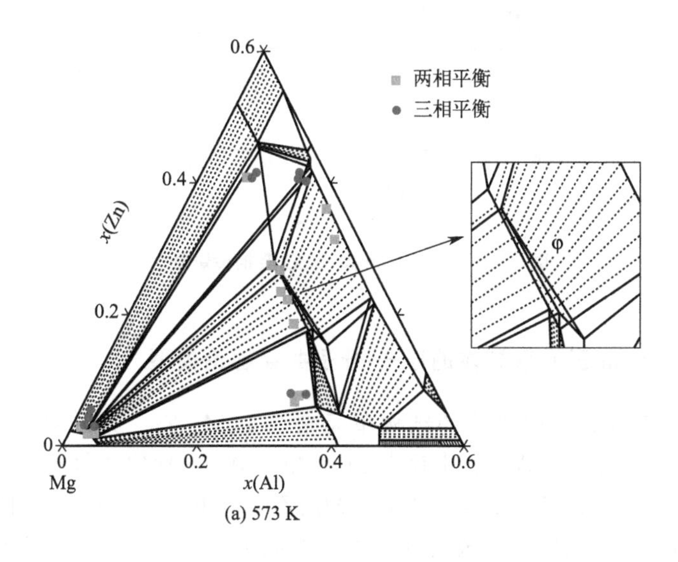

图 2-17

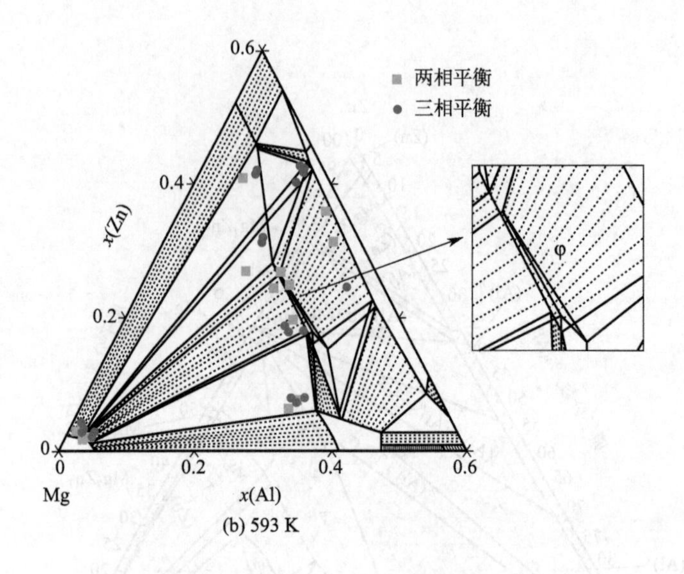

图 2-17　Mg-Al-Zn 体系在不同温度下的等温截面图（a） 300 ℃；（b） 320 ℃

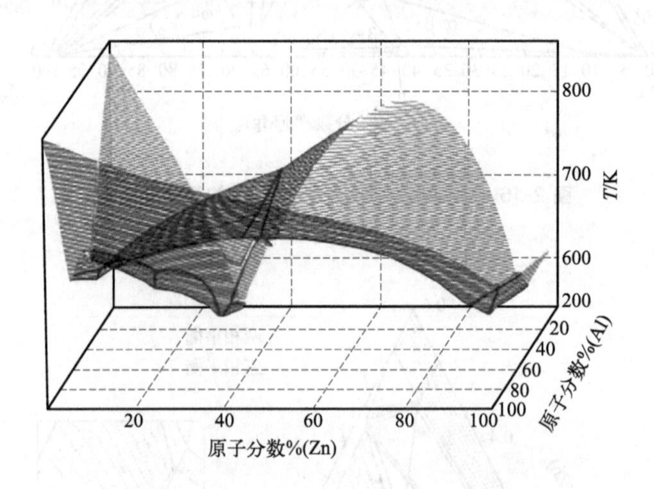

图 2-18　Mg-Al-Zn 体系 3D 液相投影图[17]

2.3.5.2　Mg-Al-Zn 三元系熔体的原子-分子共存理论模型

Mg-Al-Zn 三元系金属熔体的结构单元来源于 Mg-Zn、Mg-Al、Al-Zn 三个二元系金属熔体，即在 Mg-Al-Zn 中存在 Zn、Al、Mg 三种原子结构单元和 $MgAl_2$、$Mg_{17}Al_{12}$、Mg_2Al、$MgZn_2$、Mg_2Zn_{11}、Mg_4Zn_7、MgZn 及 AlZn 八种分子结构单元。由于 Al-Zn 二元系中会形成两种液相，造成 Al、Zn 的活度呈现正偏差，因此在 Mg-Al-Zn 中存在 Mg、$MgAl_2$、$Mg_{17}Al_{12}$、Mg_2Al、$MgZn_2$、Mg_2Zn_{11}、Mg_4Zn_7、MgZn 液相，Al、$MgAl_2$、$Mg_{17}Al_{12}$、Mg_2Al、AlZn 液相，以及 Zn、

$MgZn_2$、Mg_2Zn_{11}、Mg_4Zn_7、MgZn、AlZn 液相。

设 Zn-Al-Mg 三元系中，组元 Mg、Al、Zn 的物质的量分别为 a、b、c，根据质量守恒则存在式(2-139)～式(2-141) 三个方程：

$$a = x_{Mg} + x_{Mg_2Al} + x_{Mg_{17}Al_{12}} + x_{MgAl_2} + x_{MgZn_2} + x_{Mg_2Zn_{11}} + x_{Mg_4Zn_7} + x_{MgZn} \tag{2-139}$$

$$b = x_{Al} + x_{Mg_2Al} + x_{Mg_{17}Al_{12}} + x_{MgAl_2} + x_{AlZn} \tag{2-140}$$

$$c = x_{Zn} + x_{MgZn_2} + x_{Mg_2Zn_{11}} + x_{Mg_4Zn_7} + x_{MgZn} + x_{AlZn} \tag{2-141}$$

所有单元的摩尔分数为 1

$$\begin{aligned} 1 = {} & N_{Mg} + N_{Al} + N_{Zn} + N_{Mg_2Al} + N_{Mg_{17}Al_{12}} + N_{MgAl_2} + \\ & N_{MgZn_2} + N_{Mg_2Zn_{11}} + N_{Mg_4Zn_7} + N_{MgZn} + N_{AlZn} \end{aligned} \tag{2-142}$$

将式(2-139)～式(2-142) 联立得式(2-143)～式(2-145)：

$$\begin{aligned} 1 &= N_{Mg} + \begin{pmatrix} N_{Mg_2Al} + N_{Mg_{17}Al_{12}} + N_{MgAl_2} + N_{MgZn_2} \\ + N_{Mg_2Zn_{11}} + N_{Mg_4Zn_7} + N_{MgZn} \end{pmatrix} / a \\ &= N_{Mg} + \begin{bmatrix} K^{\theta}_{Mg_2Al} N^2_{Mg} N_{Al} + K^{\theta}_{Mg_{17}Al_{12}} N^{17}_{Mg} N^{12}_{Al} \\ + K^{\theta}_{MgAl_2} N_{Mg} N^2_{Al} + K^{\theta}_{MgZn_2} N_{Mg} N^2_{Zn} \\ + K^{\theta}_{Mg_2Zn_{11}} N^2_{Mg} N^{11}_{Zn} + K^{\theta}_{Mg_4Zn_7} N^4_{Mg} N^7_{Zn} \\ + K^{\theta}_{MgZn} N_{Mg} N_{Zn} \end{bmatrix} / a \end{aligned} \tag{2-143}$$

$$\begin{aligned} 1 &= N_{Al} + (N_{Mg_2Al} + N_{Mg_{17}Al_{12}} + N_{MgAl_2} + N_{AlZn}) / b \\ &= N_{Al} + \begin{pmatrix} K^{\theta}_{Mg_2Al} N^2_{Mg} N_{Al} + K^{\theta}_{Mg_{17}Al_{12}} N^{17}_{Mg} N^{12}_{Al} \\ + K^{\theta}_{MgAl_2} N_{Mg} N^2_{Al} + K^{\theta}_{AlZn} N_{Al} N_{Zn} \end{pmatrix} / b \end{aligned} \tag{2-144}$$

$$\begin{aligned} 1 &= N_{Zn} + (N_{MgZn_2} + N_{Mg_2Zn_{11}} + N_{Mg_4Zn_7} + N_{MgZn} + N_{AlZn}) / c \\ &= N_{Zn} + \begin{pmatrix} K^{\theta}_{MgZn_2} N_{Mg} N^2_{Zn} + K^{\theta}_{Mg_2Zn_{11}} N^2_{Mg} N^{11}_{Zn} \\ + K^{\theta}_{Mg_4Zn_7} N^4_{Mg} N^7_{Zn} + K^{\theta}_{MgZn} N_{Mg} N_{Zn} + K^{\theta}_{AlZn} N_{Al} N_{Zn} \end{pmatrix} / c \end{aligned} \tag{2-145}$$

将三个组元初始的量 a、b、c 代入式(2-143)～式(2-145)，则可求得该成分点下的各结构单元的活度。

2.3.5.3 AMCT 计算结果及讨论

基于 AMCT 计算了不同温度下两种成分摩尔比恒定时的 9 个断面的 Mg-Al-Zn 熔体的热力学结果，如图 2-19～图 2-21 所示。富 Al 角断面 Mg∶Zn=1∶3，1∶1，3∶1，如图 2-19 所示；富 Mg 角部分 Al∶Zn=1∶3，1∶1，3∶1，如图 2-20 所示；富 Zn 角部分 Al∶Mg=1∶3，1∶1，3∶1，如图 2-21 所示。根据

AMCT 计算结果，研究了不同温度下的 Mg、Al 和 Zn 组成元素的等活度图，如图 2-22 所示。

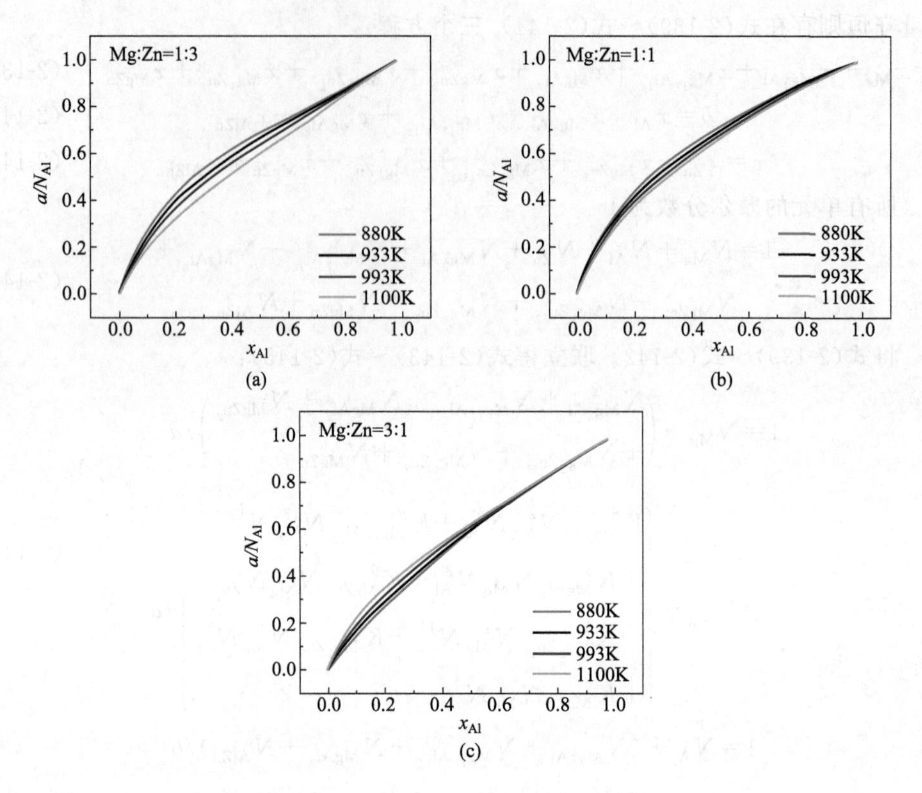

图 2-19　富 Al 角活度 (a) Mg : Zn= 1 : 3; (b) Mg : Zn= 1 : 1; (c) Mg : Zn= 3 : 1

本研究基于 AMCT，将图 2-19～图 2-21 中得到的质量作用浓度代入式(2-146)与式(2-147) 中，得到不同温度下两种成分的摩尔比恒定的 9 个断面的 Mg-Al-Zn 熔体的混合热力学性质计算结果，如图 2-23～图 2-25 所示。

$$\Delta G_i^\theta = RT\ln N_i \, \Delta G_i^\theta = RT\ln N_i \tag{2-146}$$

$$\Delta_{\text{mix}} G_{\text{m}} = \sum x \left[\sum_{i=3}^{i} N_i \Delta G_i^\theta + RT \sum_{j=1}^{j} N_j \ln N_j\right]$$

$$= RT(N_{\text{Mg}} + N_{\text{Zn}} + N_{\text{Al}}) \begin{bmatrix} N_{\text{Mg}}\ln N_{\text{Mg}} + N_{\text{Zn}}\ln N_{\text{Zn}} + N_{\text{Al}}\ln N_{\text{Al}} \\ + N_{\text{Mg}_2\text{Al}}\ln N_{\text{Mg}_2\text{Al}} + N_{\text{Mg}_{17}\text{Al}_{12}}\ln N_{\text{Mg}_{17}\text{Al}_{12}} \\ + N_{\text{MgAl}_2}\ln N_{\text{MgAl}_2} + N_{\text{MgZn}_2}\ln N_{\text{MgZn}_2} \\ + N_{\text{Mg}_2\text{Zn}_{11}}\ln N_{\text{Mg}_2\text{Zn}_{11}} + N_{\text{Mg}_4\text{Zn}_7}\ln N_{\text{Mg}_4\text{Zn}_7} \\ + N_{\text{MgZn}_7}\ln N_{\text{MgZn}} + N_{\text{AlZn}}\ln N_{\text{AlZn}} \end{bmatrix} \tag{2-147}$$

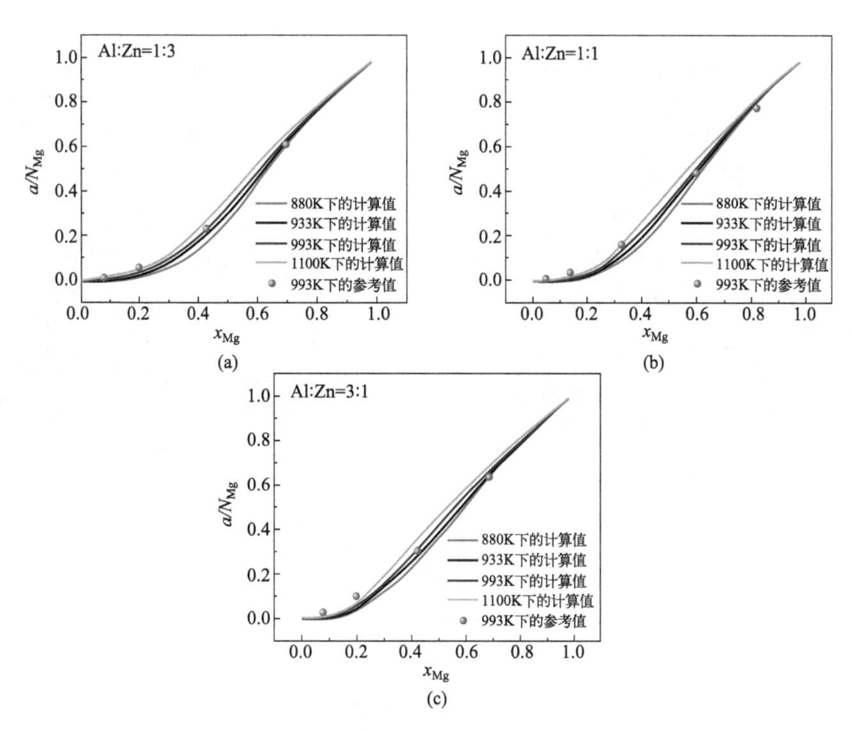

图 2-20 富 Mg 角活度 (a) Al：Zn= 1：3; (b) Al：Zn= 1：1; (c) Al：Zn= 3：1

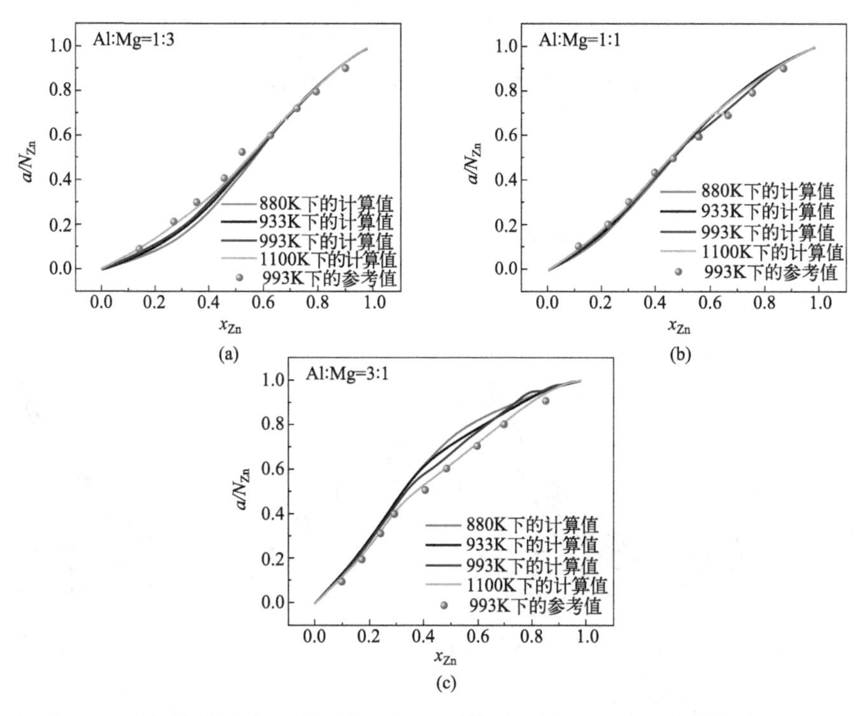

图 2-21 富 Zn 角活度 (a) Al：Mg= 1：3; (b) Al：Mg= 1：1; (c) Al：Mg= 3：1

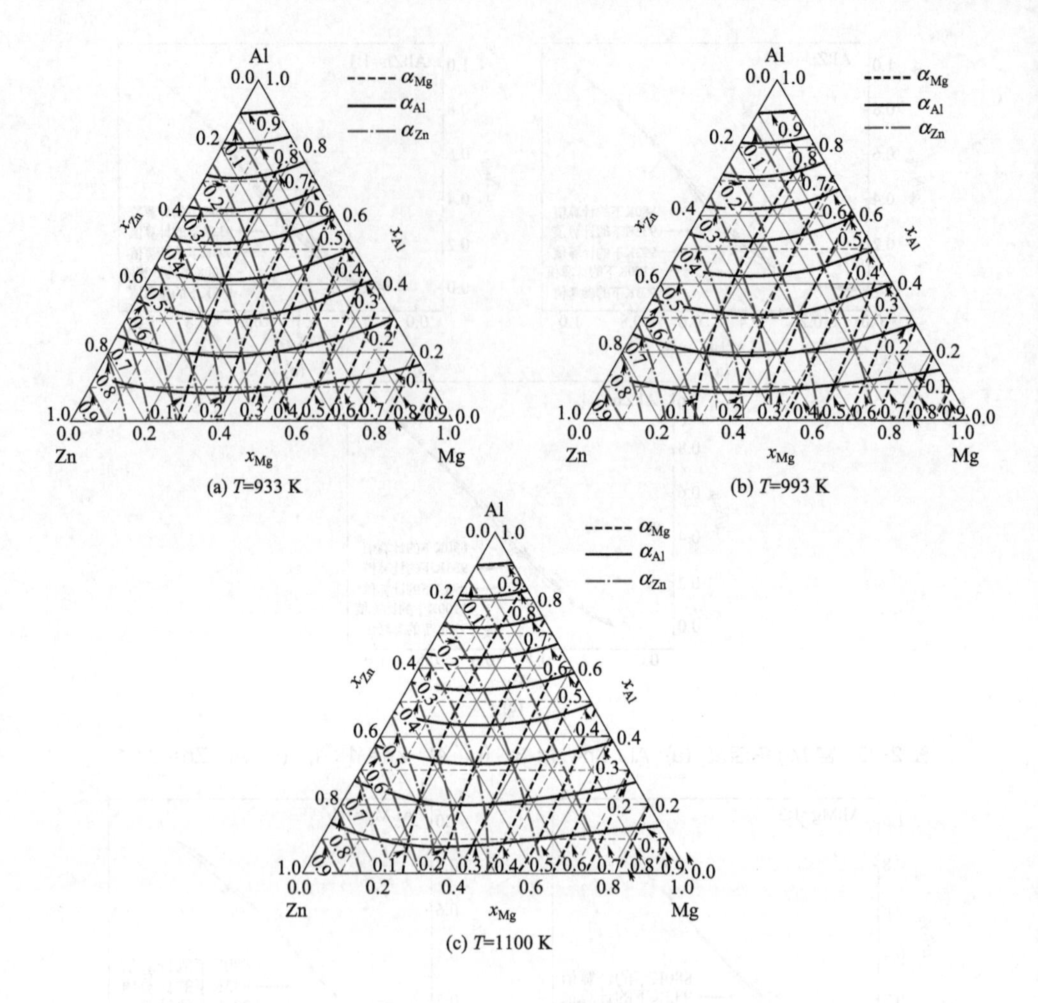

(a) T=933 K (b) T=993 K (c) T=1100 K

图 2-22 Mg-Al-Zn 等活度图

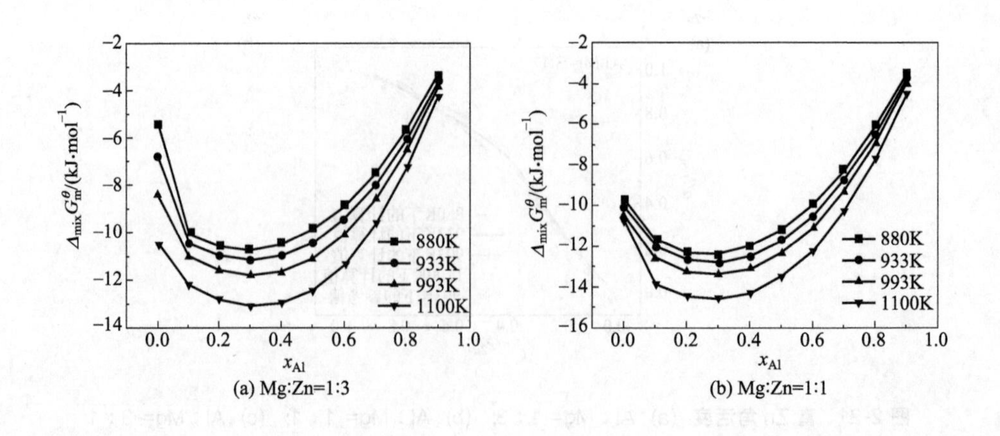

(a) Mg:Zn=1:3 (b) Mg:Zn=1:1

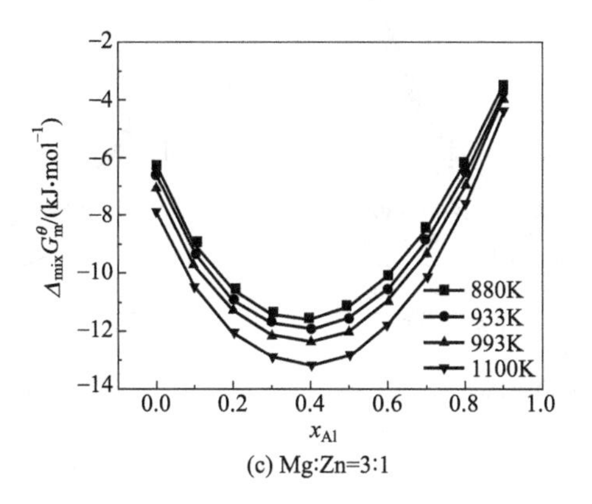

(c) Mg:Zn=3:1

图 2-23 富 Al 角混合热力学性质

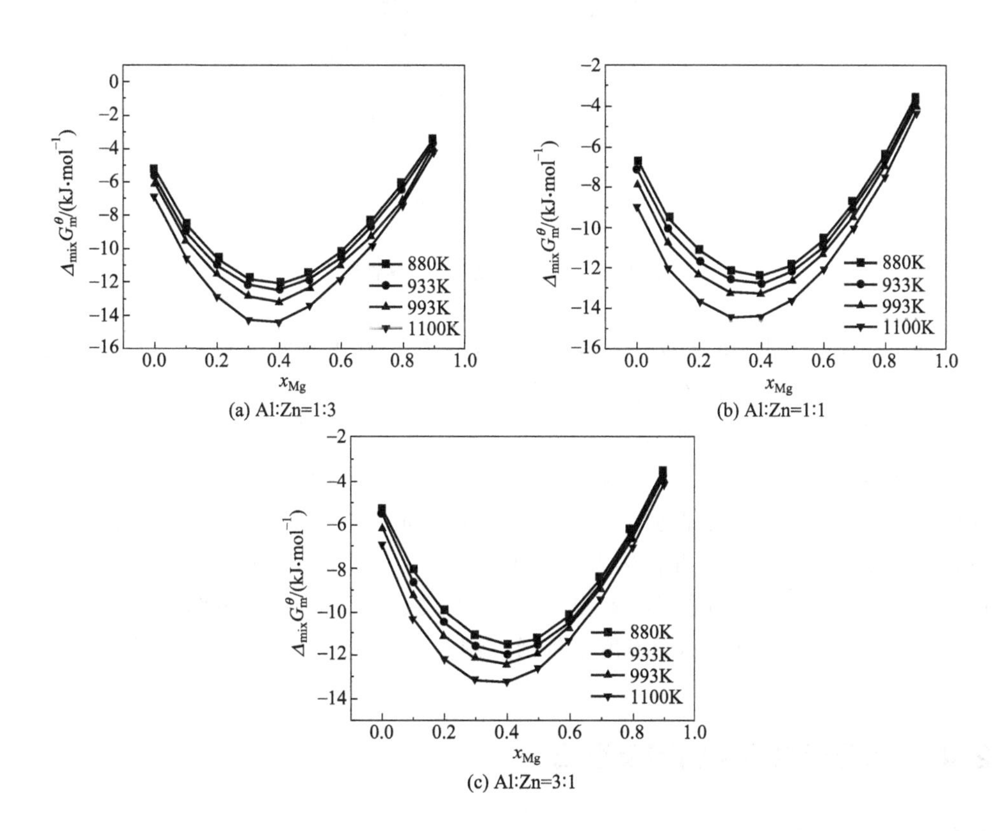

(a) Al:Zn=1:3

(b) Al:Zn=1:1

(c) Al:Zn=3:1

图 2-24 富 Mg 角混合热力学性质

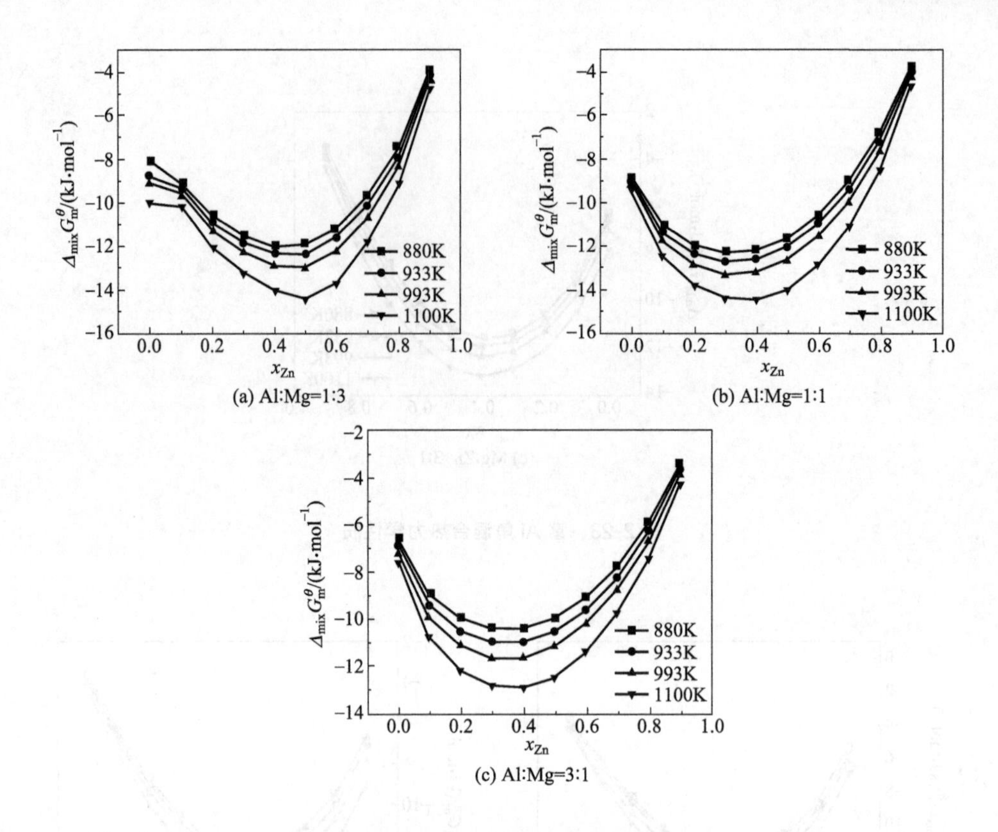

图 2-25　富 Zn 角混合热力学性质

基于 AMCT 对 Mg-Al-Zn 熔体的热力学性质进行了预测，对其三个子二元体系 Mg-Al、Mg-Zn 和 Al-Zn 进行了评估和优化。

首先通过 AMCT 与 Mg-Al、Mg-Zn 和 Al-Zn 三个子系统中获得的标准吉布斯自由能函数，从 880 K 至 1100 K 计算出各组分的质量作用浓度，推算出全浓度范围内给定温度下的热力学性质。热力学计算分两部分进行：计算两个组分的摩尔比恒定的九个部分的活度与混合热力学性质，分别为富 Al 角部分，Mg∶Zn＝1∶3、1∶1、3∶1；富 Mg 角部分，Zn∶Al＝1∶3、1∶1、3∶1；富 Zn 角部分，Al∶Mg＝1∶3、1∶1、3∶1，以及不同温度下等活度图。

2.4　常见镁合金系相图及组成

2.4.1　Mg-Al 系

Mg-Al 系合金相图如图 2-10 所示，由相图可知，Mg-Al 二元系主要由 α-Mg 固溶体和枝晶间的 MgAl 相组成。MgAl 相是点阵常数为 a＝1.05438 nm 的体心立方（bcc）晶体结构，MgAl 相的数量随铝含量的增加而增多。该系列合金的主要强化方式是析出相强化，主要强化相为 $Mg_{17}Al_{12}$。由于 $Mg_{17}Al_{12}$ 相为低熔点化合物，对于 Mg-Al 系的 AZ 和 AM 系列合金而言，当温度升高超过 120 ℃，晶界上的 $Mg_{17}Al_{12}$ 相开始软化，不能起到钉扎晶界和抑制高温晶界转动的作用，导致合金强度和蠕变性能急剧降低。在 100～300 ℃的温度范围进行时效处理后，会有大量的 β-$Mg_{17}Al_{12}$ 生成，Mg-Al 系列镁合金的硬度得以提升。由于铸造过程凝固速度较慢，但 Al 原子在镁基体中的扩散速度较快，导致 β-$Mg_{17}Al_{12}$ 析出相粗化速度难以控制，因此时效强化效果往往不理想。此外，也因 β-$Mg_{17}Al_{12}$ 析出相熔点较低（437 ℃），使得 Mg-Al 系合金的高温力学性能较差，限制了 Mg-Al 系镁合金的应用范围[30]。

从相图中可以看出，室温下 Al 在 Mg 中的溶解度为 2%（质量分数），平衡态下，在 437℃发生共晶反应：L→α-Mg＋γ-$Mg_{17}Al_{12}$，固溶体的最大固溶度为 12.7%（质量分数）。但在实际凝固过程中，大多数 Mg-Al 系合金的结晶过程为非平衡凝固过程，固相线和 Al 的最大固溶度点将向富 Mg 侧移动，此时铝的最大固溶度达到 4%～6.5%（质量分数）。非平衡凝固过程中，由于溶质 Al 来不及扩散，导致在未凝固的液相中富集，形成两相共存，因此当 Al 的质量分数大于 2%时，晶界附近会形成 $Mg_{17}Al_{12}$ 相。随着铝含量增加，$Mg_{17}Al_{12}$ 相在晶界处以网格形式存在，特别是当铝的质量分数超过 8%时，组织中的 $Mg_{17}Al_{12}$ 相粗大，数量增多，致使其完全溶于 α-Mg 中所需的时间急剧增加，脆硬的第二相 $Mg_{17}Al_{12}$ 由于与较软的 α-Mg 基体不相容，而造成镁合金塑性急剧下降。因此，Mg-Al 合金中 Al 含量不宜过高。

为了改善由于第二相 $Mg_{17}Al_{12}$ 对镁合金性能，尤其是对强韧性造成的不利影响，主要有两种改善途径，一是添加合金元素，二是细化晶粒。因此，为了控制 β-$Mg_{17}Al_{12}$ 的粗化速度，从而提升 Mg-Al 系列镁合金的力学性能和高温性能，研究人员通常向 Mg-Al 系镁合金中加入不同的微量合金元素，如 Zn、Mn、Si、RE、Ca、Sr 等，以改变相组成，实现不同程度的力学性能的提升[31]。

（1）Zn 元素的影响　Zn 在镁中的溶解度较大，在二元共晶温度 340℃时达 6.2%（质量分数）。锌在 Mg-Al 合金中主要以固溶态存在，随 Zn 含量的增加，$Mg_{17}Al_{12}$ 相中合金成分会向三元金属间化合物 $Mg_xZn_yAl_z$ 型发生转变。文献[32] 研究表明，对于 AZ 系列镁合金，Zn 含量的增加，降低了 Al 在 Mg 中的溶解极限，促进了 $Mg_{17}Al_{12}$ 相在晶界的析出及 α-Mg＋β-$Mg_{17}Al_{12}$ 离异共晶组织的形成。Zn 元素的偏析倾向使生长晶粒的液固界面前沿产生成分过冷区，为激活成分过冷区内的形核质点提供了驱动力，从而起到阻碍晶粒长大的作用，提升镁合金性能。

（2）Mn 元素的影响　与 Zn 元素不同的是，Mn 在镁中的极限溶解度为 3.4%

（质量分数），且以游离态存在。Mn 可以和 Al 形成中间相，如 AlMn、Al_3Mn、Al_4Mn、Al_6Mn 或 Al_8Mn_5，当有铁存在时则生成 Mn-Al-Fe 三元化合物。此外，Mn 的存在还对细化 Mg-Al 合金晶粒有利。但是锰含量不宜过高，否则将引起锰偏析形成脆性相。通常锰质量分数控制在 0.5%以下。

（3）Si 元素的影响　当加入 Si 元素时，硅与镁结合生成细小的硬质相 Mg_2Si，$Mg_{17}Al_{12}$ 相数量减少。Mg_2Si 化合物具有高熔点、高硬度、低密度和低热胀系数的特点，高温下可以阻碍位错和晶界滑移。

（4）Ca 元素的影响　当加入 Ca 元素时，形成 Al_2Ca 相，钙在镁中的最大固溶度为 2.2%，如果钙/铝之比超过 0.8，则出现 Mg_2Ca 相。Al_2Ca 相熔点为 1079℃，Mg_2Ca 相熔点为 715℃，这两种相均具有良好的强化性能和高温稳定性，可有效提高镁合金的高温强度和抗蠕变性能。当铝原子进入到 Mg_2Ca 相晶格中，还会出现另一种热稳定相 $(Mg, Al)_2Ca$，且在晶界附近析出，可有效钉扎晶界、阻止其滑动。Ca 对 Mg 有很强的亲和力，可以作为结构修饰元素或分散相来提高合金的耐热性和屈服极限。

（5）Sr 元素的影响　当加入 Sr 元素时，能够显著细化晶粒，在 Mg-Al-Sr 系合金中，当 Sr 含量与铝含量比值较小时，在晶界处会形成高熔点的 Al_4Sr 相（熔点为 1040 ℃），随着 Sr 含量的增加，将出现 Mg-Al-Sr 三元化合物。

Mg-Al 通过晶粒细化可以减小合金铸造过程中的热裂和缩松倾向，有效提高铸件的力学性能。可以概括为两种处理思路：一是提高异质形核颗粒的形核能力，如引入新的形核颗粒或者改善合金中已有形核颗粒的形核能力；二是引入强生长抑制元素。通过增加 Q 值来起到抑制晶粒长大的目的[33]。

2.4.2　Mg-Zn 系

Mg-Zn 系合金是除 Mg-Al 系外，另一种常用的镁合金系之一。Zn 在镁中的最大固溶度为 6.2%，Zn 与 Mg 具有相同的晶体结构，且原子半径相差较大，Zn 固溶于 Mg 基体时可以造成较大畸变，同时 Zn 可以与 Mg 形成 Mg-Zn 相，对合金起到固溶强化作用，文献［34］表明，6%（质量分数）以内的 Zn 元素含量可以提高合金的强度。然而，文献［35］中表明，Zn 超过 6%（质量分数）时，合金的强度和延伸率会受到负面影响。Zn 含量过高也会导致合金结晶温度区间扩大，合金液流动性差，容易形成铸造缺陷，同时使合金晶粒粗大。目前工业用的镁合金中 Zn 含量大多位于 2%～6%（质量分数）的范围之内。

除此之外，Mg-Zn 系合金还具有良好的时效强化效果，且 Zn 可以消除镁合金中铁、镍等杂质元素对腐蚀性能的不利影响。Mg-Zn 系二元合金相图如图 2-12 所示，由相图可知，Mg-Zn 二元合金的结晶温度区间较大，因此易产生显微缩松，且晶粒细化困难，在实际中难以直接利用。目前，Mg-Zn 二元合金相图存在两种不同的形式，其不同之处主要表现在相区富镁端的共晶温度和共晶化合物的存在范围上，共晶化合物的组成稍有差异，分别为 Mg_7Zn_3、$Mg_{51}Zn_{20}$，Mg/Zn 之比大致在 2.3～2.4 之间。

凝固过程中，根据 Mg-Zn 二元合金相图，共晶相中 Zn 质量分数为 51.2%，共晶反应温度在 340 ℃左右，共析反应温度在 325 ℃左右，形成 α-Mg 与 Mg_7Zn_3 的共晶组织。Mg_7Zn_3 为单斜结构（Orthorhombic Structure），仅在 325 ℃以上时稳定存在。在 325 ℃以下时，Mg_7Zn_3 会分解为 α-Mg 和底心单斜结构的 β-MgZn 相。文献报道，ZK 系镁合金的相变在热处理过程中较为复杂，其具体准确的相变过程仍处于研究阶段。在低于 325 ℃的温度下进行热处理时，先凝固生成的 Mg_7Zn_3 会分解成由 α-Mg 与 Mg_4Zn_7 组成的离异层状组织。其中 Mg_4Zn_7 为亚稳态组织，随着热处理时间延长会进一步分解成 MgZn[36]。

Mg-Zn 合金中，随 Zn 含量的增加，强化作用增强。比较 Mg-Al 系合金相图（图 2-10）及 Mg-Zn 系合金相图（图 2-6），可见 Mg-Zn 系合金的结晶温度区间较 Mg-Al 系合金大，非平衡状态下最大可达 290 ℃，因此 Mg-Zn 二元合金的铸造性能较差。在非平衡凝固状态下，Zn 在 Mg 中的最大固溶度为 3.5%左右，随着 Zn 含量的增加，组织中共晶体的数量增多，但合金的热裂和缩松反而易发生恶化。这是因为先凝固的 α-Mg 固溶体密度较小，而后凝固的富锌的合金液密度较大，二者形成较大的密度差，导致在凝固时 α-Mg 晶体上浮，而富锌的合金液下沉，液体不易补缩，且 Zn 含量增多使合金 α-Mg 树枝晶发生粗化，导致 Zn 含量增高使缩松严重。合金的热裂倾向也与 Zn 含量相关，随着 Zn 含量增加，由于共晶体中 $Mg_{51}Zn_{20}$ 相具有热脆性，缩松的加剧也使合金容易热裂。在铸造镁合金中 Mg-Zn 合金的热裂倾向是最大的。因此，从力学性能和铸造性能综合考虑，适宜的锌含量在 5%～6%左右。

Mg-Zn 系合金通常会加入其他元素，如 Cu、Ca、Ag、Zr 等，以提升 Mg-Zn 系合金的力学强度。一方面加入其他合金元素可以提升镁合金的共晶温度，使更多的 Zn 溶解进入镁基体当中；另一方面，更高的温度导致在急冷的时候会产生更多的空位，从而提升时效强化的效果，但这种做法往往需要加入较多的合金元素。

（1）Zr 元素的影响　Zr 元素可以显著细化合金晶粒，同时 Zr 还可以明显缩小合金的结晶温度区间。如 Mg-4.5%Zn 合金中加入 0.7%Zr 后，平衡态结晶温度间隔由 180 ℃下降到 90 ℃，非平衡态则由 290 ℃下降到 110 ℃，极大降低合金的缩松和热裂倾向。

（2）Cu 元素的影响　Mg-Zn-Cu 合金是 20 世纪 70～80 年代发展起来的新型合金。Cu 元素能增强 Mg-Zn 合金的时效硬化效应，并且 Mg-Zn-Cu 合金铸件在室温下具有力学性能与 AZ91 相近、高温稳定性高、可回收等优点。此外，Cu 的加入还能提高镁合金的共晶温度，便于在更高的温度下进行固溶热处理。二元 Mg-Zn 系合金中，Mg-Zn 化合物通常以离异共晶形式分布在晶界和枝晶间，而在三元 Mg-Zn-Cu 系合金中，化合物通常以层片状共晶形式存在。大部分的 Cu 以化合物的形式存在共晶相 $Mg(Cu,Zn)_2$ 中。

（3）RE 元素的影响　RE 元素可以改善合金的铸造性能和提高抗蠕变性，从而发展了 Mg-Zn-RE 合金。其中，最有代表性的是 ZE41 和 EZ33 合金。研究表明，加入稀土元素后，Mg-Zn 合金具有明显的时效强化特点，RE 在 Mg-Zn 合金中形成高稀土含量的 Mg-Zn-RE 三元相，并具有推迟时效的作用。

（4）其他的元素　例如少量 Ca 元素的加入可以提高镁合金中第二相的热稳定性，减缓合金的过时效出现，增加蠕变的门槛应力，从而提高合金的抗蠕变性。Sr 元素的加入同样可以提高合金的抗蠕变性，而且 Sr 和 Si 的复合加入可以细化合金中 Mg_2Si 相，降低合金的热裂倾向。Sn 元素的加入可以细化 Mg-Zn-Al 合金的第二相，同时形成热稳定性高的 Mg_2Sn 相可以提高合金的高温强度[37]。

2.4.3　Mg-Mn 系

Mg-Mn 系合金具有优良的抗腐蚀能力和抗蠕变性能，且成本较低，有望被大规模工业应用。Mn 的存在对镁合金的力学性能影响不大，但会对镁合金的塑性产生不利影响。通过热处理可以强化 Mn 元素在镁合金中的作用。Mg-Mn 系合金在室温下的组织为 α-Mg 固溶体和角状的初生 Mn，Mn 在 Mg 中最大固溶度为 2.2%（质量分数），对应的温度为 650 ℃。Mg-Mn 相图如图 2-26 所示。

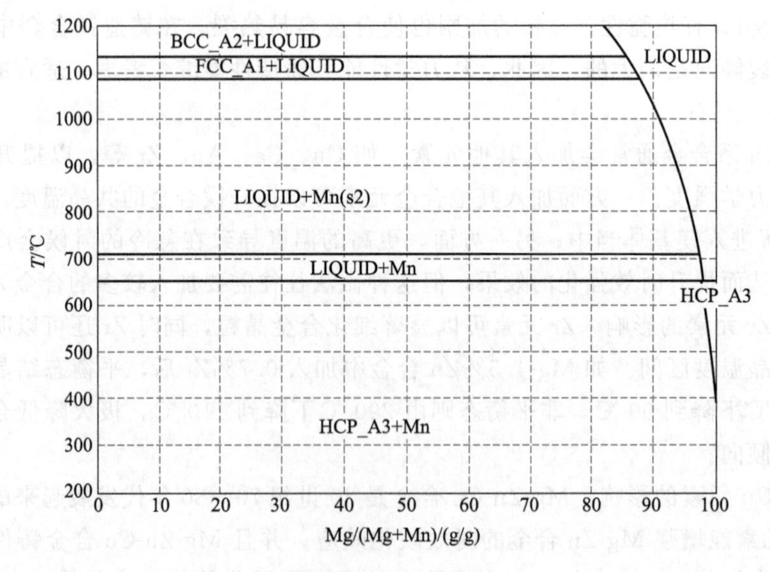

图 2-26　Mg-Mn 相图

由图 2-26 可知，Mg-Mn 合金系是包晶反应体系，在整个过程中 Mg 和 Mn 都不形成化合物，随着温度降低，Mn 在 Mg 中的固溶度急剧下降，Mn 以单质形式直接析出，该相在室温下为 bcc 结构，与基体为非共格关系，对位错的阻碍作用要明显小于共格或半共格界面，Mg-Mn 没有中间相的形成和转变，这与其他镁合金具有很大的区别。因此 Mn 元素对铸造镁合金虽然能起到一定的强化作用，但固溶强化和第二相强化效果非常有限，导致了合金铸态力学性能不理想。Mg-Mn 系合金经热处理后，α-Mn 相呈短棒状析出，与 Mg 基体间呈现一定位向关系，主要沿着平行于或者垂直于基体 $(0001)_{Mg}$ 的方向析出。不同的 Mn 含量以及不同热处理方式和温度，对 α-Mn 的生长取向产生影响。因此可以通过控制第二相来达到改善镁合金组织与力学性能的目的[38]。文献［39］中，研究人员采用受扩散控制相转变的边-边匹配晶体学模型对 α-Mn 与基体的取向关系进行了预测，并在 Mg-Mn 二元合金中观察验证，发现 α-Mn 与 Mg 基体之间无周期性的取向关系。

Mg-Mn 系合金在盐水溶液中有很好的抗腐蚀性，并且易于焊接。Mg-Mn 系合金具有中等强度，可用于制造各种型材和锻件，已用于制造飞机蒙皮、壁板及外形复杂的模锻和汽油等系统中要求耐蚀性高的构件。添加不同的合金元素会对 Mg-Mn 系合金的性能产生不同影响。

（1）Zn 元素的影响　当添加 Zn 元素时，对 Mg-Mn 系合金能起到细化晶粒、固溶强化的作用。Mg-Mn-Zn 相图如图 2-27 所示。文献［40］通过添加少量的 Zn 元

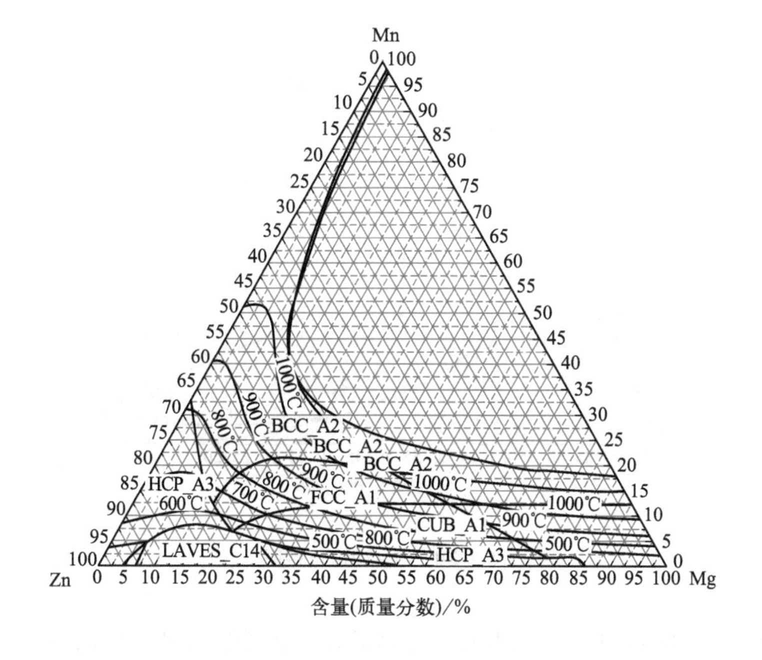

图 2-27　Mg-Mn-Zn 相图

素制备了 Mg-2.0Mn-xZn（x=0,0.5,1.0,1.5,2.0）几种不同 Zn 含量的 Mg-Mn 系合金，研究了少量的 Zn 元素对 Mg-Mn 合金组织及力学性能的影响。实验结果表明，Mg-2.0Mn-xZn 合金的铸态及挤压态组织中，第二相为颗粒状的 α-Mn 相，Zn 元素均匀固溶于 Mg 基体中。添加少量的 Zn 元素可以显著细化铸态 Mg-Mn-Zn 镁合金的晶粒尺寸。随着 Zn 含量增加，挤压态合金中动态再结晶区域增加，混晶组织呈减少趋势。少量添加的 Zn 元素对挤压态 Mg-2.0Mn 合金的强度及塑性都有明显的改善作用，尤其是合金的屈服强度最高增加 42%，延伸率增加 57%。但随着 Zn 添加量增加，合金强度的增加趋势减弱。

（2）Sc 元素的影响　添加 Sc 元素可提高 Mg-Mn 系合金的耐热性。Mg-Mn-Sc 相图如图 2-28 所示。例如 Mg-Mn-Sc 三元合金可应用于温度 300 ℃以上的场合。Sc 能提高镁合金固溶体的熔点，且在镁基体中具有较低的扩散系数，是提高镁合金高温性能最具潜力的合金元素之一。Sc 加到 Mg-Mn 合金中后，在时效过程中会生成与基体共格的第二相 Mn_2Sc，该第二相的生成可以显著提高合金的抗蠕变性，并提高强度和硬度，如 Mg-6Sc-Mn 和 Mg-15Sc-Mn。由于 Sc 比较贵，开发了 Sc 含量较低的 Mg-Mn-Sc 系合金，如 Mg-Mn-5Gd-0.8Sc 和 Mg-Mn-5Gd-0.3Sc 等。

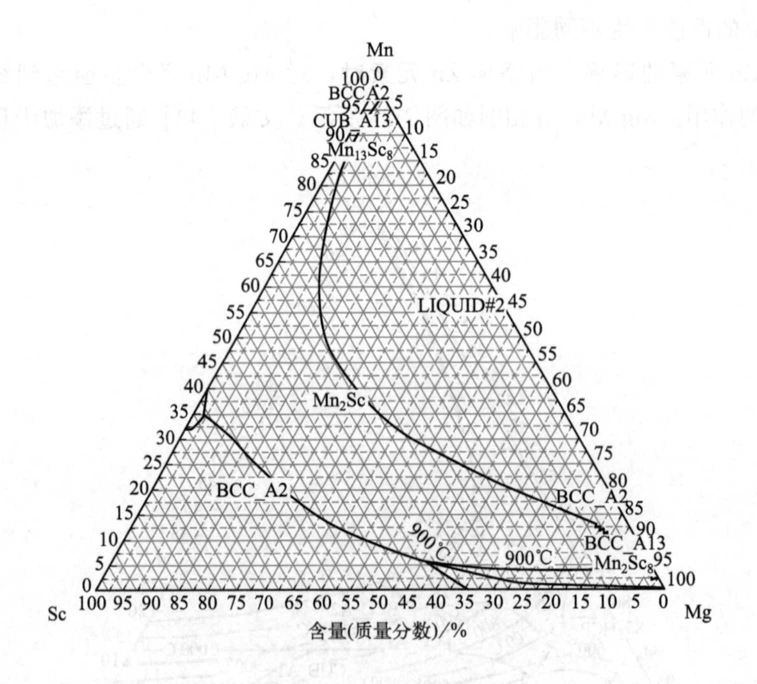

图 2-28　Mg-Mn-Sc 相图

（3）Sr 元素的影响　Sr 元素对 Mg-Mn 系合金能起到细化晶粒的作用。同时，Sr 元素对镁合金的合金相可以起到变质作用，提高 Mg-Mn 合金的抗蠕变能力。这是因为在挤压变形过程中，Sr 添加后，可使过饱的 α-Mg 中动态析出 α-Mn 相，从而提升该 Mg-Mn 系合金抗蠕变性。由于 Sr 元素与 Mg 生成的第二相会产生粒子激发形核效应，使再结晶的晶粒取向更加随机，弱化基面织构，从而提高合金性能。

2.4.4 Mg-RE 系

稀土元素指元素周期表中的第ⅢB 族，包括原子序数从 57 至 71 的 15 个镧系元素：镧（La）、铈（Ce）、镨（Pr）、钕（Nd）、钷（Pm）、钐（Sm）、铕（Eu）、钆（Gd）、铽（Tb）、镝（Dy）、钬（Ho）、铒（Er）、铥（Tm）、镱（Yb）、镥（Lu），以及 21 号元素钪（Sc）和 39 号元素钇（Y）共 17 个元素。

RE 元素可以有效改善镁合金的强度、塑性及耐热性。Mg-RE 合金由于生成的第二相熔点较高且热稳定性更强，因此被称为高强镁合金。这类合金的室温及高温拉伸性能、高温抗蠕变性均优于不含稀土的镁合金，因此 Mg-RE 合金已经成为高强耐热镁合金的一个重要发展分支。另一方面，RE 元素与氧的亲和力比 Mg 更强，而稀土氧化物的氧化膜致密且结合紧密，在高温下生成的稀土氧化膜层能够对合金基体起到一定的机械保护作用，这不仅能降低镁稀土合金熔体在熔铸过程中的吸氧倾向，还能提高镁合金的阻燃性能。另外，稀土氧化膜层可使镁合金表面发生一定程度的钝化，有效抑制 α-Mg 基体在腐蚀环境下的剥落行为并阻碍腐蚀向合金内部继续扩展，因此镁稀土合金的耐蚀性能比不含稀土的镁合金更具优势。我国的稀土资源和镁资源都极为丰富，资源优势是我国发展高性能 Mg-RE 合金体系的重要支撑。其中，Mg-Gd、Mg-Y、Mg-Nd 系合金因时效硬化效果较强、实际应用潜力大而成为当前研究和应用最为广泛的镁稀土合金体。

铸态下，合金由等轴 α-Mg 晶粒和沿晶界析出的网状化合物组成。时效时，晶内析出细小沉淀相，由于时效析出相的强化作用以及晶界相的存在，阻碍了晶界滑动而使 Mg-RE 合金具有良好的抗蠕变性。随着稀土元素在镁中溶解度的增大，稀土对改善合金常温力学性能和高温性能的作用也随之提高。

基于 RE 元素优异的固溶强化和时效硬化效应，人们对开发 Mg-RE 合金系的兴趣日益浓厚，Mg-RE 合金系经历了从 Mg-Th 系、Mg-Y 系过渡到目前的 Mg-Gd 合金系的发展历程。先后开发了多种以 RE 为主要添加元素的新型镁合金，如 WE54、WE43 的 Mg-Y 系等。目前，稀土镁合金的研究主要集中在 Mg-Gd、Mg-Y、Mg-Gd-Y、Mg-Y-Gd、Mg-Y-Sm、Mg-Sm-Y/Gd、Mg-Dy-Nd、Mg-Gd-Nd、Mg-Y-Nd、Mg-Nd-Zn、Mg-Gd(-Y)-Zn、Mg-Y(-Gd)-Zn、Mg-Gd(-Y)-Ag 等合金系。

（1）Gd 元素的影响　当添加 Gd 元素时，由于固溶强化以及析出强化，Gd 元素可以有效改善镁合金的高温强度和抗蠕变性，并能通过影响沉淀析出反应动力学和沉淀相的体积分数来影响镁合金的性能，添加 Gd 元素后可加速 β 和 β′相的析出，获得高体积分数的 β_1 和 β 相。548 ℃下，Gd 在 Mg 中的平衡固溶度的质量分数为 23.5%，但随温度的降低呈指数下降，在 200 ℃时质量分数降到 3.82%，这对于析出强化来讲，是非常好的合金化元素。

（2）Y 元素的影响　Y 元素有细化合金组织晶粒的作用。Y 在镁中的最大固溶度为 12.4%（质量分数），而在所有的稀土元素中，Y 是提高镁合金高温性能最有效的元素。Y 元素不仅具有优异的固溶强化和析出硬化功能，还能同其他元素一起添加提高镁合金的高温抗拉性能、抗蠕变性以及耐蚀性。Y 和 Mg 形成的化合物富集在晶界上，以阻止晶粒进一步长大。随着 Y 含量的增加，合金组织不断细化，网状晶界也有所改善。

（3）Nd 元素的影响　Nd 元素能有效细化晶粒，使铸件组织更致密。Nd 在 Mg 中的最大固溶度为 3.6%（质量分数），Mg-Nd 二元合金的相图如图 2-29 所示。随着温度降低，Nd 的溶解度下降，室温下为 0.8%～1.0%。Nd 元素具有固溶强化和时效强化作用。Mg-Nd 合金的铸态组织由 α-Mg 基体和呈离异共晶形貌的 $Mg_{12}Nd$ 相组成，随着 Nd 元素含量的增加，晶粒尺寸逐渐减小，第二相的含量明显增多，分布更为紧密，在 Mg-2Nd 中 $Mg_{12}Nd$ 相沿枝晶间隙呈断续的网状分布，而 Mg-4Nd 中 $Mg_{12}Nd$ 相几乎构成连续的网状。随着 Nd 含量的增加，合金的蠕变率减小。

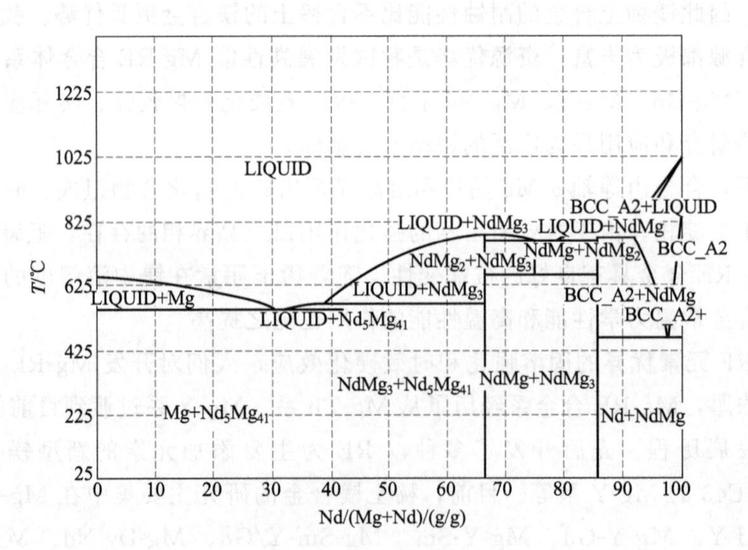

图 2-29　Mg-Nd 相图

与 Gd 元素和 Y 元素等稀土元素相比，Nd 元素具有成本低这一明显的优势，因此，被广泛运用于商业用镁合金行业。

参考文献

[1] 郭汉杰．冶金物理化学［M］．北京：高等教育出版社，2021：8.

[2] 郭汉杰．“活度”质疑．工程科学学报［J］，2017.39（4）：502-510.

[3] Kubaschewski O，Alcock C B. Metallurgical Thermochemistry［M］. 5th Ed. Oxford：Pergamon Press，1979.

[4] Palenzona A，Cirafici S. Dynamic differential calorimetry of intermetallic compounds：（Ⅱ）heats of formation，heats and entropies of fusion of rare earths-lead（REPb3）compounds［J］. Thermochim Acta，1973，6（5）：455.

[5] Eldridge J M，Miller E. Thermodynamic properties of liquid magnesium-lead alloys［J］. Trans Met Soc AIME，1967，239（4）：570.

[6] 周国治．第五届冶金物理化学会议论文集［C］．西安：中国金属学会冶金过程物理化学学术委员会，1984.

[7] 郭汉杰．浸钒渣提镓工艺优化设计与机理的研究［D］．北京：北京科技大学，1991.

[8] Palenzona A，Cirafici S. Dynamic differential calorimetry of intermetallic compounds：（Ⅲ）heats of formation，heats and entropies of fusion of（REIn3）and（RETl3）compounds［J］. Thermochim Acta，1974，9（4）：419.

[9] 长崎诚三，平林真．二元合金状态图集［M］．北京：冶金工业出版社，2004.

[10] Ihsan Barron. Thermodynamic Data of Pure Substances［M］. Beijing：Science Press，2003.

[11] 牟俊宇．金属熔体原子-分子热力学模型研究［D］．北京：北京科技大学，2016.

[12] Newhouse J M，Poizeau S，et al. Thermodynamic Properties of Calcium-Magnesium Alloys Determined by Emf Measurements［J］. Electrochimica Acta，91（2013）373-389.

[13] Sharma R A. Thermodynamic Properties of Liquid Mg＋Pb and Mg＋Sn Alloys by Emf Measurements［J］. The Journal of Chemical Thermodynamics，2（1970），3，p. 373-389.

[14] 张鉴．冶金熔体和溶液的计算热力学［M］．北京：冶金工业出版社，2007.

[15] Duan S，Shi X，Zhang M，et al. Determination of the thermodynamic properties of Ni-Ti，Ni-Al，and Ti-Al，and nickel-rich Ni-Al-Ti melts based on the atom and molecule coexistence theory［J］. Journal of Molecular Liquids，2019：111462.

[16] 张满仓．冷速对 11Al-3Mg-0.2Si-Zn 凝固组织影响及腐蚀机理［D］．北京：北京科技大学，2019.

[17] 董国瑞．Mg-Al-Zn-Zr 四元系镁合金相图的计算及热力学数据库建立［D］．深圳：哈尔滨工业大学（深圳），2021.

[18] Zhang J. Thermodynamic properties and mixing thermodynamic parameters of Ba-Al，Mg-Al，Sr-Al and Cu-Al metallic melts［J］. Transactions-Nonferrous Metals Society of China-English Edition，2004，14（2）：345-350.

[19] Ghosh P，Mezbahul-Islam M D，Medraj M. Critical assessment and thermodynamic modeling of Mg-Zn，Mg-Sn，Sn-Zn and Mg-Sn-Zn systems［J］. Calphad，2012，36：28-43.

[20] Bhatt Y. Thermodynamic study of liquid Aluminum-Magnesium alloys by vapor pressure measurements［J］. Metallurgical Transactions B，1976，2（7）：271-275.

[21] Lu G. Measurement of thermodynamic properties of liquid Al-Mg alloys［J］. Transactions of Nonferrous Metals Society of China，1998，1（8）：109-113.

[22] Tiwari B L. Thermodynamic Properties of Liquid Al-Mg Alloys Measured by the Emf Method［J］. Met-

allurgical Transactions A, 1987, 9 (18): 1645-1651.

[23] Hultgren R, Desai P D, Hawkins D T, et al. Selected values of the thermodynamic properties of binary alloys [R]. National Standard Reference Data System, 1973.

[24] Wasiur-Rahman S, Medraj M. Critical assessment and thermodynamic modeling of the binary Mg-Zn, Ca-Zn and ternary Mg-Ca-Zn systems [J]. Intermetallics, 2009, 17 (10): 847-864.

[25] Moser Z. Thermodynamic properties of dilute solutions of magnesium in zinc [J]. Metallurgical Transactions, 1974, 5 (6): 1445-1450.

[26] Franke P, Neuschütz D, Scientific group thermodata europe (SGTE. Cu-Fe [M]//binary systems. Part 3: binary systems FROM Cs-K to Mg-Zr. Springer, Berlin, Heidelberg, 2005: 1-3.

[27] Balanović L, Živković D, Manasijević D, et al. Calorimetric investigation of Al-Zn alloys using Oelsen method [J]. Journal of Thermal Analysis and Calorimetry, 2014, 118 (2): 1287-1292.

[28] Schlesinger M E, Lynch D C. Comparison of therodynamic models applied to aluminum-magnesium-zinc melts [J]. Industrial & Engineering Chemistry Research, 1988, 27 (1): 180-186.

[29] Liang P, Tarfa T, Robinson J A , et al. Experimental Investigation and Thermodynamic Calculation of The Al-Mg-Zn System [J]. Thermochimica Acta, 1998, 314 (1): 87-110.

[30] 朱云鹏,覃嘉宇,王金辉,等.机械球磨结合粉末冶金制备AZ61超细晶镁合金的组织与性能[J].金属学报,2023,59(02):257-266.

[31] Xiang W, Chun C, Lingyu L, et al. Microstructure design for biodegradable magnesium alloys based on biocorrosion behavior by macroscopic and quasi-in-situ EBSD observations [J]. Corrosion Science, 2023, 221.

[32] 李永兵,黄进峰,崔华,等.喷射成形Mg-9Al-xZn合金的微观组织演变[J].中国有色金属学报,2009,19(7):1189-1196.

[33] 潘复生,吴国华,等.新型合金材料——镁合金[M].北京:中国铁道出版社,2017.10.

[34] Zhang E, Yang L. Microstructure, mechanical properties and bio-corrosion propertiesof Mg-Zn-MnCa ally for biomedicalapplication [J]. Materials Science and Engineering: A, 2008, 497 (1): 111-118.

[35] Buha J. The effect of micro-alloying addition of Cr on age hardening of an Mg-Zn alloy [J]. Material Science and Engineering: A, 2008, 492 (1): 293-299.

[36] Tianyuan S, Huan L, Jialong Z, et al. The improvement on mechanical anisotropy of AZ31 magnesium alloy sheets by multi cross-rolling process [J]. Journal of Alloys and Compounds, 2023, 963.

[37] Majid P. Critical review on fusion welding of magnesium alloys: metallurgical challenges and opportunities [J]. Science and Technology of Welding and Joining, 2021, 26 (8).

[38] Safoora F, Mahshid K. Micro and nano-enabled approaches to improve the performance of plasma electrolytic oxidation coated magnesium alloys [J]. JOURNAL OF MAGNESIUM AND ALLOYS, 2021, 9 (5).

[39] Zhang M , Kelly P M. Edge-to-edge matching and its applications: part Ⅱ. Application to Mg-Al, Mg-Y and Mg-Mn alloys [J]. Acta materialia, 2005, 53 (4): 1085-1096.

[40] 赖林,张奎,李兴刚,等.Zn含量对Mg-Mn-Zn合金显微组织和力学性能的影响[J].稀有金属,2016,40(06):552-558. DOI:10.13373/j.cnki.cjrm.2016.06.006.

第3章 传统铸造镁合金的成分、组织与性能

镁合金按成型工艺可分为铸造镁合金和变形镁合金。铸造镁合金的制备方法大致可分为铸造法、半固态成型法、快速凝固法和喷射沉积法四种类型。其中，铸造冶金法的发展历史最为悠久，工艺及其设备也最为成熟。铸态镁合金的组织一般由镁基固溶体及共晶体组成，特点是填充性较好、收缩性小以及热裂性低，对铸造工艺适应性较大，具有比强度和比刚度高、振动阻尼容量大等特点，广泛用于航空航天、汽车和电子产品等领域。然而，随着航空航天、汽车、电子和生物医疗等领域技术的不断发展，对高性能镁合金的需求日益高涨，传统的制备方式已难以满足这种日益提高的需求，于是一些新型的镁合金制备技术得到了发展，如半固态成型、快速凝固和喷射沉积等。

本章首先介绍了传统铸态下几种常见镁合金系的成分、显微组织及性能的特点，并以快速凝固态下的镁合金成分、相组成及性能特点进行对比，为更好地理解快速凝固的增材制造镁合金的成分、显微组织及性能奠定基础。

3.1 铸造态下镁合金的成分、组织与性能

铸造镁合金、快速凝固态镁合金和增材制造镁合金由于凝固速率的不同而具有截然不同的显微组织及性能特征。本节将围绕铸造态下 Mg-Al 系、Mg-Zn 系、Mg-Li 系以及 Mg-RE 系镁合金的化学成分、显微组织及其性能展开介绍。

3.1.1 Mg-Al 系

Mg-Al 系镁合金是较为常见且应用较广的镁合金系之一。本节重点介绍

Mg-Al 系镁合金不同合金牌号的化学成分、典型显微组织以及砂铸、压铸镁合金的力学性能。

(1) 化学成分 Mg-Al 系铸造镁合金主要成型方式为压铸，当铝等合金元素含量较高时可采用重力铸造的方式。Mg-Al 系合金因含合金元素不同而牌号不同，比如含有锌元素的 AZ 系列、含锰元素的 AM 系列以及含有硅元素的 AS 系列等，所含不同合金元素其代号不同，表 3-1 为常见合金元素代号，其中，较为典型的有 Mg-Al-Zn 系中的 AZ61 和 AZ91；Mg-Al-Mn 系中的 AM20、AM50、AM60 和 AM100；Mg-Al-Si 系中 AS21 和 AS41。表 3-2 和表 3-3 为砂铸、压铸 Mg-Al 系合金的化学成分。

表 3-1 常见合金元素代号

元素	符号	代号	元素	符号	代号
铝	Al	A	稀土	RE	E
锰	Mn	M	铁	Fe	F
硅	Si	S	磷	P	P
镍	Ni	N	铜	Cu	C
铬	Cr	R	铅	Pb	P
锆	Zr	K	锂	Li	L
锌	Zn	Z	银	Ag	Q
钇	Y	W	锡	Sn	T
镉	Cd	D	铋	Bi	K

表 3-2 砂铸 Mg-Al 系镁合金化学成分表（质量分数）/%（ASTM B80—23）

牌号	Mg	Al	Cu	Mn	Ni	Si	Zn	其他金属杂质
AM100A	余量	9.3～10.7	0.10	0.10～0.35	0.01	0.30	0.30	—
AZ63A	余量	5.3～6.7	0.25	0.15～0.35	0.01	0.30	2.5～3.5	—
AZ81A	余量	7.0～8.1	0.10	0.13～0.35	0.01	0.30	0.40～1.0	—
AZ91C	余量	8.1～9.3	0.10	0.13～0.35	0.01	0.30	0.40～1.0	—
AZ91E	余量	8.1～9.3	0.015	0.17～0.35	0.0010	0.20	0.40～1.0	0.01

表 3-3　压铸 Mg-Al 系镁合金化学成分表（质量分数）/%（ASTM B94—13）

牌号	Mg	Al	Cu	Mn	Ni	Si	Zn	其他金属杂质
AM50A	余量	4.4～5.4	0.010	0.26～0.6	0.002	0.1	0.22	—
AM60A	余量	5.5～6.5	0.35	0.13～0.6	0.03	0.50	0.22	—
AM60B	余量	5.5～6.5	0.010	0.24～0.6	0.002	0.10	0.22	0.02
AZ91A	余量	8.3～9.7	0.10	0.13～0.50	0.03	0.50	0.35～1.0	—
AZ91B	余量	8.3～9.7	0.35	0.13～0.50	0.03	0.50	0.35～1.0	—
AZ91D	余量	8.3～9.7	0.030	0.15～0.50	0.002	0.10	0.35～1.0	—

（2）显微组织　Mg-Al 系镁合金由于其良好的铸造性和力学性能，通常用于铸造和锻制应用。以铸造 AZ61 镁合金为例，图 3-1 为其微观组织。铸造 AZ61 镁合金具有典型的枝晶状共晶网络结构，其铸态组织由 α-Mg 固溶体与非平衡共晶 α-Mg+$Mg_{17}Al_{12}$ 和少量从 α-Mg 固溶体中析出的二次 $Mg_{17}Al_{12}$ 相组成。铸态下镁合金的平均晶粒尺寸约为（320±5）μm，晶粒尺寸较大且不均匀。

AZ61 和 AZ91D 都属于低锌亚共晶镁铝合金，在亚共晶镁铝合金中，共晶相的形态取决于冷却速度，较高的冷却速度导致更为离散的微观结构[1]。文献［2］研究了第二相 β-$Mg_{17}Al_{12}$ 在铸态镁合金中的分布规律，研究表明枝晶形态可以控制 β-$Mg_{17}Al_{12}$ 相的大小和分布，枝晶越发达，β-$Mg_{17}Al_{12}$ 相形态越细小，分布越弥散，且铸锭芯部和边缘处第二相分布存在差异，铸锭芯部的 β-$Mg_{17}Al_{12}$ 比边部的细小弥散并且主要分布于枝晶间，而边部的 β-$Mg_{17}Al_{12}$ 相主要群聚分布在晶界处。图 3-1 为铸态 Mg-Al 合金的微观结构。

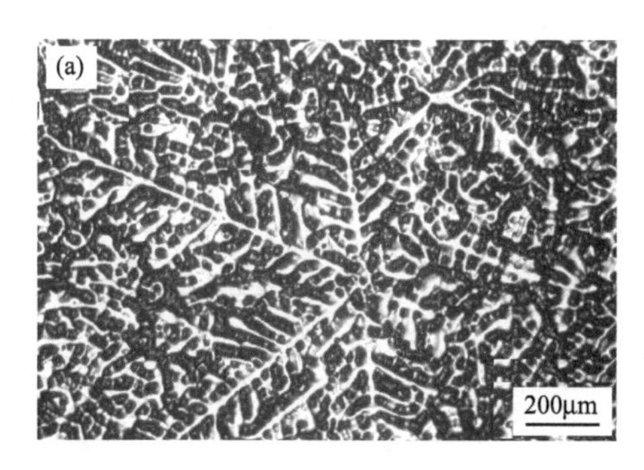

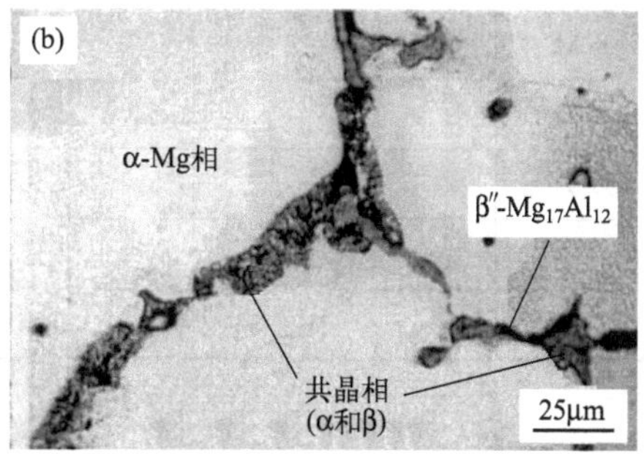

图 3-1　铸态 Mg-Al 合金的微观结构[3]

（3）力学性能　大多数 Mg-Al 系铸造镁合金（压铸或经过热处理）的抗拉强度可以达到 200 MPa 以上，强度中等且成本较低，适合应用于汽车、电子通信等民用产品领域。表 3-4、表 3-5 为其力学性能。

表 3-4 砂铸 Mg-Al 系镁合金力学性能表（ASTM B80—23）

牌号	热处理状态	抗拉强度/MPa	屈服强度/MPa	延伸率/%
AM100A	T6	241	117	—
AZ63A	F	179	76	4
	T4	234	76	7
	T5	179	83	2
	T6	234	110	3
AZ81A	T4	234	76	7
AZ91C	F	158	76	—
	T4	234	76	7
	T5	158	83	2
	T6	234	110	3
AZ91E	T6	234	110	3
AZ92A	F	158	76	—

表 3-5 压铸 Mg-Al 系镁合金力学性能表（质量分数）/%（ASTM B94—13）[4]

牌号	抗拉强度/MPa	拉伸屈服强度/MPa	压缩屈服强度/MPa	延伸率/%
AM20	—	190	90	12
AM50A	200	210	125	10
AM60A	220	130	—	—
AM60B	—	225	130	8
AZ91D	—	240	160	3
AS41B	—	215	140	6
AS21	—	175	110	9

3.1.2 Mg-Zn 系

本节重点介绍 Mg-Zn 系镁合金不同合金牌号的化学成分、典型显微组织以及砂铸、压铸镁合金的力学性能。

（1）化学成分　锌是 Mg-Zn 系中主要的合金元素之一，由于 Mg-Zn 系合金铸造充型能力较差，一般采用砂铸法。表 3-6 为 Mg-Zn 系合金的化学成分。

表 3-6 砂铸 Mg-Zn 系镁合金化学成分表（质量分数）/%（ASTM B80—23）

牌号	Mg	Cu	Mn	Ni	RE	Zn	Zr
ZC63A	余量	2.4～3.0	0.25～0.75	0.01	—	5.5～6.5	—
ZE41A	余量	0.10	0.15	0.01	0.75～1.75	3.5～5.0	0.40～1.0
ZK51A	余量	0.10	—	0.01	—	3.6～5.5	0.50～1.0
ZK61A	余量	0.10	—	0.01	—	5.5～6.5	0.60～1.0

（2）显微组织　Mg-Zn 系合金的显微组织一般由白色的 α-Mg 基体和沿晶界分布的灰色离异共晶第二相组成。以 ZK61 镁合金为例，传统铸态 ZK61 镁合金的相组成可能含有 Mg_7Zn_3、MgZn 或 $MgZn_2$ 等金属间化合物。在 340 ℃下熔体内液态金属发生共晶反应生成 α-Mg 和 Mg_7Zn_3。由于 Mg_7Zn_3 属于亚稳定相，随后会随着温度的降低，在冷却过程中继续发生分解 $Mg_7Zn_3 \rightarrow$ α-Mg＋β-MgZn，因此传统 Mg-Zn 合金的相组成主要为 α-Mg 基体以及晶界上形成的 β-MgZn 金属间化合物。图 3-2 和图 3-3 为其典型组织结构。文献［5］表明，铸态 ZK60 镁合金（Mg-Zn-Zr）组织中存在很明显的枝晶，有相当数量的共晶组织沿晶界或枝晶边界断续分布。在加热和冷却速度分别为 15 K/min 和 10 K/min，共晶组织的熔化温度为 345 ℃，凝固析出温度为 328.7 ℃时，通过 X 衍射仪及透射电镜等多种表征手段分析，在铸态 ZK60 镁合金共晶组织类型、组成和分布具有多样性，且共晶组织主要由 α-Mg 和 MgZn 两相构成。

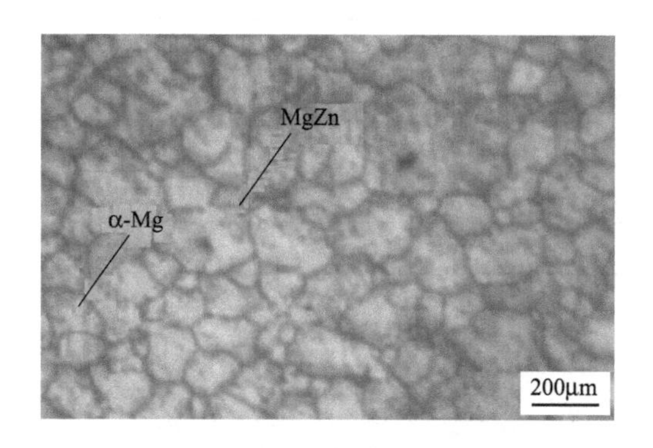

图 3-2　传统铸态 Mg-Zn 合金组织结构

（3）力学性能　Mg-Zn 系铸造镁合金具有较高的屈服强度和组织致密性，可以制造要求具有一定气密性的中等强度铸件。Mg-Al 系镁合金由于存在低熔点的 β-$Mg_{17}Al_{12}$ 相，其力学性能在高于 120 ℃时急剧下降。为提高镁合金的高温性能，研究者们做了大量工作，研发了大量耐热镁合金系。比如，通过增加 Zn 含量控制

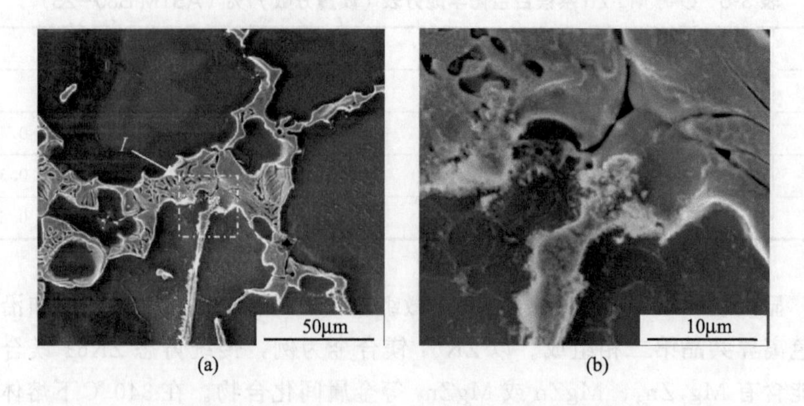

图 3-3 传统铸态 Mg-Zn-Al 合金组织结构[6]

Zn/Al 比，开发出 ZA 系镁合金，如 ZA84、ZA102 等[7]，与 Mg-Al 系合金相比，Mg-Zn 系铸造镁合金高温性能较好，但是铸造性能较差。提高 Mg-Zn 系铸造镁合金强度主要是通过细晶强化与合金化方法。其中，合金化方法主要利用析出相和 G. P. 区（guinier preston zone）过渡相来提高强韧性。Mg-Zn 系铸造镁合金的研究和开发虽然已经取得了一定的成果，但是其工业应用范围还远远不够[8]。表 3-7 为 Mg-Zn 系镁合金的力学性能。

表 3-7 砂铸 Mg-Zn 系镁合金力学性能表（ASTM B80—23）

牌号	热处理状态	抗拉强度/MPa	屈服强度/MPa	延伸率/%
ZC63A	T6	193	124	2
ZE41A	T5	200	133	2.5
ZK51A	T5	234	138	5
ZK61A	T6	276	179	5

3.1.3 Mg-Li 系

本节重点介绍 Mg-Li 系镁合金不同合金牌号的化学成分、典型显微组织以及砂铸、压铸镁合金的力学性能。

(1) 化学成分　Mg-Li 系合金是铸造态镁合金中密度最低的合金系，其密度可低至 1.35～1.5 g/cm^3，仅为铝合金的 1/2，传统镁合金的 3/4，因其具有较高的比强度、比刚度、优良的减振性和低温韧性，广泛应用在航空航天等领域。如美国最先开发成功的 LAZ933 Mg-Li 合金被用于制造 MI13 装甲兵车车体部件，并通过了道路行驶试验。成功开发 LA141 Mg-Li 合金被纳入航空材料标准 AMS4386，并已应用于Satum-V航天飞机的计算机、电器仪表框架和外壳以及防宇宙尘壁板等[9]。Mg-Li系合金目前研究尚少，表3-8所示为主要的Mg-Li系镁合金化学成分。

表3-8 Mg-Li系镁合金化学成分表（质量分数）/%

牌号	Mg	Al	Si	Li	Cd	Se	Zn
LA141	余量	1.0	—	14.0	—	—	—
LA91A	余量	1.0	—	9.0	—	—	—
LAZ933A	余量	3.0	—	9.0	—	—	3.0
MA21	余量	4.0～6.0	0.1～0.4	7.0～9.0	3.0～5.0	0～0.15	0.8～2.0
MA18	余量	0.5～1.0	0.1～0.4	10.0～11.5	—	0.15～0.35	2.0～2.5

（2）显微组织　铸态纯二元Mg-Li系合金的显微组织为典型的双相组织，由白色的α-Mg（密排六方结构）基体和灰色的β-Li相（体心立方结构）组成。α-Mg相呈现细长条状，图3-4为其典型显微组织，当加入其他合金元素后，如在Mg-Li合金中添加铝元素，还能形成$Mg_{17}Al_{12}$、Li_2MgAl等金属间化合物，作为强化相存在。其中，Li_2MgAl相是在β-Li相基体中出现的亚稳相，会在一定条件下自发地转化为稳态的AlLi相，特别是在Li含量较高的Mg-Li合金中，铝元素会促进相转变β→Li_2MgAl→AlLi的发生，合金发生时效软化，降低组织性能的稳定性[10]。

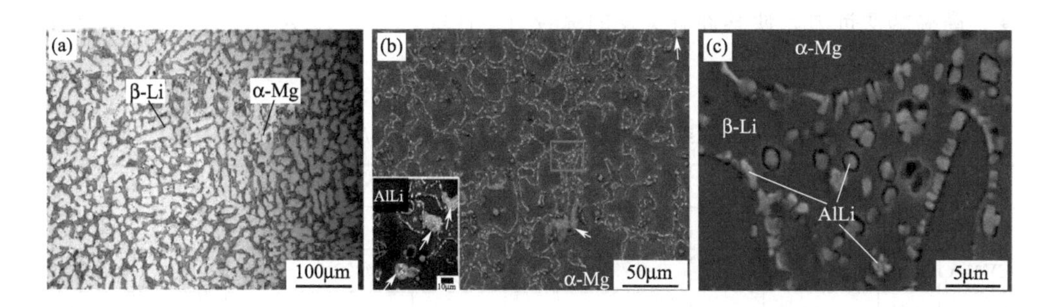

图3-4 Mg-Li系合金显微组织[11]

（3）力学性能　随着工业部件轻量化的发展，对超轻材料的要求越来越迫切，对于Mg-Li系合金的性能研究越来越重视。Mg-Li系合金除了密度小、比刚度和比强度高以及加工变形能力强等优点外，还具有优良的导热、电磁屏蔽和阻尼减震性能。MA21和MA18是俄罗斯研究开发的最具实用价值的两种Mg-Li合金。其中，MA21合金属于α+β双相Mg-Li合金，拥有足够高的强度，同时耐腐性和焊接性能良好，在室温至100 ℃工作范围内是中等强度结构材料。而MA18合金属于β相Mg-Li合金，密度较MA21合金更低，具有高的塑性和良好的压力加工性能，通常被用作低强度焊接材料，工作环境为室温或低温。此外，MA21和MA18合金还可以用来制造要求具有高比刚度和高阻尼性能的零件。Mg-Li合金也可以进行焊接和机加工，但Mg-Li合金较其他镁合金化学活性大得多。另外，由于微化学反应的影响，使Mg-Li合金的抗腐蚀性随铝含量的增加而降低。表3-9为砂铸Mg-Li系镁合金的力学性能。

表3-9 砂铸Mg-Li系镁合金力学性能

牌号	抗拉强度/MPa	屈服强度/MPa	延伸率/%
LA141A	122	85	17
MA18	161	143	30
MA21	187	164	9

3.1.4 Mg-RE系

本节重点介绍Mg-RE系镁合金不同合金牌号的化学成分、典型显微组织以及砂铸、压铸镁合金的力学性能。

(1) 化学成分　在镁中加入稀土元素，进行合金化，是提高镁合金室温和高温强度最有效的方法之一，通过固溶强化和沉淀强化，提高镁合金的室温和高温强度、高温蠕变抗力，使其拥有优良的综合力学性能。表3-10为Mg-RE系镁合金化学成分。

表3-10 砂铸Mg-RE系镁合金化学成分表（质量分数）/%（ASTM B80—23）

牌号	Mg	Cu	Fe	Mn	Li	Nd	Ni	Si	Y	Zr
EQ21A	余量	0.05～0.10	—	—	—	—	0.01	—	—	0.4～1.0
EV31A	余量	0.10	0.01	—	—	2.6～3.1	0.0020	—	—	0.4～1.0
EZ33A	余量	0.10	—	—	—	—	0.01	—	—	0.5～1.0
QE22A	余量	0.10	—	—	—	—	0.01	—	—	0.4～1.0
WE43A	余量	0.03	0.01	0.15	0.20	2.0～2.5	0.005	0.01	3.7～4.3	0.4～1.0
WE43B	余量	0.02	0.01	0.03	0.20	2.0～2.5	0.005	—	3.7～4.3	0.4～1.0
WE54	余量	0.03	—	0.03	0.20	1.5～2.0	0.005	0.01	4.75～5.5	0.4～1.0

(2) 显微组织　以WE43镁合金为例，该镁合金属于耐热镁合金，其主要合金元素为钇、钕和钆等稀土元素。WE43稀土镁合金具有优良的铸造性及高温力学

性能，广泛应用于航空航天及国防工业领域，可直接用作航空发动机、大型复杂薄壁壳体构件和导弹舱体等，是发展较成熟的耐热镁合金之一。图 3-5 为其铸态典型显微组织，由图可见，Mg-RE 镁合金由等轴的 α-Mg 和沿晶界分布的共晶化合物组成。

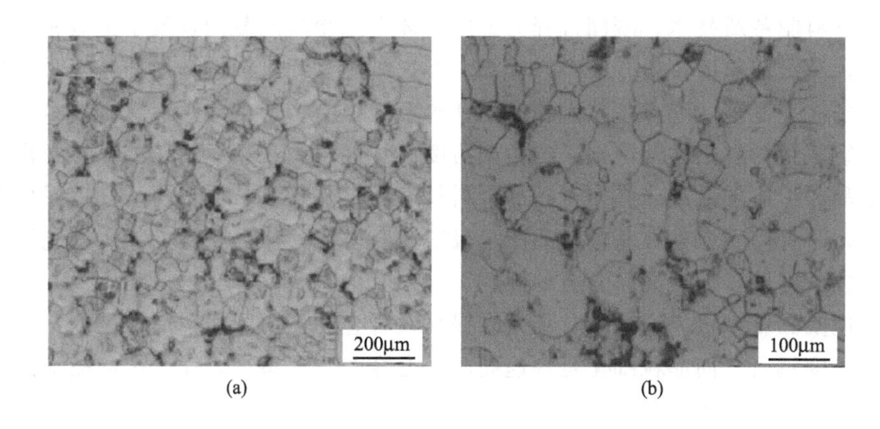

图 3-5 WE43 镁合金铸态典型显微组织

（3）力学性能　稀土元素具有净化合金溶液、改善合金的铸造性能、细化和变质合金组织、提高铸造合金的力学性能及抗氧化和抗蠕变性等作用。在镁合金领域，稀土优异的净化、强化作用不断为人们所认识和掌握，并已开发出一系列具有高强度、耐热和耐蚀等性能的含稀土镁合金。由于稀土元素的合金化，使铸造镁合金的强度提高了 1～2.5 倍，极限工作温度提高到 350 ℃，且铸造性能、耐蚀性能均有大幅提高，大大拓展了镁合金的应用领域。相对于 Mg-Al 和 Mg-Zn 等不含稀的镁合金，Mg-RE 系铸造镁合金具有更高的强度和耐热性能，适合应用于航空航天、汽车等产品领域[12]，其中又以 Mg-Gd-Y-Zr 系合金的综合力学性能最佳。表 3-11 为砂铸 Mg-RE 力学性能。

表 3-11　砂铸 Mg-RE 系镁合金力学性能表（ASTM B80—23）

牌号	热处理状态	抗拉强度/MPa	屈服强度/MPa	延伸率/%
EQ21A	T6	234	172	2
EV31A	T6	248	145	2
EZ33A	T5	138	96	2
QE22A	T6	241	172	2
WE43A	T6	221	172	2
WE43B	T6	221	172	2
WE54A	T6	255	179	2

3.2 快速凝固下镁合金的成分、组织与性能

快速凝固技术（rapid solidification）是材料科学领域具有突出地位的一种先进金属材料制备新技术，凝固过程为金属熔体在急冷瞬间凝固且发生由液相到固相的相变，其冷却速度一般介于10^4～10^9 K/s，凝固过程远远偏离平衡甚至是在极端不平衡条件下凝固。通过该技术制备的镁合金组织结构与常规铸锭冶金技术制备的镁合金组织结构有很大的区别，包括固溶度的扩展、微观组织结构的晶粒细化、非平衡结晶和形成准晶或非晶，得到的材料具有超细晶粒度、低偏析度和良好稳定性等优点，并且溶质元素在基体中的固溶极限相对较大，成分相对均匀。因此利用快速凝固技术可以显著提高镁合金的性能。

快速凝固技术可以通过晶粒细化来提高镁合金的屈服强度，晶粒越细，镁合金的屈服强度越高。而晶粒细化是快速凝固镁合金的重要特征。镁合金的极细甚至是超细晶粒，一方面大幅度提高了晶界的面积，另一方面使分布于晶界处的强化相能更加弥散地分布于α-Mg基体上，明显加强了细晶强化、晶界强化和沉淀弥散强化，而且能激发新的变形机制，导致晶界滑动及室温下新的流变过程，提高屈服强度。晶粒细化在提高镁合金强度的同时也显著提高了镁合金的塑性。特别是，当镁合金晶粒细化到大约为1 μm时，可以导致晶界滑动及室温下新的流变过程，从而大大改善镁合金的延展性。此外，镁合金的高温力学性能很大程度上取决于其组织的热稳定性。与常规铸造镁合金比，快速凝固镁合金的热稳定性有较大的提高，这与快速凝固过程中析出热稳定性高的弥散质点有关。快速凝固技术还可以显著改善和提高镁合金的抗腐蚀性能，用此法获得的更加均匀的显微组织可以使通常起阴极中心作用的元素和颗粒弥散开，各种元素固溶度的增大，可以使镁合金的电极电位向惰性方向改变。

快速凝固技术的使用不仅可以改善传统金属材料的性能，还能开发现有材料的潜在性能，并能生成新的强化相，消除某些有害相、有利于高强镁合金的制备。

（1）Mg-Al系　Mg-Al系合金是应用最多的镁合金之一。快速凝固的条件会赋予Mg-Al系镁合金细化的显微组织。冯[13] 等人研究AZ31镁合金急冷快速凝固条件下的凝固组织，发现合金元素的固溶度增加，枝晶生长和共晶体的析出被抑制，快速凝固组织为细小均匀的等轴状α-Mg单相固溶体组织，晶粒尺寸被细化到300nm。Cai [14]等人研究了AZ91HP的快速凝固过程，得到了晶粒尺寸为10～20 μm的细化显微组织。郑水云[15] 通过快速凝固法制备Mg-Al系合金，并对其微观组织进行研究，发现其合金中镁、锌和钇的宏观分布比较均匀，但其晶内存在偏析，凝固速度的差异及铸造组织的遗传性是造成偏析形成的主要原因。图3-6对比了Mg-Al系镁合金在铸态和快速凝固态下的显微组织，可以看出，与铸态组织

相比，快速凝固下合金组织均匀，强化相呈非连续状分布于晶内和晶界处。快速凝固除了显微组织产生影响外，进而也会对力学性能产生影响。研究发现，通过快速凝固模冷技术制备的Mg-5Al-2Zn-2Y和Mg-5Al-2Zn-1Si-Pr合金在室温下屈服强度分别为456 MPa和476 MPa，抗拉强度分别为513 MPa和516 MPa，150 ℃时塑性变形量分别达到219.7%和197.1%，这些力学性能远高于常规工艺制备的AZ91镁合金[16]。

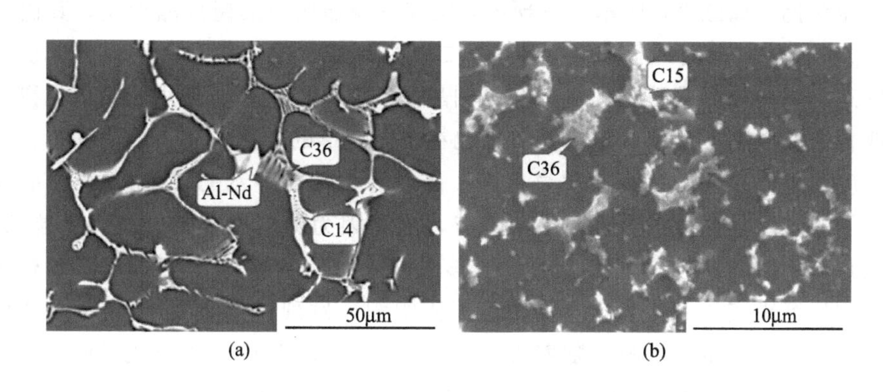

图 3-6 Mg-Al-Ca镁合金显微组织：铸态（a）；快速凝固（b）[17]

（2）Mg-Zn系 快速凝固技术成型后的Mg-Zn系合金经失效后由于形成沉淀强化，有可能取代铝合金而应用于航天和汽车工业中。当锌含量较小时，锌在镁中的作用一方面表现为自身的固溶强化，另一方面，少量的锌还可以增加铝在镁中的溶解度，提高铝的固溶强化作用。目前，美国Allied Signal公司成功研制了高性能的EA/RS系列镁合金，其抗拉强度甚至达到了500 MPa。与铝合金相比较，这些快速凝固EA系列镁合金具有更高的比强度，并且它们的强度和延展性的综合性能优于最好的铸锭冶金镁合金。其中，EA55A合金的力学性能是已报道的性能中最佳的镁合金型材。除此之外，快速凝固EA系列镁合金的超塑性成型速率明显高于其他轻合金，因而有可能锻造出极为复杂的而不产生裂纹的零件。周[18] 等人研究了快速凝固Mg-6Zn合金的显微组织。如图3-7所示，Mg-6Zn合金晶粒显著细化，尺寸为6～10 μm，远低于铸态下的125 μm。其相组成为α-Mg、$Mg_{51}Zn_{20}$相及少量的$MgZn_2$和Mg_2Zn_3相。

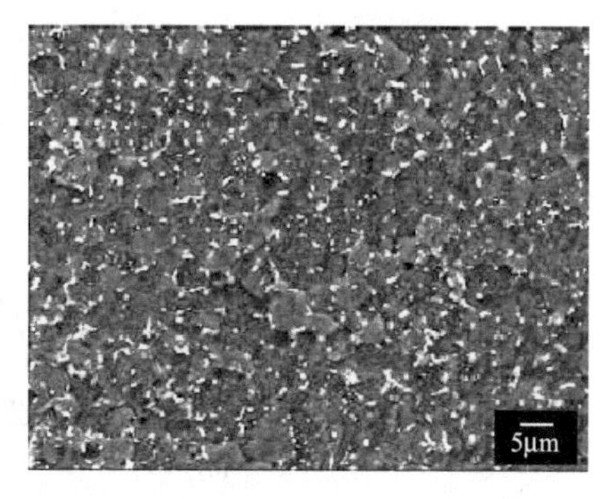

图 3-7 快速凝固Mg-Zn合金显微组织[19]

(3) Mg-RE系　稀土元素在镁合金中可以产生良好的固溶强化和时效强化作用。稀土元素具有较高的熔点和热稳定性，因而使Mg-RE系合金成为开发快速凝固高温镁合金的基础。其中，WE54［Mg-5.1%Y-3.3%RE(Nd)-0.5%Zr］和WEA3［Mg-4.0%Y-3.3%RE(Nd)-0.5%Zr］是目前研究最为成功的耐热合金，强度高且经热处理后耐蚀性能优于其他高温镁合金。

付[20] 等人将Mg12Gd3Y0.5Zr（GW123K）合金的铸态及快速凝固态下的显微组织做对比，如图3-8所示，发现铸态组织呈现出典型的树枝晶形貌，其由白色的α-Mg固溶体与晶间的不连续分布的第二相所组成，而组织存在明显的偏析。快速凝固态下，树枝晶几乎消失，并向等轴晶发展，且由于挤压作用，偏析也得到一定的改善。晶界间不连续的第二相尺寸也在挤压变形的作用下变得较为细小，且室温下强度和延伸率均较铸态有明显提高。高温力学性能显示GW123K合金的抗拉强度和屈服强度随温度的升高呈下降趋势，这是因为随着温度的升高，晶粒长大，晶界强化作用减弱。但随温度上升，滑移系开动更为容易，合金的伸长率有所提高。刘[21] 等研究了Mg-Y合金的快速凝固组织，发现微量Y的添加对镁合金的组织与力学性能有重要影响。随着Y含量的增加，Mg-Y合金中形成了面心立方结构，不同Y含量引起的合金中面心立方含量的差异使得合金具有不同的力学性能和变形机制。随着压力的增加，结晶温度几乎呈线性增加，在15～20 GPa的压力区间，Mg-Y合金凝固后的终态组织由面心立方晶体转变为体心立方晶体。

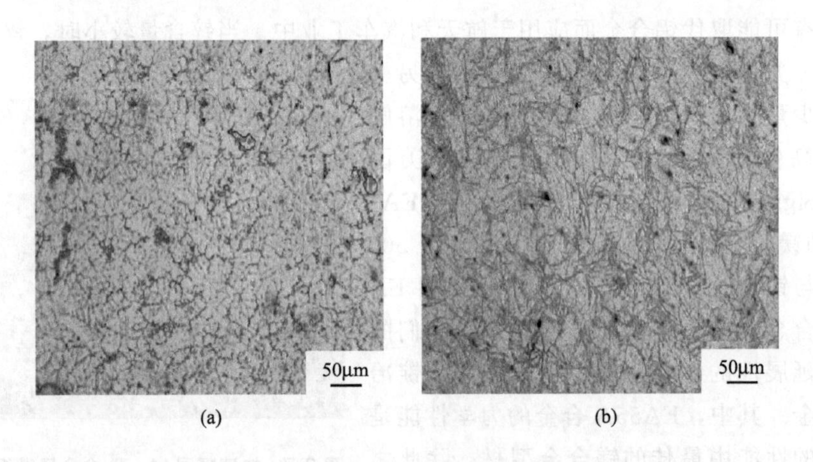

图3-8　Mg12Gd3Y0.5Zr（GW123K）合金的显微组织：铸态（a）及快速凝固（b）[20]

(4) Mg-Ca系　通过添加钙元素来提高镁合金的高温抗拉强度和抗蠕变性被广泛研究。在镁合金中加入钙后可以形成与基体共格的高稳定性相，如Mg-Al基镁合金中形成Al_2Ca相，可有效阻止位错滑移，同时抑制对高温有害的$Mg_{17}Al_{12}$相的析出，提高镁合金的抗蠕变性。对于其他系镁合金，Ca的引入还有细化晶粒、提高力学性能等作用。周[19] 等人研究发现随着 Ca 的加入及其含量的增加，快速凝固态下 Mg-Zn 镁合金的组织显著细化（达到 3～5 μm），如图 3-9 所示，且析出相的数量大幅度增加，第二相颗粒的尺寸及分布也更加均匀，同时低熔点的 $Mg_{51}Zn_{20}$ 相逐渐被大量热稳定的 $Ca_2Mg_6Zn_3$ 和 Mg_2Ca 相替代，有效地阻碍了高温下晶界的运动，从而有助于合金组织热稳定性的提高。此外，随着 Ca 含量的增加，合金的硬度逐渐增大。

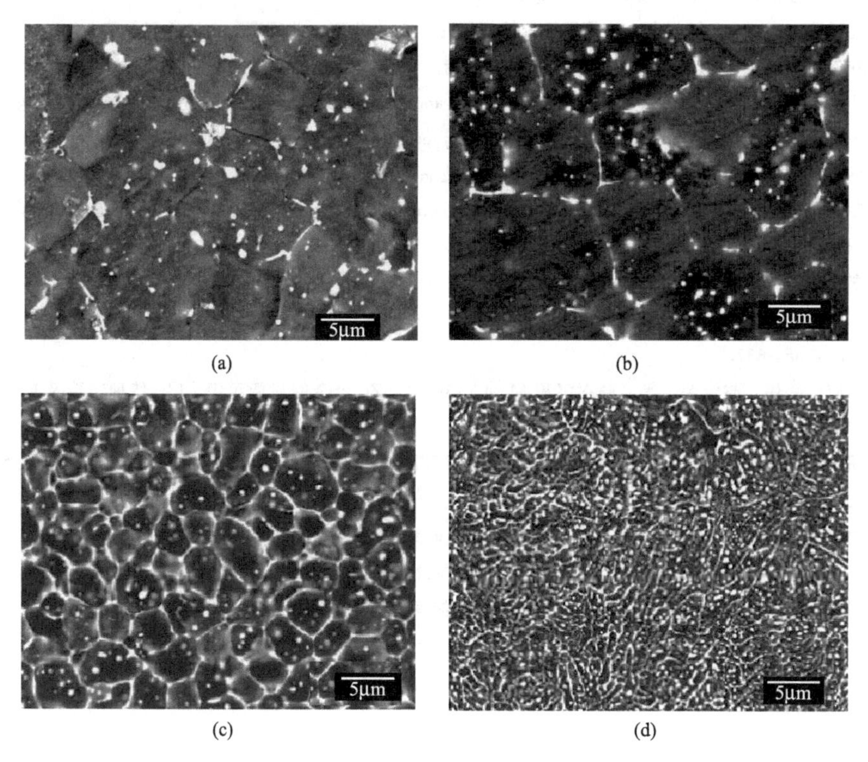

图 3-9　快速凝固条件下 Mg-Zn-Ca 合金的 SEM 形貌[19]：（a） Mg-6Zn；（b） Mg-6Zn-1. 5Ca；（c） Mg-6Zn-3Ca；（d） Mg-6Zn-5Ca

参考文献

［1］ Sung Su J，Yong Ho P，Young Cheol L. Degree of Impurity and Carbon Contents in the Grain Size of Mg-Al Magnesium Alloys ［J］. Materials，2023，16（8）.

［2］ 冯中学，潘复生，张喜燕，等．$Mg_{17}Al_{12}$ 相在 AZ61 镁合金半连续铸锭中的分布特性 ［J］. 材料工程 2012，13-17.

［3］ 滕海涛．亚快速凝固条件下镁合金的凝固行为及其应用研究 ［D］. 北京：北京科技大学，2009.

［4］ 王建军，王智民．铸造镁合金成形工艺现状与发展趋势 ［J］. 中国铸造装备与技术，2005（05）：4-8.

［5］ 麻彦龙，左汝林，汤爱涛，等．ZK60 镁合金铸态显微组织分析 ［J］. 重庆大学学报（自然科学版），

2004 (08): 52-56.
[6] 吴菊英，李景仁，张晋涛，等 . Mg-8Zn-4Al-（0～1）Sr 镁合金铸态组织中的第二相研究［J］. 重庆大学学报，2021，44（04）：117-128.
[7] 陈振华. 耐热镁合金［M］. 北京：化学工业出版社，2007.
[8] Zihao Z，Pingli J，Ruiqing H，et al. Enhanced Corrosion Resistance and Mechanical Properties of Mg-Zn Alloy via Micro-alloying of Ge［J］. JOM，2023，75（7）：2326-2337.
[9] Cain W T，Labukas P J. The development of β phase Mg-Li alloys for ultralight corrosion resistant applications［J］. Materials Degradation，2020，4（1）.
[10] 沈亚肇 . LA103Z 镁锂合金热管组织及性能研究［D］. 北京：北京有色金属研究总院，2023.
[11] 刘先文 . 高强耐热 Mg-Li-Al-X 合金组织调控与力学性能研究［D］. 太原：太原理工大学，2022.
[12] Yu Z，Tang A，Wang Q，et al. High strength and superior ductility of an ultra-fine grained magnesium-manganese alloy［J］. Materials Science & Engineering A，2015，648：202-207.
[13] 冯晓春 . AZ31 镁合金急冷快速凝固条件下的枝晶生长［J］. 甘肃科技，2018，034（011）：23-24.
[14] J.，Cai，And，et al. Influence of rapid solidification on the microstructure of AZ91HP alloy［J］. Journal of Alloys and Compounds，2006，422（1-2）：92-96.
[15] 郑水云 . Mg-Zn-Y 合金的组织与力学性能研究［D］. 西安：西安理工大学，2006.
[16] Kainer K U. Properties of consolidated magnesium alloy powder［J］. Metal Powder Report，1990，45（10）：684-687.
[17] 李旋，陈伟，赵宝荣，等 . 喷射沉积 Mg-4Al-3Ca-1.5Zn 合金的显微组织［J］. 特种铸造及有色合金，2011，031（003）：272-274.
[18] 周涛，陈振华，夏华 . Ca 及其含量对快速凝固 Mg-Zn 合金组织和性能的影响［J］. 材料热处理学报，2011，(008)：032.
[19] 周涛 . 快速凝固 Mg-Zn 系镁合金的组织与性能研究［D］. 长沙：湖南大学，2009.
[20] 付钰 . Mg-Y-Nd-Gd 系镁合金的组织，力学性能及腐蚀性能［D］. 沈阳：沈阳工业大学，2019.
[21] 刘维 . 镁及镁钇合金快速凝固过程中微观结构演变的模拟研究［D］. 长沙：湖南大学，2022.

第4章 增材制造技术的特性、分类及应用

4.1 增材制造技术概述

4.1.1 增材制造技术发展背景

近年来，增材制造（additive manufacturing，AM）技术已经逐渐显示出强大的能力，因其具有分层制造、简便的流程以及数字化的优势，在航空航天、生物医疗、电子产品、汽车、军工装备等领域被广泛应用。相对于传统的“减材制造”“等材制造”而言，AM通过CAD对目标零件进行三维建模，导出STL格式文件，经过分层切片软件将模型进行分层处理后，采用高功率激光束熔化堆积生长，最终材料逐层累加制造实体零件。宏观上，这种方式在缩短、简化工序的基础上，可以直接生成传统方式难以制备的复杂结构的零件。微观上，材料在微米级高能激光束作用下熔化/快速凝固，具有独特的显微组织，赋予成型件优异的性能。故增材制造技术又有3D打印（3D-printing）、快速成型（rapid prototyping）、实体自由制造（solid free-form fabrication）之称。

2009年美国ASTM专门成立了F42委员会，将各种快速成型技术统称为“增量制造”技术，在国际上被广泛认可与采纳[1]。2019年德国联邦经济事务和能源部进一步推出了“国家工业战略2030”，提出了德国和欧洲工业政策的战略指导方针，“增材生产（3D打印）”被定义为德国已经或仍然处于领先地位的10个关键工业领域之一。2021年中国发布了《国民经济和社会发展第十四个五年规划和2035年远景目标纲要》和《发展增材制造技术的趋势、特点和机遇》，“增材制造”被列入“提高制造业核心竞争力”一节。AM技术以其前沿性、先导性、革命性的特点，给传统工业技术和传统生产工艺带来深刻变革，被业界誉为“第三次工业革命”，并且已经成为推动制造业创新升级和国家发展的重要手段。

4.1.2 增材制造技术发展历程

近几十年来，增材制造技术凭借其技术优势打破了多种传统制造的限制。比如可以从粉末态材料直接成型三维实体零件，并生产出比传统制造技术更为复杂的几何结构零件，整个流程也更为简单，大大提高了生产效率。此外，在传统的制造过程中，金属的加工和焊接过程需要大量熟练的操作人员，这使得企业承受了较高的劳动力成本，而机器成本和维护费用在制造过程中也占了相当大的比例。AM 技术极大地降低了人力、设备、维护等方面的成本，为企业带来了可观的经济效益。而该项技术的起源可以追溯到 20 世纪 80 年代中期，其在国内外的发展概况大致分为如下几个阶段：

（1）增材制造技术在国外的发展概况　第一阶段——思想萌芽：在这个阶段，AM 技术分层制造的核心思想被提出。早在 1892 年，美国 J. E. Blanther 在其专利中提出了利用分层制造法制作三维地形图的技术。1902 年，美国 Carlo Baese 在一项专利中提出了用光敏聚合物分层制造塑料件的原理。1940 年 Perera 提出了切割硬纸板并逐层黏接成三维地图的方法。直到 20 世纪 80 年代中后期，增材制造技术有了根本性发展，涌现出一大批专利，仅在 1986～1998 年间注册的美国专利就达 20 多项，但这期间的增材制造技术仅停留在设想阶段，大多还是一个概念而并没有付诸实际行动。

第二阶段——技术诞生：在这个阶段，发明出了具有代表性的 5 种 AM 制造技术，并一直沿用至今。1986 年美国 UVP 公司的 Charles W. Hull 创造了光固化成型（stereo-lithography apparatus，SLA）技术；1988 年美国 Helisys 公司的 Michael Feygin 发明了叠层实体制造（laminated object manufacturing，LOM）技术；1989 年粉末激光选区烧结技术（selective laser sintering，SLS）由美国得克萨斯大学 Deckard 研制成功；1992 年美国 Stratasys 公司 Scott Crump 发明了熔融沉积成型（fused deposition modeling，FDM）技术；随后在 1993 年，美国麻省理工学院的 Emanual Sachs 发明了三维喷印技术（three dimensional printing，3DP）。

第三阶段——设备推出：1988 年美国 3D Systems 公司根据 Hull 的专利，制造了第一台光固化成型增材制造设备——SLA250，开启了 AM 技术发展的新纪元。在此后的 10 年，相继出现了十余种新的 AM 制备工艺以及相应的成型设备。如 1991 年由美国 Stratasys 公司研制的 FDM 设备、Cubital 公司研发的实体平面固化（solid ground curing，SGC）设备和 Helisys 公司发明的 LOM 设备等。1992 年 SLS 设备由美国 DTM 公司（现属于 3D Systems 公司）研发成功。此后，德国 EOS 公司于 1994 年推出了自主的 SLS 设备——EOSINT。3D Systems 于 1996 年使用 3DP 技术制造了第一台 3DP 设备——Actua2100。同年，美国 Zcorp 公司也发布了 Z402 型 3DP 设备。

第四阶段——广泛应用：在这个阶段，主要表现为从“快速原型”向“快速制备”的转变。随着工艺、材料和设备的日趋成熟，AM 技术的应用范围由模型和原型制作向产品快速制造阶段过渡发展。早期 AM 技术受限于材料种类和工艺水平，主要应用于模型和原型制作，如制作新型手机外壳模型等，因而习惯称为快速原型技术（rapid prototyping，RP）。新兴 AM 技术则强调直接制造为人所用的功能制件及零件，如金属结构件、高强度塑料零件、高温陶瓷部件及金属模具等。

高性能金属零件的直接制造是 AM 技术由“快速原型”向“快速制造”转变的重要标志之一。在此期间，涌现了一批金属直接快速制造技术及设备，如 2002 年德国成功研制了激光选区熔化（selective laser melting，SLM）设备，可成型接近全致密的精细金属零件和模具，其性能可达到同质锻件水平。同时，电子束熔化（selective electronic beam melting，SEBM）、激光工程净成型（laser engineering net shaping，LENS）等金属直接制造技术与设备也相继被研发。此后，增材制造技术在航空航天、汽车、生物医疗等多个领域被广泛应用。2010 年 11 月，美国 Jim Kor 团队打造出世界上第一辆由 3D 打印机打印而成的汽车 Urbee。2011 年 8 月，南安普敦大学的工程师们开发出世界上第一架 3D 打印的飞机。2023 年俄罗斯门捷列夫化工大学发明出一种新的生物聚合物多相 3D 打印技术。这些技术面向高端制造领域，可以直接成型复杂和高性能的金属零部件，解决了传统制造工艺所面临的结构和材料加工等方面的制造难题，因此增材制造技术的应用范围也越来越广泛。

（2）增材制造技术在国内的发展概况　国内增材制造领域发展历程如图 4-1 所示。一般来说，熔融沉积模型（FDM）、粉末床熔融（PBF）、喷墨印刷、立体光刻（SL）、直接能量沉积（DED）和叠层实体制造（LOM）是目前 AM 的主要方法[2]。自 20 世纪 90 年代初开始，以西安交通大学、清华大学、华中科技大学几家研究机构为代表，在国内率先开展了增材制造相关技术的研究与开发。如西安交通大学开展了 SLA 技术研究，并在增材制造生物组织和陶瓷材料方面展开了应用研究；清华大学开展了 FDM、EBM 和生物 3DP 技术的研究；华中科技大学开展了 LOM、SLS、SLM 等增材制造技术的研究。随后更多的高校和研究机构参与到该项技术的研究之中，如北京航空航天大学和西北工业大学开展了 LENS 技术研究，中航工业北京航空制造工程研究所和西北有色金属研究院开展了 EBM 技术的研究，华南理工大学、南京航空航天大学开展了 SLM 技术的研究等。随着研发的深入，技术不断取得重大突破，2022 年 11 月，央视军事报道“中国 3D 打印技术在飞机上应用规模化和工程化处于世界领先位置”。

目前，国内的增材制造技术和设备已通过自主研发和设备产业化改变了只有依赖进口的格局，经过近二十年的应用研发与推广，在全国建立了数十个增材制造服

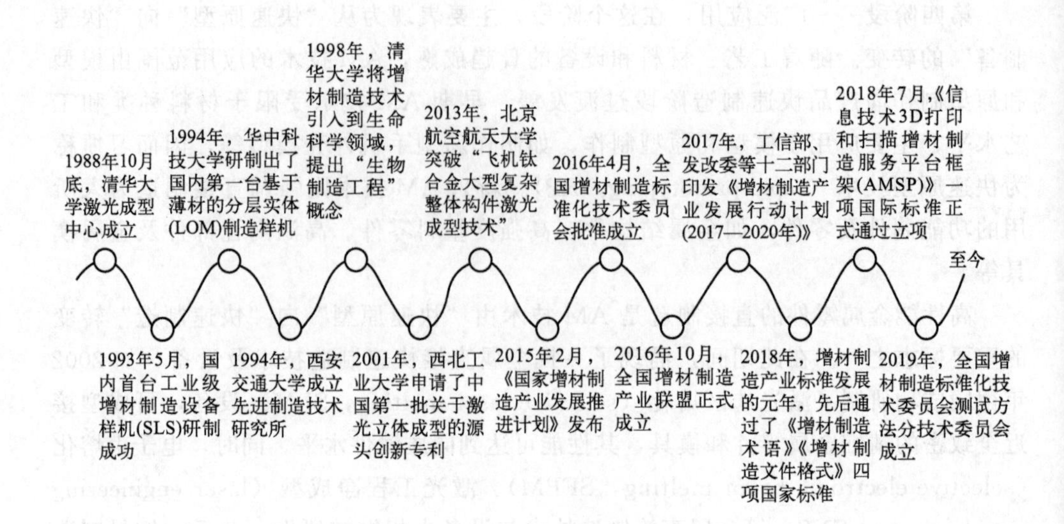

图 4-1 国内增材制造领域发展历程

务中心，遍布航空航天、生物医疗、汽车、军工、模具、电子电气及造船等多个行业，推动了我国制造技术的发展和传统产业升级。

4.2 增材制造技术分类

增材制造技术的种类繁多，按原材料的不同可以分为粉材和丝材增材制造；按使用的能量源类型不同可以划分成激光束、电子束、等离子束、电弧、搅拌摩擦焊增材制造。在近三十年的发展中，增材制造技术已日趋成熟，其中以激光选区熔化为代表的一系列增材制造工艺获得了巨大的进步，并开始在航空航天、生物医疗、精密制造等高端制造行业获得了重要应用[3]。本书将围绕目前应用较为广泛的几种典型增材制造技术为代表进行介绍。

4.2.1 激光选区熔化（selective laser melting, SLM）技术

激光选区熔化技术作为金属 AM 领域的重要技术之一，又称为激光粉末床熔融（laser powder-bed fusion，LPBF），是一种在金属粉末材料中应用比较广泛的技术。该技术无需任何模具，可以直接制备高致密度的金属零部件。通过使用一个或多个激光束形成的微区选择性地熔化金属粉末层，经“逐点、逐道、逐层”的熔化/凝固过程即可以实现复杂结构的制造，具有高度灵活性，在高能量密度输入（$10\sim10^3$ J/mm^3）和超高冷却速度（$10^4\sim10^6$ K/s）的特性下，可满足从微观到

宏观尺度上的特定要求，获得所需的组织结构及实现结构复杂的零件的成型[4]。

（1）技术原理　SLM 技术是利用高能量激光束将三维模型切片后的二维截面上的金属合金粉末熔化，由下而上逐层打印实体零件的一种 AM 方法，其原理如图 4-2 所示。首先，对目标零部件通过 CAD 软件进行三维模型设计，并导出为切片软件能够识别的 STL 格式文件；根据实际情况对三维模型进行切片操作并添加支撑和分层处理，得到三维模型的截面轮廓数据；利用路径规划软件对轮廓数据进行扫描路径处理，将路径规划后的数据导入 SLM 设备中，按照预先设定的每层轮廓的扫描路径，控制激光束选区逐层熔化金属合金粉末，堆叠成致密的三维金属实体零件。

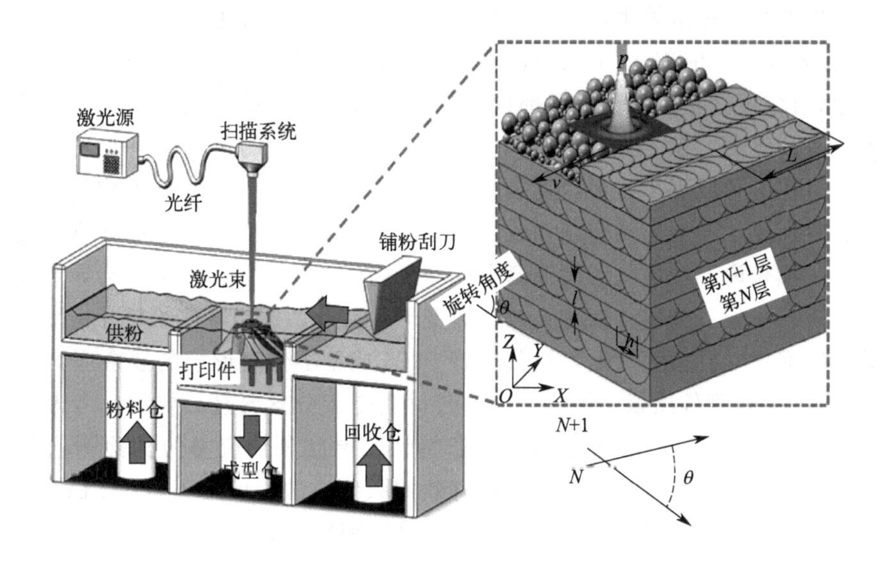

图 4-2　激光选区熔化原理示意图

（2）技术特点　得益于 SLM 技术逐层制造的方式，其成型的零件具有可重复性好、表面质量高、机械性能优异，可以直接制备传统加工方法难以实现的复杂的形状和内部结构，如薄壁、隐孔、多孔结构等优势。但相比常见的制造生产方式，SLM 仍面临价格昂贵，扫描速度低于电子束选区熔化（EBM），生产率中等，有时需要通过后热处理消除应力等问题。除此之外，SLM 技术在所选用的激光器、是否需要支撑、显微结构等方面也具有一定特点，简要介绍如下：

① 激光器。激光选区熔化的过程是激光与金属粉末床相互作用的过程。为了完全熔化金属粉末，SLM 技术采用高能量密度的激光器作为热源，激光光斑集中在 20～100 μm 的范围内，选择熔化颗粒直径在 5～50 μm 间的球形金属粉末，可以得到高自由度的复杂金属构件，生成近似 100% 的高致密度零件，表面粗糙度可达 20～30 μm，尺寸精度可达 20～50 μm[5]。

目前用 SLM 技术的激光器主要有 Nd-YAG 激光器、CO_2 激光器、光纤激光器等，这些激光器产生的激光波长分别为 1064 nm、10640 nm、1090 nm。金属粉末对 1064 nm 等较短波长激光的吸收率比较高，而对 10640 nm 等较长波长激光的吸收率较低。这就导致在成型为金属零件过程中，具有较短波长激光器的激光能量利用率高，而对于长波长的 CO_2 激光器，其激光能量利用率低[6]。

激光-粉末相互作用非常快，使得粉末材料在非常短的时间内经历固—液—固相的转变，这会导致大的温度梯度和热应力产生，并可能最终在产品中引起裂纹。然而，由于激光-粉末相互作用时间极短，形成尺寸为几十微米到几百微米的极小熔池，造成粉末材料快速熔化和凝固，因此很难通过实验方法获得瞬态温度的变化，可以借助数值模拟等手段来辅助分析 SLM 过程中的温度演变行为。

② 显微结构。在 SLM 工艺中，高度集中的局部热源导致了在小尺寸熔池内非常快速地熔化/凝固，造就了成型部件独特的微细、均匀的显微结构，这是该技术的显著优势。然而，在 SLM 过程中，沉积材料经过连续的热循环以及复杂的冶金物理化学过程，导致固化材料内复杂的热分布。由于热影响区中的不均匀热分布导致的高温度梯度、不均匀热膨胀和收缩，在 SLM 成型过程中不可避免地形成高残余应力。一般来说，在熔化区周围会形成一个高残余应力区，这可能会导致零件最终出现收缩、开裂、分层、疲劳失效和热变形。因此，成型零件的尺寸精度、形状和机械性能都将受到显著影响，充分理解 SLM 成型零件时形成的残余应力的分布和演变对 SLM 成型件质量、性能的进一步优化是十分重要且必要的。考虑到该过程的复杂性，由于 SLM 熔池的高度瞬态特性，温度和热应力的实验测量具有难度，而三维有限元建模已被证明是一种有效的数值方法，可用于研究 SLM 过程中最终部件制造过程中的温度变化、残余应力分布和裂纹形成。

③ 支撑结构。由于 SLM 技术为逐层成型，在制备某些结构时为保证结构的质量，会引入支撑结构以防止在打印过程中结构材料坍塌或翘曲而导致打印过程失败(由于较高的弯曲应力)，但这种处理方式通常会产生打印时间长、效率低、材料利用率低等问题，并且需要通过后处理才能去除支撑结构。

④ 加工流程简化。激光选区熔化成型技术突破了传统等材制造、减材制造工艺的常规思路，无需任何工装夹具和模具，可根据零件三维数模直接获得任意复杂结构的零部件。因此该技术具有精度高、性能优异、简便高效等特点，制造的零件只需进行简单的喷砂或抛光即可直接使用。由于材料及切削加工流程的节省，与传统方法制造的零件相比，用 SLM 方法制造的零件的质量可以减轻 90%左右，其制造成本可降低 20%～40%，生产周期也将缩短 80%。因此，SLM 工艺有效解决了传统加工工艺不可到达部位的加工问题，尤其适合如锻造、铸造、焊接等传统工艺无法加工的、内部有异形复杂结构的零件制造。同时，由于该技术成型精度较高，在普通零件应用中可保留更多的非加工方式，因此可更好地解决难切削材料的加工

问题[7]。

（3）适用范围　选择性激光熔化（SLM）技术因其具有可以直接制备各种复杂金属零件、显著降低加工时间和成本，以及缩短新品的研发周期等特点，因此十分适应于现代制造业快速化、个性化、柔性化发展的需求，在航空航天、医学、模具、武器装备等制造领域将具有广阔的应用前景。例如，在航空航天领域中超轻航空航天部件的快速制造；在刀具快速制造方面，利用 SLM 方法制造具有随形冷却流道的刀具和模具，在提高冷却效果的前提下，减少冷却时间，提高生产效率和产品质量；此外，还可以利用 SLM 技术制造有交叉流道的微散热器，流道结构尺寸可以达到 0.5 mm，表面粗糙度可以达到 Ra 8.5 μm，这种微散热器可以用于冷却高能量密度的微处理器芯片、激光二极管等具有集中热源的器件，主要应用于航空电子领域；在生物制造方面，SLM 技术能够制造复杂的多孔生物构件，其密度可以任意变化，构件体积孔隙度可以达到 75%～95%。除此之外，面对极端的温度和压力、强辐射和微重力等环境挑战，SLM 技术也展现出其巨大潜力。使用 SLM 技术不仅有助于维护国际空间站（ISS）上现有的研究基础设施，还将使未来的长时间空间飞行和探索更加方便和可持续。

（4）SLM 结构设计的方法及应用　为满足对零部件日趋增长的高性能要求，进一步降低结构质量系数，结构优化设计是其中一项重点研究内容。SLM 技术的结构设计方法主要可以分为拓扑优化设计、轻量化结构设计、一体化结构设计和多材料组合设计。

① 拓扑优化设计。拓扑优化设计是一种根据给定的负载情况、约束条件和性能指标，在设定的区域内对材料分布进行优化的数学方法。拓扑优化设计方法具有更高的设计自由度，能够获取更大的设计空间，是结构优化最具发展前景的一个方法，其利用拓扑优化算法，得到预期需要的性能参数或结构参数的结构形式，已被应用于航空航天、汽车等领域。拓扑优化主要可以分为连续体拓扑优化和离散结构拓扑优化。目前连续体拓扑优化方法主要有均匀化方法、变密度法、渐进结构优化法、水平集方法等。离散结构拓扑优化主要在其结构方法基础上采用不同的优化策略进行求解。

② 轻量化结构设计。有数据表明，飞机质量每减轻 1%，性能可提高 3%～5%，质量减轻有利于提高燃油效率，节约成本。因此，轻量化是目前航空航天、武器装备以及交通运输等领域所追求的目标。实现轻量化的途径主要有两种，一种是采用轻质材料，如铝合金、镁合金、高分子材料、复合材料等；另一种是采用轻量化的结构设计，如中空夹层结构、薄壁结构、加筋结构、点阵结构等。

轻量化结构设计是一种集材料力学、计算力学、数学、计算机科学和其他工程科学于一体的设计方法，其核心设计原则是在不影响结构强度和稳定性的前提下，尽可能减少结构的重量和材料的使用量。按照设计变量类型和求解问题的不同又可以分为尺寸优化、形状优化和拓扑优化等。

③ 一体化结构设计。传统机械构件需要分步制造再进行装配，AM技术可以直接对由多个构件组合而成的零部件进行一体化制造，不仅省去了装配步骤，减少了零件组装时存在的连接结构（如法兰、焊缝等），还为设计者提供了更自由的设计空间，并实现功能最优化设计。一体化复杂结构设计又可以分为静态结构设计和动态结构设计。其中，静态机构设计可以有效减少零件数量，动态一体化结构设计可以实现免组装以及动态连接。

④ 多材料组合设计。除此之外，AM技术还可以用于多材料组合加工，这种方式可以有效解决传统加工技术难以实现的问题。例如，对于同一个零件要满足不同服役条件时，零件的一侧要具备耐高温特性，而另一侧要具备低密度特性，或只能在一侧具有磁性，传统制造方式只能采用焊接的方法先分别制造出不同的部件，然后再将它们焊接起来，但有些局限不可避免，如焊缝天然，具有缺陷、容易脆化以及在高强度压力下极易导致零件崩溃等。通过SLM技术可以直接实现不同材料组合的一体化成型，同时满足零件不同位置所需的服役条件，并可以有效减少缺陷，提高零件的性能。

4.2.2 电子束选区熔化（selective electron beam melting，SEBM）技术

1994年，电子束在3D物体制造中的能力被认识，随后电子束选区熔化（selective electron beam melting，SEBM）技术得以发展。SEBM技术是另一种先进的基于粉末床融合的金属产品快速原型制造工艺，设备示意图如图4-3(a) 所示。与SLM技术不同，SEBM技术的能量源为电子束，利用电子束的能量来逐层熔化导电金属粉末。目前，可用于SEBM制造的几种金属粉末包括Ti-6Al-4V合金、Co-Cr合金和Inconel super 718等[8]。

(1) 技术原理 SEBM快速制造系统以电子束焊机为基础，主要包括成型机构子系统、电子束扫描子系统、电子枪子系统、控制子系统、观察检测子系统和环境保障子系统等6个子系统。SEBM工艺原理图如图4-3(b) 所示。首先，通过铺粉装置铺上薄层粉末；然后，按照截面轮廓信息控制电子束按预设扫描策略进行有选择熔化，经过逐层堆积，直至整个零件完成；最后，通过简单的后处理（如去除多余粉末）得到所需的三维零件。

(2) 技术特点 电子束选区熔化工艺具有如下技术特点：

① 无需保护气体。SEBM成型过程不在惰性气体下进行，而是在真空下进行，可以有效防止光束散射，且构建室可以完全与外界隔离，这样可以减少由于保护气氛带来的杂质干扰，所以成型零部件力学性能好，成型件内部一般不存在气孔，可达到100%的相对密度。

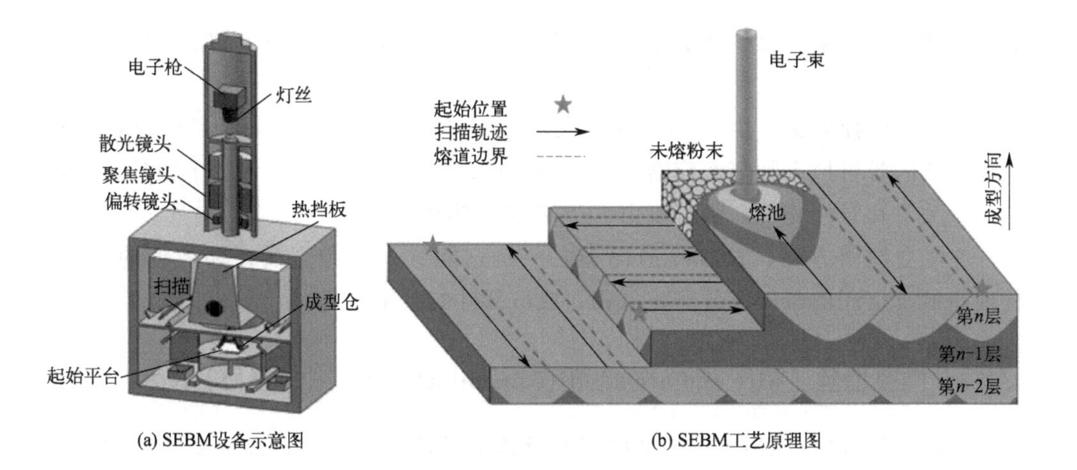

(a) SEBM设备示意图

(b) SEBM工艺原理图

图 4-3　电子束选区熔化技术

② 电子束。SEBM 的热源为高能高速电子束，其能量远高于激光，可以归类为“热”工艺，由于使用电磁光束控制，还能够以更高的速度移动。在增材制造过程中，高熔点的材料需要依赖高能量密度的热源，与 SLM 技术采用激光束所不同的是，电能转换为电子束的转换效率更高，反射较小，材料对电子束能的吸收率更高。因此，电子束可以形成更高的熔池温度，熔化一些高熔点材料甚至陶瓷。

③ 自动预热。由于 SEBM 在真空环境中成型，热量没有有效的传递方式，而且电子束的能量比激光的能量高出很多，因此构建室温度可以达到 1000℃，且能够常保持在 600～700℃，自动实现“预热”的功能。

④ 导电材料。与 SLM 技术材料适用范围较广不同，目前 SEBM 可成型的材料仅限于导电金属和合金，使用最多的是钛、铝、铜、镍和钢。开发更多的材料、扩大粉末选择范围是今后需要关注的一个问题。

⑤ 沉积效率高。电子束可以实现数十千瓦的大功率输出，可以在较高功率下达到高沉积速度，对于大型金属结构的成型，电子束沉积成型速度优势十分明显。

⑥ 支撑结构。成型过程可用粉末作为支撑，一般不需要额外的支撑结构。但由于高变形应力，有时仍然需要一些支撑来从熔融材料中散热或将部件连接到构建平台。

⑦ 与 SLM 技术相比，SEBM 成型的零部件细节分辨率较低。这是因为电子束的尺寸更大，在 SEBM 中通常使用更粗的粉末和更厚的层。

⑧ 堆叠零件。SEBM 可以将单独的部件“堆叠”在彼此的顶部。随着机器停机时间和后处理的减少，生产力可以大大提高。

(3) 适用范围　在航空航天方面，SEBM 能够处理高温和易开裂的材料，如铝化钛（TiAl），这种材料比通常制成叶片的镍合金轻 50%，且相较于激光熔化，高能高速的电子束可以熔化更厚的层，使成型效率更高，有利于大型航空航天部件的成型。

在生物医疗方面，由于SEBM可实现更多的设计自由度，满足了医疗行业对日渐复杂的骨科植入物等医疗器械的性能要求，如髋臼杯、股骨膝关节组件、胫骨托、膝关节和脊柱笼等，都可以由SEBM技术实现。

在工业应用方面，SEBM的优势之一是它能够处理纯金属，如纯铜的制备，构建室的真空环境可以有效防止氧化，成型部件的致密度高。

4.2.3 电弧熔丝（wire and arc additive manufacturing，WAAM）技术

电弧熔丝（WAAM）法是采用焊接设备提供热源的方式，以金属丝材作为原材料进行融化，然后逐层堆叠，最终制作出金属零件的一种金属增材制造方法。图4-4为WAAM设备示意图。

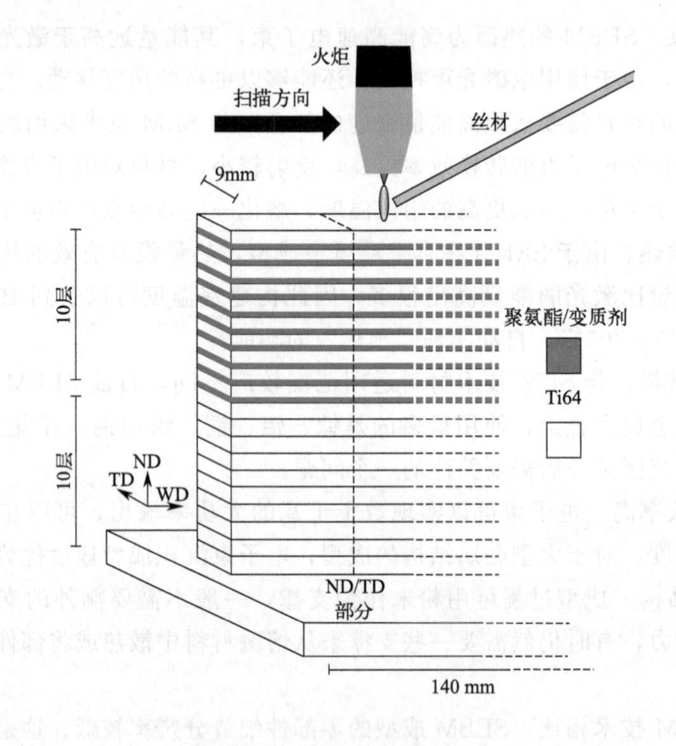

图4-4 WAAM设备示意图[9]

（1）技术原理 电弧增材制造技术是在传统电弧熔丝焊接方法的基础上发展而来，所以WAAM工艺的原理与焊条电弧焊、钨极氩弧焊、熔化极气体保护电弧焊或等离子弧焊等技术相类似。WAAM打印设备主要由焊枪、送丝机、局部惰性气

体扩散装置和可选的感应加热及闭环冷却装置组成。在 WAAM 工艺中，将热塑性长丝送入加热的喷头中熔化或液化，然后挤出并沉积在构建模型的基板上，当熔融材料沉积时，台架在水平 TD-WD 平面内移动喷头，在完成 TD-WD 平面中的沉积之后，加热底板垂直移动（在 ND 轴上），最后沉积层固化并与相邻层黏合/焊接，形成所需的 3D 几何形状[10]。

（2）技术特点　WAAM 工艺具有如下技术特点：

① 丝材或线材。WAAM 技术可成型材料并非金属粉末，而是金属丝材。常用的丝材直径为 1.2 mm，可焊接的金属丝材均可作为 WAAM 工艺的原材料，比如常见的铝合金（2319，4043，5183，5356 等）、钛合金（Ti-6Al-4V，Grade 5 和 23）、镍基合金（Invar，In625，In718，NiAlCu）、钢（ER70，M250，Duplex 2205，Martensitic 410，Austenitic 420）等。

② 产品尺寸。WAAM 工艺无需在密闭的构建室内进行，可以在开放的空间内使用，所以工艺本身对产品尺寸的限制远低于其他增材工艺，如 SLM 等。

③ 沉积效率高。WAAM 工艺打印速度快，且对零件尺寸限制小，主要用于大型零部件制造。

④ 节省材料。WAAM 工艺不再依赖传统机加工烦琐的加工工序，不仅缩短了加工周期，还极大地节约了原材料。

⑤ 低能耗、可持续的绿色环保制造技术。适用于大尺寸复杂构件低成本、高效快速近净成型，具有其他增材技术不可比拟的效率与成本优势。

除此之外，WAAM 工艺还具有柔性化程度高，整体制造周期短，能够实现数字化、智能化制造，制造设备要求低，对设计的响应快，适合于多品种产品制造等特点。

（3）适用范围　WAAM 技术由于沉积效率高、产品尺寸不受限制，适用于大型复杂结构零部件的一体化成型。比如，中国航空工业集团公司利用电弧增材制造技术成功制造出了一款由多个部件组成的大型复杂结构的航空发动机叶盘，这种多部件的复杂结构采用电弧增材制造技术可以实现一次成型，大大提高了生产效率和零部件质量。

此外，在激光增材制造过程中，对于存在流动性差、沸点低、易燃易爆等问题的金属粉末而言（如镁粉），上述问题限制了粉末床的质量，导致可制造性相当差，而 WAAM 采用线材作为原料，可以有效解决激光增材制造（如 SLM）工艺所面临的上述问题，成型高质量部件。

4.2.4　激光熔覆（laser cladding，LC）技术

激光熔覆（LC）技术是利用高能量密度的激光束对基材表面与熔覆材料进行

快速加热和凝固，使填料与基材发生熔合得到熔覆涂层，从而显著改善基材表面的性能，图 4-5 为 LC 设备示意图。按照 LC 工艺的材料类型和材料与激光束的作用形式，又可以将 LC 技术分为同轴送粉激光熔覆技术、旁轴送粉激光熔覆技术、高速激光熔覆技术以及高速丝材激光熔覆技术等。

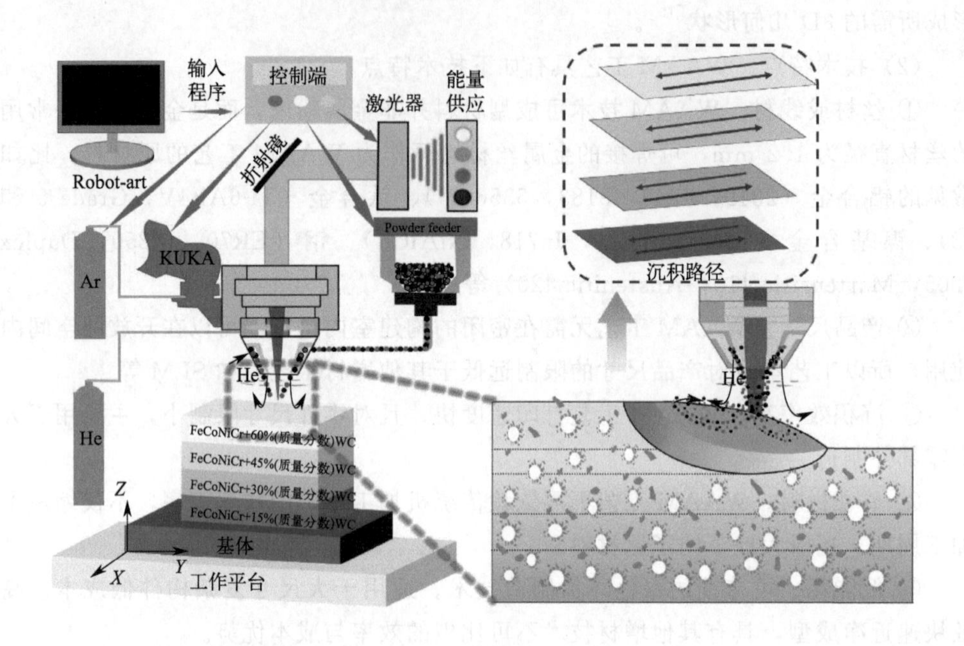

图 4-5 LC 设备示意图

（1）技术原理　激光熔覆是一种新型的表面改性技术，也称作激光修复、激光再制造。通过同步或预置材料的方式，利用高能量密度激光束，将外部材料添加至基体经激光辐照后形成的熔池中，并使二者共同快速凝固形成包覆层的工艺方法。

（2）技术特点　LC 工艺由于熔池快速凝固生成的涂层熔覆层与基体呈冶金结合，熔覆层稀释度低且成分和稀释度可控，与基材结合力强，同时熔覆层晶粒细小，力学性能优异，可显著改善基体材料表面的耐磨、耐蚀、耐热、抗氧化或电气特性，从而达到表面改性或修复的目的，满足材料表面特定性能要求的同时可节约大量的材料成本。除此之外，LC 工艺还具有热输入和畸变较小、粉末适配度较高、对于粉末的形状和粒径要求较低、熔覆层的厚度范围较大、能进行选区熔覆以及材料消耗少等特点。但存在熔覆表面质量较差，存在裂纹、不平和气孔等缺陷，以及熔覆层的质量不稳定等问题。

（3）适用范围　进入 20 世纪 80 年代，激光熔覆技术得到了迅速的发展，已成为国内外激光表面改性研究的热点。激光熔覆技术具有很大的技术经济效益，广泛应用于机械制造与维修、汽车制造、纺织机械、航海与航天和石油化工等领域。例如，对精密设备、大型设备、贵重零部件磨损、冲蚀、腐蚀部位，使用激光熔覆加工技术进行修复和性能优化。其中，激光熔覆铁基合金粉末适用于要求局部耐磨但容易变形的零件；镍基合金粉末适用于要求局部耐磨、耐热腐蚀及抗热疲劳的构件；钴基合金粉末适用于要求耐磨、耐蚀及抗热疲劳的零件；陶瓷涂层在高温下有较高的强度，热稳定性好，化学稳定性高，适用于要求耐磨、耐蚀、耐高温和抗氧化性的零件。

4.2.5 立体粉墨打印（three-dimension printing, 3DP）技术

3DP 技术利用喷射黏结剂黏结粉末形成制件实体，具有成型材料范围广、制造速度快、可实现全彩色制造的特点，图 4-6 为其设备示意图。

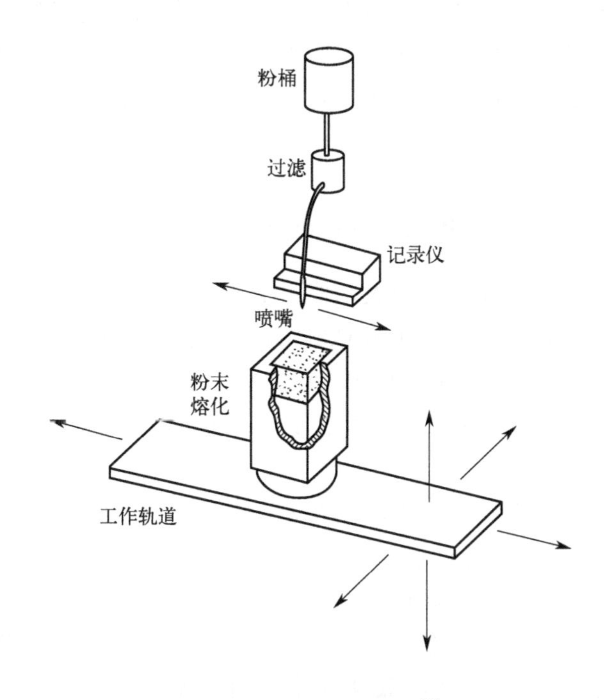

图 4-6 3DP 设备示意图[11]

(1) 技术原理 3DP 技术也称为黏合喷射（binder jetting）、喷墨粉末打印(inkjet powder printing)，其工作原理为铺粉辊将一定量的粉末均匀地铺展在粉末床表面以获得较为优良的成型表面；然后，压电喷头根据导入计算机中的三维模型，在粉末床上根据参数与工艺设定需求选择性喷射黏结剂，使得粉末床中特定区域内的粉末黏结，从而完成一层截面的成型打印；随后成型缸下降一个铺粉层厚的高度，通过料斗进行上送粉的方式进行供粉，铺粉辊再次重复铺粉作业，压电喷头再次重复选择性喷射黏结剂作业；重复上述流程直到完成零件的所有 2D 截面完成

黏结和堆叠，最终得到目标三维零件；最后把该成型件放置到加热炉中，黏结剂进一步固化，以获取具有一定强度的目标零件，供后续的脱脂和烧结等后处理，脱脂和烧结完成后获得一定致密的零件。

(2) 技术特点　3DP 技术特点为利用面扫描而非点扫描、线扫描的原理，其制造速度远超过其他增材制造技术，且还是唯一可以不更换基体材料而实现全彩色制造的增材制造技术。成型材料和应用领域范围极广，同时，因为没有使用激光、电子束等高能束设备，其能耗小，设备体积可以进行小型化设计。但 3DP 打印机打印的强度相对要低一些，通常为 1.5～2.5 MPa。其打印的尺寸精度相对于激光烧结（SLM 或 SLS）较低；打印后还需要后处理，不能直接获得产品，如果是金属材料或陶瓷材料，通常还要经过脱脂、高温烧结才能获得产品。

(3) 适用范围　目前 3DP 技术在教学、模型、创意、医疗领域都得到了广泛的应用。随着制件性能的进一步提高，该技术在大规模工业生产中也将得到越来越大规模的使用。例如，目前 3DP 技术在有机电子器件（如大面积 PLED、OLED)、半导体封装、太阳能电池的制造上，已经显示出了极具优势的发展前景。

4.2.6　立体光固化（stereolithography appearance，SLA）技术

图 4-7 为 SLA 设备示意图。该技术使用紫外激光精确地固化光聚合物横截面，将其从流体转变为固体。部件直接由 CAD 数据逐层构建为原型、熔模铸造模型、工具和最终用途部件。一旦 SLA 打印流程完成，SLA 部件会在溶液中进行清洗，以去除部件表面残留的未固化树脂。然后，经清洗的部件在紫外光固化炉中进行固化。

(1) 技术原理　利用特定强度的激光聚焦照射在光固化材料的表面（材料主要为树脂)，使之点到线、线到面地完成一个层上的打印工作，一层完成之后进行下一层，依此方式循环往复，直至最终成品的完成。

(2) 技术特点　SLA 技术能够使用紫外激光将液态材料和复合材料逐层转化为固态横截面，直接从 3D CAD 数据构建精确的零部件而无须使用模具。SLA 生产级打印机能够提供高吞吐量、高达 1524mm 的建模尺寸、无与伦比的零部件分辨率和精度，以及种类众多的打印材料。此外，SLA 技术利用激光或紫外线光束的高能量密度，精度可以达到亚微米级别；打印速度快，可在多个位置同时进行固化，大大缩短了制造时间；可塑性强，可以实现各种复杂的内部结构，具有很强的可塑性。但系统造价高昂，使用和维护成本过高；对液体进行操作的精密设备、工作环境要求苛刻；成型件多为树脂类，强度、刚度、耐热性、耐久性有限。

(3) 适用范围　SLA 部件的质量很高，可获得最平滑的表面粗糙度。可用于

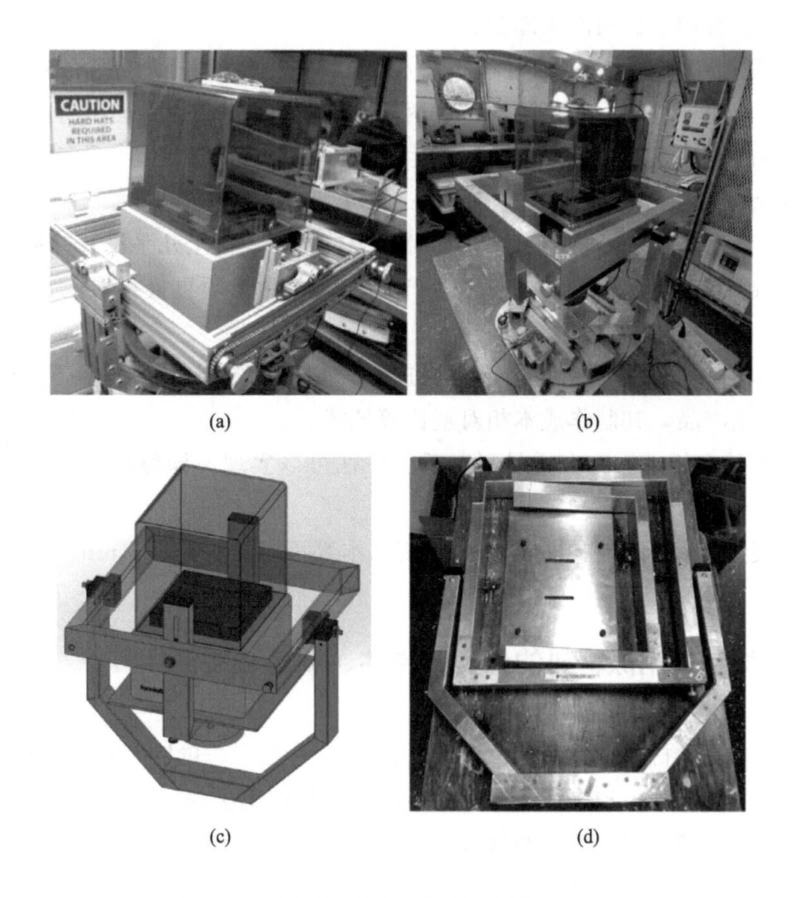

图 4-7　SLA 设备示意图[12]

外观和概念验证模型的设计验证模型、复杂装配件、手术工具/导向器、牙科器械等。

4.2.7　增材制造技术特点

近年来，增材制造技术由于其分层制造、简便的流程以及数字化的优点而逐渐兴起，其技术正以其前沿性、先导性、革命性的特点，在电子产品、汽车、航天航空、医疗、军工等领域被广泛应用，给传统工业技术和传统生产工艺带来深刻变革，更是被一些专家学者称为“第三次工业革命”的颠覆性技术。

增材制造技术有以下突出的特点[12]：

① 直接成型。减少材料浪费，不须切削、磨除部分甚至大部分金属原材料，增材制造的净成型制造提高了金属的使用率，更加环保。

② 缩短产品研发生产周期。增材制造从设计到生产过程短，准备材料少，节

约了时间而且有利于公司减小库存。

③ 无须组装。逐层制造的过程中，不仅可以成型零件，还可以成型互锁的零组件，如平面连杆机构（曲柄滑块、曲柄摇杆、摇杆滑块）、万向节等，减少加工和组装设备的使用，有效缩短供应链和生产成本。

④ 复杂零件生产更具优势。传统制造中工件越复杂，生产加工成本越高，而增材制造生产复杂程度不同的工件，在时间、技术、成本上几乎没有差别。

⑤ 个性化定制门槛更低，而且生产小批量产品无须更换模具，只需要改变设计。

⑥ 成本相对较低。虽然现在增材制造系统和增材制造材料比较贵，但如果用来制作个性化产品，其制作成本相对就比较低了。

⑦ 材料的多样性。一个增材制造系统往往可以实现不同材料的打印，而这种材料的多样性可以满足不同领域的需求。

⑧ 精度高。目前增材制造设备的精度基本都可以控制在 0.3 mm 以下。

4.3 增材制造用原材料的分类、特性、制备及表征

材料研究是增材制造技术最重要和关键的技术之一，包括研究材料成分控制、材料特性、材料的制备和表征、激光与不同材料的作用机理、材料加热熔化与冷却凝固动态过程、微观组织的演变（包括孔隙率和相转变），以及熔池内因表面张力影响造成的流动和材料间的化学反应等[1]。在增材制造领域，增材制造用材料始终扮演着举足轻重的角色，因此材料是增材制造技术发展的重要物质基础，在某种程度上，材料的发展决定着增材制造能否有更广泛的应用。

4.3.1 原材料的分类

表 4-1 介绍了增材制造原材料的分类情况。目前，增材制造材料按材料类型可以分为：聚合物、陶瓷材料、金属材料和复合材料等，除此之外，橡胶类材料、石膏材料、生物细胞原料以及一些食品材料也在增材制造领域得到了应用。

根据表 4-1 的材料分类，选取其中几种典型的增材制造用原材料，并对其特点及研究现状作简要介绍。

(1) 聚合物　聚合物是一种高分子化合物。增材制造使用的聚合物主要是工程塑料、树脂和凝胶等。工程塑料作为一种热塑性材料，主要是指应用在结构材料方面，其在强度、抗冲击、耐老化性、硬度等性能方面具有优异的表现。常见的工程塑料种类包括 ABS 工程塑料、PEEK 工程塑料等。

表 4-1　增材制造原材料分类

<table>
<tr><td rowspan="21">增材制造技术材料分类</td><td rowspan="13">聚合物</td><td rowspan="7">工程塑料</td><td>ABS 材料</td></tr>
<tr><td>PA 材料</td></tr>
<tr><td>PC 材料</td></tr>
<tr><td>PPFS 材料</td></tr>
<tr><td>PEEK 材料</td></tr>
<tr><td>EP 材料</td></tr>
<tr><td>Endur 材料</td></tr>
<tr><td rowspan="3">生物塑料</td><td>PLA 材料</td></tr>
<tr><td>PETG 材料</td></tr>
<tr><td>PCL 材料</td></tr>
<tr><td colspan="2">热固性塑料</td></tr>
<tr><td colspan="2">光敏树脂</td></tr>
<tr><td colspan="2">高分子凝胶</td></tr>
<tr><td rowspan="6">金属材料</td><td rowspan="2">黑色金属</td><td>不锈钢材料</td></tr>
<tr><td>高温合金材料</td></tr>
<tr><td rowspan="4">有色金属材料</td><td>钛材料</td></tr>
<tr><td>铝镁合金材料</td></tr>
<tr><td>镓材料</td></tr>
<tr><td>稀贵金属材料</td></tr>
<tr><td colspan="3">陶瓷材料</td></tr>
<tr><td colspan="3">复合材料</td></tr>
</table>

作为工程塑料的一种，ABS 是五大合成树脂之一，也是最常见的增材制造工程塑料材料之一。ABS 有耐热性、抗冲击性、耐低温性、耐化学药品性及电气性能优良、制品尺寸稳定等特点。Perez 等[13] 通过增材制造技术制备了 ABS/热塑性弹性体共混物，该复合材料在打印表面精度及低变形方面表现优异，但在弯曲性和拉伸强度方面差强人意，需要进一步改进。

另一种较为常见的聚合物原材料为光敏树脂。光敏树脂指用于光固化快速成型的材料，称为液态光固化树脂或称液态光敏树脂，主要由低聚物、光引发剂、稀释剂组成。该材料具有黏度低、液体流动性好、光固化速度快、高感光度等特点，是高精度增材制造耗材中首选的聚合物材料。在工业制造、文创产品、医疗等行业应用广泛。

随着近几年热塑挤压材料与设备技术的发展，增材制造打印的塑料材料也发展迅速，除了传统的几种常用材料，逐渐向复合材料发展，甚至打印出的产品几乎拥有了注塑件都难以达到的工程级性能。

(2) 不锈钢　金属材料中，不锈钢是黑色金属的一种，表 4-2 展示了不锈钢材料在增材制造过程中的优缺点。

不锈钢是指含有至少 10.5%的铬和 1.2%的碳的铁合金，按组织状态分为：马氏体钢、铁素体钢、奥氏体钢、奥氏体-铁素体（双相）不锈钢及沉淀硬化不锈钢等。具有耐腐蚀性能好，在高温下仍能保持其优良的机械性能等特点。由于其粉末成型性好、制备工艺简单且成本低廉，是最早应用于 3D 金属打印的材料。使用较多的为 304、316 和 316L 不锈钢，并被应用于航空航天、生物医疗等多个领域。

表 4-2　不锈钢的优缺点

优点	缺点
高耐腐蚀性	难以处理
耐热性	铬和镍元素的释放
生物相容性	易变形
优异的机械性能	氧化时疲劳强度低
易于成型	
无毒	

(3) 钛合金　钛是 20 世纪 50 年代发展起来的一种重要结构金属，其强度高、耐蚀性能好、耐热性能强。传统锻造和铸造方法生产的大型钛合金零件，由于产品成本高、工艺复杂、材料利用率低以及后续加工困难等不利因素，阻碍了其更为广泛的应用。增材制造技术可以从根本上解决这些问题，因此该技术近年来成为一种直接制造钛合金零件的新型技术，图 4-8 为增材制造钛合金零件。用于增材制造的钛合金主要为粉末材料，目前国内航空航天和医疗领域常用 TA1、TC4 和 TA15 等牌号的钛合金粉末，其特点如表 4-3 所示。

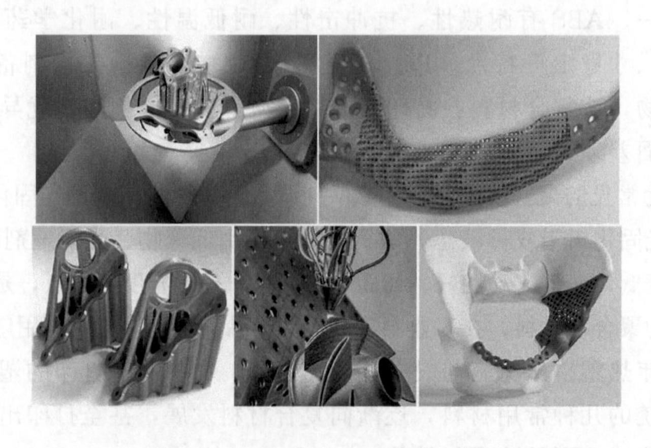

图 4-8　增材制造钛合金零件

表 4-3 钛合金的优缺点

优点	缺点
耐腐蚀性	应力屏蔽
高比强度	成本高
优异的生物相容性	弹性模量低
优异的抗蠕变性	
无毒	

为满足应用领域的需求，研究人员不断开发出新型增材制造用钛合金及其复合材料。Li 等[14] 开发的 Ti-6.5Al-2Zr-Mo-V 新型钛合金的纤维组织中存在大角度晶界，在不同工艺参数下，硬度值为 270～290 HV。

相似地，Ahmed 等[15] 开发出一种 Ti-5Al-5Mo-5V-3Cr 新型钛合金，其硬度与传统加工的合金硬度一致。

除此之外，颗粒强化方式也受到了相关学者的关注和尝试，Zhang 等[16] 利用激光选区熔化（SLM）工艺将钛粉和少量的 SiC 纳米颗粒混合，原位制备纳米 Ti5Si3 新型合金涂层，结果显示合金涂层的显微硬度为 706 HV，相比原来的样品提高了 51.5%。

在航空领域，因对钛合金材料的抗氧化性能、高温强度和抗蠕变性能有较高要求，部分科研单位对 Ti4822、Ti2AlNb 等高温钛合金开展了技术攻关，有望在工程应用方面替代部分高温合金。

随着医疗领域的发展，Ti-Zr 系、Ti-Nb 系、Ti-Cu 系、Ti-Mb 系等新型医用钛合金材料被相继开发，国内粉末厂商也积极投入研发，适用的粉末范围不断扩大。

（4）铝合金　铝合金具有优良的物理、化学和力学性能，在许多领域获得了广泛的应用，但是铝合金自身的特性（如易氧化、高反射性和导热性等）增加了激光选区熔化制造的难度，铝合金的优缺点如表 4-4 所示。目前激光选区熔化成型铝合金中存在氧化、残余应力、孔隙缺陷及致密度等问题，这些问题可以主要通过严格的保护气氛、增加激光功率等来改善。增材制造铝合金零件如图 4-9 所示。

表 4-4 铝合金的优缺点

优点	缺点
高强度	易氧化
塑性好	高热导率
高耐蚀性	流动性差
优良的导电性	

图 4-9　增材制造铝合金零件

目前激光粉床熔融成型铝合金材料主要以 Al-Si-Mg 系合金为主。Kempen 等[17] 对两种不同的 AlSi10Mg 粉末进行了 SLM 成型试验。研究发现，不断优化工艺参数，可获得 99%致密度和约 20 μm 表面粗糙度的成型性能。分析得出，粉末形状、粒径及化学成分是影响成型质量的主要原因。

D. Buchbinder 等[18] 研究获得了致密度达 99.5%、抗拉强度达 400MPa 的铝合金试样。Louvis 等[19] 对 SLM 成型铝合金过程中氧化铝薄膜产生的机理进行了分析，得到了氧化铝薄膜对熔池与熔池层间润湿特性的影响规律。赵官源等[20] 认为 SLM 制造铝合金产生的结晶球化现象是因为铝合金对光的反射性较强造成的。

4.3.2　原材料的特性

为满足增材制造的不同工艺需求，增材制造用原材料按形态可以分为粉末、丝材、层片和液体等。最常见的形态是粉末和丝材两种。一般而言，粉末是由金属或陶瓷等混合制成，可用于激光选区熔化成型、电子束选区熔化成型等多种增材制造工艺；丝材是由金属或塑料等制成，适用于电子束熔丝成型和电弧增材制造等增材制造工艺。

（1）粉末　粉末是增材制造最主要的原材料形式，是指颗粒尺寸小于 1mm 颗粒的集合，包括纯金属粉末、合金粉末以及具有金属性质的化合物粉末等，几乎所有的材料都能制备成粉末，目前，增材制造主流的粉末材料主要以钛合金、铝合金、镍基高温合金、不锈钢等粉末材料为主。

以粉末为原材料的增材制造成型件，可以获得具有较高尺寸精度和良好表面粗糙度的制件，后续机械加工余量较少。不同于冶金用粉末，增材制造由于其特殊的工艺过程，对粉末的粒度、球形度、氧含量、形貌等特性提出了更高的要求，同时也推动着粉末制备技术朝窄粒度、低氧含量、高效率、低成本的方向发展。但是，粉末增材制造也存在自身的问题，例如，用于增材制造的金属粉末价格相对比较昂贵；粉末的比表面积较大，易吸附 O、N、H、水分等，使成型件杂质含量较高。例如，针对不同的增材制造工艺类型和制件精度的要求，增材制造对原料粉体的粒度有不同要求。由激光粉末床熔融成型的样件尺寸精度为 0.1 mm 左右、表面粗糙度在 Ra 6.3 μm 左右，工艺一般要求使用粒度在 15～53 μm 之间的粉末。由电子束成型的样件精度为 0.1～0.2 mm、表面粗糙度为 Ra 20～30 μm，工艺要求粉末粒径分布在 53～106 μm。除了对粉末的粒度要求以外，增材制造用粉末还应具有很高的纯度，杂质元素少，形貌上要求粉末球形度高，卫星化颗粒少。铺粉式增材制造要求粉末具有较好的流动性与较高的松装密度等。事实上，即使增材制造设备经过不断完善，增材制造零件的质量仍然会受到粉末品质的制约。

(2) 丝材　丝材是增材制造的另一种原材料形态，相比粉末而言，丝材的成本较低，成型效率高，O、N、H 含量可与原始母材保持一致，并且丝材几乎不存在空心现象，能有效降低增材制造零件的气孔数量。但是，以丝材为原料的增材制造构件表面粗糙度较大，仅能成型毛坯件，后续的加工余量较大，某种程度上限制了增材制造“净成型”或“近净成型”的成型优势。

目前，增材制造原材料成为限制增材制造技术发展的主要瓶颈，同时也是增材制造技术突破创新的关键点和难点所在，只有进行更多的新材料的开发才能拓展增材制造技术的应用领域。

4.3.3 原材料的制备

为了满足各种增材制造成型工艺对粉末的要求，粉末的制备方法也是多种多样的，但其本质都是使金属、合金或金属化合物通过一系列物理化学变化将其从固态、液态或气态转变成粉末状态。

从粉末制备过程的实质来看，现有的粉末制备方法分为两大类：机械法和物理化学法。

(1) 机械法　机械法是将金属原料依靠挤压、冲击、磨削等作用机械性地粉碎，而其本身的化学成分基本不发生改变，从而获得粉末的工艺。大部分的金属及其合金都可以采用机械破碎的方法制成金属粉体，该方法尤其适用于脆性金属及其合金。机械法主要分为机械破碎法和雾化法，雾化法应用较广，并且发展和衍生了许多新的制粉工艺，因此也常常被列为一类独立的制粉方法。

气雾化法和等离子旋转电极法（PREP）是目前增材制造用金属粉末最常用的制备方法。气雾化粉末用于增材制造零部件的优势在于工艺成熟稳定，细粉收得率高，组织细小、元素偏析少，有利于提高零部件力学性能，降低激光选区熔化工艺用粉成本，但有空心粉和卫星粉等不利影响，增加了零部件内孔隙含量和微裂纹增多的风险。PREP粉末用于增材制造零部件的优势在于空心粉和卫星粉极少，零部件成型致密，表面粗糙度小，对断裂及疲劳性能有利，但同时也存在细粉收得率较低，用于SLM工艺比较困难，同时粉末由于冷速不足导致零部件显微组织粗大、元素偏析明显，处理不当将降低零部件力学性能。

例如，激光选区激光熔化（SLM）工艺一般使用15～53μm粒度范围的微细球形粉末产品，目前，该类产品往往采用气雾化工艺制备，具体包括镁基、钛基、镍基、铁基、铝基、铜基等粉末材料，这主要由于该工艺细粉收得率较高，15～53μm粒度范围粉末球形度良好，卫星球少，粉末组织均匀细化，化学成分无偏析或微偏析，零件打印性能满足设计使用要求。

电子束选区熔化（SEBM）工艺一般选用45～105μm粒度范围粉末，激光沉积成型工艺则选用45～150μm粒度范围粉末。该类粉末的制备方法包括气雾化和等离子旋转电极法。

（2）物理化学法　物理化学法是通过物理作用或化学反应，改变原材料自身的凝聚状态或者化学成分而获得金属或合金粉末的工艺，如还原法、电解法、轻基法等。某些金属粉末可以通过多种方法生产出来，在进行制粉方法的选择时，要综合考虑材料的特殊性能及制取方法的特点和成本，从而确定合适的生产方法。

4.3.4 原材料的表征

原材料的特性决定了增材制造工艺参数的制定，并在很大程度上影响了增材制造成型件的性能。如何科学、准确地对增材制造用原材料特性进行表征和评价对于保证增材制造过程的重复性和制件性能十分关键。2014年颁布的ASTYF3049-14标准对增材制造用原材料特性的表征方法给予了相应的规范，其中包括粉末化学成分组成、粉末粒度及粒度分布、形貌特点、流动性、振实与松装密度等。

（1）粉末形貌　增材制造所用粉末一般要求为球形或近球形，对粉末外观形貌的检测，主要是对其球形度的检验。若颗粒为正球形，其在坐标系中任意面上的投影形成的圆的直径a、b、c相等，即$a:b:c=1:1:1$。若用尺寸计算分析，假定这个球是标准球体，若将其体积视为V，半径为R_v；这个球的表面积视为S，半径为R_s。则这两个半径无论用何种方法计算均应相等，即$R_v=R_s$。因此，若其形状不是足够圆，则这两个值不等，且用实际表面积推算出的半径R_s一定较大，这两个数值的比值就可以评价球体外形是否接近球形。

粉末形貌常用检测方法为光学显微镜法和扫描电子显微镜法，同时联合电脑软件对形貌进行定量分析。光学显微镜是通过凸透镜的成像原理来实现的，光学显微镜与电子显微镜相比，成本低、制样简便且检测速度快，但由于光学显微镜的景深较小，需要将粉末经过镶嵌后制备成金相试样才能观察。目前对于增材制造所用的球形或近球形金属粉末，采用光学显微镜是最为广泛的观察手段之一。光学显微镜可以直观地看出粉末的基本轮廓，包括形状、卫星粉情况、大小等，能够快速判断粉末球形度的高低，为粉末的使用提供依据。扫描电子显微镜（SEM）的分辨率高达 10 万倍，该方法制样简单，能够获得高倍率、清晰、直观的粉末形貌照片，如图 4-10 所示。对于更加细小的粉末可以采用分辨率更高的透射电子显微镜（TEM）技术来观察。

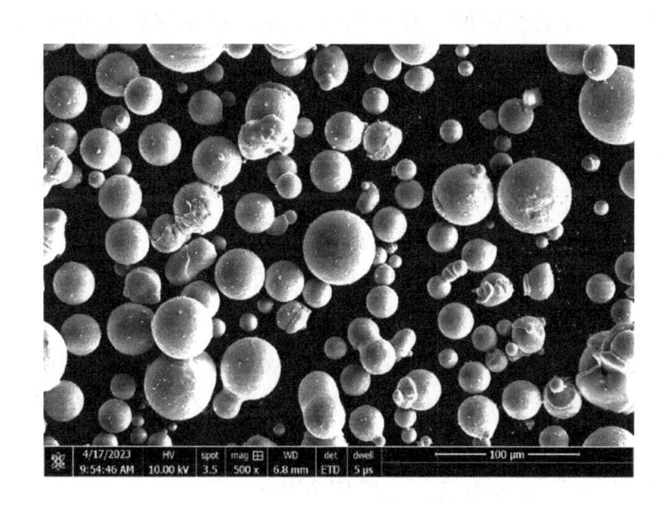

图 4-10　WE43 镁合金球形粉末

（2）粉末粒度及粒度分布　采用粉末粒度（granularity）来表征粉末尺寸，是指一般方法不容易分开的最小单位，用直径大小来表征，单位为 mm 或 μm。粒度是指颗粒的大小，一般颗粒的大小又以直径表示，故又称粒径。粒度分布是用一定方法反映出一系列不同粒径区间颗粒分别占试样总量的百分比。等效粒径是由于实际颗粒的形状通常为非球形的，难以直接用直径表示其大小，因此在颗粒粒度测试领域，对非球形颗粒，通常以等效粒径（一般简称粒径）来表征颗粒的粒径。目前常用的粒度测试方法有机械法、激光衍射法、显微镜法和颗粒图像法。

（3）粉末的化学成分　粉末的化学成分包括粉末的组成元素及其含量，以及夹带的少量杂质及其含量。其中，杂质主要是指金属化合物和非金属成分等，例如，铁粉中的 C、S、Mn、Si、P、O 等；原料中夹带的或者生产中掺入的夹杂，如 Al_2O_3、SiO_2、难熔金属、硅酸盐或碳化物等酸不溶物，吸附在粉末表面的水汽、氧和其他气体（CO_2、N_2）等。粉末中主要的金属元素测定通常采用荧光光谱法、红外光谱法、ICP 等离子体光法、俄歇电子能谱、光电子能谱等方法。对于粉末中的气体含量，则需要采用氮氢氧检测仪来精准测定粉末中的O、N、H含量。增材制造用金属粉末化学成分的精确测量是证增材制造工件成分准确、组织与性能优异的基础。

（4）粉末流动性　增材制造一般需要合金粉末具有较好的流动性，金属粉末流动性的好坏直接影响粉末床增材制造过程中铺粉的质量，是影响增材制造金属部件的重要因素。但由于合金粉末制备工艺不同，其表面物理状态也不尽相同，通过后期的筛分配比混合后，其流动性也表现出差异性。影响流动性的因素包括颗粒形状、粒度组合、相对密度和颗粒间的黏附作用等。一般粉末颗粒越大，形状越规则，松装密度越高，流动性越好。粉末的流动性和粉末颗粒大小及粒度分布具有很密切的关系。粉末流动性的测定方法主要采用漏斗法，是指50g粉末流过标准尺寸漏斗孔所需的时间，单位为s/50g。

（5）松装密度与振实密度　松装密度是指合金粉末自然地充满规定的容器时，单位容器的粉末质量。该指标是粉末床增材制造用粉末特性中比较关键的一个指标。测量方法是：粉末自由通过标准斗流入容积为（25±0.05）cm^3的量杯，充满量杯后刮平，称量粉末质量，计算松装密度，可参照GB/T 1479.1—2011《金属粉末　松装密度的测定　第1部分：漏斗法》。

振实密度是指将粉末装入振动容器中，在规定条件下经过振实后所测得的粉末密度。测量方法是：将定量的粉末装入振动容器中，在规定的条件下进行振动，直到粉末体积不能再小，测得粉末的振实体积，再计算振实密度，可参照GB/T 21354—2008《粉末产品振实密度测定通用方法》。

用金属粉末振实密度与松装密度之比来表征粉末流动性，比值越小，粉体压缩性越弱，流动性越好。

4.4　增材制造技术应用

增材制造技术由于其分层制造、快速凝固、可直接生产复杂结构零件等特性而广泛应用于航空航天、汽车以及生物医疗等领域。

4.4.1　在航空航天的应用

航空航天领域对材料精度要求严格，采用传统加工制造方法对于形状复杂的零部件，由于加工工艺复杂导致生产成本及生产周期显著增加。而增材制造技术可以减少高性能复杂结构金属零件的制造时间，提高材料的利用率，缩短产品开发周期，降低制造成本。如图4-11为增材制造技术在航空航天上的应用。

目前航空航天工业的金属构件应用正朝着复杂化、集成化和高性能方向发展。

图 4-11　增材制造技术在航空航天上的应用

研究表明增材制造技术能够满足复杂金属构件的成型要求，但仍然需要更进一步解决其中两个关键问题[21,22]。首先，金属增材制造高能量加热熔化/快速凝固的特点使得成型的金属构件在长期、强烈的非稳态循环加热和高速冷却条件下，难以控制成型材料的晶粒形貌和微观结构，如何控制凝固晶粒、内部缺陷和微观结构的冶金质量及性能是热变形加工金属部件的基本问题。其次，金属增材制造中热应力、结构应力以及凝固收缩应力等复杂应力的积累和耦合极易导致金属构件的变形甚至开裂，这很大程度上制约了增材制造技术成型金属构件的形状精度。

Todd 等人[23] 指出，金属增材制造技术工业应用的障碍是成型零件中的热应力和多种结构缺陷。王等[22] 指出内应力和变形开裂制约金属构件激光增材制造技术的发展。例如，因为密度低、比强度高、抗腐蚀性强等显著优点，钛合金已广泛应用于航空发动机零件、主轴承零件、起落架等。然而，较差的加工性能一定程度上限制了钛合金在工程的应用，其团队突破了制造大飞机钛合金承力主部件的关键技术，开发出了制造大飞机钛合金结构的新型金属增材制造装备。此外，王等还实现了 TA15、TC4、TC11 材料的大型复杂整体结构和 A-100 超高强度钢飞机起落架等关键部件的金属增材制造技术。Wang 等人[24] 报告成型了一种设计制造的飞机承载主部件，他的团队提出了大型金属构件设计过程中“内应力离散控制”的新方法，开发出了大型结构构件内部缺陷和质量控制及无损检测的关键技术。通过采用这种方法打印出的飞机钛合金部件的综合力学性能达到或超过模锻件[10]。此外，该团队还建立了一个凝固晶粒形态的主动控制金属部件理论，实现了先进航空发动机钛合金整体叶盘和具有梯度结构与综合性能的大型承力关键部件的制造。基于该理论制造的航空发动机钛合金叶片具有单向生长的全柱状晶体结构以及优异的高温持久蠕变性能，轮盘具有等轴晶粒结构和优异的各向同性力学性能。

航空航天应用中，热交换器也是其中一个重要部件。通过热交换器（HX）可以对处于运动状态的流体之间传递热量，以消除部件操作过程中产生的过多热量，对确保超高通道比涡扇发动机的正常运行以及航空至关重要。通过增材制造技术生产热交换器，可以实现设计的高自由度以及生产拓扑优化的复杂结构零件，与传统加工方法制造的产品相比，零件质量大大减轻，保证了防漏结构的同时还具有优异的机械性能。由于体积相对小、重量轻、热效率高、紧凑型换热器在航空航天领域得到了广泛应用，这种换热器每单位体积有大量的热交换表面，通过最小化组件的总体积来达到最大化热传递。

4.4.2 在汽车领域的应用

增材制造技术由于其具有缩短产品生产周期、可加工复杂结构等优势，所制备的产品广泛应用于汽车行业，主要集中在汽车零部件制造、生产、修复以及模具快速制造四个方面。在汽车行业中，按成型方式可将增材制造技术划分为喷出型、颗粒型、叠加型和光聚合型，各大类又分为若干种工艺类型，每种工艺类型的增材制造设备在汽车行业都有不同的市场，大部分可应用于汽车零部件的成型制造，其他则应用在汽车模具制造、汽车零部件的直接生产、汽车零部件受损部位修复等市场[25]。其中，配置完善的增材制造设备分为前端设备、中端设备、后端设备。前端设备主要是3D扫描仪，负责完成复杂、快速、高精度的建模过程；中端设备主要是计算机辅助设计系统，负责读取、处理和加工模型数据；后端设备主要是3D打印机，负责完成设计产品的最终制造，是整个增材制造设备的基础装置。

传统汽车造型设计流程是：草图、效果图、数据模型、油泥模型、A级曲面、样车制造；而采用增材制造技术后汽车造型设计流程则是：草图、效果图、数据模型、增材制造样车。使用增材制造技术后，不仅设计流程大大简化，增材制造过程中的一体化成型设计还使得零件个数减少、结构优化达到轻量化目标。

例如，2014年，Local Motors展出了世界第一辆采用3D打印技术打造的电动汽车“strati”；2016年，Local Motors推出了智能巴士OLLI。福特使用3D打印技术生产原型和发动机零件[26]；宝马使用3D打印技术生产用于汽车测试和组装的手动工具。在2017年，奥迪与SLM Solution Group AG合作生产备件和原型。通过在汽车行业使用3D打印技术，公司可以尝试各种替代方案，促进理想和有效的汽车设计，有效减少材料的浪费和消耗，并降低成本和时间，因此，在汽车行业中增材制造技术可在非常短的时间内测试新设计[27]。

目前，通过SLM技术成型轻合金材料系列，可以进一步实现汽车轻量化。为了减少汽车的能源消耗，汽车行业越来越注重轻量化、定制化等方面的问题，以此降低汽车油量等能源的消耗。随着汽车行业的不断发展，对智能化、绿色化的要求逐年提高，SLM技术在汽车行业的应用也不断地发展进步[13]。

拓扑优化技术对增材制造轻量化影响显著。西安铂力特增材技术股份有限公司应用 SLM 技术在 BLT-S300 设备上制造的经过拓扑优化的尺寸为 229 mm×103 mm×49 mm 的钛合金汽车车架零件减重至 245g，减重达 65%。付远等采用 SLM 技术在 FagCNC8055 设备上制造了尺寸为 800 mm×600 mm×500 mm 的支撑底座铝合金零件，结合增材制造技术与拓扑优化技术将零件质量减轻了 50%。图 4-12 展示了高铁防滚动杆支架零件拓扑优化过程。增材制造技术给汽车维修带来了很大影响，技术人员可通过增材制造技术直接修复伤口或打印紧缺零部件，延长关键构件的寿命。当大型不易移动的野外作业机械发生故障时，可以携带打印机到现场维修。同时，利用增材制造技术，技术人员可以根据设计图纸现场生产出当时所需要的维修工具。此外，技术人员还可以根据实际的维修需求，变通地设计出更利于维修人员操作的工具。

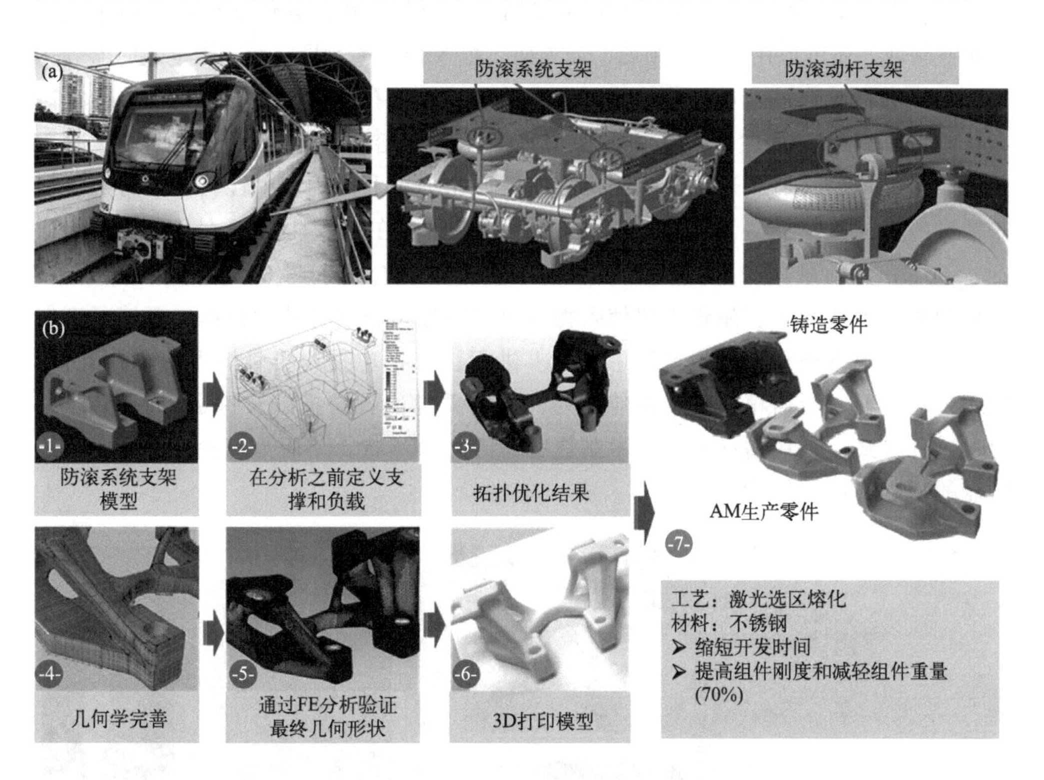

图 4-12 高铁防滚动杆支架零件拓扑优化过程

在汽车行业中，零部件供应链也是一项重点关注问题[28]。汽车和摩托车所需的部件数量非常多（通常为数十万个零件），且备件需求具有高度异质性，这增加了售后库存中货架备件的数量，极大地提高了汽车公司的成本与所需空间。增材制造技术可以极大地改善备件供应链，只在必要时才制造备件，同时将组件信息存储在 3D CAD 模型中，这样则极大地减少了对大量库存的需求，有效降低了成本。

随着汽车电动化、智能化、网联化、共享化的发展，汽车的外观、内饰、结构等都已发生变化，对创新、个性化以及小批量定制的需求逐渐增长，增材制造技术可以提供足够的支撑和帮助。例如，为了满足日益变化的客户需求，通过集成应用软件系统，为有不同需求的汽车用户提供个性化的3D打印服务，进行诸如汽车行业云平台服务、基于网络的个性化制造服务、汽车模块数据库等，实现真正的个性化定制，这是增材制造模式与传统大规模制造模式的核心区别，也是增材制造设备及其关键技术最重要的发展方向。

4.4.3 在生物医疗领域的应用

近年来，增材制造技术在不同领域得到了广泛的应用。它们不仅可以用于汽车或航空领域，还可以用于医疗领域，如支架、植入物、手术导向器、固定导向器等。

利用增材制造技术可以精确控制多孔结构的内部孔隙结构，这使得复杂的几何形状制造具有可重复性。在各种方法中，激光选区熔化技术（SLM）由于其通用性和高精度，以及所制造的植入物良好的表面粗糙度和结构完整性，被认为是一种非常有前途的医疗器械制造方法[29]，是制作通常存在于脊柱融合植入物中小特征（$< 500\ \mu m$）的最佳选择。如图4-13所示，通过钛合金（Ti-6Al-4V）的SLM技术可制造这种植入物。颅骨重建植入物也可以通过增材制造技术根据患者情况而定制。工程师根据外科医生指定的手术要求进行设计，包括用于骨植入的多孔支架、骨固定的位置、所需植入物的最佳排列、需要重建的骨缺损以及特定的手术方法。通过这种方式，利用增材制造技术制造所需的几何形状，从而为每种外科应用提供所需的物理和机械性能。

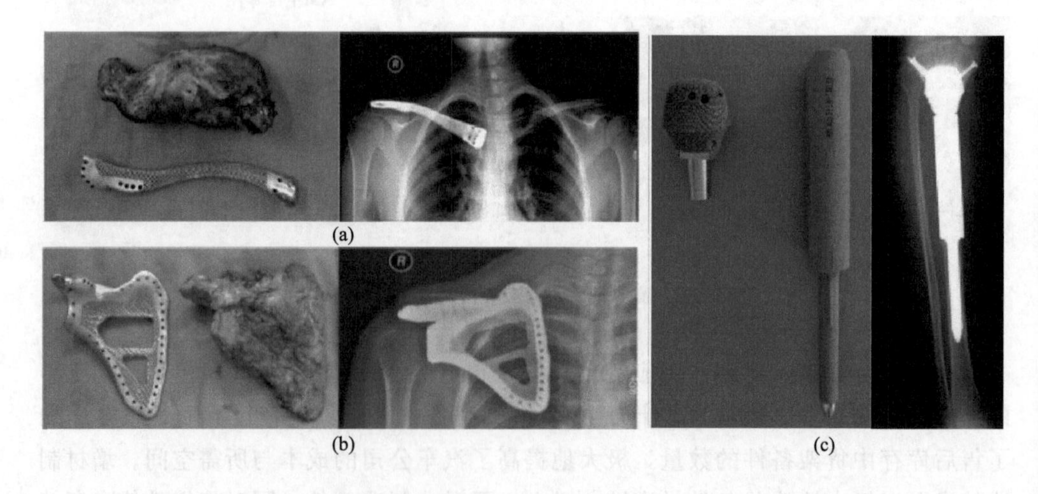

图4-13 患者量身定制的AM植入物：包括锁骨、肩胛骨、无骨胫骨近端重建[30]

除钛合金材料外，医用不锈钢、钴铬合金和可降解医用金属等材料在 SLM 制备中相对较成熟，对于医疗器械和临床骨修复具有较大的优势。

医用不锈钢（stainless steel as biomedical material）为铁基耐蚀合金，是最早开发的生物医用合金之一，采用增材制造技术直接成型可被用于制作结构复杂的医疗器械，如：刀、剪、止血钳、功能性针头，以及被用于制作人工关节、骨折内固定器、牙齿矫形、人工心脏瓣膜等器件。其中，医用应用最多的是奥氏体超低碳不锈钢 316L 和 317L。

医用钴合金（Co-based alloy as biomedical material）也是医疗中常用的金属医用材料，具有优异的机械强度、耐腐蚀性和生物相容性，同时其制造成本相对较低，在临床应用多年，产品涉及人工关节假体可摘局部义齿、全口义齿支架、烤瓷冠基底等。目前，增材制造钴铬合金可摘局部义齿已被广泛应用[31]。

金属增材制造可降解金属植入物的研发也在迅速发展，已通过 L-PBF 技术成功制备了镁基、锌基、铁基可降解金属骨组织工程支架及血管支架样品。

目前，可降解镁合金的增材制造过程中主要存在两个主要问题，一是安全防护问题，由于 Mg 的高活性，使得 Mg 粉在打印过程中易燃易爆；二是打印过程中严重的蒸发问题，Mg 的饱和蒸气压高，被激光束熔化时会发生剧烈的蒸发现象，导致成型样品化学成分的变化，以及形成匙孔等缺陷。有相关实验验证，根据 CT 扫描的患者下颌形状用 L-PBF 技术可以制造出 WE43 镁合金多孔下颌骨植入物[32]。

与 Mg 相比，Zn 的沸点更低、更易蒸发，锌基可降解金属增材制造中最大的问题是打印过程中的蒸发问题。2020 年，郑等[33] 制备了具有功能梯度的多孔锌支架（1.4 mm 钻石单胞，支架杆厚度从 0.4 mm 到 0.2 mm 径向线性变化）以及其他 2 种均匀结构锌支架（支架杆厚度分别为 0.3 mm 和 0.4 mm），对其静态和动态生物降解行为、力学性能、渗透性和生物相容性进行了综合研究。

增材制造技术应用不仅仅局限于体内植入和医疗器械等领域，其在药物治疗、医疗模型和脑部疾病等众多医疗方向也发挥着不可忽视的作用。

由于增材制造技术材料空间分布准确、灵活等优点，在多药联合治疗中得到了广泛的应用。在最近的一项研究中，Awad 等人[34] 宣布成功生产出 3D 打印的毫米级颗粒，其中包含两种空间分离的药物（扑热息痛和布洛芬）。通过改变聚合物，双微型打印体可以实现定制的药物释放。一种药物从基质中获得了即时释放，而第二种药物通过使用乙基纤维素可以获得长效效果。在给药途径方面，口服和透皮药物都有潜力通过增材制造技术开发，与传统的注射成型相比，增材制造技术可以更好地生产小批量个性化定制胶囊。通过 3D 打印个性化口服固体剂型和多颗粒系统，可以协同利用这两种特性的优势，提供更好的分散和胃肠道分布，以及剂量的准确性和便利性。

在临床植入领域，植入物外形和功能设计的发展越来越多，使异物与人体内部结构和组织在相当程度上匹配，同时提高其功能。增材制造技术可以通过构建具有生物相容性和生物活性的结构来弥合生物物质与工程项目之间的差异，利用材料的独特属性来增强组织再生与植入物以及周围组织的结合。目前的放射成像方法，如计算机断层扫描（CT），可以创建一个精确的计算机辅助设计（CAD），这样的设计可以作为增材制造的一个模型，以产生一个理想的适合植入位置的植入物。

增材制造还有助于患者特定器官解剖的可视化。可用于术前计划的信息量已大大增加，超出了单个器官的特征。肝脏模型的制造就是这样一个例子。不断增长的移植需求和有限的尸体肝脏数量刺激了对健康供体器官的需求。如图 4-14 所示，Raichurkar 等人[35] 描述了具有适当颜色编码的血管系统的透明模型。从 6 例患者中制备了 6 个肝脏模型，并说明了天然和打印器官之间相同的几何和解剖特征。CT 扫描用于患者肝脏、肿瘤、血管和器官轮廓的三维解剖的可视化。

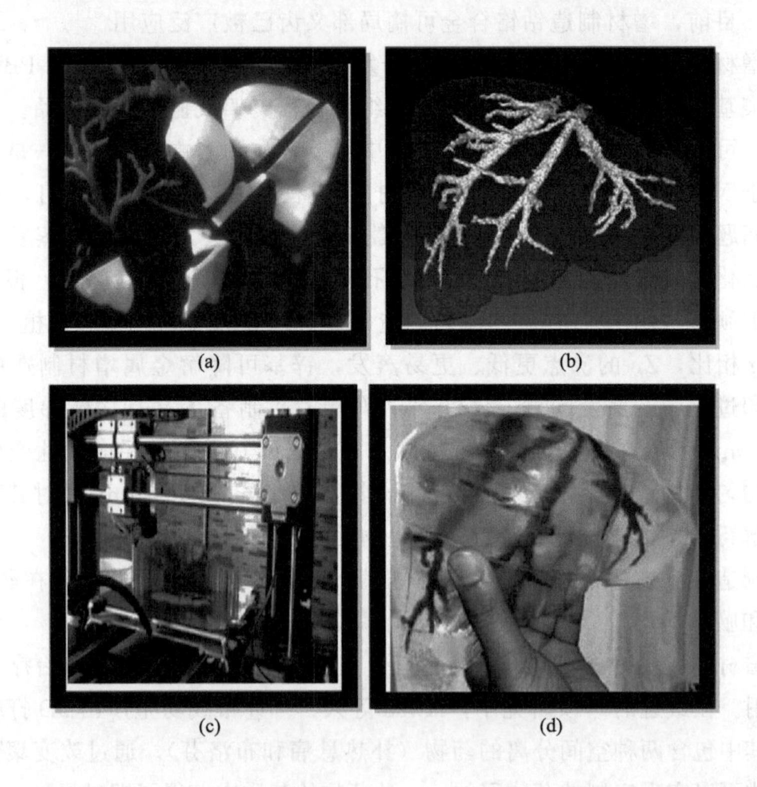

图 4-14 （a）、（b）为 CT 扫描图；（c）、（d）分别为打印设备和肝脏模型图[35]

综上所述，增材制造技术由于其分层制造、简便的流程以及数字化的优点，在电子产品、汽车、航天航空、医疗、军工等领域被广泛应用，给传统工业技术和传统生产工艺带来深刻变革。近年来，随着轻量化、绿色环保化需求的不断增加，利用增材制造技术来制作镁合金零件受到企业与科研院校的广泛关注，其应用市场不断扩展，增材制造镁合金逐渐成为热点的研究领域。

参考文献

[1] Laskowska D, Mitura K, Ziółkowska E, et al. Additive manufacturing methods, materials and medical applications-the review [J]. Journal of Mechanical and Energy Engineering, 2021, 5 (1): 15-30.

[2] Yuan L, Ding S, Wen C. Additive manufacturing technology for porous metal implant applications and triple minimal surface structures: A review [J]. Bioactive materials, 2019, 4: 56-70.

[3] Gibson I, Rosen D W, Stucker B, et al. Additive manufacturing technologies [M]. Cham, Switzerland: Springer, 2021.

[4] Zhang L, Li Y, Hu R, et al. Freeform thermal-mechanical Bi-functional Cu-plated diamond/Cu metamaterials manufactured by selective laser melting [J]. Journal of Alloys and Compounds, 2023, 968: 172010.

[5] Aufa A N, Hassan M Z, Ismail Z. Recent advances in Ti-6Al-4V additively manufactured by selective laser melting for biomedical implants: Prospect development [J]. Journal of Alloys and Compounds, 2022, 896: 163072.

[6] McCann R, Obeidi M A, Hughes C, et al. In-situ sensing, process monitoring and machine control in Laser Powder Bed Fusion: A review [J]. Additive Manufacturing, 2021, 45: 102058.

[7] Singla A K, Banerjee M, Sharma A, et al. Selective laser melting of Ti6Al4V alloy: Process parameters, defects and post-treatments [J]. Journal of Manufacturing Processes, 2021, 64: 161-187.

[8] Lin B, Chen W. Mechanical properties of TiAl fabricated by electron beam melting—A review [J]. China Foundry, 2021, 18 (4): 307-316.

[9] Kennedy J R, Davis A E, Caballero A E, et al. The potential for grain refinement of Wire-Arc Additive Manufactured (WAAM) Ti-6Al-4V by ZrN and TiN inoculation [J]. Additive Manufacturing, 2021, 40: 101928.

[10] Treutler K, Wesling V. The current state of research of wire arc additive manufacturing (WAAM): a review [J]. Applied Sciences, 2021, 11 (18): 8619.

[11] 杨永强，黄坤，吴世彪，等. H13 模具钢粘结剂喷射增材制造工艺参数对成形质量的影响 [J]. 航空制造技术，2022，65 (23)：9.

[12] Phillips B T, Allder J, Bolan G, et al. Additive manufacturing aboard a moving vessel at sea using passively stabilized stereolithography (SLA) 3D printing [J]. Additive Manufacturing, 2020, 31: 100969.

[13] Torrado Perez A R, Roberson D A, Wicker R B. Fracture surface analysis of 3D-printed tensile specimens of novel ABS-based materials [J]. Journal of Failure Analysis and Prevention, 2014, 14: 343-353.

[14] Li S, Lan X, Wang Z, et al. Microstructure and mechanical properties of Ti-6. 5Al-2Zr-Mo-V alloy processed by Laser Powder Bed Fusion and subsequent heat treatments [J]. Additive Manufacturing, 2021, 48: 102382.

[15] Ahmed M, Obeidi M A, Yin S, et al. Influence of processing parameters on density, surface morphologies and hardness of as-built Ti-5Al-5Mo-5V-3Cr alloy manufactured by selective laser melting [J]. Journal of Alloys and Compounds, 2022, 910: 164760.

[16] Zhang X, Liu Q, Wei Z, et al. Effect of Ti-Si3N4 system on microstructure of TiN-Ti5Si3 reinforced Cu matrix composites [J]. Journal of Materials Research and Technology, 2023, 22: 2360-2371.

[17] Kempen K, Thijs L, Yasa E, et al. Process optimization and microstructural analysis for selective laser melting of AlSi10Mg [J]. Solid Freeform Fabrication Symposium, 2011, 22.

[18] Buchbinder D, Schleifenbaum H, Heidrich S, et al. High power selective laser melting (HP SLM) of aluminum parts [J]. Physics Procedia, 2011, 12: 271-278.

[19] Louvis E, Fox P, Sutcliffe C J. Selective laser melting of aluminium components [J]. Journal of Materials Processing Technology, 2011, 211 (2): 275-284.

[20] 赵官源，王东东，白培康，等．铝合金激光快速成型技术研究进展 [J]. 热加工工艺，2010 (9): 170-173.

[21] Wang H, Zhang S, Wang X. Progress and challenges of laser direct manufacturing of large titanium structural components [J]. Chin. J. Lasers, 2009, 36 (12): 3204-3209.

[22] Wang H M. Materials' fundamental issues of laser additive manufacturing for high-performance large metallic components [J]. Acta Aeronautica et Astronautica Sinica, 2014, 35 (10): 2690-2698.

[23] Todd I. Printing steels [J]. Nature Materials, 2018, 17 (1): 13-14.

[24] Wang H, Zhang S, Wang X. Progress and challenges of laser direct manufacturing of large titanium structural components [J]. Chin. J. Lasers, 2009, 36 (12): 3204-3209.

[25] 王菊霞．3D 打印技术在汽车制造与维修领域应用研究 [D]. 长春：吉林大学，2014.

[26] Elakkad A S. 3D technology in the automotive industry [J]. Int. J. Eng. Res, 2019, 8 (11): 248-251.

[27] Maghnani R. An exploratory study: the impact of additive manufacturing on the automobile industry [J]. International Journal of Current Engineering and Technology, 2015, 5 (5): 1-4.

[28] Liu P, Huang S H, Mokasdar A, et al. The impact of additive manufacturing in the aircraft spare parts supply chain: supply chain operation reference (scor) model based analysis [J]. Production planning & control, 2014, 25 (13-14): 1169-1181.

[29] Yan C, Hao L, Hussein A, et al. Ti-6Al-4V triply periodic minimal surface structures for bone implants fabricated via selective laser melting [J]. Journal of the mechanical behavior of biomedical materials, 2015, 51: 61-73.

[30] Lowther M, Louth S, Davey A, et al. Clinical, industrial, and research perspectives on powder bed fusion additively manufactured metal implants [J]. Additive Manufacturing, 2019, 28: 565-584.

[31] Zangeneh S, Lashgari H R, Roshani A. Microstructure and tribological characteristics of aged Co-28Cr-5Mo-0.3C alloy [J]. Materials & Design, 2012, 37: 292-303.

[32] Balci D, Kirimker E O, Raptis D A, et al. Uses of a dedicated 3D reconstruction software with augmented and mixed reality in planning and performing advanced liver surgery and living donor liver transplantation (with videos) [J]. Hepatobiliary & Pancreatic Diseases International, 2022, 21 (5): 455-461.

[33] 郑玉峰，夏丹丹，谌雨农，等．增材制造可降解金属医用植入物 [J]. 金属学报，2021, 57 (11): 1499-1520.

[34] Awad A, Fina F, Trenfield S J, et al. 3D printed pellets (miniprintlets): a novel, multi-drug, controlled release platform technology [J]. Pharmaceutics, 2019, 11 (4): 148.

[35] Raichurkar K K, Lochan R, Jacob M, et al. The Use of a 3D Printing Model in planning a Donor Hepatectomy for living Donor Liver transplantation: first in India [J]. Journal of Clinical and Experimental Hepatology, 2021, 11 (4): 515-517.

第5章 激光选区熔化镁合金工艺-性能成型性调控

增材制造技术成型件内部缺陷是制约增材制造工艺发展的问题之一。基于增材制造的深点扫描熔化、逐线扫描搭接、逐层累积成型的技术原理，金属材料在高能束作用下经历复杂的冶金物理化学变化，在加热熔化、熔池流动、冷却凝固的循环往复过程中，会受热源参数、扫描参数、粉体材料、温度等诸多条件的共同影响，一旦成型参数选择不合理，成型件中不可避免地会产生各种冶金缺陷，影响成型件的使用性能。

近年来，增材制造技术成型工艺中的缺陷及其控制方法问题，受到了研究人员的广泛关注。镁合金具有很高的化学活泼性，其平衡电位很低，与不同类金属接触时易发生电偶腐蚀，并充当阳极作用。在室温下，镁表面与空气中的氧发生反应，极易形成氧化镁薄膜。镁合金在激光选区熔化成型工艺中，由于激光直接作用于粉末床上，粉末在高温中快速熔化又快速冷却的成型过程中，易出现各种问题，比如粉末熔融不彻底、粉末飞溅、翘曲等，从而导致镁合金样件出现球化、微裂纹、气孔和氧化物夹杂等现象。这些典型缺陷严重降低了镁合金的成型质量、相对密度和表面粗糙度等。通过调节工艺参数和粉末参数或者进行适当的后处理工艺可以有效改善缺陷。

由于增材制造结构件的组织和缺陷特征与传统制件不同，存在不均匀性和各向异性等特征，且几何形状复杂，传统无损检测方法表现出可达性差、检测盲区大等难题，因此对于增材制造构件不能简单地沿用传统制件的无损检测技术，须重新分析组织特征与无损检测信号的对应关系，明确典型缺陷的无损检测信号特征，选择适用的无损检测方法和工艺参数。本章将会对镁合金在激光选区熔化过程中产生的问题及其影响因素进行全面的介绍，并结合实验结果展开讨论。

5.1 激光选区熔化镁合金成型质量影响因素

在激光选区熔化镁合金中，基板材料、工艺参数等选取不当会造成镁合金成型质量、成型精度受到影响，发生翘曲、变形及孔隙等缺陷，严重影响成型件的服役性能。

5.1.1 基板对成型质量的影响

镁合金由于熔沸点低、易氧化等特性，在成型时工艺参数的正确选取尤为重要，除了工艺参数本身对镁合金激光选区熔化成型质量的影响之外，基板的选取对镁合金成型的成功与否也尤为重要。

基板作为支撑结构，其主要作用是支撑起整个打印构件，由于激光选区熔化过程中粉末在高能量激光束的作用下成型，快速冷却后样品内部易产生较大的收缩应力，最终导致翘曲等现象的发生。镁合金样品与铝合金基板存在结合不稳定的情况，增加了实验失败的概率，因此在增材制造镁合金打印成型中要关注基板材料的选取，减少其他材料作为基板的使用。使用合适的基板可以有效连接熔化的粉末与基板以及已成型和未成型部分，因此在应力平衡下可有效减少应力收缩。

以 AZ61 镁合金粉末为例，选用工艺参数进行正交试验设计，如表 5-1 所示，正交实验工艺参数见表 5-2。

表 5-1　正交试验设计

水平	激光功率/W	扫描速度/(mm/s)	扫描间距/mm
水平 1	50	100	0.04
水平 2	100	500	0.06
水平 3	150	1000	0.08
水平 4	200	2000	0.1

表 5-2　正交实验工艺参数

编号	激光功率 P/W	扫描速度 v/(mm/s)	扫描间距 H/mm	铺粉层厚/mm	能量密度 E_v/(J/mm^3)	相对密度/%
1	50	2000	0.04	0.04	15.63	fall
2	50	100	0.06	0.04	208.33	fall
3	50	500	0.08	0.04	31.25	fall
4	50	1000	0.1	0.04	12.50	fall
5	100	2000	0.06	0.04	20.83	63
6	100	100	0.04	0.04	625.00	fall

续表

编号	激光功率 P/W	扫描速度 v/(mm/s)	扫描间距 H/mm	铺粉层厚/mm	能量密度 E_v/(J/mm^3)	相对密度/%
7	100	500	0.1	0.04	50.00	fall
8	100	1000	0.08	0.04	31.25	71
9	150	2000	0.08	0.04	23.44	75
10	150	100	0.1	0.04	375.00	fall
11	150	500	0.04	0.04	187.50	fall
12	150	1000	0.06	0.04	62.50	fall
13	200	2000	0.1	0.04	25.00	fall
14	200	100	0.08	0.04	625.00	fall
15	200	500	0.06	0.04	166.67	fall
16	200	1000	0.04	0.04	125.00	fall

在成型试验过程中，大部分样品均未成型。在能量密度相对较高的情况下，如能量密度为 375 J/mm^3、625 J/mm^3 时，无论其他三种参数如何配置，均成型失败，6 号样品成型时由于能量输入过高，粉末蒸发严重，基板上未留下任何成型痕迹，10 号和 14 号样品表面粗糙，球化严重；能量输入相对较低时，4 号样品由于粉末无法熔化完全导致层间熔合较差，成型失败。其中，成型较好的样品编号为 5 号、8 号和 9 号。镁合金与铝合金基板结合的实际情况如图 5-1 所示。未成型样品所表现出的形貌有以下几种特征：

(a) 基板与成型样品

(b) 局部放大

图 5-1　镁合金与铝合金基板结合实验

① 由于激光能量过高超过粉末的沸点导致粉末直接蒸发，未能在基板上留下痕迹，如 6 号样品；

② 激光能量过低，导致粉末没有熔化而不能互相结合，如 1 号、4 号样品；

③ 激光能量输入范围较适宜，但因镁合金与铝合金基板之间的结合能力较差，导致样品在初始层与基板结合不稳定，从而发生成型边缘部分的翘曲变形，导致样品与基板脱离，成型失败，如 11 号、15 号样品。

图 5-2 为线切割后的铝合金基板与 15 号样品与基板结合处的形貌，如图 5-2 (b) 所示，箭头处表明铝合金基板与镁合金初始层相连接处，产生了较大的裂缝，这种现象在激光焊接 Mg-Al 复合材料时也经常出现，由于镁和铝的热胀系数都很大，极易产生热应力并引发变形，另一方面由于脆性温度区间较大，加上镁元素的扩散不充分，会导致在镁合金与铝合金相结合处出现大量的孔隙、裂缝，导致样品质量变差。因此镁合金与铝合金基板结合性较差造成了裂缝的存在，阻碍了基板对镁合金件的支撑作用，造成样品边缘翘曲变形最终脱离基板。

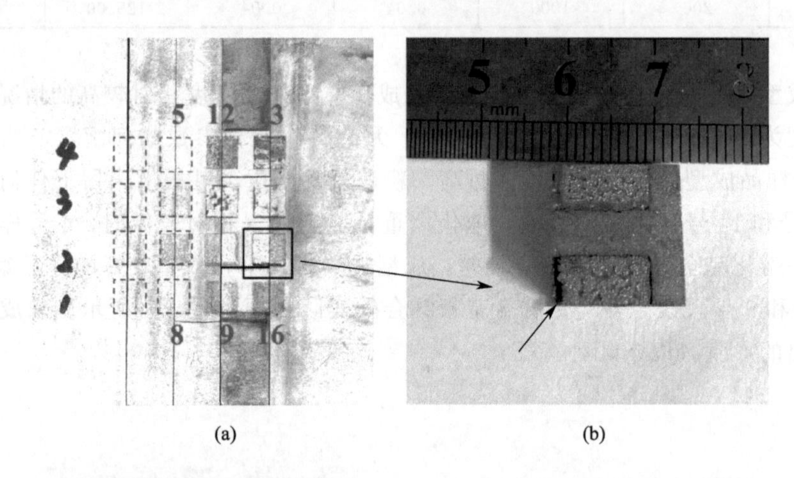

图 5-2 镁合金样品与铝合金基板原貌（a）以及（b） 15号样品与铝合金基板结合情况

5.1.2 工艺参数选取对成型质量的影响

表 5-2 的正交实验中，成型成功的样品有三个，其中 5 号样品的成型参数 $P=100$ W，$v=2000$ mm/s，$H=0.06$ mm；8 号样品 $P=100$ W，$v=1000$ mm/s，$H=0.08$ mm；9 号样品 $P=150$ W，$v=2000$ mm/s，$H=0.08$ mm。由此可见，成型区间中扫描间距在 0.06～0.08 mm 之间，扫描速度在 1000～2000 mm/s，且在后续设计最佳参数实验时，综合考虑实验效率以及能源、资源利用效率，确定固定激光功率为 150 W。在 SLM 过程中，层厚的设置不仅影响熔池的建造速度，而且直接影响熔池的传质、传热和冷却速度等特性。有研究表明，SLM 过程中样品的表面质量、显微组织以及力学性能均会受到层厚的影响[1,2]。较厚的层厚会导致 SLM 样品中出现残留的微孔，从而影响相对密度。此外，随着层厚的增加，晶粒

尺寸增大，从而影响了试样的性能。因此，层厚越薄，粉末受热越充分，单层冷却速度越快，试样的密度和尺寸精度越好。但是，如果层厚过低，建造速度就会缓慢，而且会因为与粉末粒径不匹配而造成铺展不均。因此，在综合考虑粉末的粒径、铺粉均匀性、建造速度和成型质量时，将层厚设置为 0.04 mm。扫描策略采取第 n 层之字形扫描，第 $n+1$ 层扫描方向旋转 90°后再进行之字形扫描的方式，如图 5-3 所示，基板无预热。

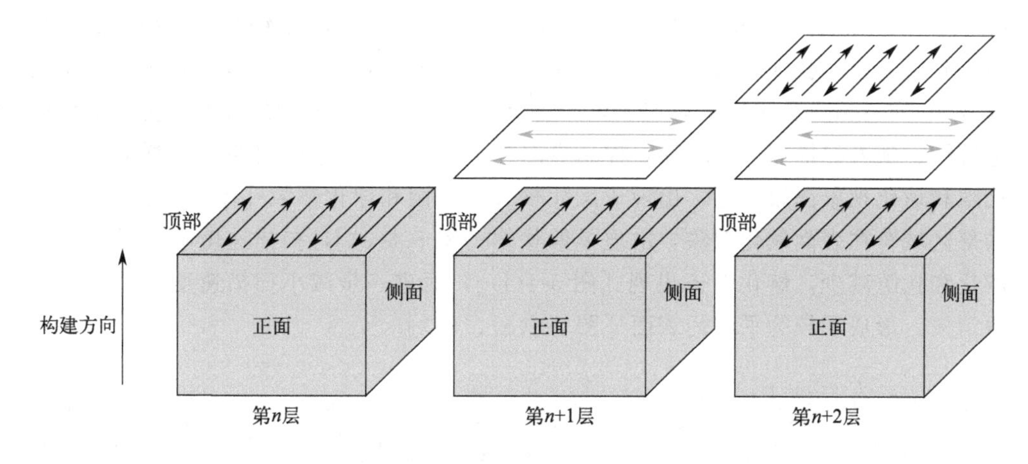

图 5-3 扫描策略

材料特性与实验中所用工艺参数如表 5-3 所示。采用 AZ61 镁合金粉末作为实验材料，AZ61 镁合金粉末的平均粒径为 48 μm，粒径分布为 30～70 μm。

表 5-3 镁合金材料特性与 SLM 工艺参数

加工参数	数值
激光功率，P	150 W
扫描速度，v	250～1800 mm/s
激光光斑直径，D	70 μm
扫描间距，H	60 μm，80 μm，100 μm
铺粉层厚，h	40 μm
粉末径粒分布	30～70 μm

5.1.3 扫描速度对成型质量的影响

激光选区熔化镁合金的主要技术瓶颈在于镁合金气化点低、传热快等特点，导致镁合金在低扫描速度的激光熔凝过程中，熔凝区出现裂纹、熔凝区表面形成凹坑等，降低了镁合金的成型质量。不难发现，熔池宽度随激光扫描速度的增加呈先减小后增大的趋势，当激光扫描速度过慢时，激光有效辐射范围增大，熔化的金属液体积增加，熔池变宽，而且由于单位体积内粉末吸收的能量增加，导致熔池内部不稳定，球化现象加剧；当激光扫描速度过快时，由于激光束对粉床的反冲作用使部分粉末挥发，并对熔池造成金属液流动扩散的趋势，因此熔池开始由窄变宽，整体连续性减弱，样品致密度较差。以 AZ61 镁合金为例，分别设置扫描间距为 0.06 mm、0.08 mm、0.1 mm，采用 SEM 观察 SLM 制备的 AZ61 镁合金分别在低倍与高倍时的表面形貌随着扫描速度的变化特征。图 5-4 为镁合金块体样品在扫描间距 H 为 0.06 mm，激光功率为 150 W，铺粉层厚为 0.04 mm 时的表面形貌高倍扫描电镜图。随着扫描速度的增加，样品表面趋于平整。在高扫描速度下，样品表面的孔隙和球化现象比较严重，出现了尺寸较大的孔洞和球化颗粒［图 5-4(a)、(b)］，局部区域存在表面氧化现象，出现了絮状物［图 5-4(c)］，扫描速度降低后，表面球化和孔隙减少，熔化轨迹出现［图 5-4(l)］，而进一步减小扫描速度，熔化轨迹线消失，形成了较为平整的表面［图 5-4(o)、(p)］。

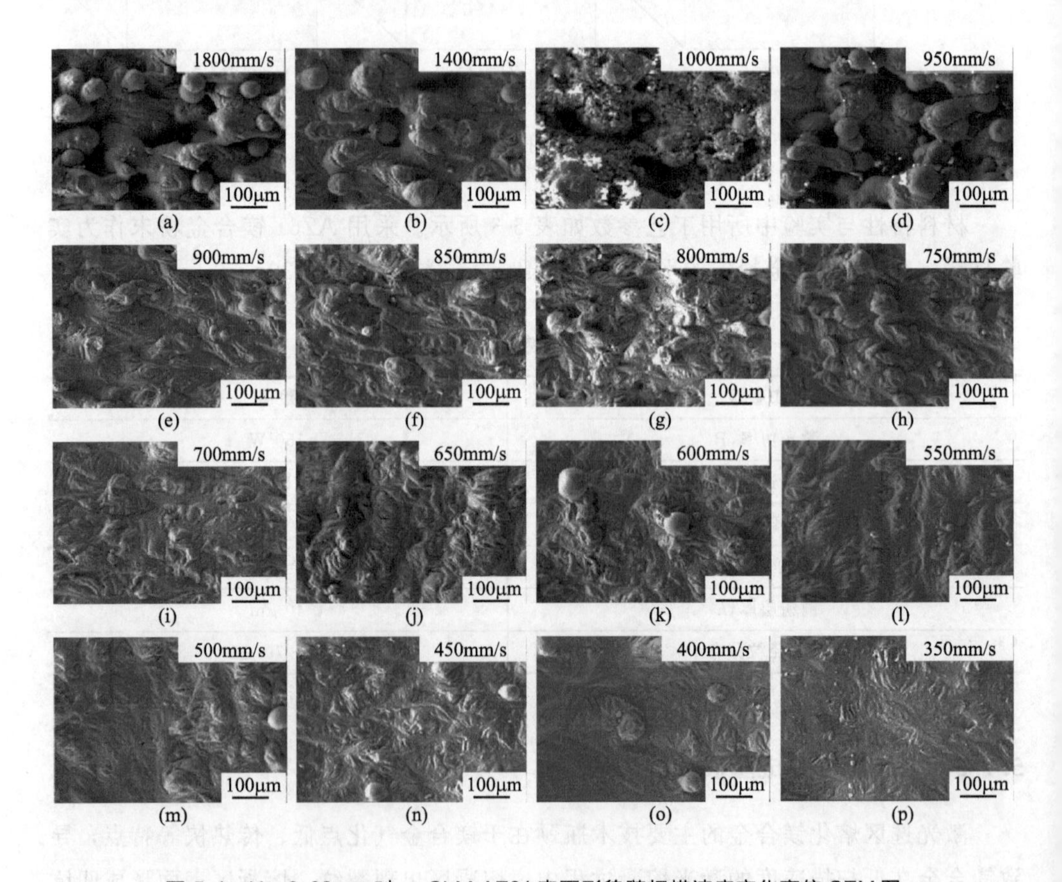

图 5-4　H= 0.06mm 时，SLM AZ61 表面形貌随扫描速度变化高倍 SEM 图

在扫描间距 H 为 0.06 mm 时，样品几组典型的低倍表面形貌图可以更为全面地观察了解样品表面随扫描速度变化的情况，如图 5-5 所示。高扫描速度下，样品表面存在大量团聚的球化颗粒，并且在球化周围出现了狭长、连续的孔隙，孔隙多处于“凹谷”处，随着扫描速度的降低，团聚的球化颗粒减少，单独的球化颗粒仍旧存在，样品表面孔隙逐渐融合并消失，在低倍 SEM 图中，仍然可以看见清晰的扫描轨迹线遍布于表面上［图 5-5(h)］，最终在扫描速度为 350mm/s 时，表面融合良好且趋于平整，孔隙消失，提高了成型质量，但仍有少量的球化颗粒存在。

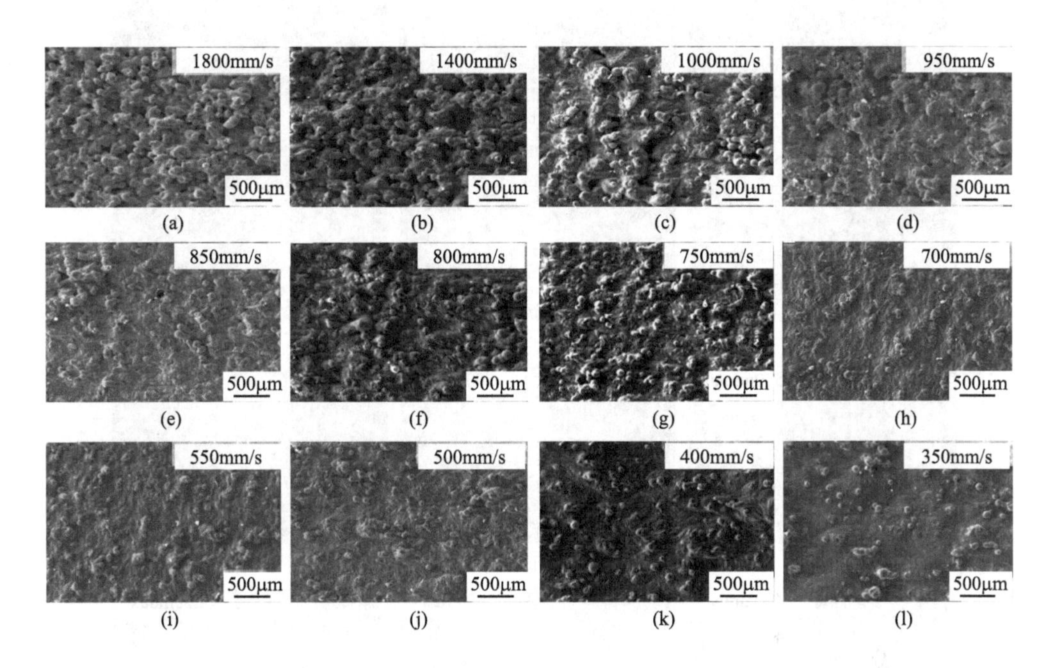

图 5-5　H= 0.06 mm 时， SLM AZ61 表面形貌随扫描速度变化低倍 SEM 图

图 5-6 为扫描间距 H 为 0.08 mm 时的样品表面高倍 SEM 形貌，样品表面在扫描速度大于 850 mm/s 时存在大量球化颗粒以及孔隙，球化颗粒为椭球形和球形，尺寸在 100～200 μm 左右，在图 5-6(b) 中的样品表面还能观察到一些未熔化的粉末。随着扫描速度的降低，表面孔隙闭合，球化颗粒减少，并且随着扫描速度的降低，表面粗糙度也降低，逐渐出现一些扫描轨迹［图 5-6(i)］，当扫描速度降低到 500 mm/s 以下时，扫描轨迹线消失，表面逐渐变得光滑平整。

图 5-7 为扫描间距 H 为 0.08 mm 时表面的低倍 SEM 形貌，可以更为宏观地观察到表面形貌的变化特征。扫描速度高于 850 mm/s 时［图 5-7(a)～(c)］，表面球化、孔隙严重，孔隙相互连接形成网状，球化颗粒沿着孔隙周围分布。扫描速度降低到 700～800 mm/s 时，孔隙逐渐闭合，球化颗粒尺寸减小（小于 100μm），扫

描速度在 500～650 mm/s 时［图 5-7(g)～(j)］，表面出现了清晰的扫描轨迹线，两条轨迹线间距与扫描间距相当。当扫描速度减小到 450 mm/s 以下时，球化逐渐消失，表面逐渐平滑，即使扫描速度减小到 250 mm/s 时［图 5-7(k) 和 (l)］，表面仍存在少量球化颗粒。

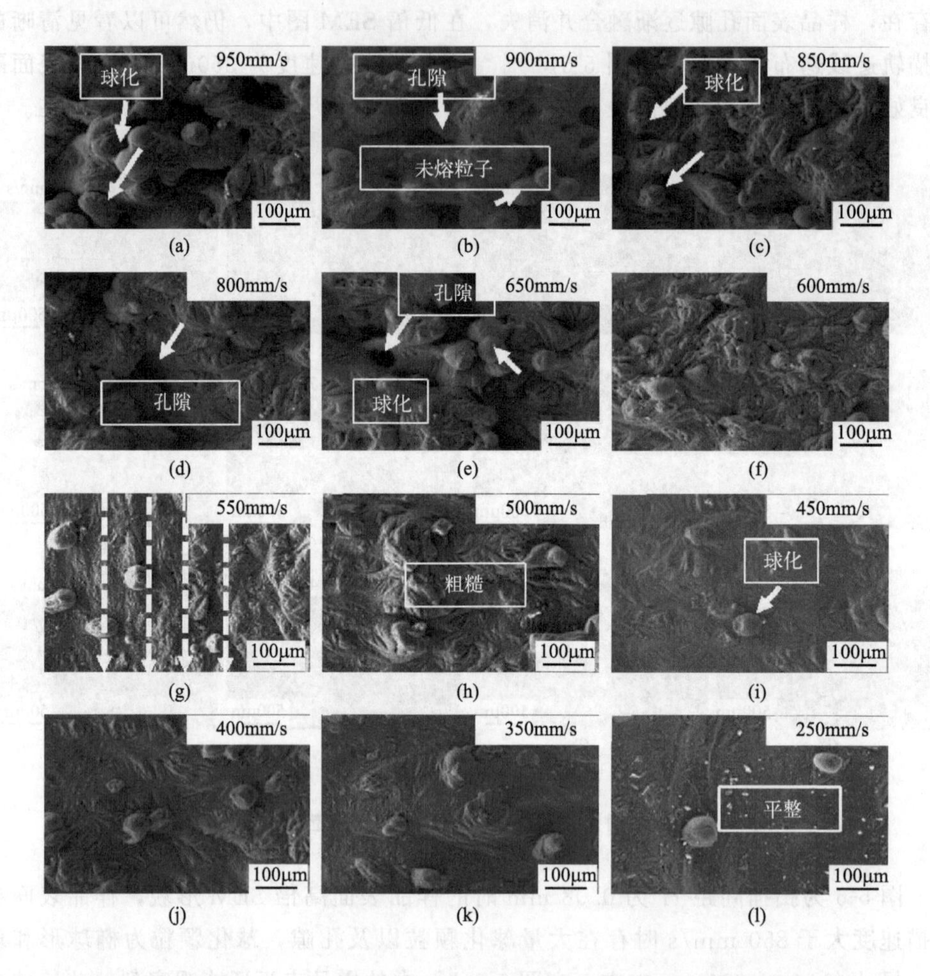

图 5-6　H= 0.08 mm 时，SLM AZ61 表面形貌随扫描速度变化高倍 SEM 图

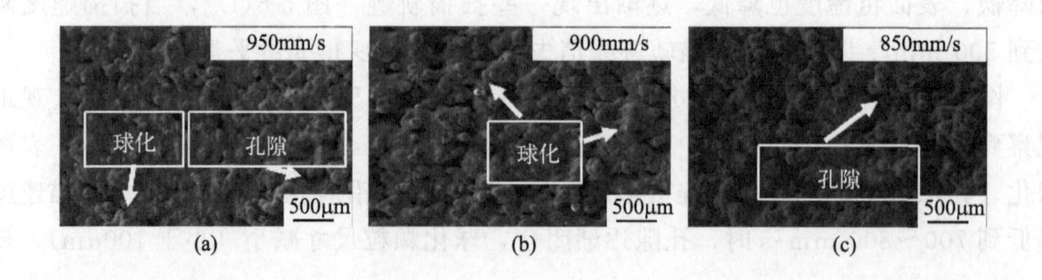

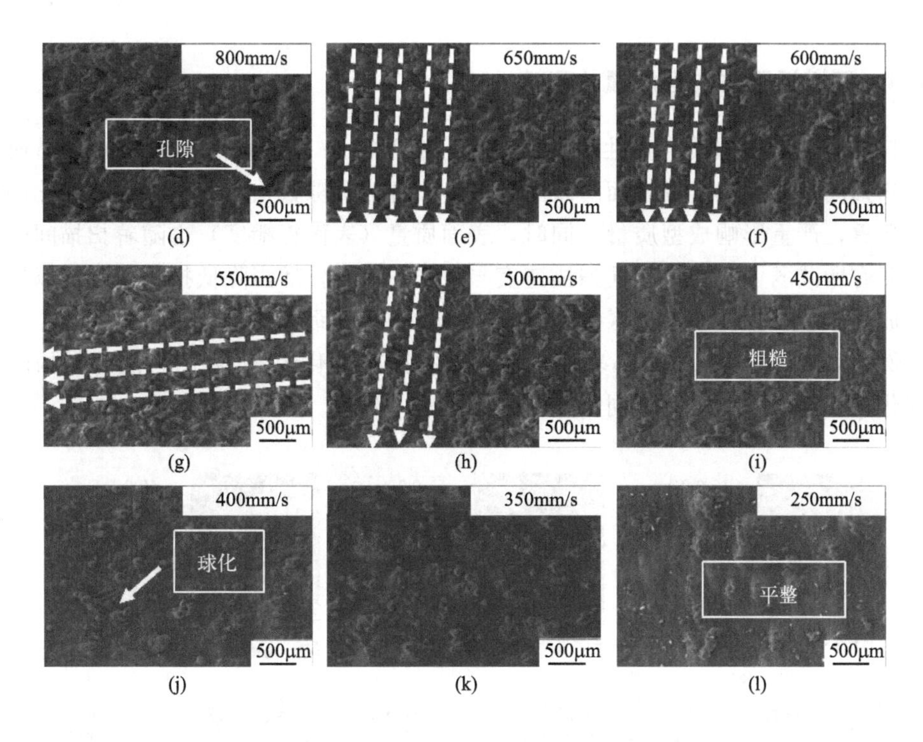

图 5-7　H= 0.08mm 时， SLM AZ61 表面形貌随扫描速度变化低倍 SEM 图

同样地，图 5-8 为扫描间距 H 增加到 0.1 mm 时，表面形貌的变化情况。随着扫描速度的升高，表面球化趋于严重，孔隙数量、尺寸增大，成型质量变差。低表面粗糙度需要降低球化率及熔池波动，使表面光滑平整。力学性能的提升首先需要降低孔隙率，实现致密化成型，除此之外还应关注显微组织对性能的影响。

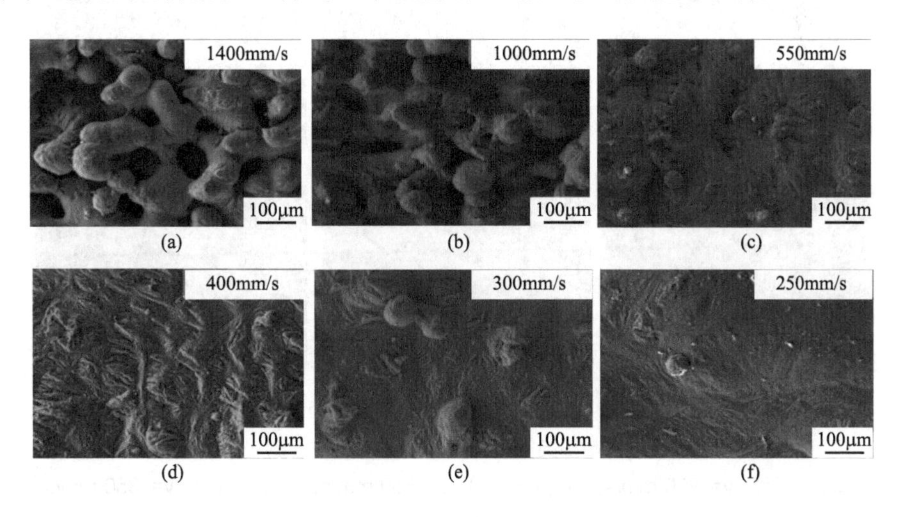

图 5-8　H= 0.1 mm 时， SLM AZ61 表面形貌随扫描速度变化的高倍 SEM 图

5.1.4 扫描间距对成型质量的影响

扫描间距是影响镁合金性能的关键工艺参数之一，研究发现在相同扫描速度下，扫描间距越大，宏观表面的缺陷越多，表现为孔隙数量多、尺寸大，球化问题趋于严重，严重影响成型质量。同时，表面质量（表面粗糙度）也随着扫描间距的减小而有所减弱，说明在相同扫描速度与激光功率下，适当降低扫描间距可以提升样品成型质量，且在激光选区熔化工艺中最优扫描间距为 0.06 mm。以 AZ61 镁合金为例，如图 5-9 所示的样品表面形貌随扫描间距变化的 SEM 图，随着扫描间距的变化，表面形貌也有所不同。

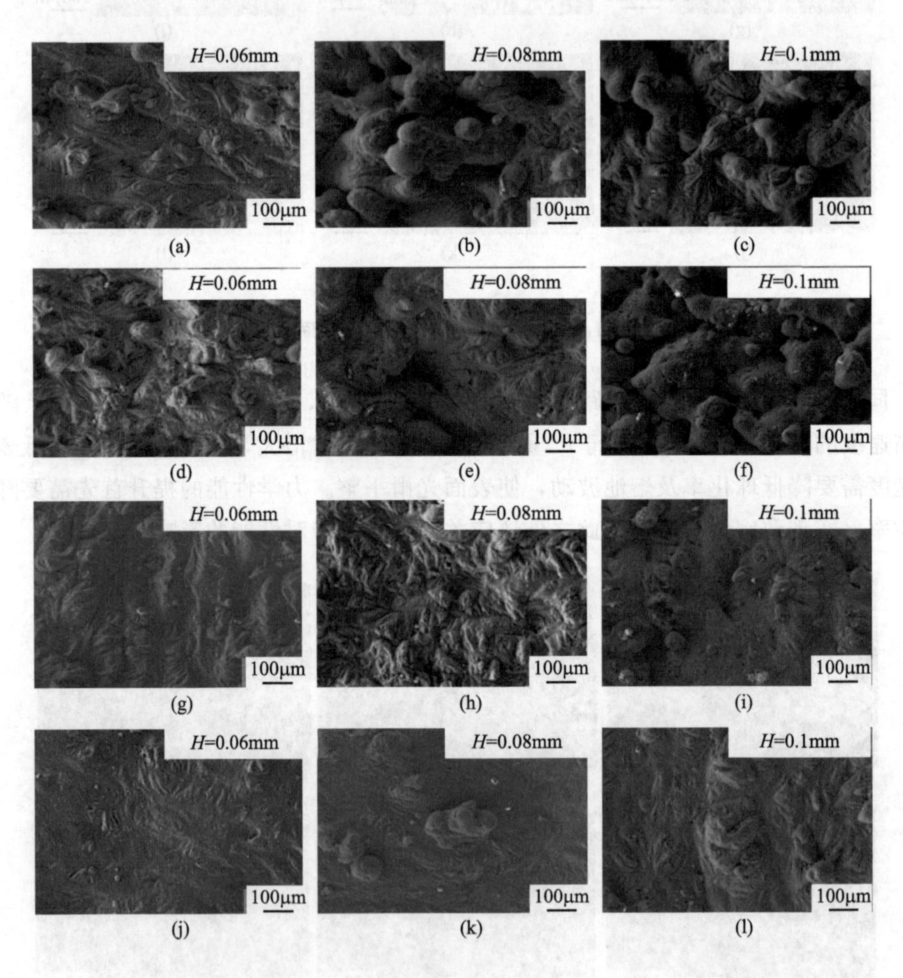

图 5-9 样品表面形貌随扫描间距变化情况：（a）~（c） v= 900 mm/s；（d）~（f） v= 800 mm/s；（g）~（i） v= 550 mm/s；（j）~（l） v= 350 mm/s

5.1.5 激光功率对成型质量的影响

激光能量密度与激光功率成正比，能量密度随激光功率增加而增大，激光束对粉末有效辐射范围变宽，熔池宽度增大。当激光功率超过 80W 后，由于能量密度过大，镁合金粉末蒸发烧损现象加剧，一方面导致熔池内液态金属体积减小，凝固后单道不致密，另一方面，飞溅的部分液态金属重新落回熔池内凝固，造成球化，部分掉落至熔池边缘区域，凝固形成大颗粒污染物，必然会对熔池搭接和层间焊合造成不利影响。以 ZK61 镁合金为例，在相同激光扫描速度 $v=500$ mm/s 下，激光选区熔化制造的不同激光功率的块体样品表面均发现孔隙和裂纹，且裂纹基本分布在孔隙上。激光功率为 50 W 时，块体样品表面存在少量孔隙但基本无裂纹；激光功率为 80 W 时，出现大量裂纹；当激光功率超过 100 W 时，孔隙和裂纹的数量增多。主要原因是激光功率增大，能量密度过大，造成粉末烧损和球化现象加剧，因此形成的孔隙数量和尺寸增加，伴随着裂纹逐渐扩展。

5.1.6 激光选区熔化镁合金成型质量

目前 SLM 成型用粉末主要有单质金属粉末、混合粉末、预合金粉末等。国外有专门研发的 SLM/DMLS（直接金属激光烧结）用金属粉末，但价钱太高，大多数科研学者仍然采用商品化的金属粉末材料。材料研究是 SLM/ DMLS 技术最重要和关键的技术之一，包括研究材料成分控制、激光与不同材料的作用机理、材料加热熔化与冷却凝固动态过程、微观组织的演变（包括孔隙率和相转变）、熔池内因表面张力影响造成的流动和材料间的化学反应等[3]。

商品化的 SLM/DMLS 用金属粉末主要包括铜基合金、不锈钢、工具钢、Co-Cr 合金、钛及钛合金、铝合金、镍合金等金属粉末[4]。根据国外多家商品化设备公司已公开的信息，目前在市场上应用最多的是奥氏体不锈钢、工具钢、Co-Cr 合金和 Ti6Al4V 等粉末。上述材料通过 SLM/DMLS 成型，致密度近乎 100%，力学性能要优于铸件，部分性能指标甚至超越锻件水平。

目前，许多学者对 SLM 制备的镁合金及其他金属中的球化、缺陷、气孔、合金元素损失等进行了研究和综述[5-11]，然而，有限的可加工材料、不成熟的工艺条件和冶金缺陷仍然是镁合金在 SLM 过程中需要面对和解决的问题。近两年，通过优化工艺参数、引入后处理、调整合金元素等措施，SLM 镁合金的这三个问题得到了显著改善。为了提高镁合金材料的可加工性，本文综述了镁合金材料中合金元素的添加和后处理扩展可加工性的研究进展。综述了 SLM 镁合金的工艺条件及在相对密度、微观组织、力学性能和耐蚀性等方面的最新研究进展。此外，还对其冶金缺陷特别是氧化和裂纹的形成机理进行了探讨和分析，为 SLM 镁合金的应用提供参考。

影响 SLM 镁合金成型的工艺参数有很多。工艺参数的选择直接影响镁合金的球化程度、相对密度、微观组织和力学性能。选择最佳工艺参数是保证良好样品成型的关键。最常研究的工艺参数是激光功率、扫描速度、扫描间距和层厚。这四个工艺参数可以用能量密度 E_v 来综合评价。能量密度 E_v 定义如公式(5-1) 所示：

$$E_v=\frac{P}{vHT}(\mathrm{J/mm^3}) \tag{5-1}$$

式中，P 为激光功率；v 为扫描速度；H 为扫描间距；T 为层厚。能量密度综合了关键工艺参数，能更直观地反映激光对粉末的作用能量，评价粉末的加热、熔化和蒸发过程。目前国内外对于纯镁及镁基材料的研究较其他材料而言，尚处于起步阶段，研究内容主要集中于成型工艺、微观组织变化、机械性能等方面。

近年来，国内外研究机构关于 SLM 镁和镁基粉末的研究成果及进展如表 5-4 所示，研究材料涉及镁及镁合金粉末，不同研究机构对 SLM 镁合金在最佳工艺参数下的性能进行了研究。可以看出，在 SLM 镁合金力学性能提高方面还存在大量研究空间。同一牌号的镁合金成型的最佳能量输入存在差异。首先，最佳能量输入与粉末的性质有关；粉末的粒径和粒径分布不同，所需的完全熔化粉末的能量不同；其次，不同研究机构使用的研究设备不同，造成了工艺条件的差异。在 SLM 镁合金后续的研究进展中可以看出，在镁粉中引入不同的合金元素，可以提高镁粉的力学性能。

为了进一步分析 SLM 过程中成型与镁合金性能的关系，图 5-10 总结了几种典型的镁合金成型与能量密度的关系。不同合金牌号的镁合金最佳成型所需能量密度区间存在差别。随着能量密度的增加，SLM 镁合金的成型特征呈现出四个特征区域。随着能量密度的增加，SLM 镁合金会经历球化、成型、蒸发几个典型的阶段。需要控制工艺参数使镁合金在适宜的能量输入下熔化粉末，从而得到最佳成型质量。球化是指 SLM 样品表面存在的一些球形颗粒。影响球化的机制有很多，严重的球化与粉末特性、激光能量密度、扫描策略、粉末之间的润湿性以及马兰戈尼效应密切相关。

对于纯镁粉的激光选区熔化成型质量研究中，香港理工大学 C. Ng 等人[14] 对于纯镁粉的成型进行了一系列研究，首先自主研制了带有气氛保护系统（防止氧化）的激光选区熔化设备，并用两种粒径粉末进行单层、单轨道实验，粉末粒径分布分别为 A：粒径分布 75～150 μm，不规则；B：粒径分布 5～45 μm，球形。实验证明 A 粉末（较粗）成型未成功，用 B 粉末成型成功，并建立了参数图，研究能量密度对成型表面形貌的影响。

表 5-4 激光选区熔化镁和镁合金粉末及成型研究进展总结

牌号	粉末形状	粒径范围/μm	工艺	相对密度/%	极限抗拉强度/MPa	屈服强度/MPa	延伸率/%	显微硬度(HV)	激光功率/W	扫描速度/(mm/s)	能量密度/($J \cdot mm^{-3}$)	参考文献
Mg	球形	13～42	SLM	97.5	—	—	—	—	70	500	155.6	[12]
Mg	球形	25.8、43.32	SLM	96.13	—	—	—	52.4	90	10	300	[13]
Mg	球形	5～45	SLM	—	—	—	—	—	20	20	0.99J/mm^2	[14]
Mg	球形	5～45	SLM	—	—	—	—	(0.87 ± 0.13)GPa	13～26	10～200	1.27×10^9 J/mm^2(CW)	[15]
Mg	球形	5～45	SLM	—	—	—	—	(0.95± 0.08)GPa	13～26	10～200	1.13×10^{12} J/mm^2(PW)	[15]
Mg	球形	10～45	SLM	—	—	—	—	(0.72± 0.07)GPa	18	1mm/min	118.2J/mm^2	[1]
Mg	球形	—	SLM	—	—	—	—	48.3	50	5mm/min	100 J/mm^2	[16]
WE43	球形	30～50	SLM	>99	313	236	7.6±0.2	—	80	800	71.4	[17]
WE43	不规则	25～63	SLM	>99	307±6	302±3	11.9±1	—	200	700	238	[11]
WE43	不规则	28～60	SLM	99.5	—	—	—	—	175	700	55.6	[18]
WE43	球形	15～63	SLM	99.7	—	—	—	—	195	800	40.625	[19]
WE43	球形	25～63	SLM	99.9	—	—	—	—	200	700	238	[20]
WE43	球形	25～63	SLM	99.8	308	—	12	—	200	700	238	[21]
AZ91D	球形	25～63	SLM	99.87	317	225	6.8±0.2	—	90	400	—	[22]
AZ91	不规则	25～63	SLM	>99	329±6	264±1	3.7±0.8	—	100	800	104	[11]
AZ91D	球形	59	SLM	99.52	296±2	254±4	1.8±0.2	100	200	333	167	[23]
ZK60	不规则	25～63	SLM	>99	—	—	—	90	140	400	175	[24]
ZK60	球形	50	SLM	>99	—	—	—	—	70	100	291	[25]

续表

牌号	粉末形状	粒径范围/μm	工艺	相对密度/%	极限抗拉强度/MPa	屈服强度/MPa	延伸率/%	显微硬度(HV)	激光功率/W	扫描速度/(mm/s)	能量密度/(J·mm^{-3})	参考文献
ZK60	不规则	50	SLM	>99	—	—	—	0.78GPa	50	500～800	—	[26]
ZK60	球形	30	SLM	94.05	—	—	—	78±10	200	300	416	[27]
ZK60	球形	50	SLM	97.4±2	—	—	—	89.2±5	50	8	600	[28]
ZK61-xZn	球形	50	LAM	69.1±1	—	—	—	106.8±2	90	10	1146	[29]
ZK30-xAl	球形	ZK30:45～74; Al:5～15	SLM	—	—	—	—	75.7±6	80	3	4004	[30]
AZ61	球形	70	SLM	98±5	—	—	—	93±4	80	3	9609.6	[31]
Mg-2Ca	球形	100～200	LAM	—	111.19	—	—	68	100	10	1200	[32]
Mg-xSn	球形	Mg:0～10 Sn:0～1	SLM	—	—	—	—	65.7	60	11	107.4 J/mm^2	[33]
Mg-9Al	Mg:不规则 Al:球形	Mg:42, Al:17	SLM	82±3	—	—	—	80±7	120	300	93.75	[34]
Mg-Zn	球形	Mg:0～50	SLM	99.35±0.2	148±5	—	11±0.6	50±1	180	700	183.7	[35]
Mg-3Zn-xDy	Mg-3Zn 球形	Mg-3Zn: 0～150	SLM	—	—	—	—	121.3±3	20	3	360.4 J/mm^2	[36]
Mg-Gd-Zn-Zr	球形	44	SLM	99.95	332±5	325±5	4±0.2	—	80	300	88.9	[37]
Mg-Y-Sm-Zn-Zr	球形	45～69	SLM	60～100	—	—	—	—	60～100	300	—	[38]
Mg-Gd-Y-Zn-Mn	球形	64	SLM	>99	395±4	320±3	2.1±0.5	—	140	800	58.3	[39]

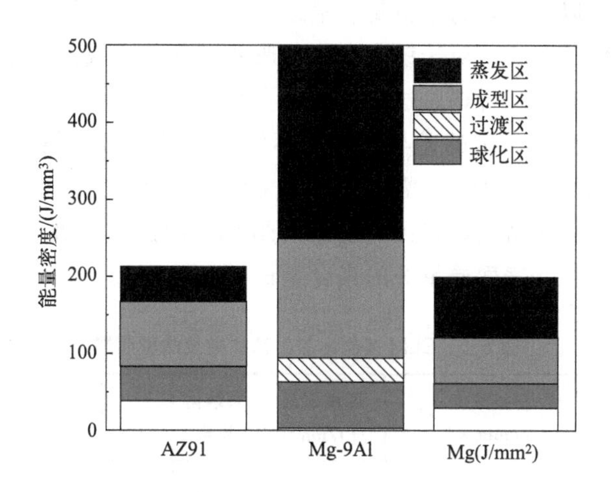

图 5-10 SLM 镁及镁合金成型能量密度范围[16, 23, 34]

在之前研究的基础上，进一步确定最适合纯镁粉熔化的辐射模式。研究的重点是通过在连续或脉冲两种激光模式下改变激光功率和扫描速度来研究激光源和镁粉之间的相互作用。研究了线能量密度、功率、扫描速度对熔池宽度、深度的影响，以及不同能量密度对形貌、表面氧含量、力学性能的影响。结果表明，熔池的尺寸、表面形貌和吸氧量非常依赖辐射模式和工艺参数。

Hu 等人[13] 对纯镁粉在激光选区熔化过程中的扫描速度、激光功率进行了研究，并首次研究了扫描时间间隔对成型的影响，得到了扫描时间间隔在 50s 时最佳成型质量。Savalani 等人[1] 研究了纯镁粉在激光选区熔化成型过程中铺粉层厚和预热对成型的影响。实验表明预热提高了镁的成型质量，表面结合能力更好。在层厚方面，层厚较小时，表面更光滑平坦。当厚度增加，表面被破坏且粗糙度增加，这归因于 Marangoni 对流效应。预热基板和粉床对成型有益，温度设置接近其熔点将使由激光器引起的热能最小化，并且可以通过预热提高液相熔融的固体润湿性。另外，采取预热手段会降低在凝固过程中引起变型和开裂的热冲击。在纯镁粉成功研制的基础上，国内外研究学者开始对加入了不同合金元素的镁合金粉末进行研究。表 5-5 罗列了典型镁合金粉末在激光选区熔化中的表面形貌与工艺参数、能量密度的关系，激光选区熔化镁合金样品的成型质量与工艺参数（扫描速度和激光功率）有密切关系。镁合金的成型特性因工艺参数的不同而不同。

随着扫描速度的降低、能量密度的升高，样品表面的成型质量逐渐得到提高，粉末因受到充分的热量而熔化，并且紧密结合，使表面孔隙、球化颗粒减少。但继续降低扫描速度后，过高的能量输入会导致沸点较低的镁粉大量挥发，在成型腔内形成黑烟，导致成型失败。所以最佳成型质量需要在适宜的范围内控制工艺参数。

从以上总结可以看出，为了得到质量最好的样品，需要综合考虑激光功率和扫描速度等工艺参数的影响。对于镁合金，仅改变激光功率或扫描速度可能无法获得最佳的成型质量，需要综合调整这两个工艺参数。在SLM过程中，不同牌号镁合金成型的工艺参数存在一定的差异，对于不同牌号的镁合金需要分别进行深入研究，从而得到适宜的工艺条件。需要考虑的主要问题是如何调整扫描速度和激光功率，以获得合适的能量密度，找到最合适的熔化、润湿、铺展、黏结、凝固条件，最终形成相对密度高、表面质量好的镁合金试样。

表 5-5　SLM镁合金的工艺参数及成型质量

表面特征	合金	扫描速度/(mm/s)	能量密度/(J/mm³)	未熔化粉末	孔隙	球化颗粒
球化区	AZ91[23]	833～1000	38～77	大量	大量，4%～10%	球形：0～100 μm 椭球形：0～300 μm
	Mg-9Al[34]	15～20W(激光功率)：160～1000	3～47	—	结合较差	粉末堆积
过渡区	AZ91[23]	—	—	—	—	—
	Mg-9Al[34]	10W(激光功率)：40 15～30W(激光功率)：80	63～94	—	松散的结构	—
成型区	AZ91[23]	333～667	83～167	无	无	无/絮状沉积，扫描轨迹
	Mg-9Al[34]	10W(激光功率)：10 15W(激光功率)：20～40 20W(激光功率)：40	94～250	无	无	—
蒸发区	AZ91[23]	0～166	214～429	失败	失败	失败
	Mg-9Al[34]	90～110；0.01～1	0～2750	失败	失败	失败

5.2　工艺参数及能量密度对激光选区熔化镁合金成型质量影响机理

激光选区熔化成型镁合金的成型质量与工艺参数（如激光功率、扫描速度、扫描间距以及铺粉层厚等）息息相关，也可通过能量密度综合表征工艺参数对成型质量的影响。由于增材制造工艺分层制造的特性，每一层的成型质量会直接影响下一层，如果工艺参数、能量密度选取不当会造成当前层球化、孔隙等缺陷，逐层累加后会严重制约成型件的质量。因此控制每一层的表面形貌，探究工艺参数、能量密度对激光选区熔化镁合金成型质量的影响机理对制备高致密、高性能镁合金尤为重要。

5.2.1 工艺参数对激光选区熔化镁合金成型质量影响机理

采用SLM法制备36个尺寸为10 mm×10 mm×7 mm的立方体试样（AZ61镁合金）样品，工艺参数：扫描速度为250～1800 mm/s，扫描间距选取范围为0.06～0.1 mm。根据试样的表面形貌、微观组织和力学性能与工艺参数的关系，可用于确定最佳扫描速度和扫描间距的组合，从而确定最佳工艺窗口。在包含全部扫描速度和扫描间距成型的样品中，选取了四类最具代表性的经典形貌进行进一步的深入分析，建立了扫描参数与成型样品表面形貌的关系。

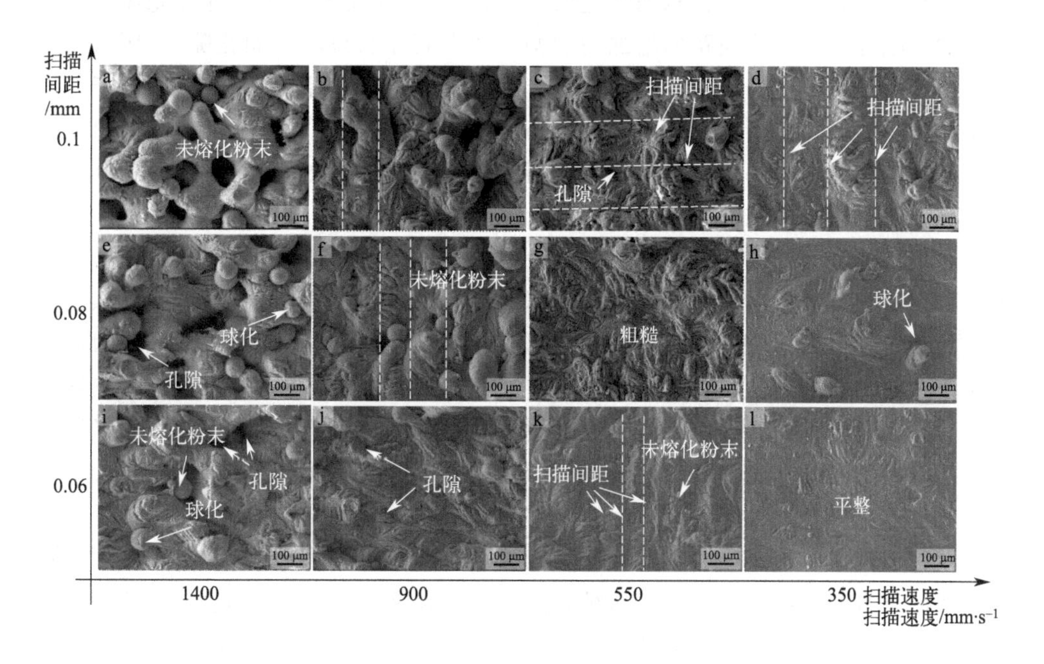

图5-11 不同工艺参数下SLM制备AZ61镁合金的宏观形貌SEM图

根据选取的扫描间距和扫描速度，从36个样本中选出了4个典型区域进行总结。图5-11为SLM AZ61镁合金样品的宏观表面形貌和表面粗糙程度随工艺参数的变化。其中，扫描速度由1400 mm/s变化为350 mm/s，扫描间距分别为0.06 mm、0.08 mm和0.1 mm。从图中可以很明显地看出，SLM制备的AZ61镁合金的表面形貌与工艺参数密切相关，并且随着工艺参数的变化而呈现规律性变化。在高速带（扫描速度为1400 mm/s和900 mm/s时），随着扫描间距的增大，样品表面孔隙的尺寸和数量也增大。此外，在低速区（扫描速度为550 mm/s和350 mm/s时），试样表面粗糙度随着扫描间距的减小而减小。

由于局部粉末受到具有高斯分布特征的激光能量辐照的原因，产生了较大的温度梯度，从而产生了表面张力。温度梯度随着扫描间距的增大而减小，导致了表面张力升高。根据动力黏度的公式(5-2) 可知[40]，

$$\mu=\frac{16}{15}\sqrt{\frac{m}{kT}}\lambda \tag{5-2}$$

式中，μ 是动力黏度；λ 为表面张力；T、m 和 k 分别为熔池温度、原子质量和玻尔兹曼常数。根据式(5-1) 可知，当采取较大的扫描间距时，由于激光能量密度 E_v 的降低，导致熔池的温度也随之降低，温度梯度减小，表面张力增加，由式(5-2) 可知，液体黏度因此增大，阻碍了液体向熔池的边缘平滑地流动，因此球化等缺陷较多。除此之外，扫描间距过大，相邻的两条扫描轨道几乎很难重叠，由此产生的缺陷也随着扫描间距的增加而加剧，产生额外的缺陷（如孔隙）。所以适当减小扫描间距，液体的动力黏度降低，熔池的迁移流动得到了促进，表面趋于光滑平整，而且由于扫描间距的减小，孔隙缺陷也得到了消除[31]。所以在保持扫描速度不变的情况下，进一步减小扫描间距到一个适宜的值，缺陷就会消失，得到光滑平整且无明显缺陷的表面，如图 5-11(l) 所示。

在扫描速度与扫描间距较大的情况下，镁合金表面上出现了大量的大尺寸孔隙，如图 5-11(a) 所示，这些孔隙相互连接，形成一个“网”状的结构，孔隙的直径大约为 100 μm，且表面上还存在一些未熔化的粉末颗粒。这种“网”状的形成是由于过高的扫描速度（1400 mm/s）导致粉末无法完全熔化，以及过大的扫描间距（0.1 mm）使得相邻轨道无法完全重叠，因此基于这两种因素，就形成了尺寸与扫描间距相当的孔隙（即 0.1 mm）。除此之外，还在孔隙的周围发现了大量椭球形状的球化颗粒，如图 5-11(a)、(e) 和 (i) 所示，这些形状的球化颗粒是由粉末的“胶着现象”造成的。球化颗粒呈椭球形，颗粒直径大约为 200 μm，这种颗粒的成因来自两方面：一方面，这种表面形态的形成是由于扫描速度或扫描间距过大，导致熔池的不完全润湿和扩展[32,33]，如图 5-11(a) 和 (i) 所示；另一方面，过高的扫描速度会导致凝固的进程加快，液态金属在收缩到尺寸最小的球形颗粒之前就已经凝固了，所以颗粒最终的形态为椭球形。

在相同扫描间距下，随着扫描速度的降低，从图 5-11(b)～(d)、图 5-11(f) 和 (k) 可以看出，镁合金上表面出现了清晰的扫描轨迹线，在图中用虚线标注，且两条虚线间的宽度与对应的扫描间距宽度一致。这些扫描轨迹本是由一系列“熔珠”组成，而非完全连续的熔道。由于表面张力的作用，扫描速度的降低，导致能量密度 E_v 的增加使表面“熔珠”（成球的粒子）变得平滑，也就是说，在图中两条虚线之间的“山丘”状部分的位置受到了工艺参数改变的影响。而当进一步降低扫描速度时，扫描轨迹间的“山丘”消失，试样表面由粗糙状态[图 5-11(g) 和 (k)]向着平整和光滑的趋势过渡[图 5-11(l)]。

为了进一步探究扫描间距对成型样品最终质量的影响，进行了单层打印实验，探究工艺参数对第一层试样质量以及表面形貌的影响，从分层制造的本质深入理解对后续整体成形的影响。图 5-12 显示了当扫描速度为 400 mm/s，扫描间距分别为 0.06 mm、0.08 mm 和 0.1 mm 时的单层试样表面形貌。

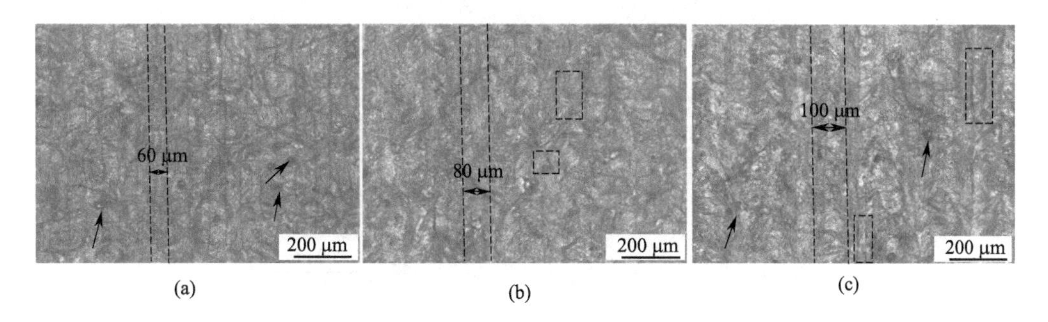

图 5-12 当扫描间距分别为 (a) 0.06 mm，(b) 0.08 mm，(c) 0.1 mm 时，扫描间距对单层表面形貌影响的 OM 图，扫描速度为 400 mm/s

从图 5-12 中可以看出，试样的表面缺陷与扫描间距的大小有关，例如，表面上出现的孔隙（图中用黑色实箭头标示），这是由气体捕获效应造成的。气体是由高能量的激光作用在镁合金表面上产生的，在快速凝固过程中，气体来不及逸出熔池，凝固过程就终结，导致气孔的形成，以及裂纹（图中用虚线框标注），这是由于相邻的熔化轨道不能完全重叠造成的。当扫描间距为 0.06 mm 时[图 5-12(a)]，相邻的扫描轨迹紧密相连，中间无间隙；然而，当扫描间距超过 0.08 mm 时，如图 5-12(b) 和 (c) 中虚线框中的形貌所示，相邻的扫描轨迹之间开始出现裂缝，当扫描间距为 0.1 mm 时，裂缝存在且变宽，表明此时扫描间距过大，无法连接相邻轨道。

图 5-13 为样品纵截面中轨道搭接情况，可以看出样品中的气孔和裂纹直接影响到与下一层粉末的结合和裂纹在纵截面的扩展，导致致密度下降。当第一层产生这样的缺陷时（即气孔和裂纹），随后各层的层间结合和层内结合势必会受到这两种缺陷的影响，从而最终影响成型试样的密度和表面质量。因此，结合图 5-11 和图 5-12，在相同扫描速度下，扫描间距为 0.06 mm 是本研究中考虑的质量最高的样品。

对于四种典型表面形貌，进行了更为直观的定量对比，利用激光共聚焦显微镜对四种典型形貌进行了观察与测量，图 5-14 和图 5-15 显示了四种典型 AZ61 镁合金表面的三维形貌和相应的表面粗糙度。这四种典型的表面形貌由于不同的工艺参数而呈现出显著的差异，而测量的表面粗糙度值的差异也证实了这一发现。

结合图 5-14 和图 5-11 可以看出，宏观表面的粗糙度在扫描间距减小和扫描速度降低的方向上，即能量输入（能量密度）较高的方向上有所减小。

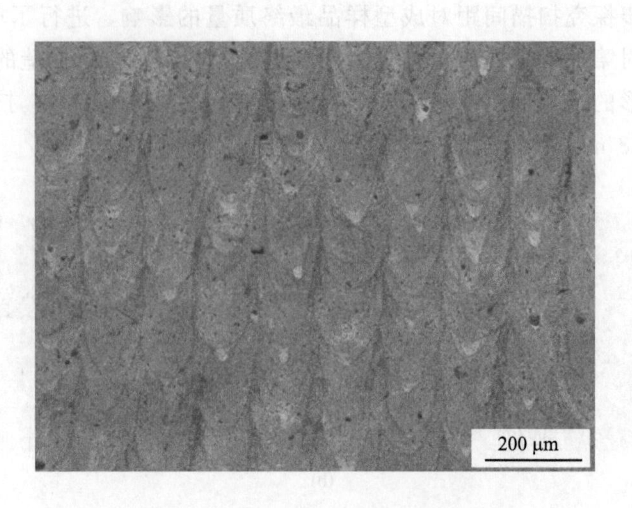

图 5-13　SLM 镁合金样品纵截面层间结合情况

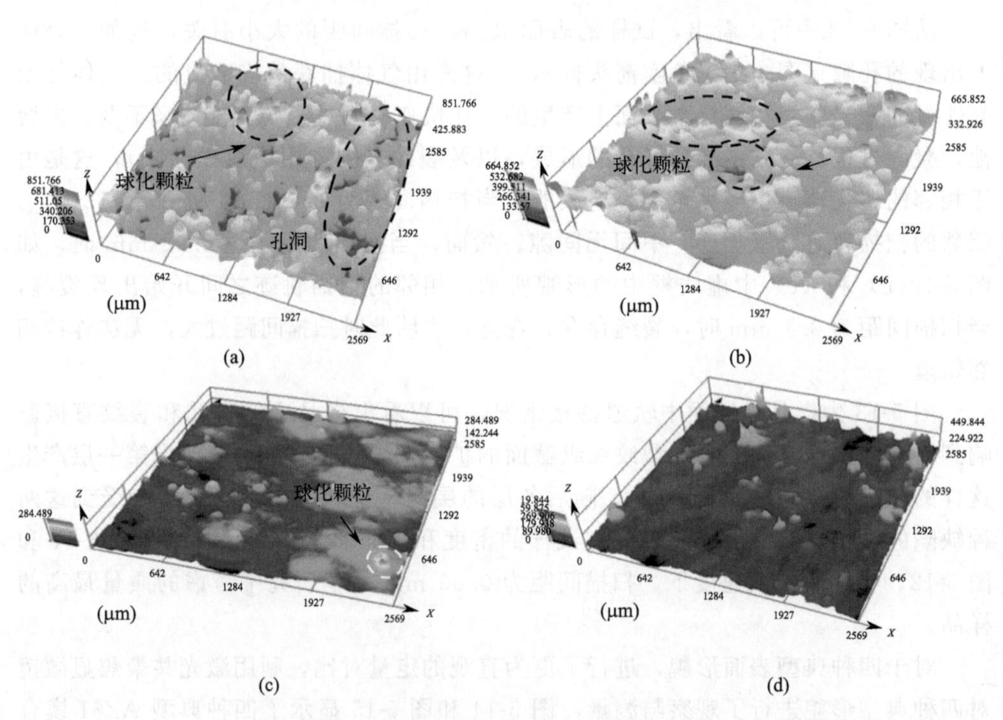

图 5-14　四种典型 SLM AZ61 镁合金表面的三维形貌［H= 0. 06 mm，v 分别为 (a) 1400 mm/s、(b) 900 mm/s、(c) 550 mm/s 和 (d) 350 mm/s］

然而，在扫描间距较大或扫描速度升高的方向上，即能量输入减小（E_v = 44.64 J/mm^3）的情况下，一些缺陷，如孔隙、未熔化的粉末和球化颗粒等开始形

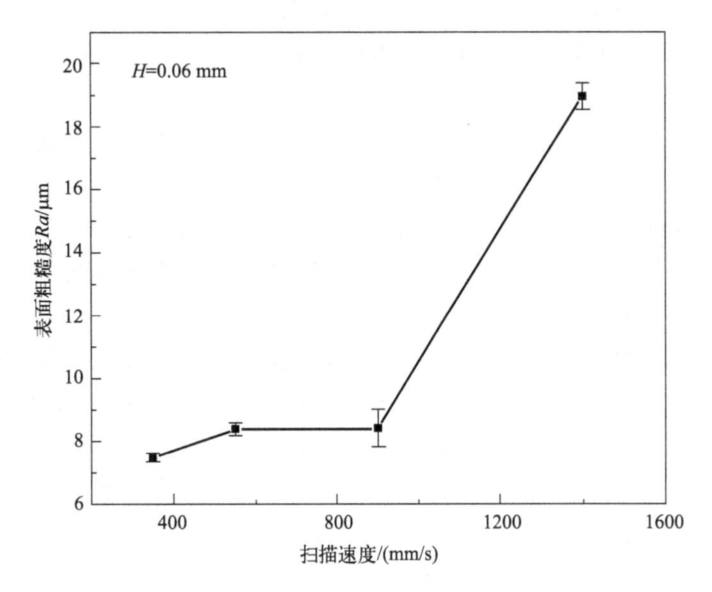

图 5-15　SLM 制备 AZ61 镁合金四种典型的表面粗糙度（H= 0.06 mm，v 分别为 1400 mm/s、 900 mm/s、 550 mm/s 和 350 mm/s）

成，且分布在样品表面越为明显[图 5-14(a)和图 5-11(i)]，最终形成了表面粗糙度 Ra 为 18.95 μm 的一个粗糙的表面[图 5-14(a)]。与此相反，在减小扫描间距或扫描速度的方向上，孔隙数量和球化颗粒减少，表面质量得到提高，这是由于此方向上，激光曝光时间增加，根据式(5-1)，输入的激光能量的增加导致了粉末受热熔化更充分，减少了粉末的不完全熔化而导致的严重球化现象的发生，因此表面粗糙度明显降低到 8.43 μm[图 5-14(b)]。随后，由于扫描速度的进一步降低，激光辐射时间延长，熔池温度增加使熔池的润湿性和液体的黏度得到进一步改善，样品从粗糙度为 8.39 μm 的表面 [图 5-11(k) 和图 5-14(c)] 转变为平整光滑的表面 [Ra=7.49 μm，见图 5-11(l) 和图 5-14(d)]。

基于以上针对实验结果的分析，可以推断出宏观表面形貌与激光能量、扫描间距以及扫描速度等工艺参数密切相关。SLM 制备试样的宏观表面粗糙度 Ra 与工艺参数的关系服从经验公式(5-3)，其显示表面粗糙度与激光功率、扫描速度和扫描间距有关，如下[41]：

$$
\begin{aligned}
Ra = {} & 1.682+0.059P+0.076v+0.274H-0.072Pv \\
& +0.052PH-0.225P^2-0.072P^2v
\end{aligned}
\tag{5-3}
$$

式中，Ra 为试样的表面粗糙度；P 为激光功率；v 为扫描速度；H 为扫描间距。模型的置信度为 $R^2=0.853$，进一步从理论上表明激光功率、扫描速度和扫描间距三个工艺参数是决定宏观曲面形貌的主要因素。

此外，从图 5-15 中还可以看出，当扫描速度降低到 900 mm/s 以下时，表面粗糙度曲线趋于平缓，表明继续降低扫描速度对表面质量的影响将不再显著，此时主要由于SLM过程中的激光反冲压力和马兰戈尼效应（Marangoni effect）也对表面形貌产生作用[42, 43]。

由式(5-1)可知，扫描速度、扫描间距和激光能量三个工艺参数对表面形貌的影响又可以归结为能量密度E_v对表面形貌的影响。文献［44］在通过直接测定能量密度对宏观表面的影响中，也得出了类似的结论。但是，当表面形貌在能量密度的作用下逐渐趋于平整时，即能量密度升高到一定范围，能量密度对宏观表面形貌以及粗糙度的影响将不再显著。而此时，影响宏观表面形貌和粗糙度的因素则主要为马兰戈尼效应（Marangoni effect）和由激光移动产生的反冲压力（Recoil pressure）。反冲压力是由于高能激光作用下，熔池内金属汽化后，蒸汽向外膨胀导致金属液体飞溅并将液体推离熔体区，对熔池产生反冲压力。Marangoni effect和Recoil pressure这两种作用力会通过影响熔化轨道的流动和飞溅颗粒来影响宏观表面形貌，造成表面粗糙度的变化。综上所述，需要进行进一步探究来确定能量密度对激光选区熔化样品宏观形貌的影响程度，详细内容见下一节讨论。

通过以上实验和理论分析，工艺参数对SLM AZ61镁合金表面形貌和表面质量会产生重大影响。扫描速度、扫描间距的增加会造成对应样品表面粗糙度的增加。基于以上讨论，得出表面质量最优样品对应的最佳扫描间距为0.06 mm，同时降低扫描速度也有助于提升样品的表面质量。

5.2.2 能量密度对SLM AZ61镁合金成型质量影响机理

在SLM过程中，高激光能量输入会导致蒸发和过烧，形成缺陷和粗糙的表面。反之，由于能量输入过低，粉末不能完全熔化，导致相邻扫描轨道搭接受阻而形成孔隙和球化。因此，确定合适的能量密度E_v区间是控制AZ61镁合金成型质量的关键。

对不同能量密度E_v下试样表面形貌的变化规律进行了实验观察和系统的总结，结果列于表5-6中，表中括号内数据为对应的E_v的范围。根据样品的宏观形貌和微观形貌，可以将实验观察的结果划分为四个区域，分别为：强球化孔隙区、弱球化孔隙区、粗糙扫描轨迹区以及平坦光滑区。关于每个区域的具体形貌分析及机理描述如下。

区域一：强球化孔隙区（Strong Balling Pore Region）。在此区域内，通过公式(5-1)计算得到的能量密度E_v区间为20.83～49.3 J/mm^3。SLM制备镁合金试件的表面形貌特征可以归纳为三个方面［图5-11(a)，(b)］，第一，制备的试样表面覆盖有大量的大尺寸球化颗粒、大的孔隙和未熔化的镁粉；典型的孔隙直径大于100 μm，而球化颗粒的形状多为椭球形，直径在100～300 μm左右。第二，试样表面这些大的孔隙相互连接形成网状。第三，在激光扫描过程中，由于胶粉（Glue Powder）现象，粉末熔化后的液态扫描线易于捕获周边的轻质粉末，因此导致球化颗粒和未熔化的粉末围绕在孔隙周围。在强球化孔隙区，试样宏观表面会呈现出这些缺陷，进而导致试样没有机械强度。

表 5-6 不同工艺参数的 AZ61 镁合金的表面形貌特征

<table>
<tr><th rowspan="2">扫描速度</th><th colspan="3">扫描间距</th></tr>
<tr><th>0.06mm</th><th>0.08mm</th><th>0.1mm</th></tr>
<tr><td>1800mm/s</td><td rowspan="3">Ⅰ:强球化孔隙区
(34.72～44.64 J/mm^3)</td><td rowspan="5">Ⅰ:强球化孔隙区
(26.04～49.3 J/mm^3)</td><td rowspan="7">Ⅰ:强球化孔隙区
(20.83～46.88 J/mm^3)</td></tr>
<tr><td>1400mm/s</td></tr>
<tr><td>1000mm/s</td></tr>
<tr><td>950mm/s</td><td rowspan="4">Ⅱ:弱球化孔隙区
(62.5～78.13 J/mm^3)</td></tr>
<tr><td>900mm/s</td></tr>
<tr><td>850mm/s</td><td rowspan="6">Ⅱ:弱球化孔隙区
(52.08～78.13 J/mm^3)</td></tr>
<tr><td>800mm/s</td></tr>
<tr><td>750mm/s</td><td rowspan="5">Ⅲ:粗糙扫描轨迹区
(83.33～113.64 J/mm^3)</td><td rowspan="6">Ⅱ:弱球化孔隙区
(50～75 J/mm^3)</td></tr>
<tr><td>700mm/s</td></tr>
<tr><td>650mm/s</td></tr>
<tr><td>600mm/s</td></tr>
<tr><td>550mm/s</td><td rowspan="4">Ⅲ:粗糙扫描轨迹区
(85.23～117.19 J/mm^3)</td></tr>
<tr><td>500mm/s</td><td rowspan="6">Ⅳ:平坦光滑区
(125.39～250 J/mm^3)</td></tr>
<tr><td>450mm/s</td><td rowspan="3">Ⅲ:粗糙扫描轨迹区
(83.33～107.14 J/mm^3)</td></tr>
<tr><td>400mm/s</td></tr>
<tr><td>350mm/s</td><td rowspan="3">Ⅳ:平坦光滑区
(138.89～187.5 J/mm^3)</td></tr>
<tr><td>300mm/s</td><td rowspan="2">Ⅳ:平坦光滑区
(125～150 J/mm^3)</td></tr>
<tr><td>250mm/s</td></tr>
</table>

区域二：弱球化孔隙区（Weak Balling Pore Region）。该区域中成型试样所需能量密度区间为 50.00～78.13 J/mm^3。成型试样特征为结构疏松，宏观表面球化颗粒的大小和数量减小，球化颗粒直径小于 100 μm，与区域一成型试样表面形貌相比，球化颗粒在这个能量密度区间内更倾向于形成球形[图 5-11(j)]。球化的抑制可以通过控制马兰戈尼流动以及毛细失稳来实现[45]，这可以从调整工艺参数和激光能量密度的角度解决，然而，球化不仅受到工艺参数的影响，还需要从金属熔体的润湿以及凝固两方面进行分析，将在下一节详细讨论。与此同时，在此区间内的孔隙直径也逐渐减小，小于 50 μm。缺陷的减少是由于在降低扫描速度和增加能

量密度 E_v 时，粉末和基板之间的润湿性得到改善，球化作用减弱。能量密度升高致使粉末相较于区域一受热更加充分并熔化，相邻的扫描轨道相互搭接，从而使孔隙尺寸减小。

区域三：粗糙扫描轨迹区（Rough Scan Track Region）。该区域内，试样表面粗糙不平［图 5-11(d)、(g) 和 (k)］，无明显孔隙和大的球化颗粒，表面形成清晰可见的扫描轨迹线。扫描轨迹间形成“山丘”，由一系列“熔珠”组成，熔化轨道在升高的能量密度作用下，由轨道中心到边缘的瞬时温度梯度升高，表面张力降低，由式(5-3) 可知，金属熔滴的黏度降低，表面“熔珠”（成球的粒子）在更加平滑的流动下连接在一起，从而导致了“山丘”和“波谷”位置的扫描轨迹线的形成，两条扫描轨迹线之间的宽度与对应的扫描间距相同。该区域能量密度在 83.3 J/mm^3 到 117.19 J/mm^3 之间。

区域四：平坦光滑区（Flat Smooth Region）。试样表面光滑、平整和致密，能量密度区间为 125～250 J/mm^3［图 5-11(l)］，此区间为实验中试样质量的最佳成型参数区间。

5.3 工艺参数及能量密度对相对密度影响机理

通过调整适宜的工艺参数和能量密度改善激光选区熔化镁合金的层间结合，减少缺陷，探究其作用机理，从而实现致密成型，为高性能激光选区熔化镁合金成型调控奠定基础。

5.3.1 扫描速度对相对密度的影响

图 5-16 总结了激光选区熔化法制备的 AZ61 镁合金样品在扫描间距为 0.06 mm 时，相对密度与激光扫描速度的关系。选取了四个典型的样品宏观表面形貌，并以插图的形式列于图 5-16 中。插图从右至左分别显示了以 1800 mm/s、850 mm/s、550 mm/s 和 450 mm/s 的扫描速度打印的样品表面，样品表面经过研磨和抛光后的光镜图片展示在图中。

从该曲线可以看出，样品的相对密度呈现随着扫描速度的降低而逐渐增加的趋势。该曲线大致分为四段，分别对应宏观表面形貌的四个区域。当扫描速度在 1000～1800 mm/s 的区间内时，沉积试样处于强球化孔隙区。如图 5-16 中 1800 mm/s 扫描速度的光镜图片所示，样品表面布满不规则的孔隙，孔隙形状呈半月形，并相互连接形成网状。在这个区域内，孔隙较大，尺寸大于 100 μm，平均孔隙尺寸为 396.3 μm±82.4 μm 且相对密度在此区域内较低（86.06%～92.09%）。扫描速度降至 800～950 mm/s 时，样品的宏观形貌对应于弱球化孔隙区域，在这

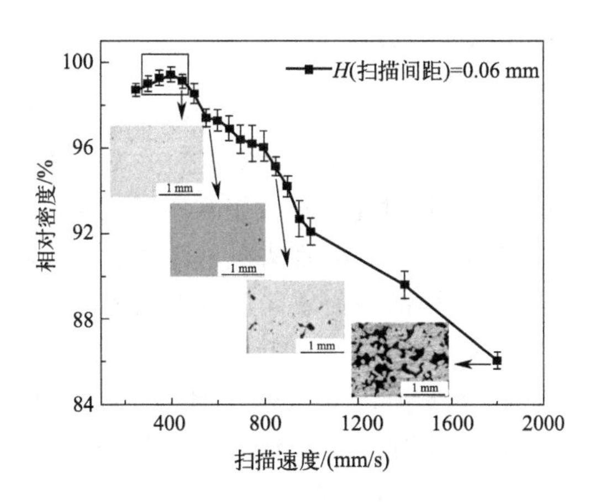

图 5-16　扫描速度与相对密度的关系

个区域内样品的相对密度显著增加到 92.70%～96.09%。从表面形貌的光镜图可以看出（扫描速度 850 mm/s），试样表面的大部分半月形孔隙消失，只剩下一小部分半月形孔隙，尺寸在 100 μm 以上，存在小圆孔，尺寸小于 100 μm，平均孔隙尺寸为 141.4 μm±143.1 μm。随着扫描速度进一步降低（550～750 mm/s），试样的宏观表面形貌对应粗糙扫描轨迹区，沉积试样的相对密度增加到 97.4%。从光镜图中观察到，至此试样表面的半月形孔隙完全消失，沉积试样表面仅保留少量圆形孔隙，平均孔隙尺寸为 42.2 μm±17.5 μm。相比之前两个区域，半月形孔隙更容易在更快的扫描速度下产生，这可以归因于在较快的扫描速度下，能量输入与粉末接收的温度较低，在快速凝固条件下粉末熔化不完全导致熔化的金属无法完全填满缝隙从而形成了孔隙。而在较慢的扫描速度下更容易出现圆形孔隙，因为在慢速扫描下冷却速度高，在快速凝固的过程中气体被困在熔池中来不及逸出而凝固，从而形成圆形气孔，这些孔对试样的力学性能会产生影响。

最佳相对密度出现在扫描速度减小到 400 mm/s 时，为 99.4%。在扫描速度为 450 mm/s 时，样品宏观表面的圆形孔隙数量和尺寸均呈现减小趋势，平均孔隙尺寸在 14.1 μm±6.6 μm。然而，继续降低扫描速度，相对密度略有下降。显然，相对密度与工艺参数之间的关系并非单调的线性关系，只降低扫描速度并不能使相对密度一直增加。有文献指出[7]，在低扫描速度下，相对密度的降低是由于样品中产生的残余热应力导致了微裂纹的形成。此外，图 5-16 中的实线框选了四个扫描速度为 300 mm/s、350 mm/s、400 mm/s 和 450 mm/s 的样品，相对密度分别为 99.0%、99.3%、99.4%和 99.1%。为了进一步探究相对密度在扫描速度低于 350 mm/s 时下降的原因，将在后面的章节中进行详细讨论。

5.3.2　扫描间距对相对密度的影响

在扫描间距升高的方向，沉积样品的致密性减弱。以 AZ61 镁合金为例，图 5-17 为给定扫描速度，样品的致密度与相对密度的关系，样品的最佳相对密度出现在扫描间距为 0.06 mm 时。通过光学显微镜观察可以看出，样品宏观表面圆形气孔的大小和数量随着扫描间距的减小而减小，且并未有半月形孔隙出现与图 5-16 中得到的在低扫描速度区，样品表面缺陷以圆形孔隙为主的结论相一致，扫描间距为 0.1 mm、0.08 mm 和 0.06 mm 时，平均孔隙尺寸分别为 44.4 μm±21.1 μm、38.5μm±16.9 μm 和 18.6 μm±6.9 μm。此外，随着扫描间距的减小，样品表面出现的缺陷减少，试件的相对密度逐渐升高。孔隙的形状与扫描速度密切相关，扫描速度较高时，主要为半月形孔隙，而低扫描速度下主要为圆形孔隙，孔隙的尺寸受扫描间距的影响较大，扫描间距越小孔隙尺寸也越小。虽然降低扫描速度可以提高样品的表面质量和相对密度，但是当扫描速度降低到 400 mm/s 以下时，样品的相对密度会降低。

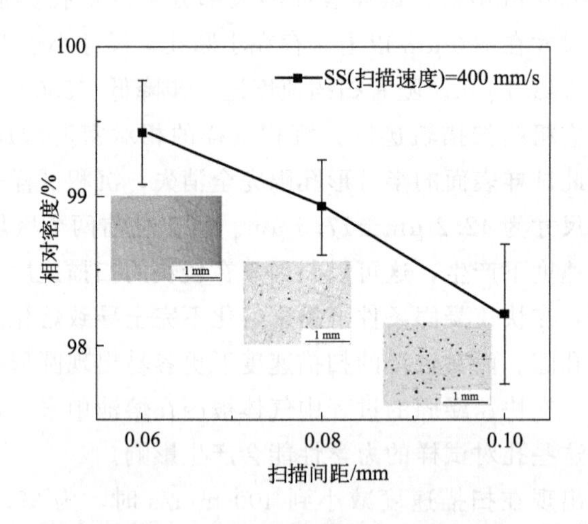

图 5-17　扫描间距对相对密度的影响

5.3.3　激光选区熔化镁合金相对密度演变规律

相对密度常被用作衡量激光选区熔化产品质量的指标，是由激光选区熔化工艺制备得到的试样密度与材料的理论密度之比，材料的理论密度可以从材料的原子量和晶体结构中计算得出。在激光选区熔化成型过程中，金属粉末由单道激光束熔化，其熔化轨迹再与邻近的熔化轨迹搭接；多层形成时，激光束照射粉层使其熔化，与前一层粉层焊合，形成牢固的层间结合，同时避免球化现象及组织疏松等缺陷。金属粉末完全熔化不仅可以增强粉末之间的黏附力，成型复杂的结构零件，同时，也有利于气体的排出，减少试样气孔的形成，得到更加致密的成型零件，获得优异的综合性能。

目前，激光选区熔化技术应用最成熟的镍基合金、316L不锈钢、Co-Cr合金和Ti6Al4V等高温合金，其致密度能接近100%。其原因一方面在于极高的能量密度有利于金属粉末完全熔化，保持固液界面的润湿性；另一方面在于金属液体有足够的时间填充间隙，并诱导气体排出。对于激光选区熔化镁合金而言，其致密度与激光选区熔化成型成熟合金还尚有差距。图5-18总结了不同系列镁合金在激光选区熔化成型后的相对密度随能量密度变化的趋势。激光选区熔化镁合金的相对密度达到了73%~99%，不同能量密度下的相对密度变化较大。

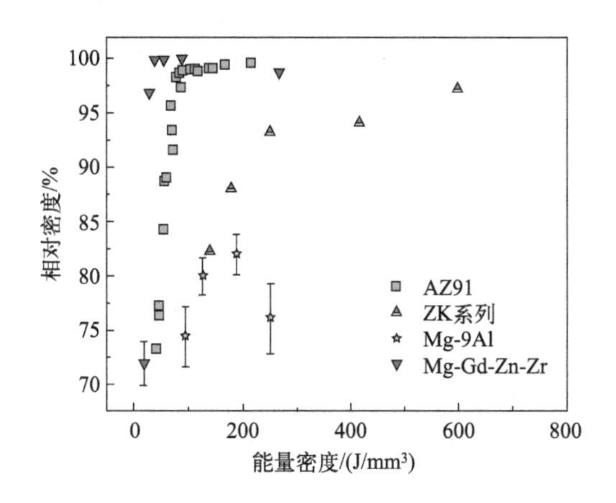

图5-18　SLM镁合金相对密度总结

由图5-18可知，材料体系不同，所需的体能密度存在很大差异，而激光选区熔化过程中不同的工艺条件（能量密度）对镁合金的相对密度也有重要影响。从AZ91、ZK系列、Mg-9Al合金和Mg-Gd-Zn-Zr来看，随着能量密度的增加，合金的相对密度也随之增加。另外，从图5-18可以看出，在镁合金试样相对密度随能量密度变化的曲线中，曲线的初始斜率非常高。随着能量密度的增加，它通常在开始时迅速增加，然后趋于平缓。首先，当能量密度发生变化时，熔池温度也会发生相应的变化。即当扫描速度和扫描间距增加时，熔体受到的辐射时间变短，导致镁熔体的峰值温度和温度梯度降低。当扫描速度和扫描间距较大（能量密度较低）时，由于表面张力的作用而发生传热和传质过程。一般情况下，靠近熔池边缘的较高表面张力会将熔体拉出熔池中心，则相邻熔化轨迹由于不能完全重叠而产生孔隙和裂缝。随着激光能量密度的增加，粉末熔化充分，液相的流动性提高，熔化的粉末逐渐渗透到颗粒之间的空隙中，使得孔隙分散、孔径减小，形成了相对光滑的表面，镁合金的密度也随之增加，相对密度曲线逐渐平缓。在其他合金的激光选区熔化加工中也发现了类似的现象。

徐锦岗[46] 等人对 H13 钢 SLM 成型的工艺参数影响进行了实验研究，结果表明，在适宜范围内增大激光功率或减小扫描速度，有利于试件的成型；过大和过小的扫描间距都会影响成型质量，形成气孔或未熔合缺陷。

徐勇勇等人[47] 对高熵合金 Al0.5CoCrFeNi 的 SLM 成型中激光功率、扫描速度和扫描间距等工艺参数对成型质量的影响进行了研究。结果表明：激光功率、扫描速度和扫描间距三者间的交互作用对材料的相对密度有很大的影响，材料相对密度随着能量密度的增加而增加。

日本大阪大学团队 Abe 等人[48] 用纯钛粉进行 SLM 实验，认为工艺参数对成型质量有着重要影响。其通过改变工艺参数获得了致密度大于 92%的钛构件。但该成型件疲劳强度低，样品表面仍有未熔化的粉末颗粒存在，这可能是造成疲劳强度低的原因，并且该团队认为如果致密度能达到 100%，则疲劳强度可能会提高。该实验团队进行了进一步的研究[49]，纯钛粉致密度可以通过改变扫描间距或是改变其他成型条件（热等静压和层厚等）来提高，比如采用小的扫描间距，或在采用大的扫描间距后用热等静压技术，相较于之前的研究结果，相对密度提高到了 98%，维氏硬度高于锻造水平，且经过机械加工（抛光）的试样能经受更多次的疲劳测试。

德国鲁尔大学 H. Meier[50] 利用 MCP Realizer250 SLM 设备对不锈钢成型进行了研究。该学者研究了不锈钢粉末 SLM 成型的相对密度与工艺参数的关系，认为高激光功率有利于制备出高密度的金属零件。而高的扫描速度容易造成扫描线的分裂，低的扫描速度有利于扫描线的连续，促进致密化，如图 5-19 所示。能量密度的增大有利于相对密度的提高，但继续提高能量密度，相对密度的增幅平缓并趋近于 100%。

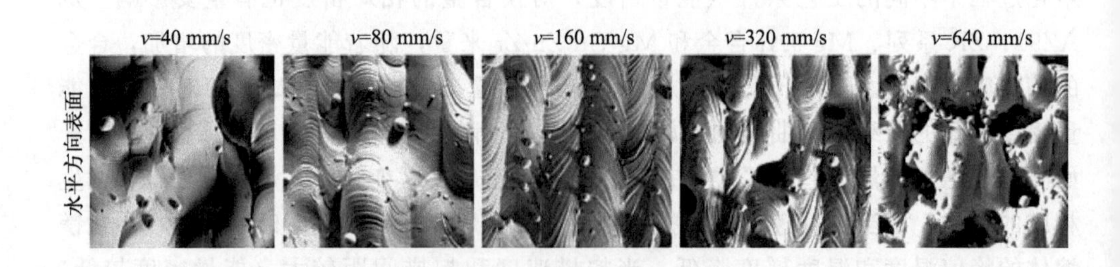

图 5-19　扫描速度对成型的影响[9]

张晓博[51] 研究了扫描速度、激光功率、扫描间距、扫描策略和铺粉层厚对成型质量的影响，在能量较低时，随激光功率增大球化现象不明显，当线能量超过一定限度后，球化现象逐渐显著。当功率一定时，扫描速度越快，激光作用在材料上的时间越短，球化现象越明显，但如果扫描速度过低会使金属液相过烧，进而导致成型质量不佳。成型面的粗糙度随扫描间距的增大而逐渐降低，在一定范围内质量随扫描间距的增大逐渐提高，成型面呈现光亮的银白色金属光泽，超过一定限度后随扫描间距增大成型质量呈现下降趋势。

Wei 等人[23] 认为激光能量输入对 AZ91 镁合金成型质量有显著的影响，在 166.7 J/mm^3 的能量输入下，得到了近乎完全致密（99.52%）的镁合金。

Leong 等人[52] 研究了激光功率和扫描间距对生物植入件内部结构的影响，发现随激光功率的增加成型件的致密度也随之增加。

Zhang B 等人[34] 对 Mg-9%Al 合金工艺参数进行了研究，得到了镁与铝结合最好时的扫描速度与激光功率。研究表明高扫描速度下表面会出现球化现象，低功率和低扫描速度下致密度最优，这归因于镁粉的低能量吸收率以及镁和铝的低熔沸点。

Wei 等人[27] 研究了扫描速度对 ZK60 镁合金的表面质量影响，当采用 100 mm/s 的低扫描速度时，元素蒸发严重以至于沉积在基板相应区域上的粉末被烧毁，在基板表面上留下烧蚀坑。扫描速度为 300 mm/s 时，元素烧损减弱，没有明显的宏观缺陷，然而由于熔池的稳定性受到汽化金属施加的反冲压力的影响，所以该部分的相对密度稍低，为 94.05%，表面较为粗糙。通过将扫描速度进一步提高到 500～900 mm/s，元素蒸发减弱，表面质量提高。

能量密度对激光选区熔化镁合金的相对密度有一定影响。如果能量密度过低，粉末不能完全熔化，体系处于固液两相状态，液体的表面张力和黏度增大，导致液体不能平滑流动，从而团聚成球化颗粒并形成孔隙，导致样品不致密。但是，能量密度太高，会导致粉末蒸发。除此之外，当扫描间距或是扫描速度过小时，大量的熔融液体以较快的速度迁移到原扫描轨迹，导致熔液的堆积，而这些无法均匀铺展的熔体同样会影响激光选区熔化镁合金的密度。但是目前关于激光选区熔化镁合金的研究中，相对密度曲线趋于平缓后，若继续增大能量密度对相对密度和性能的影响，以及其影响机理仍需要进一步探究。

5.4 激光选区熔化镁合金成型的相关问题

镁合金由于其化学活性高、沸点低以及饱和蒸气压高等特点，在激光选区熔化过程中会面临氧化、球化以及元素烧损等问题。

5.4.1 成型过程中的氧化问题

镁的性质活泼，极易氧化，Mg 与 O 反应如式(5-4)～式(5-6)：

$$\mathrm{Mg}+\mathrm{O}_2 \longrightarrow \mathrm{MgO}_2 \tag{5-4}$$

$$\Delta G=-RT\ln K \tag{5-5}$$

$$K=(P_{\mathrm{O}_2})^{-1} \tag{5-6}$$

当镁的温度达到熔点附近，例如 700 ℃时，O_2 的分压只要达到 10^{-54} 个标准大气压（1 标准大气压＝101325Pa）就会发生氧化，所以 Mg 的氧化是不可避免的，在激光选区熔化过程中，氧化常以氧化膜的形式存在，且一般在晶界处产生，如图 5-20 所示。如果需要形成致密的成型件，则必须打破这层氧化膜，所以需要高功率的激光的照射。熔池顶部的氧化物在激光的作用下蒸发，形成氧化物颗粒烟雾，而通过熔池搅拌则有助于打破熔池底部的氧化物，从而保证底部的熔道结合。然而，熔池两侧的氧化物较难去除，易导致弱化区域和多孔性区域，无法润湿周围的材料。

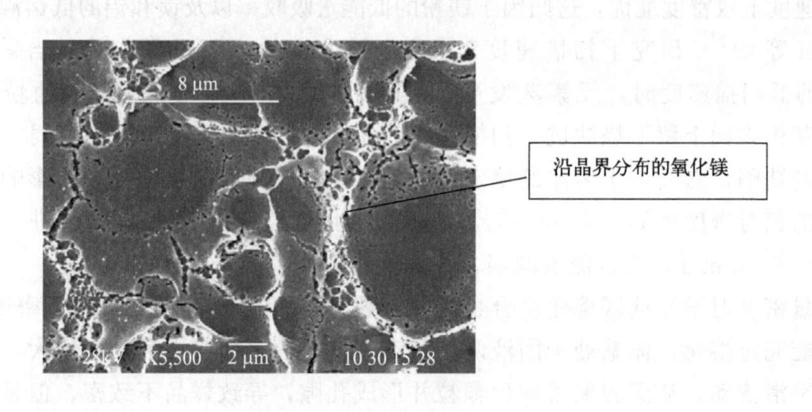

图 5-20 沿晶界分布的氧化镁[15]

在激光选区熔化成型中镁存在大量的氧化物，并且易于在扫描轨道之间形成，而非层之间。氧化物一般在熔池的顶部形成，这可能阻碍其扩展，并改变润湿特性，导致形成多孔结构，影响机械性能[15]。但是，如果给予足够的能量，则该表面氧化物将被打破并被封在熔池内。然而，这可能在系统中引起微裂纹，因此不利于产品的最终机械性能。为了降低氧化物杂质的含量，必须选择合适的工艺参数和材料参数。首先，破坏表面氧化层，同时不再引入孔隙缺陷；其次，严格控制氧含量，在增材成型过程中要保持低氧状态；最后，对镁合金粉末进行烘干，及时隔绝氧气。

5.4.2 成型过程中的球化现象

球化是激光选区熔化过程中发生在表面的一个典型的现象。球化是指在激光选区熔化技术制备的合金表面的一些团聚的颗粒。其为在激光扫描过程中，液相被打破后为了减少表面能所形成的一系列球形结构。“球化”区域的出现是由于较低激光功率、较高扫描速度、较大层厚导致输入的激光能量密度不足而形成大尺寸熔池，并破碎形成一系列球状颗粒的聚集。导致球化的主要因素是 Gibbs-Marangoni 效应，即由于表面张力梯度导致两种流体之间界面的质量传递，也称为热毛细管对流。

Gu 等人[53] 将球化机制总结为三类：第一线球化、收缩球化和自球化，如图 5-21 所示。第一线球化是指在激光快速作用条件下，熔体来不及向温度较低的粉末铺展，表面张力的急剧衰减而断裂成一系列粗大球体；收缩球化是发生在扫描速度较高时，因熔融液柱在横向和纵向的过度收缩而造成的；自球化是发生在液相量过多的情况下，致使熔体黏度显著降低，且扫描速率较低时，液相存在时间延长，易使熔体过热倾向明显，Marangoni 效应增强。在此条件下，随着液相表面能的降低，在液柱发生断裂的同时，熔体还将分裂成大量微小球体。

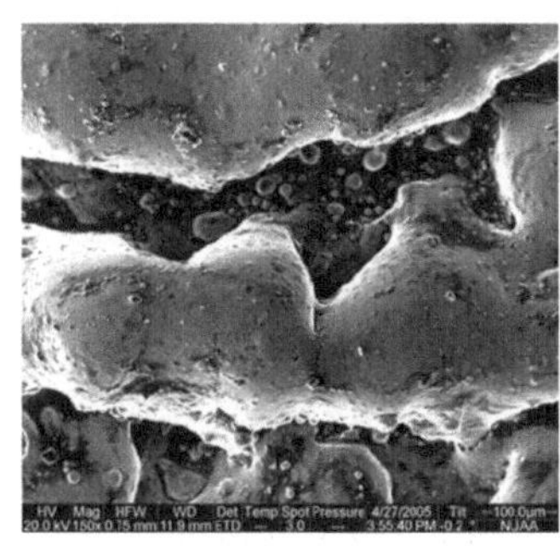

(a) 400 W,0.04 m/s

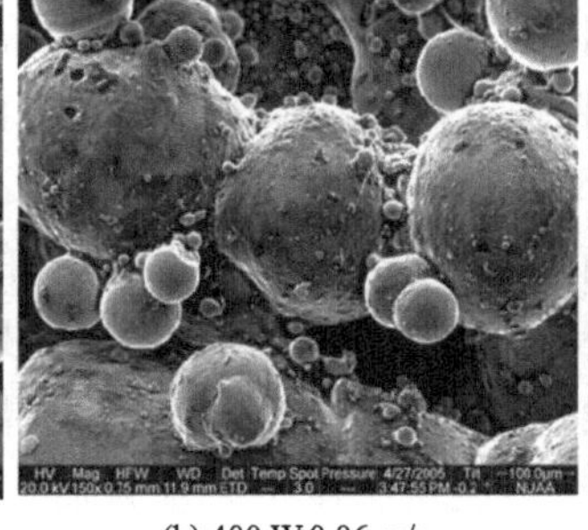

(b) 400 W,0.06 m/s

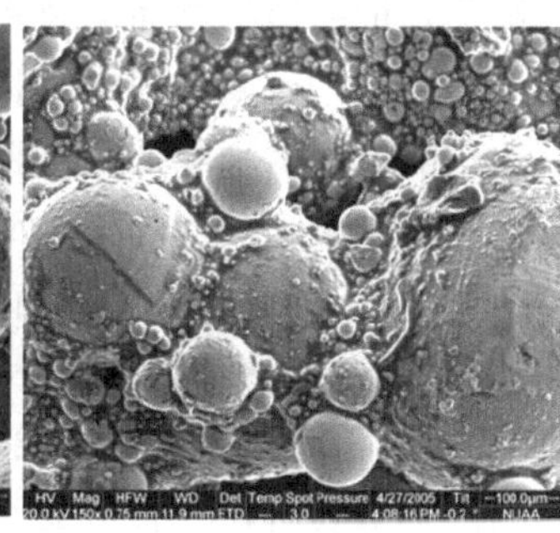

(c) 425 W,0.04 m/s

图 5-21　三种主要的球化机制[53]

李瑞迪[54] 在研究镍基粉末的激光选区熔化过程中，认为球化形状分为两类：椭球形和球形。椭球形具有非平整的凝固结块特征，球化尺寸较大，约 500μm 左右，这种球化颗粒能阻碍铺粉过程并易产生成型缺陷，影响激光选区熔化成型质量。该类球化的产生是由于熔体与基板之间的润湿性较差所致。球形的球化颗粒球形度较高，具有较小的尺寸特征，约为 10μm，该类球化难以避免，但由于尺寸较小其危害可忽略。该类球化是由于激光束的动能转化为微细金属球的表面能所致。

Zhou 等人[55] 针对钨的球化问题分析了激光选区熔化钨的润湿和凝固过程，计算了理论上激光选区熔化金属钨的铺展和凝固时间。

然而目前针对球化的研究大多是从 SLM 加工过程的角度来控制球化颗粒[5-8]，如调整工艺参数等。工艺参数的调整将影响流动稳定性和表面张力，从而影响球化现象。除了从激光选区熔化工艺过程的角度来控制球化颗粒之外，研究材料的固有特性对于激光选区熔化过程中的球化控制是非常有价值和必要的。球化现象也与材料的性质（熔点、密度、热导率、热容量）密切相关。

5.4.3 成型过程中的尺寸精度控制

表面粗糙度是一种广泛使用的产品质量指标，在大多数情况下是机械产品的技术要求。零件的表面质量对零件的功能和性能具有重要的影响。由于激光选区熔化是一种基于分层制造原理的技术，所以每一层的表面质量对后续层的质量以及零部件整体的质量起到了决定性的作用。

激光选区熔化制备的镁合金样品常伴有表面粗糙的问题，这对镁合金样品的后续应用造成困难。激光选区熔化制备的镁合金表面粗糙度会受到球化、孔隙等问题的影响，从而影响产品最终的尺寸精度。粗糙的表面还会影响层间结合，造成孔隙等缺陷，最终影响产品的致密度以及质量。

一方面，表面粗糙度可以通过调整工艺条件来改善。Koutiri 等人[56] 通过调整体积能量密度来降低表面粗糙度以及孔隙率。表面粗糙度随着扫描速度的降低而增加，随着激光功率的增加而降低。

Yu 等人[57] 研究了表面重熔对激光选区熔化制备的 AlSi10Mg 合金表面质量的影响。表面粗糙度 Ra 值因为孔隙闭合从 20.67 μm 减小到 11.67 μm。

Yang 等人[58] 评估了线能量密度对激光选区熔化铝合金垂直面表面粗糙度的影响。结果表明，在合适的线性能量密度下，垂直面粗糙度由 15 μm 降至 4 μm，表面粗糙度降低 70%以上。此外，在相同线性能量密度的实验中，较高的激光功率会提高表面粗糙度。

另一方面，也有不少学者认为表面粗糙度依赖工艺影响的本质是加上许多不可控因素的存在，使得表面质量的控制几乎不可能有一个直接的解决方案。因此对于这种非线性问题，一些学者利用算法、模拟等方式对表面质量进行研究与控制。

Xia 等人[59] 通过有限元模拟了激光选区熔化镍基 718 合金表面粗糙度情况。认为扫描间距对表面球化颗粒、熔体的流动产生很大影响，并得到了表面粗糙度为 2.23μm 的平整表面。

Khorasani 等人[60] 利用田口算法建立了多组工艺参数与表面质量的关系，从而获得低表面粗糙度的激光选区熔化钛合金表面。

Abbas 等人[61] 成功利用人工神经网络（ANN）预测 AZ61 镁合金的表面粗糙度（Ra）、最小加工时间（T_m）和主要加工成本（C）。从而得到了平衡三个指标下的最佳加工参数。

5.4.4 成型过程中的元素烧损

镁合金在激光选区熔化成型过程中，由于 Mg 元素蒸气压较高，熔沸点较低，在高能量激光束作用下极易出现烧损并产生大量烟尘，导致机器不能长时间工作，随着镁元素的烧损蒸发，合金元素的质量分数都有不同程度的变化，且元素的烧损现象会出现气孔，导致孔隙率增大，制约了激光选区熔化技术可达到的最大致密度。通过改变工艺参数有效抑制镁合金在激光选区熔化成型过程中出现元素烧损现象。

谢辙[62] 研究表明线能量越大，Mg 元素烧损越严重，但物相种类不随 Mg 元素烧损程度的改变而发生变化；胡国文[63] 研究表明 ZK61 镁合金在激光成型中主要烧蚀元素为 Mg 元素，在低扫描速度和高搭接率下，元素烧蚀现象较严重。

参考文献

[1] Savalani M M, Pizarro J M. Effect of preheat and layer thickness on selective laser melting (SLM) of magnesium [J]. Rapid Prototyping Journal, 2016, 22 (1): 115-122.

[2] Ma M, Wang Z, Gao M, et al. Layer thickness dependence of performance in high-power selective laser melting of 1Cr18Ni9Ti stainless steel [J]. Journal of Materials Processing Technology, 2015, 215: 142-150.

[3] 杨永强，王迪，吴伟辉．金属零件选区激光熔化直接成型技术研究进展（邀请论文）[J]．中国激光，2011，38 (6): 54-64.

[4] Olakanmi E O, Cochrane R F, Dalgarno K W. A review on selective laser sintering/melting (SLS/SLM) of aluminium alloy powders: Processing, microstructure, and properties [J]. Progress in Materials Science, 2015, 74: 401-477.

[5] Manakari V, Parande G, Gupta M. Selective laser melting of magnesium and magnesium alloy powders: a review [J]. Metals, 2017, 7 (1): 2.

[6] Cao X-J, Jahazi M, Immarigeon J, et al. A review of laser welding techniques for magnesium alloys [J]. Journal of Materials Processing Technology, 2006, 171 (2): 188-204.

[7] Jahangir M N, Mamun MAH, Sealy M P. A review of additive manufacturing of magnesium alloys; proceedings of the AIP Conference Proceedings, F [C]. AIP Publishing, 2018.

[8] Yap C Y, Chua C K, Dong Z L, et al. Review of selective laser melting: Materials and applications [J]. Applied physics reviews, 2015, 2 (4).

[9] Zhang J, Song B, Wei Q, et al. A review of selective laser melting of aluminum alloys: Processing, microstructure, property and developing trends [J]. Journal of Materials Science & Technology, 2019, 35 (2): 270-284.

[10] Zhang W N, Wang L Z, Feng Z X, et al. Research progress on selective laser melting (SLM) of magnesium alloys: A review [J]. Optik, 2020, 207: 163842.

[11] Jauer L, Jülich B, Voshage M, et al. Selective laser melting of magnesium alloys [J]. European Cells and Materials, 2015.

[12] Niu X, Shen H, Fu J, et al. Corrosion behaviour of laser powder bed fused bulk pure magnesium in hank' s solution [J]. Corrosion Science, 2019, 157: 284-294.

[13] Hu D, Wang Y, Zhang D, et al. Experimental investigation on selective laser melting of bulk net-shape pure magnesium [J]. Materials and Manufacturing Processes, 2015, 30 (11): 1298-1304.

[14] Ng C, Savalani M, Man H C, et al. Layer manufacturing of magnesium and its alloy structures for future applications [J]. Virtual and Physical Prototyping, 2010, 5 (1): 13-19.

[15] Ng C, Savalani M, Lau M, et al. Microstructure and mechanical properties of selective laser melted magnesium [J]. Applied Surface Science, 2011, 257 (17): 7447-7454.

[16] Yang Y, Wu P, Lin X, et al. System development, formability quality and microstructure evolution of selective laser-melted magnesium [J]. Virtual and Physical Prototyping, 2016, 11 (3): 173-181.

[17] Li K, Chen W, Yin B, et al. A comparative study on WE43 magnesium alloy fabricated by laser powder bed fusion coupled with deep cryogenic treatment: Evolution in microstructure and mechanical properties [J]. Additive Manufacturing, 2023, 77: 103814.

[18] Suchý J, Klakurková L, Man O, et al. Corrosion behaviour of WE43 magnesium alloy printed using selective laser melting in simulation body fluid solution [J]. Journal of Manufacturing Processes, 2021, 69: 556-566.

[19] Gangireddy S, Gwalani B, Liu K, et al. Microstructure and mechanical behavior of an additive manufactured (AM) WE43-Mg alloy [J]. Additive Manufacturing, 2019, 26: 53-64.

[20] Bär F, Berger L, Jauer L, et al. Laser additive manufacturing of biodegradable magnesium alloy WE43: A detailed microstructure analysis [J]. Acta biomaterialia, 2019, 98: 36-49.

[21] Zumdick N A, Jauer L, Kersting L C, et al. Additive manufactured WE43 magnesium: A comparative study of the microstructure and mechanical properties with those of powder extruded and as-cast WE43 [J]. Materials Characterization, 2019, 147: 384-397.

[22] Li X, Fang X, Jiang X, et al. Additively manufactured high-performance AZ91D magnesium alloys with excellent strength and ductility via nanoparticles reinforcement [J]. Additive Manufacturing, 2023, 69: 103550.

[23] Wei K, Gao M, Wang Z, et al. Effect of energy input on formability, microstructure and mechanical properties of selective laser melted AZ91D magnesium alloy [J]. Materials Science and Engineering: A, 2014, 611: 212-222.

[24] Liang J, Lei Z, Chen Y, et al. Mechanical properties of selective laser melted ZK60 alloy enhanced by nanoscale precipitates with core-shell structure [J]. Materials Letters, 2020, 263: 127232.

[25] Liang J, Wu S, Li B, et al. Microstructure and corrosion behavior of Y-modified ZK60 Mg alloy prepared by laser powder bed fusion [J]. Corrosion Science, 2023, 211: 110895.

[26] Wu C, Zai W, Man H C. Additive manufacturing of ZK60 magnesium alloy by selective laser melting: Parameter optimization, microstructure and biodegradability [J]. Materials Today Communications, 2021, 26: 101922.

[27] Wei K, Wang Z, Zeng X. Influence of element vaporization on formability, composition, microstructure, and mechanical performance of the selective laser melted Mg-Zn-Zr components [J]. Materials Letters, 2015, 156: 187-190.

[28] Shuai C, Yang Y, Wu P, et al. Laser rapid solidification improves corrosion behavior of Mg-Zn-Zr alloy [J]. Journal of Alloys and Compounds, 2017, 691: 961-969.

[29] Zhang M, Chen C, Liu C, et al. Study on porous Mg-Zn-Zr ZK61 alloys produced by laser additive manufacturing [J]. Metals, 2018, 8 (8): 635.

[30] Shuai C, He C, Feng P, et al. Biodegradation mechanisms of selective laser-melted Mg-x Al-Zn alloy: Grain size and intermetallic phase [J]. Virtual and Physical Prototyping, 2018, 13 (2): 59-69.

[31] He C, Bin S, Wu P, et al. Microstructure evolution and biodegradation behavior of laser rapid solidified Mg-Al-Zn alloy [J]. Metals, 2017, 7 (3): 105.

[32] Liu C, Zhang M, Chen C. Effect of laser processing parameters on porosity, microstructure and mechanical properties of porous Mg-Ca alloys produced by laser additive manufacturing [J]. Materials Science and Engineering: A, 2017, 703: 359-371.

[33] Zhou Y, Wu P, Yang Y, et al. The microstructure, mechanical properties and degradation behavior of laser-melted MgSn alloys [J]. Journal of Alloys and Compounds, 2016, 687: 109-114.

[34] Zhang B, Liao H, Coddet C. Effects of processing parameters on properties of selective laser melting Mg-9% Al powder mixture [J]. Materials & Design, 2012, 34: 753-758.

[35] Wei K, Zeng X, Wang Z, et al. Selective laser melting of Mg-Zn binary alloys: Effects of Zn content on densification behavior, microstructure, and mechanical property [J]. Materials Science and Engineering: A, 2019, 756: 226-236.

[36] Long T, Zhang X, Huang Q, et al. Novel Mg-based alloys by selective laser melting for biomedical applications: microstructure evolution, microhardness and in vitro degradation behaviour [J]. Virtual and Physical Prototyping, 2018, 13 (2): 71-81.

[37] Deng Q, Wu Y, Luo Y, et al. Fabrication of high-strength Mg-Gd-Zn-Zr alloy via selective laser melting [J]. Materials Characterization, 2020, 165: 110377.

[38] Hyer H, Zhou L, Benson G, et al. Additive manufacturing of dense WE43 Mg alloy by laser powder bed fusion [J]. Additive Manufacturing, 2020, 33: 101123.

[39] Deng Q, Chang Z, Su N, et al. Developing a novel high-strength Mg-Gd-Y-Zn-Mn alloy for laser powder bed fusion additive manufacturing process [J]. Journal of Magnesium and Alloys, 2023.

[40] Gu D, Hagedorn Y-C, Meiners W, et al. Densification behavior, microstructure evolution, and wear performance of selective laser melting processed commercially pure titanium [J]. Acta Materialia, 2012, 60 (9): 3849-3860.

[41] Alrbaey K, Wimpenny D, Tosi R, et al. On optimization of surface roughness of selective laser melted stainless steel parts: a statistical study [J]. Journal of Materials Engineering and Performance, 2014, 23: 2139-2148.

[42] Qiu C, Panwisawas C, Ward M, et al. On the role of melt flow into the surface structure and porosity development during selective laser melting [J]. Acta Materialia, 2015, 96: 72-79.

[43] Wang D, Wu S, Fu F, et al. Mechanisms and characteristics of spatter generation in SLM processing and its effect on the properties [J]. Materials & Design, 2017, 117: 121-130.

[44] Tan J L, Tang C, Wong C H. A computational study on porosity evolution in parts produced by selective laser melting [J]. Metallurgical and Materials Transactions A, 2018, 49: 3663-3673.

[45] Olakanmi E. Selective laser sintering/melting (SLS/SLM) of pure Al, Al-Mg, and Al-Si powders: Effect of processing conditions and powder properties [J]. Journal of Materials Processing Technology, 2013, 213 (8): 1387-1405.

[46] 徐锦岗，陈勇，陈辉，等. 工艺参数对 H13 钢激光选区熔化成形缺陷的影响 [J]. 激光与光电子学

进展，2018，55（4）：277-283.
[47] 徐勇勇，孙琨，邹增琪，等．选区激光熔化制备 Al0.5CoCrFeNi 高熵合金的工艺参数及组织性能[J]. 西安交通大学学报，2018，52（1）：151-157.
[48] Abe F，Costa Santos E，Kitamura Y，et al. Influence of forming conditions on the titanium model in rapid prototyping with the selective laser melting process [J]. Proceedings of the Institution of Mechanical Engineers，Part C：Journal of Mechanical Engineering Science，2003，217（1）：19-26.
[49] Santos E，Osakada K，Shiomi M，et al. Microstructure and mechanical properties of pure titanium models fabricated by selective laser melting [J]. Proceedings of the Institution of Mechanical Engineers，Part C：Journal of Mechanical Engineering Science，2004，218（7）：711-719.
[50] Meier H，Haberland C. Experimental studies on selective laser melting of metallic parts [J]. Materialwissenschaft und Werkstofftechnik，2008，39（9）：665-670.
[51] 张晓博．Ti 合金选择性激光熔化成型关键技术的研究[D]．西安：陕西科技大学，2015.
[52] Leong K，Phua K，Chua C，et al. Fabrication of porous polymeric matrix drug delivery devices using the selective laser sintering technique [J]. Proceedings of the Institution of Mechanical Engineers，Part H：Journal of Engineering in Medicine，2001，215（2）：191-192.
[53] 顾冬冬．激光烧结铜基合金的关键工艺及基础研究[D]．南京：南京航空航天大学，2007.
[54] 李瑞迪．金属粉末选择性激光熔化成形的关键基础问题研究[D]．武汉：华中科技大学，2010.
[55] Zhou X，Liu X，Zhang D，et al. Balling phenomena in selective laser melted tungsten [J]. Journal of Materials Processing Technology，2015，222：33-42.
[56] Koutiri I，Pessard E，Peyre P，et al. Influence of SLM process parameters on the surface finish，porosity rate and fatigue behavior of as-built Inconel 625 parts [J]. Journal of Materials Processing Technology，2018，255：536-546.
[57] Yu W，Sing S L，Chua C K，et al. Influence of re-melting on surface roughness and porosity of AlSi10Mg parts fabricated by selective laser melting [J]. Journal of Alloys and Compounds，2019，792：574-581.
[58] Yang T，Liu T，Liao W，et al. The influence of process parameters on vertical surface roughness of the AlSi10Mg parts fabricated by selective laser melting [J]. Journal of Materials Processing Technology，2019，266：26-36.
[59] Xia M，Gu D，Yu G，et al. Influence of hatch spacing on heat and mass transfer，thermodynamics and laser processability during additive manufacturing of Inconel 718 alloy [J]. International Journal of Machine Tools and Manufacture，2016，109：147-157.
[60] Khorasani A，Gibson I，Awan U S，et al. The effect of SLM process parameters on density，hardness，tensile strength and surface quality of Ti-6Al-4V [J]. Additive Manufacturing，2019，25：176-186.
[61] Abbas A T，Pimenov D Y，Erdakov I N，et al. ANN surface roughness optimization of AZ61 magnesium alloy finish turning：Minimum machining times at prime machining costs [J]. Materials，2018，11（5）：808.
[62] 谢辙．选区激光熔化成形 AZ91D 镁合金的工艺与机理研究[D]．武汉：华中科技大学，2013.
[63] 胡国文．选区激光熔化成形 ZK61 镁合金的工艺与机理研究[D]．武汉：华中科技大学，2013.

第6章 激光选区熔化镁合金表面质量及控制

激光选区镁合金每一层的表面质量会直接影响最终成型件的成型质量。受到球化现象的制约，激光选区镁合金的表面质量可以通过调整工艺参数来提高，但球化现象不仅与工艺参数的选取有关，还受到由于激光辐射熔化后的金属熔体本身的物理性质影响。可以通过理论计算来明晰镁合金熔体的铺展、凝固过程，还可以通过后处理工艺来辅助提高激光选区熔化镁合金的表面质量，提高成型件的综合性能。

6.1 液态镁合金的润湿性与球化行为

在激光选区熔化工艺中，粉末受热熔化后，镁合金金属熔体在润湿、铺展、凝固的过程中会受到熔体黏性流动以及降低的表面能的影响，从而易于导致大量的分散金属球体的出现。

在激光选区熔化过程中，材料需要平衡表面张力、熔点、黏度导热等物理性能之间的关系。金属液滴与固体（基板或上一层凝固体）表面的润湿问题是造成球化的原因之一。也就是说，当液滴在光滑、均匀的固体表面上铺展时，如果无法均匀扩散开来，就会形成液滴，液滴的形状与气液界面切线以及固液界面的夹角有关，如图6-1所示，这个角即为固-液界面的润湿角或接触角 θ_e。图中浅灰色为基板，深灰色代表已经凝固部分的固态镁合金；黑色部分为受热熔化还未凝固部分的镁合金熔体。图6-1展示了SLM镁合金液滴凝固过程中的润湿过程。

如果熔池被激光照射后发生润湿过程，则可以建立一个简单的SLM过程模型，即同源润湿过程。一般来说，SLM镁合金的加工过程包括两个步骤：第一步，粉末吸收激光的热量发生熔化；熔体在基板或前续同材料已凝固部分上凝固。第二

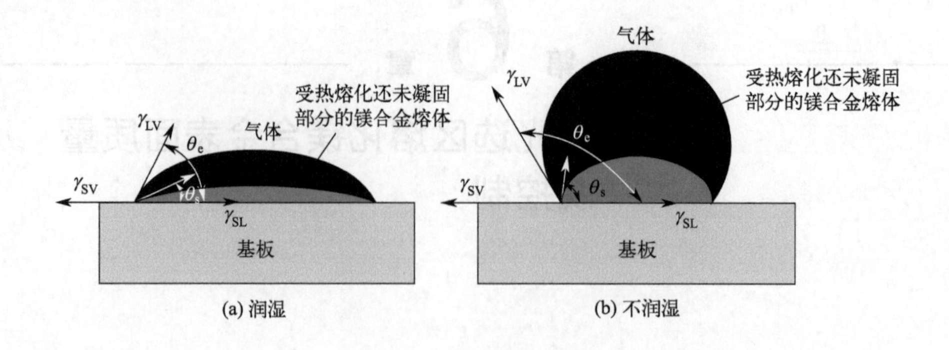

图 6-1 液态金属润湿的原理图

步是同源润湿过程。同源润湿是熔体在同类基体上润湿的主要机理。这是一个非平衡过程，包括流体流动、热传导和凝固。根据杨氏方程，如式(6-1) 所示：

$$\gamma_{SV}-\gamma_{SL}=\gamma_{LV}\cos\theta_e \tag{6-1}$$

式中，γ_{SV}、γ_{SL}、γ_{LV} 分别为固-气、固-液、液-气界面的表面张力；θ_e 为润湿角。当润湿角 $\theta_e < 180°$（$\cos\theta_e=-1$），即完全不湿润；如果 θ_e 大于 90°而小于 180°（$-1<\cos\theta_e<0$），此时固体（基板或前序层同材料）不易于被液体润湿，而导致球化颗粒的出现，球化孔隙区，此时能量密度在 20.8～78.1 J/mm^3 时，样品表面会出现一些明显的球化颗粒，相反地，如果 $\theta_e<90°$（$0<\cos\theta_e<1$），液体易于在固体表面上扩散，润湿性得以改善，对应于粗糙扫描轨迹区，能量密度高于 83.3J/mm^3。如果 $\theta_e=0°$（$\cos\theta_e=1$），则为完全润湿，此时镁合金熔体均匀铺展，表面无球化颗粒。

一般来说，润湿角 θ_e 越小，润湿性越好。因此，在激光选区熔化过程中，为了得到更好的成型表面质量，通常通过调整工艺参数来改变液气界面的表面张力，从而减小接触角［0°～90°（$0<\cos\theta_e<1$）］，实现熔池的连续扩散，提高液态金属的表面润湿能力，从而提高零件的成型表面质量。为了得到更小的 θ_e，$\cos\theta_e$ 更接近 1，即为更小的气液界面的表面张力 γ_{LV}，润湿角越小，液态金属扩散性能越好。因此，降低扫描速度与扫描间距，将能量密度提高到一个合适的范围，从而改善了接触角和表面张力，金属液滴在固体上易于铺展，减少了球化现象的发生。此外，熔体的黏度会随着工艺参数的调整而变化，如动力黏度公式(6-1) 所示。当扫描速度较慢、扫描间距减小（能量密度较大）时，熔池温度升高，由于熔体表面张力和动态黏度降低，熔体更有可能在周围平滑扩散。因此，球化现象得到改善。

6.2 液态镁合金圆柱体的不稳定性

由于激光选区熔化过程是逐行进行的，在激光扫描的路径上，粉末受辐射后沿扫描路径而逐行熔化，导致液体圆柱体的出现，也就是熔化轨迹线。这些液体圆柱体的不稳定性最初是由 Rayleigh[1] 提出，称为 Plateau-Rayleigh 毛细不稳定性现象。Plateau-Rayleigh[1] 失稳是指液体圆柱体受到表面张力作用，而被破碎成一系列小液滴的现象，其是由于液体的界面张力有使液滴表面最小的倾向。因此，可以利用 Plateau-Rayleigh 毛细失稳分析激光选区熔化镁及镁合金的单道成型过程。表面张力受到熔体尺寸减小的作用而占据主导地位，此时 Plateau-Rayleigh 不稳定性的作用就会越发明显。熔体是否破碎决定了球化颗粒是否易于形成，而液体圆柱体的稳定与否与所受辐照激光的波长 λ 以及圆柱体的尺寸 d 有关，其稳定性须满足公式(6-2)[1]

$$\lambda=\pi d \tag{6-2}$$

式中，λ 为激光波长；d 为未扰动圆柱体初始直径。当满足公式(6-2) 时，液体圆柱在任何扰动下都是稳定的。而圆柱体的初始直径越大，激光破碎圆柱体，避免其团聚形成球化颗粒所需要的时间也就越长。即圆柱体越连续，越不容易被破碎形成球化颗粒。考虑在 SLM 过程中镁合金液体圆柱体被破碎形成团聚体是一个体积变化恒定的过程，所以镁合金液体圆柱体的直径与团聚体的直径成正比，根据文献［2］所述，团聚体的直径一般随激光功率的增大或扫描速度的降低而增大，因此，降低扫描速度，增大扫描间距、能量密度（图 6-2），使液柱难以破碎成团聚体，从而获得连续的表面，降低球化率。

进一步，为了更符合 SLM 工艺的成型特性，Yadroitsev 对 Plateau-Rayleigh 毛细不稳定性进行了优化，描述了连续单道中有一部分体积的液柱与基板接触时的情况，图 6-3 为附着在固体基材上的液体圆柱体（其横截面为圆形段），优化结果如式(6-3) 所示。

$$\frac{\pi d}{\lambda}=\sqrt{2}\sqrt{\frac{\varphi(1+\cos 2\varphi)-\sin 2\varphi}{2\varphi(2+\cos\varphi)-3\sin 2\varphi}} \tag{6-3}$$

式中，φ 为液体圆柱体附着在固体基材上的接触宽度。对于 $\varphi<\pi/2$ 的单道，无论长度多长都处于稳定状态，且通过实验证明单道重熔区域对单道有稳定性增强的作用，激光选区熔化中层与层之间的重熔程度对降低球化影响有重要作用。结合 Plateau-Rayleigh 毛细不稳定性的判定条件，可以指导最佳扫描线长度和工艺参数的研究。因此，将工艺参数调整到适当范围（降低扫描速度或扫描间距，增加能量密度），形成最佳的熔化轨迹线长度，从而减少球化颗粒。但是，以上分析还不足以分析能量密度超过适当范围时的球化现象，还需要对激光选区熔化过程中球化形

(a) 能量密度26.79J/mm³

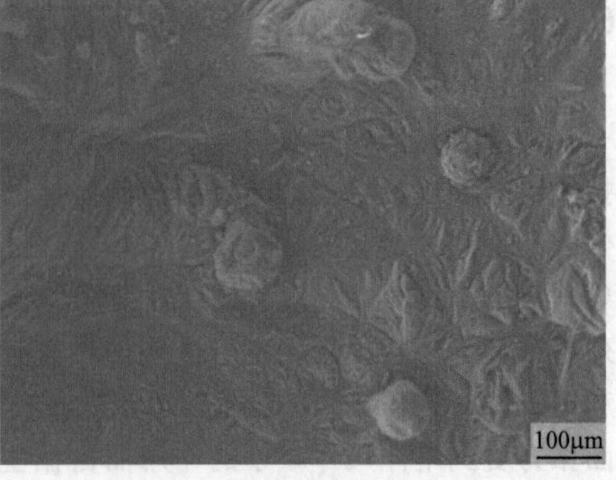

(b) 能量密度156.25J/mm³

图 6-2 不同能量密度下 SLM 成型镁合金 SEM 图

成的热力学和动力学进行进一步的讨论和验证。

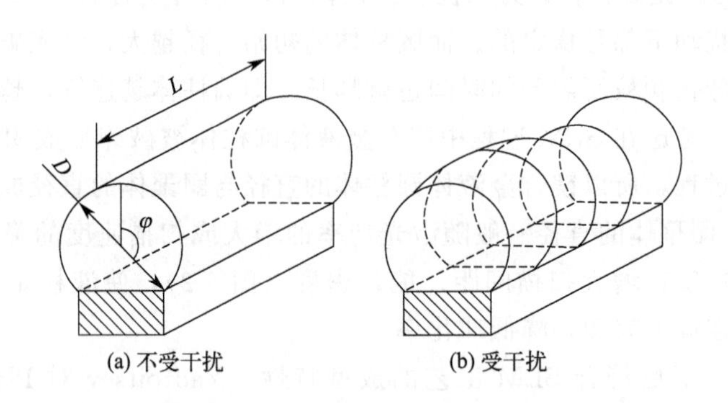

(a) 不受干扰　　(b) 受干扰

图 6-3 液体圆柱体在基板上的情况

了解热力学的影响对激光选区熔化镁合金球化的控制也很重要。受到表面自由能的影响，在金属液体中，只有位于表面时才会存在这种势能，且内部的分子势能要低于表面的分子势能，这部分势能就是表面自由能，也叫表面能。表面张力即为在表面能作用下，液体有向最小化收缩的倾向。粉末经过加热和熔化后，经历了从固体到液体的相变过程，形成了一个自由表面。在熔池形成后，由于激光和粉末的作用，粉末表面能增加，处于不稳定状态。根据吉布斯自由能性质，影响热力学功能中的重要变量之一即为表面自由能。根据吉布斯最小自由能原理，在自由能减小的方向上，系统自发地趋于该方向进行，球形的表面积在体积相同的条件下最小，表明其表面能也最小，因此激光选区熔化过程中易于形成球化颗粒。随着表面积的减小，表面能的减小是导致液体破裂的主要原因。

在理想情况下，马兰戈尼流动会从表面张力较低的地方向较高的地方流动，即从温度较高的熔池中心向边缘流动。然而，理想的马兰戈尼流动很少存在。在高能量制备过程中，熔池中心和边缘之间的温度梯度很大。根据式(6-3)，当波长大于圆柱周长（$2\pi R$）时，液体圆柱体在正弦波动面前是不稳定的，随着表面积的减小，表面能的减小是导致液体破裂形成球化的主要原因。如在激光选区熔化过程中，在表面的熔池中心和边缘之间形成了一个陡峭的热梯度。由于表面张力是温度的函数，温度梯度的存在导致熔池中心和边缘之间的表面张力发生相应变化。根据马兰戈尼流动理论，表面张力梯度将导致液体流动从温度高的熔池中心流向温度相对较低的熔池边缘。这种流体流动将对激光选区熔化样品的熔融轨迹产生额外的力，从而影响球化现象。

6.3 金属液滴铺展/凝固动力学

6.3.1 金属液滴铺展动力学

随着激光光斑的移动，基板上的粉末将经历熔化、润湿、扩散和凝固一系列的过程。事实上，在激光选区熔化过程中，金属液滴的铺展是一个复杂的过程，在铺展过程中，铺展同时受到驱动力和扩散阻力的作用，且熔体的铺展和凝固过程同时进行。球化取决于液滴在湿润的条件下是迅速扩散还是迅速凝固。因此，基于以上分析对镁合金液滴的铺展和凝固过程分别进行了分析和讨论。并在实验结果的基础上建立了铺展凝固模型。

当凝固过程占优势时，扩散过程缓慢，容易产生球化。反之，如果铺展过程占优势，凝固过程缓慢，则金属熔体在凝固前铺展完全，抑制了球化的发生。因此建立一个凝固铺展模型是非常必要的。

首先，分析了不考虑温度梯度影响的液滴铺展过程。根据文献［3］，熔滴铺展过程受韦伯数（Weber Number）和奥内佐格数（Ohnesorge Number）两个无量纲参数的影响，韦伯数衡量了熔滴在基板上扩散的驱动力，即铺展的推动力，奥内佐格数衡量了抵抗铺展的力，即铺展过程中所受的阻力。其中韦伯数用 W_e 表示，如式(6-4)，奥内佐格数用 O_h 表述如式(6-5)：

$$W_e=\frac{\rho_e V^2 r}{\sigma} \tag{6-4}$$

$$O_h=\frac{\mu}{(\rho_e \sigma r)^{1/2}} \tag{6-5}$$

式中，V、μ、σ、ρ_e、r 分别为金属液滴相对基板的法向速度、金属液滴的黏度、表面张力、密度以及球形金属液滴的半径，根据 SEM 图像观察结果，金属液滴的尺寸近似为 100 μm。通过表 6-1 的数据计算可知，镁的 $O_h=0.0042$，$O_h \ll 1$，且由于在 SLM 过程中，熔滴很少有任何冲击速度（Impact speed），意味着熔滴的法向速度趋近于 0，则 $W_e \ll 1$，其他几种金属计算结果也显示出相同的趋势。在高 W_e 下，熔滴受到径向向外的由冲击引起的动压力梯度的驱动；在低 W_e 下，毛细力是主要的驱动力。在高 O_h 下，熔滴铺展阻力是黏度，在低 O_h 时则为惯性。如此表明，在铺展过程中，镁和其他几种常见金属熔滴在毛细力的作用下铺展，同时受到惯性力的阻碍作用，而此时黏度并未对铺展造成阻力。金属液滴在毛细力作用与惯性力的双重竞争作用下铺展、凝固。

表 6-1　金属液滴物性参数[2]

金属	熔点 T_e/K	熔体密度 ρ_e /(kg·m^{-3})	表面张力 σ /(mN·m^{-1})	黏度 μ /(mPa·s)	O_h
Mg	923	1590	559	1.25	0.00419
Al	933	2380	914	1.30	0.00278
Fe	1808	7030	1862	6.92	0.00604
Cu	1356	8000	1330	4.00	0.00388
Ni	1726	7900	1778	6.4	0.00993
Ti	1998	4130	1650	5	0.00871

金属液滴的铺展与凝固实际是一种相互制约的关系，若液滴完全铺展所需时间比凝固时间短，则说明金属液滴在凝固之前即铺展完毕，球化现象可以避免，反之，若完全铺展所需时间长于凝固时间，则金属液体凝固时并未完全铺展，造成球化现象。因此需要确定金属液滴铺展时间与凝固时间，从而判断得到控制球化的关键因素。

为了简化计算，在不考虑温度梯度的情况下，假设金属液滴在基体上的扩散和凝固是在等温条件下进行的。如果液体散布到适中的接触角，即扩散到不太接近零或 π 的角度，则熔滴的特征扩散速度 v 和特征扩散时间 t 具有特定形式。铺展时间 t、铺展速度 v 满足公式(6-6)、式(6-7)[3]：

$$t=\left(\frac{\rho_e r^3}{\sigma}\right)^{1/2} \tag{6-6}$$

$$v=\left(\frac{\sigma}{\rho_e r^3}\right)^{1/2} \tag{6-7}$$

计算结果如表 6-2 所示，镁在等温条件下的铺展时间为 53.3 μs，铺展速度为 1.86 m/s，铺展速度较快，完全铺展需要的时间较短。通过对比几种金属的铺展时间发现铜＞镍＞铁＞镁＞铝＞钛，说明镁在激光粉床融合过程中易于铺展，球化率相较其他几种金属低，具有较好的成型性。但是实际的生产过程中，球化现象仍然存在且较为严重，此时需要对铺展以及凝固进行全面考虑，得出控制机理。

表 6-2　不同金属的铺展时间与铺展速度

金属	完全铺展时间 $t/\mu s$	铺展速度 $v/(m \cdot s^{-1})$
Mg	53.3	1.88
Al	51.6	1.96
Fe	61.4	1.62
Cu	77.5	1.29
Ni	66.7	1.50
Ti	50.0	1.99

等温沉积时，通用的熔滴铺展方程可以表示为公式(6-8)

$$\frac{R}{r}=2.4\left[1-\exp\left(-0.9t/\sqrt{\rho a^{3}/\sigma}\right)\right] \tag{6-8}$$

式中，R 表示金属液滴与基板（或前序已凝固同材料）之间的接触半径；$t/\sqrt{\rho a^{3}/\sigma}$ 为无量纲时间（小于 3）。

对于除 Mg-Al 以外的其他镁合金，研究发现 ZK 系列镁合金液滴在壁面的铺展过程中，固-液接触直径和液滴铺展速度均随着壁面疏水性的增强而减小，这也说明在液滴静止于壁面上时，壁面的疏水性越弱，固-液接触直径越大。可以对液滴运动过程中的接触因子和瞬时回弹因子进行测量和计算，从而评估液滴铺展性。液滴撞击不同壁面时，其回弹因子的变化规律有较大不同。撞击发生后，不同润湿性表面上回弹因子达到最小值的随壁面润湿性增强稍有滞后，此时对应液滴在壁面的最大铺展状态。因此，壁面润湿性的增强会增长液滴在壁面的铺展时间。以 ZK60 镁合金为例，随着液滴在壁面的运动，液滴撞击接触角 CA＝152.4°的壁面时，其最大回弹因子为 3.06，且振幅较大。液滴撞击接触角 CA＝133.0°、108.3°和 91.2°的三个壁面时，对应的最大回弹因子分别为 0.64、0.3 和 0.8。说明最大回弹因子随壁面润湿性的增强逐渐减小，当液滴回弹到最高点之后，液滴持续振荡且液滴的振荡幅度越来越小，直至最终稳定静止于壁面上。整体而言，从液滴在不同壁面上的回弹因子的减小趋势可以推测出：壁面疏水性越差，液滴稳定状态形心高度越低。这是因为相比于疏水性较弱的壁面，液滴在疏水性较强的壁面上的铺展幅度较小，其动能克服壁面摩擦力和黏性耗散后所剩余的能量大，使得液滴回弹时有较高的能量，所以液滴回弹高度较大。

在铺展过程中，液滴在不同壁面上的形状变化过程基本相同，壁面的疏水性越弱，液滴撞击壁面后的最大接触因子越大。在收缩和回弹过程中，固-液接触直径受壁面润湿性的影响较大。液滴在壁面的铺展过程中，液滴运动速度较大，液滴主要受惯性力的支配，壁面对液滴的作用较小，而在液滴收缩过程中，液滴运动速度较小，此时壁面对液滴的作用增大，壁面润湿性对液滴动力学特性的影响主要发生在液滴的收缩和回弹阶段，对液滴的回弹与否起着决定性作用。

6.3.2 金属液滴凝固过程动力学

在实际应用中，需要考虑一个更复杂的情况，可以用一个竞争性的熔融液滴扩散和阻止模型来解释 AZ61 镁合金的 SLM 过程中的球化倾向。在这种竞争的模式下，存在同时进行的两个过程：激光辐射到镁合金粉末后，平铺于基板上的粉末受热熔化，开始了铺展的过程，其与基板形成一个动态的接触角 θ_a，与此同时，凝固过程也在同时进行，θ_s 表示已凝固部分与基板的接触角，铺展与凝固两个过程相互竞争。对于给定的材料来说，这个动态接触角 θ_a 主要取决于基于熔点（即固相线温度）和熔体所覆盖的固体温度之间的温度差的 Stefan 数，如公式(6-9)所示[4]

$$S=c(T_f-T_t)/L \tag{6-9}$$

式中，c 为材料的比热容；L 为相变潜热；T_f、T_t 分别为固相线温度与基板温度。当熔滴铺展的接触角 $\theta_a>\theta_s$ 时，铺展过程才可以继续进行，避免球化的发生；当 $\theta_a\sim\theta_s$ 时，毛细驱动力丧失，熔滴凝固，铺展过程结束。定义当熔滴铺展的接触角 θ_a 无限趋近于凝固接触角 θ_s 时，凝固前沿的动态接触角用 θ_* 表示，函数 $F(S)$ 可以表示为 $F_S\approx\theta_*$，可以看出，θ_* 不仅与材料的特性有关，还取决于 T_f-T_t 的热条件，因此，改变基板温度也可以起到抑制球化的作用。

为了更为全面地探究镁合金金属熔滴的球化行为，单独确定铺展时间还远远不够，还需要从铺展时间与凝固时间两方面来衡量，因此对熔滴的凝固过程进行了分析。由于缺乏合金的表面张力、黏度等物性参数，为了简化计算，采用由式(6-8)计算的纯金属的铺展时间，并进行对比分析。一维散热条件下的完全凝固时间 t_s 可以用公式(6-10) 表示[5]：

$$t_s=2\left(\frac{r^2}{3D}\right)\ln\frac{T_0-T_b}{T_s-T_b} \tag{6-10}$$

式中，D 为扩散系数；T_0 为金属熔滴温度；T_b 为基板温度（288 K）；T_s 为固相线温度，凝固时间即为从金属熔滴温度 T_0 下降至基板温度 T_b 所需要的时间。

表 6-3 罗列了镁及其合金 AZ61 的热力学数据，另外包含了一些比较常见的激光选区熔化金属的热力学数据进行对比。热力学数据来自文献以及 JMatPro 模拟软件对特定合金成分进行计算的结果，以 cal 角标表示。

表 6-3 不同金属热力学数据

金属	热导率/($W \cdot m^{-1} \cdot K$)	比热容/($J \cdot kg^{-1} \cdot K^{-1}$)	热扩散系数/($m^2 \cdot s^{-1}$)
Mg[6]	156	1024	0.876×10^{-4}
Mg_{cal}	—	—	0.33×10^{-4}
Mg[7]	—	—	0.57×10^{-4}
Mg[8]	—	1020	0.70×10^{-4}
AZ61[9]	79.5/($N \cdot ℃ \cdot s^{-1}$)	1.3/($N \cdot ℃ \cdot mm^{-2}$)	0.61×10^{-4}
AZ61[8]	—	990	0.20×10^{-4}
AZ61[10]	83.5	1098.6	0.47×10^{-4}
AZ61[11]	78	1217	0.41×10^{-4}
$AZ61_{cal}$	74.43	1390	32.44×10^{-6}
Cu[7]	—	—	1.04×10^{-4}
Cu[8]	—	382	1.06×10^{-4}
Cu[6]	401	385	1.17×10^{-4}
Al[12]	—	—	9.36×10^{-5}
Al[7]	—	—	0.89×10^{-4}
Al[8]	—	897	0.79×10^{-4}
Al_{cal}	91.5	1180	0.33×10^{-4}
Al[6]	237	903	0.97×10^{-4}
Fe[13]	33.6	—	6.09×10^{-6}
Fe[7]	—	—	0.15×10^{-4}
Fe[6]	80.2	447	0.23×10^{-4}
316[6]	13	468	3.37×10^{-6}
316_{cal}	31.01	800	5.49×10^{-6}
Ni[13]	54.7	—	1.07×10^{-5}
Ni[7]	—	—	0.14×10^{-4}
Ni[6]	91	444	0.23×10^{-4}
Ni_{cal}	46.8	730	8.12×10^{-6}
Ti[6]	21.9	522	9.32×10^{-6}
Ti_{cal}	29.1	970	7.26×10^{-6}
Ti[7]	—	—	0.02×10^{-4}
Ti6Al4[6]	5.8	610	2.15×10^{-6}

几种常见激光粉末床熔融用金属的熔滴铺展凝固计算结果总结如下：

（1）镁及其合金熔体的铺展/凝固时间与温度的关系　在图 6-4 中，根据模型计算了镁及其合金熔体的铺展与凝固的时间和温度的关系，图中实线表示金属熔体在不同温度下凝固所需要的时间，虚线则为完全铺展所需时间。从图 6-4 可以看出，纯镁熔体在沸点附近的凝固时间为 18～49 μs，仍然短于铺展时间，说明纯镁液滴的球化是难以完全控制的。但随着纯镁液滴温度的升高，凝固时间在延长，表明纯镁熔滴的球化可以在一定程度上有所减少，但无法完全避免。而 AZ61 镁合金在 900 ℃（1173 K）附近的凝固时间为 57.5 μs，大于其润湿铺展时间（53.3 μs），因此此时以铺展过程为主，可以最大程度控制球化。通过理论计算，得出了控制 AZ61 镁合金球化的最佳成型温度，在这个温度下，球化现象可以最小化，从而实现致密成型。

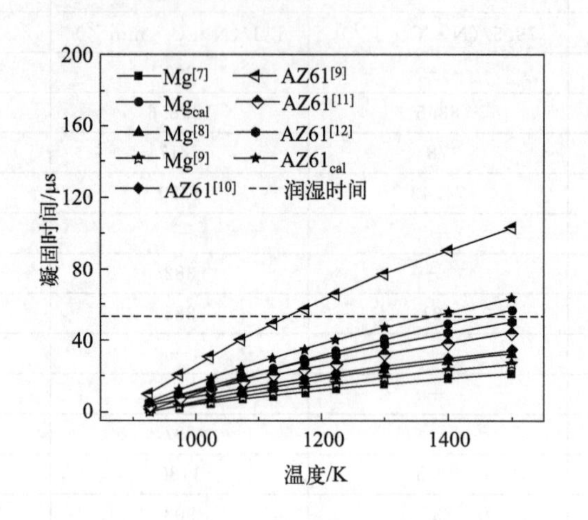

图 6-4 镁及其合金熔体的铺展/凝固时间与温度的关系

（2）铝及其合金熔体的铺展/凝固时间与温度的关系 在图 6-5 中，根据模型计算了铝合金的金属熔体铺展与凝固的时间和温度的关系。与前述模型及图类似，实线表示金属熔体在不同温度下凝固所需要的时间，虚线则为完全铺展所需的时间。当温度达到 1500 K 时，凝固时间为 56.1 μs，长于铺展时间（51.6 μs），可在该温度下控制铝的球化。

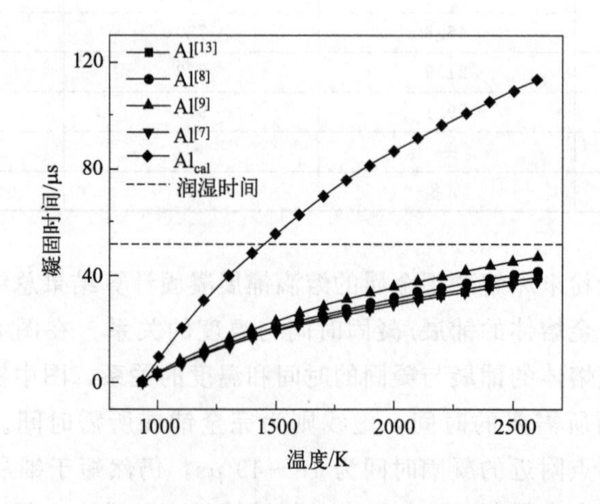

图 6-5 铝及其合金熔体的铺展/凝固时间与温度的关系

（3）铁金属熔体的铺展/凝固时间与温度的关系　在图 6-6 中根据模型计算了铁及不锈钢成分下的金属熔体铺展与凝固的时间和温度的关系。铁的完全铺展时间为 61.4 μs，当温度达到 1800 K 时，凝固时间为 76.4 μs，可实现激光粉末床熔融铁的球化控制。

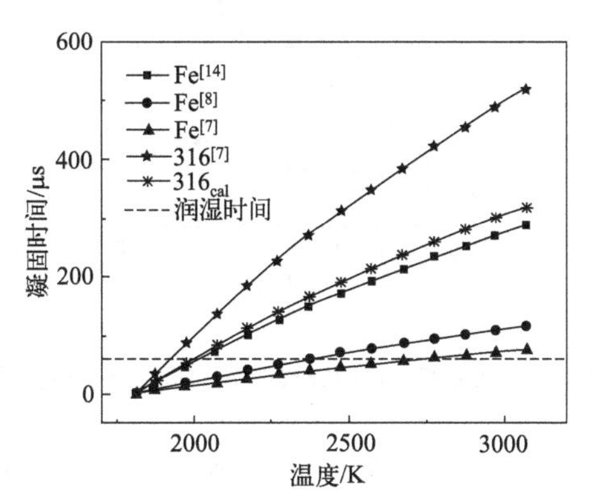

图 6-6　铁金属熔体的铺展/凝固时间与温度的关系

（4）铜金属熔体的铺展/凝固时间与温度的关系　图 6-7 中根据模型计算了铜金属熔体铺展与凝固的时间和温度的关系。铜的完全铺展时间为 77.5 μs，从图中可以看出，即使熔体温度升高到铜的沸点，仍无法在凝固前完全铺展，因此，激光粉末床熔融过程中铜的球化难以控制。

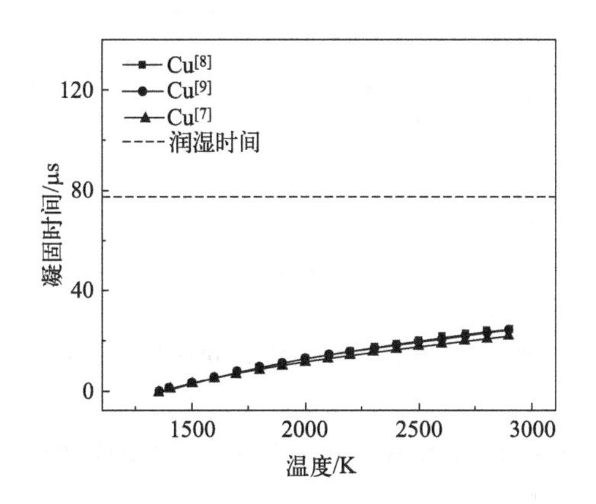

图 6-7　铜金属熔体的铺展/凝固时间与温度的关系

（5）钛金属熔体的铺展/凝固时间与温度的关系　图 6-8 中根据模型计算了钛及其合金的金属熔体铺展与凝固的时间和温度关系。钛的完全铺展时间为 50 μs，当熔体温度高于 2100 K 时，理论计算凝固时间可以达到 83.9 μs，可实现钛的球化控制。

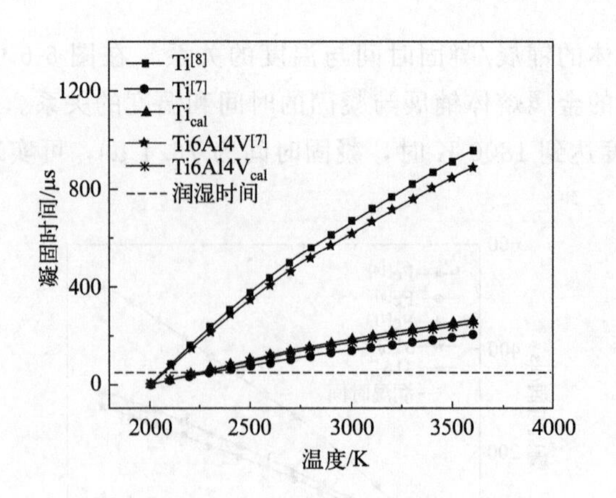

图 6-8 钛金属熔体的铺展/凝固时间与温度的关系

（6）镍金属熔体的铺展/凝固时间关系　图 6-9 中根据模型计算了镍的金属熔体铺展与凝固的时间和温度关系。镍熔体的完全铺展时间为 66.7 μs，当熔体温度达到 2100 K 时，凝固时间为 82.4 μs，理论上可在该温度下控制镍的球化。

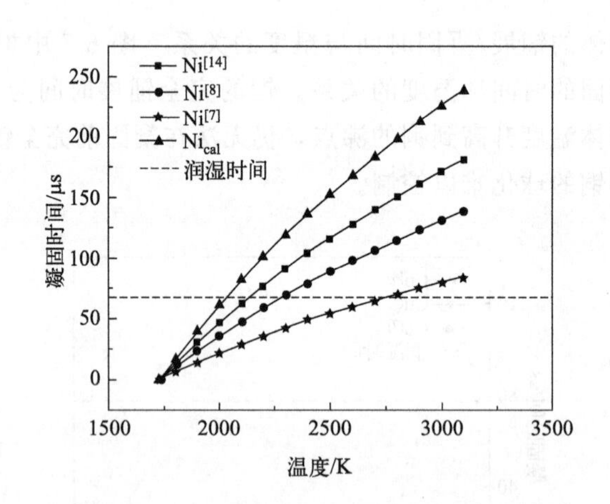

图 6-9 镍金属熔体的铺展/凝固时间关系

在图 6-4～图 6-9 中，实线表示金属熔体在不同温度下凝固所需要的时间，虚线则为完全铺展所需的时间。

可以将这些金属按凝固时间与铺展时间的关系分为三类：

第一类是不易球化金属，即钛、铁、镍金属。这三种金属的凝固曲线的斜率在几种金属中最大，表明钛、铁、镍三种金属的凝固时间会随熔体温度升高而显著延长，凝固时间延长，则为铺展过程带来有利条件，有助于金属熔体的顺利铺展，从而减少球化。计算表明，三种金属所需要的完全铺展时间在 2100～2300 K 时就少于其凝固时间，这说明温度升高到 2300 K 以后，金属铺展过程快于其凝固过程，从而可最大程度保证金属熔体的铺展，减少球化现象，并得到高质量的成型结果。

第二类是球化金属，为铜金属。从图 6-7 可以看出，金属铜的凝固曲线的斜率相对较平缓，凝固时间随着熔体温度升高，凝固时间增加也不明显。即使在沸点附近，凝固时间仍小于铺展时间，凝固过程占优而导致熔滴球化。表明铜在 SLM 过程中球化倾向严重，成型质量较难控制。

第三类是易于球化的金属，为镁和铝，如图 6-4、图 6-5 所示。这两种金属的凝固与润湿和之前几种金属相比存在一定差异。从凝固过程来看，镁、铝的凝固曲线与金属铜的凝固曲线较为类似，凝固时间随熔体温度变化较为平缓，但是在到达沸点之前，凝固曲线与铺展曲线相交，表明升高熔体的温度，可以延缓凝固过程，使铺展时间短于凝固时间，从而有助于金属熔体的铺展，减少球化；从铺展过程来看，虽然凝固时间变化较为平缓，但是铺展过程得益于两种金属具有较小的密度而较快，易于控制球化。

图 6-10 将这六种不同金属的凝固过程进行了对比，可以很明显地看出斜率由大到小为：钛＞镍＞铁＞AZ61 镁合金＞镁、铝。铁、镍、钛随着熔体温度升高而显著延长的凝固时间，铜的凝固时间受熔体温度影响不大，升高温度，熔体凝固时间也并不能显著延长。而镁、铝金属熔体的凝固时间会随温度升高而延长，球化倾向减弱。表明球化现象可以通过调整适当的工艺参数、能量输入来加以控制。

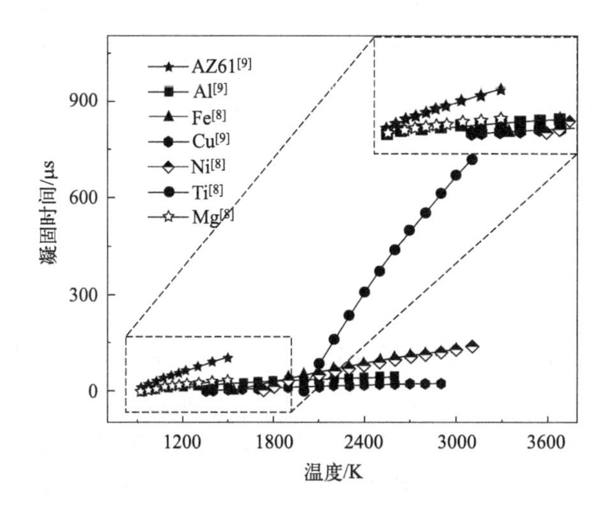

图 6-10　不同金属熔体凝固过程对比

对于偏离最佳参数窗口的情况，当采取较高的扫描速度，较低的能量输入，则凝固时间较快，金属液滴温度下降，易于导致球化现象发生；反之，当采取过低的扫描速度，则能量密度过高，一方面，金属熔体的温度增高，凝固时间延长，但另一方面，随着温度升高，金属熔体熔化后，铺展时间也会受到金属熔体的体积增大的阻力影响后延长，导致铺展时间长于凝固时间，最终球化。通过对金属液滴的铺展和凝固过程的剖析，并建立了 SLM 制备的镁合金球化控制模型，可以指导镁及其他金属在 SLM 过程中的成型工艺参数的设计。通过研究镁合金液滴凝固时间随温度的变化，确定了 AZ61 最佳凝固温度为 900 ℃（1173 K），可为控制激光选区熔化成型 AZ61 镁合金的球化行为提供参考，也可为其他合金的球化行为控制提供依据。

6.4 激光选区熔化镁合金表面成型后处理控制

通过镁及其合金熔体的铺展/凝固的理论计算模型可以看出，激光选区熔化镁合金材料的球化可以控制但难以完全避免。除此之外，由于镁易腐蚀、氧化、硬度低等，制约其后续使用，因此可以适当通过后处理工艺来辅助提高其表面质量。

6.4.1 镁合金成型后表面抛光处理

镁的标准电极电势是金属结构材料中最低的，且其氧化膜疏松多孔，不能阻止镁基体的进一步腐蚀，因此镁合金耐蚀性能差。此外，镁易和合金中的其他金属及杂质等形成腐蚀电池，引起电偶腐蚀等，这些都严重制约了镁及镁合金的广泛应用。

表面抛光处理可以有效去除合金表面的氧化膜、油污和缺陷，提高其表面粗糙度和致密性，从而增强合金的耐腐蚀性，同时，抛光后平整表面有利于提高电镀、喷涂及激光熔覆的表面处理效果。

根据抛光原理的不同，可以将抛光分为机械抛光、化学抛光、电解抛光、激光抛光和流体抛光等。机械抛光法的原理是通过切削、材料表面塑性变形去掉被抛光后的凸起部分而得到平滑面的抛光方法；化学抛光法的原理是通过化学介质的作用，使材料表面微观凸出的部分较凹部分优先溶解，从而得到平滑面，这种方法无需复杂设备，可以抛光形状复杂的工件，能同时抛光数个工件，效率高。而对于激光选区熔化制备的复杂结构工件，机械抛光难以实现不同平面的均匀平整，化学抛光虽然不受抛光部位形状影响，但高腐蚀性酸溶液使用难免存在潜在的风险。相比之下，电解抛光法由于其普遍适用性和可替代的电解环境，已成功应用于各种增材制造金属部件。电解抛光基本原理与化学抛光相同，即选择性地溶解材料表面微小凸出部分，在这个过程中，工件表面的凸起部分电流密度高而溶解快，随着凸起的不断溶解，表面逐渐变得平整光滑。电解抛光法有效地避免了接触，有助于消除划痕、凹坑或凸出（球化）等缺陷，实现高度光滑的表面。

6.4.2 激光表面处理

由于镁合金硬度低、耐蚀及耐磨性能较差的特点，国内外已经发展了多种镁合金表面改性处理技术。针对激光选区熔化镁合金表面改性的方法有多种，大致可以分为三大类：第一类是电化学方法，主要包括化学转化处理、阳极氧化处理、微弧氧化、化学镀及电镀等；第二类是机械表面处理方法，主要包括喷丸强化、滚压强化和搅拌摩擦加工技术等；第三类是高能束处理方法，其中包括电子束表面处理、粒子束表面处理和激光表面处理等方法。

其中，激光表面处理是指利用具有高能热源的激光束在基体材料的表面形成一层硬质的金属层，随着激光束能量上升，金属熔池深度增加，重力和表面张力的相互作用使得金属粗糙表面的凸出部分（球化等）发生重熔及快速凝固，并均匀地分布到凹陷部位，金属材料表面的物理、化学或相组成发生变化，进而提高金属材料表面的耐腐蚀性、耐磨性以及硬度等性能。为了达到良好的重熔效果，需要精确控制激光束能量/强度。

激光表面处理又分为激光表面熔凝、激光表面合金化和激光表面熔覆等表面处理方法，其表面改性作用原理介绍如下：

（1）激光表面熔凝　激光表面熔凝是通过高能的激光束在金属材料表面直接进行激光淬火，在金属表面形成一层硬质层的一种工艺方法。

（2）激光表面合金化　激光表面合金化是在高能激光束的作用下快速加热，熔化预置层和基体形成液态混合后快速冷却凝固，在其表面形成硬质合金层，从而达到表面性能提高的要求。

（3）激光表面熔覆　激光表面熔覆是通过高能激光束辐照按不同的填料方式在基体表面上涂覆的涂层材料，经快速加热和快速冷却共同作用，使基体材料表层性能显著提高的工艺方法。

因此，可针对激光选区熔化镁合金试样表面的不同问题及不同应用场景，结合不同的表面处理方式，以提升其综合性能。如针对激光选区熔化镁合金表面球化问题，采取机械加工和激光重熔的方式以提升表面平整度[14]。有研究表明[15]激光表面处理可细化 Mg-Zn 系镁合金的微观组织，提升微观组织均匀性，促进 α-Mg 中 Zn 元素的富集，有利于提高镁合金的整体耐腐蚀性能。

6.4.3 表面喷涂处理

空气中的水分、酸碱盐、微生物、紫外线及其他腐蚀性介质，很容易使活泼的镁受腐蚀，损害其性能。金属表面喷涂处理是一种广泛应用于各类金属材料表面的处理技术，它通过将涂料均匀地喷涂在成型件金属表面，形成一层保护膜，使其基体与腐蚀介质隔离，达到提高金属耐腐蚀性、耐磨性和美观性的目的。镁合金的表面喷涂技术主要包括热喷涂、冷喷涂、火焰喷涂和等离子喷涂等。本书主要对冷喷涂和热喷涂工艺作简要介绍。

(1) 冷喷涂处理　冷喷涂是一种固态材料沉积工艺，于 1980 年开发，其利用加压气体（如空气、氮气或氦气）在高温下作为推进气体，通过一个特殊设计的收敛-扩张喷嘴将金属甚至陶瓷粉末原料速度从 300 m/s 加速到 1200 m/s。当这些高速粉末颗粒撞击基底表面时，它们经历严重的塑性变形，然后沉积形成薄涂层或块体沉积物。不同于传统热喷涂（超速火焰喷涂、等离子喷涂、爆炸喷涂等传统热喷涂），冷喷涂沉积物的形成主要依靠撞击前的颗粒动能而非热能，因此在整个沉积过程中，冷喷涂颗粒始终保持固态，不需要将喷涂的金属粒子熔化，所以喷涂基体表面产生的温度不会超过 150 ℃。但冷喷涂沉积物在其制造状态下通常具有不利的力学性能，这是由于沉积物中固有的微观结构缺陷（例如孔隙性和不完全的颗粒间结合）所导致的，这个缺陷降低了它的竞争力，并限制了它作为一种增材制造工艺的广泛应用。

(2) 热喷涂处理　热喷涂技术开发自 1910 年，是一种材料表面强化和保护技术，其利用不同的热源和喷涂设备，一般热喷涂枪由燃料气、电弧或等离子弧提供必需的热量，将热喷涂材料加热到塑态或熔融态，使细微而分散的金属或非金属的涂层材料，以一种熔化或半熔化状态，在一定的速度下喷射沉积到经过预处理的基体表面形成涂层。可以实现防腐、耐磨、减磨、抗高温、耐氧化、隔热、绝缘、导电和防微波辐射等多种功能。涂层材料可以是粉状、带状、丝状或棒状。

热喷涂工艺具有如下特点：

① 喷涂用材料范围广。由于热源的温度范围很宽，因而可喷涂的涂层材料几乎包括所有固态工程材料，如金属、合金、陶瓷、金属陶瓷、塑料以及由它们组成的复合物等，因而能赋予基体各种功能（如耐磨、耐蚀、耐高温、抗氧化、绝缘、隔热、生物相容、红外吸收等）的表面。

② 适用材料范围广。喷涂过程中基体表面受热的程度较小而且可以控制，因此可以在各种材料上进行喷涂（如金属、陶瓷、玻璃、纸张、塑料等），并且对基材的组织和性能几乎没有影响，工件变形也较小。

③ 设备简单，操作灵活。热喷涂工艺既可对大型构件进行大面积喷涂，也可在指定的局部进行喷涂；既可在工厂室内进行喷涂也可在室外现场进行施工。

④ 经济、高效。操作程序少，施工时间较短，效率高，比较经济。

随着热喷涂应用要求的提高和领域的扩大，特别是喷涂技术本身的进步，如喷涂设备的日益精良、涂层材料品种的逐渐增多、性能逐渐提高，热喷涂技术近十年来取得了飞速的发展，可以发挥喷涂技术的优势，将激光选区熔化镁合金与表面喷涂技术相结合，根据不同使用需求制备不同表面涂层以达到原位修复、耐腐蚀等不同功能和目的，为激光选区熔化镁合金创造更广阔的应用前景。

参考文献

[1] Rayleigh L. On the instability of jets [J] . Proceedings of the London Mathematical Society, 1878, s1-s10 (1) .

[2] Guthrie R I. The physical properties of liquid metals [J] . (No Title), 1987.

[3] Schiaffino S, Sonin A A. Molten droplet deposition and solidification at low Weber numbers [J] . Physics of fluids, 1997, 9 (11): 3172-3187.

[4] Schiaffino S, Sonin A A. Motion and arrest of a molten contact line on a cold surface: An experimental study [J] . Physics of Fluids, 1997.

[5] Gao F, Sonin A A. Precise deposition of molten microdrops: the physics of digital microfabrication [J]. Proceedings of the Royal Society of London Series A: Mathematical and Physical Sciences, 1994, 444 (1922): 533-554.

[6] Kaviany M. Essentials of heat transfer: principles, materials, and applications [M] . Cambridge University Press, 2011.

[7] Parker W, Jenkins R, Butler C, et al. Flash method of determining thermal diffusivity, heat capacity, and thermal conductivity [J] . Journal of applied physics, 1961, 32 (9): 1679-1684.

[8] Oddone V, Boerner B, Reich S. Composites of aluminum alloy and magnesium alloy with graphite showing low thermal expansion and high specific thermal conductivity [J] . Science and Technology of Advanced Materials, 2017, 18 (1): 180-186.

[9] Jiang J-F, Ying W, Qu J-J, et al. Numerical simulation and experiment validation of thixoforming angle frame of AZ61 magnesium alloy [J] . Transactions of Nonferrous Metals Society of China, 2010, 20: 888-892.

[10] Lee S, Ham H J, Kwon S Y, et al. Thermal conductivity of magnesium alloys in the temperature range from-125 C to 400 C [J] . International Journal of Thermophysics, 2013, 34: 2343-2350.

[11] Li J, Xu G, Yu H, et al. Optimization of process parameters in twin-roll strip casting of an AZ61 alloy by experiments and simulations [J] . The International Journal of Advanced Manufacturing Technology, 2015, 76: 1769-1781.

[12] Liu W, Wang G, Matthys E. Thermal analysis and measurements for a molten metal drop impacting on a substrate: cooling, solidification and heat transfer coefficient [J] . International Journal of Heat and Mass Transfer, 1995, 38 (8): 1387-1395.

[13] Nishi T, Shibata H, Waseda Y, et al. Thermal conductivities of molten iron, cobalt, and nickel by laser flash method [J] . Metallurgical and Materials Transactions A, 2003, 34: 2801-2807.

[14] Boschetto A, Bottini L, Pilone D. Effect of laser remelting on surface roughness and microstructure of AlSi10Mg selective laser melting manufactured parts [J] . The International Journal of Advanced Manufacturing Technology, 2021, 113: 2739-2759.

[15] Manne B, Thiruvayapati H, Bontha S, et al. Surface design of Mg-Zn alloy temporary orthopaedic implants: Tailoring wettability and biodegradability using laser surface melting [J] . Surface and Coatings Technology, 2018, 347: 337-349.

第7章

激光选区熔化镁合金显微组织演变及性能

镁合金作为最轻的结构材料，激光选区熔化镁合金的力学性能是该领域最受关注的研究方向之一。有别于传统制造方式，激光选区熔化技术由于其极快的冷却速度，所制备的样品具有较为细小的组织结构。不同的工艺参数会导致不同的能量输入，从而产生不同的凝固速度与界面温度梯度，不仅会引起组织结构的变化，也同样会影响每一层的球化倾向与表面粗糙度，从而对样品的显微组织、力学性能产生影响。

7.1 激光选区熔化镁合金相图、相组成及凝固过程

相组成及其分布是影响力学性能的重要因素之一。在激光选区熔化的快速凝固下，同种镁合金的相组成和相分布与传统工艺制备的镁合金相比更为细小和均匀，因此使力学性能上激光选区熔化制备的镁合金往往具有更好的强度。由此可见，开展激光选区熔化镁合金的相组成的详细深入研究对提升其力学性能具有重要的科学指导意义。

7.1.1 激光选区熔化镁合金相组成

激光选区熔化过程的高冷却速度使镁合金样品形成细小的α-Mg等轴晶粒；输入的激光能量密度不同，样品的相组成也有区别。不同系列的镁合金相组成也不相同。

(1) AZ61镁合金　AZ61镁合金样品均由α-Mg、β-$Mg_{17}Al_{12}$两相组成，图7-1为四组不同能量密度下激光选区熔化制备的AZ61镁合金样品的XRD相组成结

果，在不同能量密度下，所有 AZ61 镁合金样品均由 α-Mg、β-$Mg_{17}Al_{12}$ 两相组成。但是衍射峰的峰强度随着能量密度的变化而有所改变。当能量密度为 138.89 J/mm^3 时，对应的 XRD 曲线中只有一个 β-$Mg_{17}Al_{12}$（232）的衍射峰出现，且衍射峰的强度很弱，表明第二相 β-$Mg_{17}Al_{12}$ 的结晶度在此能量密度下较差。然而，当能量密度增加到 156.25 J/mm^3 时，β-$Mg_{17}Al_{12}$（411）衍射峰开始出现，此时第二相的结晶性增强，继续增加能量密度，β-$Mg_{17}Al_{12}$（411）衍射峰一直存在。

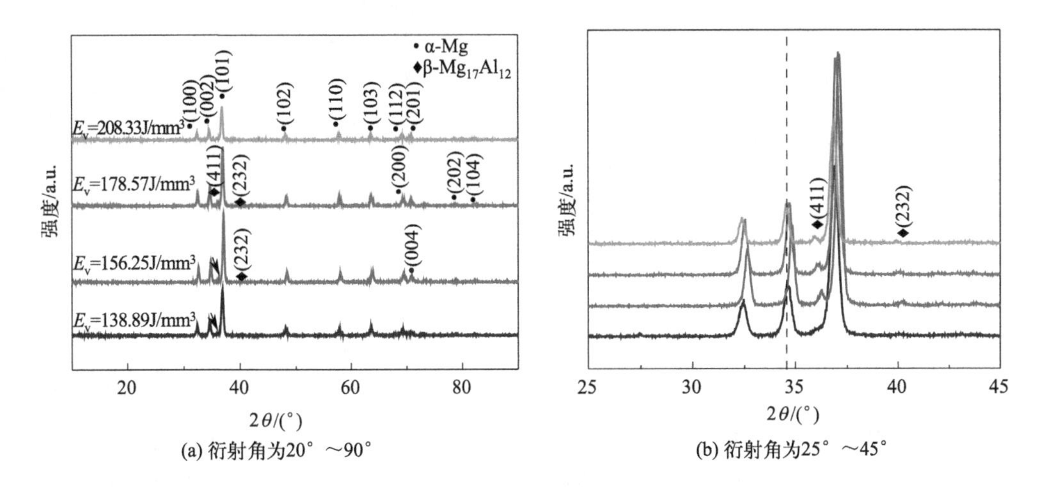

图 7-1　样品在不同能量密度下的 XRD 相组成结果

（2）AZ91 镁合金　激光选区熔化制备的 AZ91D 镁合金也由 α-Mg、β-$Mg_{17}Al_{12}$ 两相组成。基体为 α-Mg 固溶体，少量细小 β-$Mg_{17}Al_{12}$ 相存在于晶内和晶界处。合金组织主要由等轴晶粒组成，平均晶粒尺寸约为 3～5 μm，远小于铸造晶粒[1]。同样地，对三种能量密度下的激光选区熔化成型 AZ91D 试样进行了 XRD 物相测试，三个试样的能量密度依次为 E_v＝83.33 J/mm^3（90 W，600 mm/s，45 μm），E_v＝144.44 J/mm^3（130 W，500 mm/s，45 μm），E_v＝208.33 J/mm^3（150 W，400 mm/s，45 μm）。激光选区熔化成型 AZ91D 试样的 XRD 图谱如图 7-2 所示。由图 7-2(a) 可知，不同能量密度下的 AZ91D 试样中物相均由初生 α-Mg、第二相 β-$Mg_{17}Al_{12}$ 组成，未检测到其他衍射峰存在，这主要是由于成型过程中严格控制了 O_2 和 H_2O 的浓度。由图 7-2(b) 可知，随着能量密度的增加，衍射峰往高角度发生偏移，归因于在激光选区熔化成型过程中，由于激光能量的输入增大，使镁元素蒸发较多，铝元素含量相对增加，且铝（0.1434 nm）和锌（0.1332 nm）的原子半径均小于镁（0.1598 nm）的原子半径，铝、锌元素在 α-Mg 物相中代替溶质原子形成置换固溶体，促使 α-Mg 的晶格参数发生改变，从而在不同能量密度下的 α-Mg 衍射峰发生偏移。

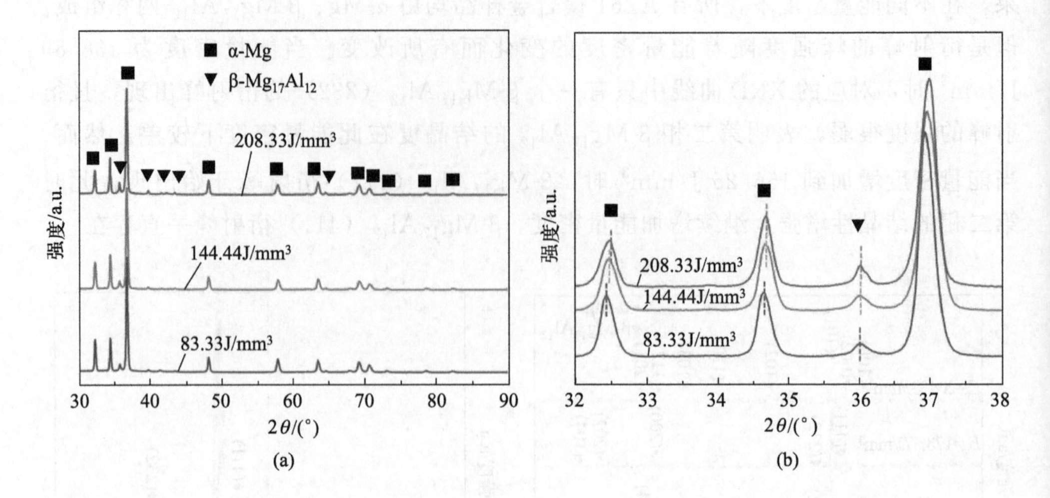

图 7-2 （a）不同能量密度下激光选区熔化成型 AZ91D 试样 XRD 图谱；（b） XRD 局部放大图

（3）WE43 镁合金　对于含稀土的镁合金而言，如 WE43 稀土镁合金，其铸态组织主要由 α-Mg 基体和晶界上的 $Mg_{24}Y_5$ 共晶相组成，呈现出相对较大的等轴晶粒。金属间颗粒富含主要合金元素（锆和稀土，包括钇、钕，有时还包括钆），并且主要沿晶界（枝晶间区域）以及晶粒内部不连续分布。而激光选区熔化制备的 WE43 样品存在各种相，包括金属间化合物和富氧物质。因此，与铸造 WE43 镁合金相比，激光选区熔化制备的 WE43 镁合金显微组织中的 α-Mg 晶粒（固溶体基体）中的钇和稀土含量较少，并且没有表现出共晶 α（枝晶间区域）的迹象，而是表现出高密度的片状颗粒以及富含钇和钕的孤立/多面颗粒[2]。

7.1.2　激光选区熔化镁合金凝固路径

激光选区熔化是金属粉末快速熔化并快速冷却凝固的过程，不同系列的镁合金凝固过程也不相同。例如 AZ61 镁合金室温凝固路径为：

$$L \rightarrow L+\alpha\text{-Mg} \rightarrow \alpha\text{-Mg} \rightarrow \alpha\text{-Mg}+\beta\text{-}Mg_{17}Al_{12} \rightarrow \alpha\text{-Mg}+\beta\text{-}Mg_{17}Al_{12}+T$$

平衡凝固过程中，室温下，铝的溶解度仅有 2%（质量分数），在 437 ℃时，在 Mg 基体中最高可以溶解 12.7%（质量分数）的铝元素，在此区间内，在平衡状态的慢冷下，首先发生 L→α-Mg，即匀晶反应。此时 α-Mg 中的合金元素铝扩散充分。随着冷却过程的继续，L→α-Mg 在熔体温度低于固相线温度时停止，温度保持在固相线温度以下，在 α-Mg 固溶体中，则会发生第二相 β-$Mg_{17}Al_{12}$ 沉淀析出，而在平衡状态下，最终凝固产物为 α-Mg 固溶体和第二相 β-$Mg_{17}Al_{12}$，不存在共晶组织。图 7-3 为利用 Factsage 计算的当锌含量在 1.27%时的镁合金二元相图，并用实线表示出 AZ61 镁合金的凝固路径。

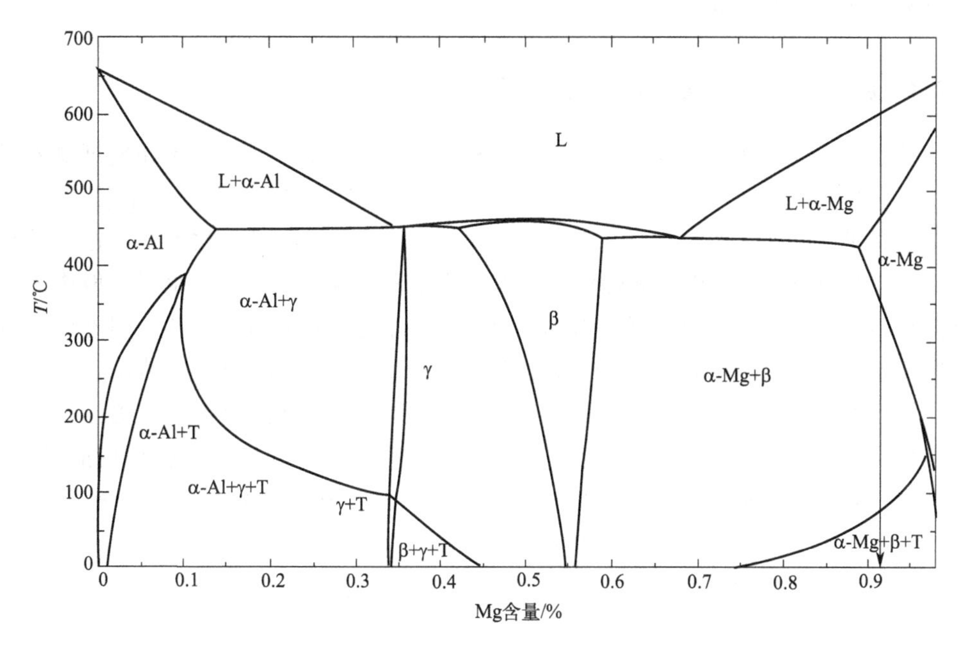

图 7-3 用 Factsage 计算 Mg-Al-Zn 合金 ［1. 27%（质量分数） Zn］ 的相图（箭头表示 AZ61 镁合金凝固路径）

激光选区熔化成型在快速凝固下是一个非平衡过程，所以它的最终相组成与平衡相图略有不同，没有检测到 T 相。在相对较慢的冷却过程中，AZ61 镁合金在室温下由 α-Mg 和 β-$Mg_{17}Al_{12}$ 两相组成。而在较快的冷却速度下，液相中，初生 α-Mg 中的原子无法完全扩散，由溶质再分配原理可知，固溶元素铝在凝固前沿不断富集，α-Mg 相的枝晶间的残余液相在凝固后期达到了共晶的成分，两相各自独立生长，导致离异共晶组织生成。低能量输入（138.89 J/mm^3）时，冷却速度快，相当于在 α-Mg 的区域极冷，更多的铝元素由于来不及充分扩散而固溶进基体中，共晶转变过程 L→α-Mg＋β-$Mg_{17}Al_{12}$ 被抑制，所以 β-$Mg_{17}Al_{12}$ 在低能量输入时只有一个衍射峰，且峰强较弱。相对地，能量输入升高（156.25～208.33 J/mm^3），凝固速度下降，铝元素扩散相较低能量密度时更为充分，共晶转变 L→α-Mg ＋β-$Mg_{17}Al_{12}$ 得以发生，因此，β-$Mg_{17}Al_{12}$ 在能量密度高于 156.25 J/mm^3 时结晶性增强。

7.2 激光选区熔化镁合金凝固过程及性能

激光选区熔化的快速凝固过程较为复杂，该过程直接影响了成型后镁合金的微观组织、缺陷以及最终的力学性能。现阶段，对激光选区熔化镁合金的快速凝固阶段尚未得到充分的研究。

7.2.1 激光选区熔化镁合金凝固与致密化

激光选区熔化镁合金固溶及致密化过程中值得注意的是，随着能量密度输入变化，衍射峰偏移，如图 7-1(b) 和图 7-2(b) 所示。对于 AZ61 镁合金，图 7-1(b) 为在不同能量密度下四个样品衍射角为 25°～45°时的 XRD 局部放大图。在能量密度为 156.25 J/mm^3 时衍射峰偏移角最大，能量密度继续上升，发生了衍射峰向小角度偏移的情况，但相对于镁合金的 α-Mg 峰而言还是向大角度偏移。同理可在激光选区熔化 AZ91D 镁合金中看到相似现象，如图 7-2(b) 所示。这种现象主要受温度与溶质捕获作用（solute-trapping）的双重影响。根据固溶理论，铝元素可以作为替代原子，进入 α-Mg 基体。在快速凝固过程中，受到溶质捕获作用的影响，在 α-Mg 基体中固溶元素铝的含量有所升高[3, 4]。元素铝和锌的原子半径分别为 0.1199 nm 和 0.1187 nm，两者均小于镁的原子半径 0.1333 nm[5]。因此，当固溶元素铝和锌进入 α-Mg 基体后，α-Mg 的晶格常数减小，衍射峰的角度增加（即向右偏移）。镁合金的晶体结构为密排六方，有两个晶格常数，分别为 a 和 c。α-Mg 的晶格参数可以通过公式计算[6]。根据 Bragg 方程式(7-1)～式(7-4)：

$$2d\sin\theta=\lambda \tag{7-1}$$

$$\frac{1}{d^2}=\frac{4}{3}\left(\frac{h^2+hk+k^2}{a^2}\right)+\frac{l^2}{c^2} \tag{7-2}$$

$$a=\sqrt{\frac{4}{3}(h^2+hk+k^2)+\frac{3}{8}l^2\times d} \tag{7-3}$$

$$c=\sqrt{\frac{8}{3}}a=1.633a \tag{7-4}$$

式中，d、θ、λ 分别为相邻晶格的面间距、衍射角以及 X 射线的波长；h、k、l 为晶面指数。

表 7-1 和图 7-4 对比了通过 XRD 结果计算得到的四种能量密度下激光选区熔化制备的 AZ61 镁合金试样的晶格参数与纯镁的晶格参数。从图 7-4 可以看出，激光选区熔化制备的 AZ61 镁合金的晶格常数 a 和 c 均小于纯镁的晶格常数（$a=0.321$，$c=0.521$），表明样品的冷却速度确实对铝原子的固溶产生了影响，快速凝固使元素的固溶度增加。

镁合金中的不同元素的固溶对相对密度会产生影响。AZ61 镁合金在能量密度为 156.25 J/mm^3 时，镁合金样品的晶格参数最小（$a=0.3160$，$c=0.51508$），铝

在 α-Mg 基体中含量最高，固溶最多，所以，在能量密度为 156.25 J/mm³ 时衍射峰向大角度偏移最大，表明元素铝在 α-Mg 基体中的固溶度此时达到了最高。而相较于 138.89 J/mm³ 的能量密度，E_v 为 156.25 J/mm³ 时熔体温度随能量密度的增加略有升高，所以铝的溶解度随温度的升高而增大，呈现随着 E_v 升高而铝的固溶增加的趋势；当这种温度升高导致的固溶增加与快速凝固引起的溶质截留效应共同发挥作用时，则出现了本书中观察到的在 E_v 为 156.25 J/mm³ 时出现了的最高元素固溶。继续增大 E_v 到 178.57 J/mm³ 和 208.33 J/mm³ 时，铝的固溶由于溶质截留效应减弱而减小。

表 7-1 对比不同能量密度下 AZ61 镁合金晶格参数与纯镁晶格参数

晶格参数	纯镁	SLM			
		能量密度/(J/mm³)			
		138.89	156.25	178.57	208.33
a	0.321	0.318	0.316	0.317	0.318
c	0.521	0.518	0.515	0.517	0.519

铝的密度为 2.7 g/cm³，大于纯镁的密度（1.7 g/cm³），所以铝元素的固溶会使样品的相对密度增加。由于在 E_v 为 156.25 J/mm³ 时铝的固溶度最高，所以此时成型样品的相对密度达到最大的 99.4%，如图 7-4 所示。当能量密度增加到 178.57 J/mm³ 和 208.33 J/mm³ 时，由于铝元素固溶的减少，样品的相对密度减小。

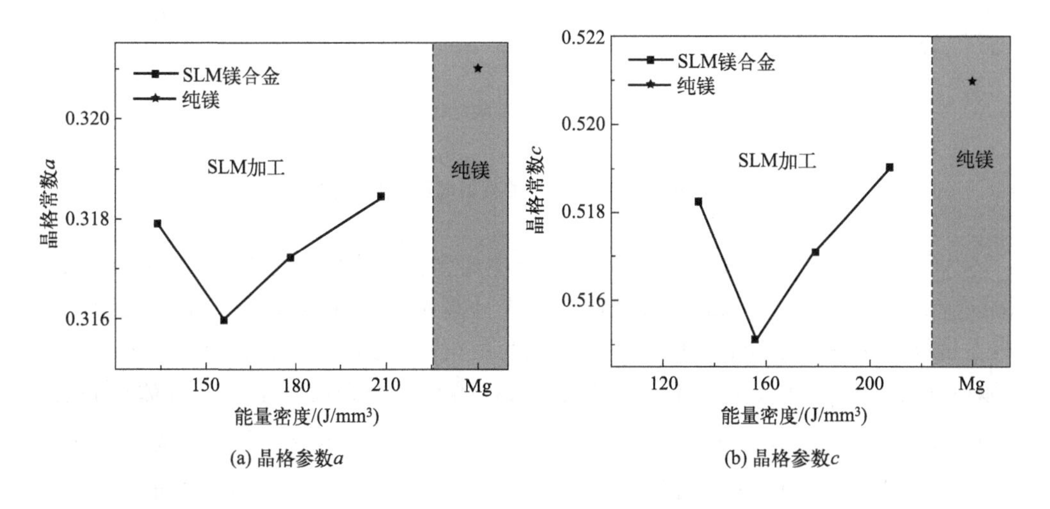

图 7-4 四种能量密度下 SLM 制备 AZ61 镁合金的晶格参数

7.2.2 激光选区熔化镁合金凝固与残余应力

衍射峰角度偏移也可能与材料内部存在的残余应力相关，残余应力的存在会诱发裂纹、变形等问题。采取预热手段可以有效控制衍射峰偏移情况，减少残余应力发生的可能。选取镁合金原始粉末、铸态试样以及激光选区熔化镁合金试样进行对比，其中激光选区熔化镁合金成型前对基板进行 120 ℃预热处理。对比了 AZ91D 粉末、激光选区熔化成型 AZ91D 试样及铸造 AZ91D 的 XRD 衍射峰，如图 7-5(a) 所示。从图 7-5(a) 可知，不同状态下的 AZ91D 试样均主要由两相组成，分别为 α-Mg 相及 β-$Mg_{17}Al_{12}$ 相。铸态、粉末态及激光选区熔化态的衍射峰角度几乎没有区别，表明激光选区熔化成型 AZ91D 试样内存在的残余应力处于低水平，如图 7-5(b) 所示。因此，高温预热处理（120 ℃）对去除残余应力有一定效果，从而避免残余应力诱发裂纹的可能性。另外，由图 7-5(b) 可以发现，粉末态和激光选区熔化态试样中的 β-$Mg_{17}Al_{12}$ 相的衍射峰强度明显低于铸态试样。

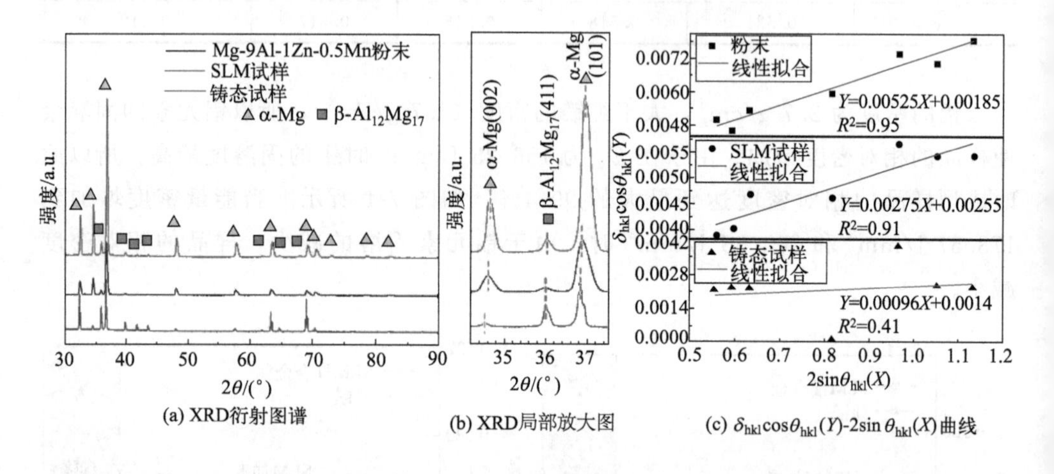

图 7-5 不同状态下 AZ91D 的相组成及平均有效微应变

为了定量比较不同状态下 AZ91D 试样中相含量，使用参比强度（reference intensity ratio，RIR）与 Rietveld 精修方法来计算物相的体积分数。如表 7-2 所示，铸态试样中的 β-$Mg_{17}Al_{12}$ 相含量为 27.20%（体积分数），远高于粉末中 5.04%（体积分数）的 β-$Mg_{17}Al_{12}$ 相含量及激光选区熔化镁合金试样 4.96%（体积分数）的 β-$Mg_{17}Al_{12}$ 相含量。这归因于真空气雾化（10^3～10^5 K/s）和激光选区熔化工艺（10^4～10^6 K/s）中的超高冷却速度，使得镁合金熔体存在时间较短，β-$Mg_{17}Al_{12}$ 没有足够的时间形成及生长。

表 7-2 不同状态下 AZ91D 的物相体积分数和平均位错密度

试样	相体积分数/%			Williamson-Hall 关键参数	
	α-Mg	β-$Mg_{17}Al_{12}$	D/nm	ε	$\rho_d/(\times 10^{14}\ m^{-2})$
AZ91D 粉末	94.96	5.04	83.27	0.00525	7.40
LPBF AZ91D	95.04	4.96	60.41	0.00275	5.35
Cast AZ91D	72.80	27.20	110.04	0.00096	N/A

进而可以利用 Williamson-Hall（W-H）法[7] 来计算不同状态下的 AZ91D 试样的位错密度，如式(7-5) 所示：

$$\delta_{hkl}\cos\theta_{hkl}=\lambda/D+2\varepsilon\sin\theta_{hkl} \tag{7-5}$$

式中，δ_{hkl} 表示 AZ91D 试样中不同衍射峰对应的半高峰宽；θ_{hkl} 表示为满足布拉格衍射条件 X 射线衍射峰对应的衍射角；D 表示平均亚晶粒尺寸；λ 表示入射波波长（对于 Cu 靶辐射，$\lambda=0.154505$ nm）；ε 表示平均有效微应变。因此，不同 AZ91D 状态下的平均亚晶粒尺寸（D，nm）和平均有效微应变 ε 可以通过 $\delta_{hkl}\cos\theta_{hkl}$（$Y$）与 $2\sin\theta_{hkl}$（X）线性函数进行计算。同时，用于该部分的衍射图为 α-Mg 相的（100）、（002）、（101）、（102）、（110）、（103）及（200）晶面，位错密度（ρ_d，m^{-2}）根据式(7-6) 计算：

$$\rho_d=2\sqrt{3}\varepsilon/bD \tag{7-6}$$

式中，b 为伯氏矢量（0.295 nm），使用 Williamson-Hall 方法计算的关键指标及不同状态下的位错密度列于表 7-2，并绘制于图 7-5(c) 中。

图 7-5(c) 与表 7-2 所示，极高的冷却速度导致粉末态（$D=83.27$ nm，$\varepsilon=0.00525$）及激光选区熔化成型 AZ91D 试样（$D=60.41$ nm，$\varepsilon=0.00275$）内的亚晶粒尺寸和微应变相较于铸态 AZ91D 试样（$D=110.04$ nm，$\varepsilon=0.00096$）的亚晶粒尺寸较低，微应变较高。因此计算可得，粉末态与激光选区熔化成型 AZ91D 试样的位错密度分别为 7.40×10^{14} m^{-2}、5.35×10^{14} m^{-2}，由于铸态 AZ91D 的平均亚晶粒尺寸为 110.04 nm（>100 nm），且图 7-5(c) 中其决定系数（R^2）仅为 0.41，表明 Williamson-Hall 方法不适用于分析亚晶粒尺寸较大（>100 nm）的铸造试样，同时，铸态 AZ91D 的微应变为 0.00096，表明铸态试样内部具有超低的位错密度。对金属材料来说，位错密度对材料的韧性、强度等有影响，位错密度能够提高试样的显微硬度及强度，因此通过对比位错密度计算结果可知，激光选区熔化镁合金试样较铸态试样在强度方面会有更优的表现。

7.2.3 激光选区熔化镁合金凝固与成型质量

不同镁合金元素的固溶会对样品的相对密度产生影响，但是否会进而影响到样品表面形貌尚不清楚，可以借助表面粗糙度的值来量化影响程度，如图 7-6 所示。能量密度从 138.89 J/mm^3 到 208.33 J/mm^3，样品的表面粗糙度值分别为 8.41 μm、8.89 μm、7.49 μm 和 8.64 μm，表面粗糙度值在一定范围内波动，因此不同镁合金的固溶并未对样品的表面形貌产生显著影响。

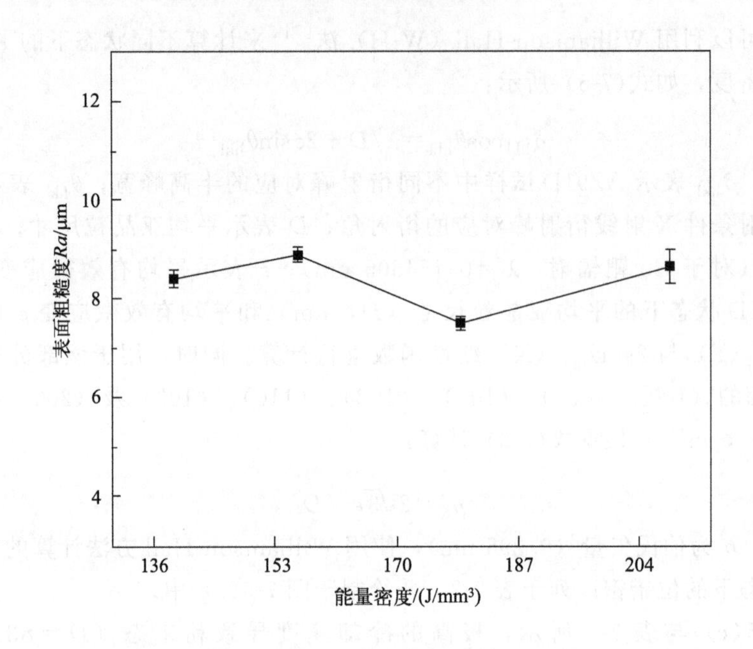

图 7-6 Al 的固溶体与表面粗糙度的关系

一般来说，SLM 工艺的本质增强了元素的固溶，铝元素固溶越多，样品相对密度越大，但对表面粗糙度的影响较小。

7.3 激光选区熔化镁合金显微组织

激光选区熔化镁合金在快速凝固的作用下，其微观组织与铸造、轧制的镁合金微观组织性能差别较大。现阶段，激光选区熔化镁合金的微观组织已经得到了较为深入的研究，调控激光选区熔化镁合金微观组织的手段也得到了广泛的关注。由于微观组织对于性能的影响起到了决定性的作用，因此激光选区熔化镁合金显微组织的调控是实现其性能稳定的前提。

7.3.1 激光选区熔化镁合金组织演变规律

（1）不同能量密度对镁合金组织的影响　输入的激光能量密度不同，激光选区熔化镁合金的显微组织也有所区别。激光能量密度提高会导致成型过程中冷却速度下降，使镁合金样品的平均晶粒尺寸增大。

图 7-7 为能量密度分别为 138.89 J/mm^3、156.25 J/mm^3、178.57 J/mm^3 和 208.33 J/mm^3 的激光选区熔化 AZ61 镁合金显微组织图像。在不同能量密度下，显微组织由两相构成，分别为黑色的 α-Mg 基体以及白色的 β-$Mg_{17}Al_{12}$，如图 7-7 中箭头所示。在等轴的 α-Mg 晶粒周围，β-$Mg_{17}Al_{12}$ 沿晶界处呈网状分布。随着能量密度的不同，相分布有明显的变化。结合 EDS 结果可知，α-Mg 基体部分镁、铝含量分别为 92.26%（质量分数）和 6.14%（质量分数），而白色相组成中镁、铝含量分别为 85.83%（质量分数）、11.46%（质量分数），晶粒内部的基体镁元素的含量高于晶界处的含量；而铝元素的含量在晶界处高于晶粒内部，发生了晶界处的富集。可以确定白色相为在 α-Mg 固溶体上析出的 β-$Mg_{17}Al_{12}$，先结晶出的 α 成分偏离固相线，随着冷却过程的进行，液相减少，当冷却到共晶温度以下时，剩余的液相发生共晶转变，形成共晶组织，继续冷却直至液相消失，此时，α 相的量远大于（α+β）的量，（α+β）中的 α 依附在初生 α 上生长，β 被推向晶界凝固，产生了离异共晶组织。

从图 7-7(a) 中可以看出，能量密度为 138.89 J/mm^3，α-Mg 晶粒呈现未完全长大的形貌，第二相 β-$Mg_{17}Al_{12}$ 具有弥散分布的特点，这是由于在相对较低的能量输入与相对较快的冷却速度下，铝元素由于未能充分扩散而减少了在晶界处的偏聚，呈弥散均匀化分布。但是，当能量密度增加到 156.25 J/mm^3 时[图 7-7(b)]，SEM 图片显示显微组织由等轴的 α-Mg 晶粒和沿晶界分布的完全离异共晶 β-$Mg_{17}Al_{12}$ 组成，随后继续增加能量输入，第二相保持沿晶界析出的形式。能量输入较低时，第二相 β-$Mg_{17}Al_{12}$ 分布更加均匀，表明适当控制能量输入及冷却速度，可以控制第二相的分布趋势，冷却速度越慢，铝元素充分扩散、富集的时间越长，在晶界偏聚的现象越容易发生。

此外，在图 7-7(a) 和图 7-7(c) 中可以看到热影响区 HAZ（heat affected zone）。能量密度的差别导致样品所经历的热历史不同，从而形成了不同的微观结构。这些破碎不完整的晶粒结构是由于激光能量集中辐射在 AZ61 镁合金粉末上，粉末受热熔化，形成熔道，熔道的中心至边缘由于受热的差异而形成了温度的差异，即温度梯度，边缘区只受到了相对有限的热量传递，故而第二相扩散不均匀而未完全偏聚[8]。这一结果与激光选区熔化法制备其他金属的已发表的结果相类似[9-11]。

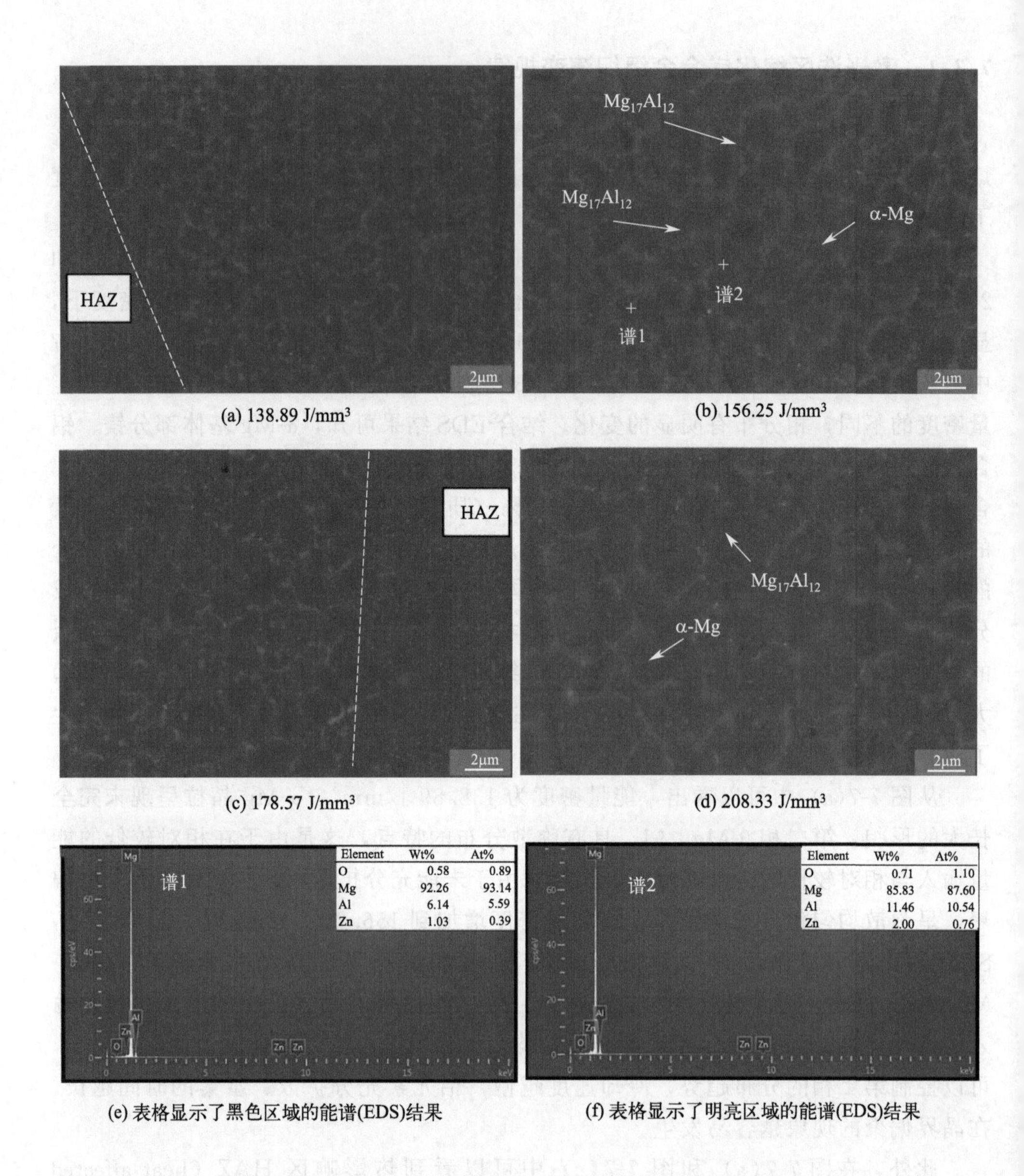

(a) 138.89 J/mm³　(b) 156.25 J/mm³

(c) 178.57 J/mm³　(d) 208.33 J/mm³

(e) 表格显示了黑色区域的能谱(EDS)结果　(f) 表格显示了明亮区域的能谱(EDS)结果

图 7-7　不同 E_v 条件下制备的 AZ61 试样的 SEM 显微组织

图 7-8 为激光选区熔化 AZ61 镁合金的 TEM 图，在背散射模式下可以清晰地看出白色第二相在晶界处析出[图 7-8(a)]，利用明场进行观察发现晶界析出的相与晶粒内是由两种截然不同的相组成[图 7-8(b)]，通过衍射花样进行标定最终确定晶粒内部为 α-Mg，晶界处为 β-$Mg_{17}Al_{12}$，表明晶界处有第二相生成。

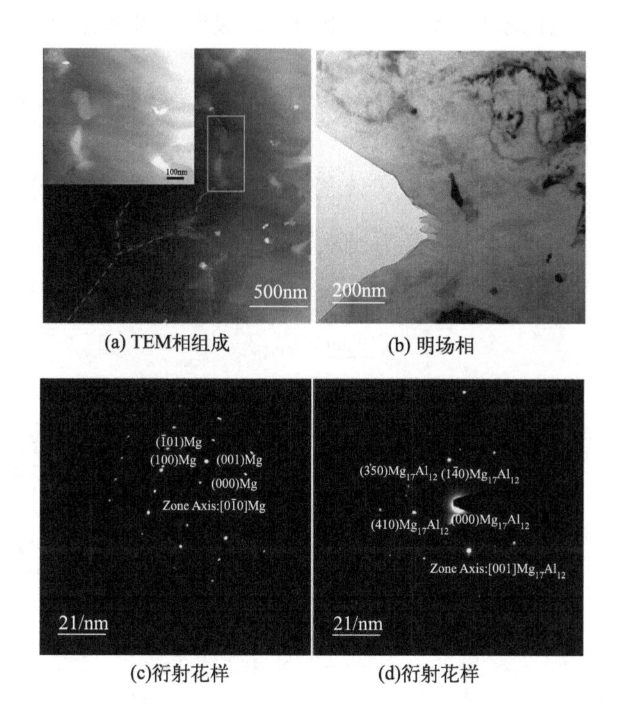

(a) TEM相组成　　(b) 明场相

(c)衍射花样　　(d)衍射花样

图 7-8　相组成 TEM 图及衍射花样

（2）不同位置镁合金显微组织区别　对于 Mg-Al 系镁合金，除热影响区域外，在相同激光能量输入下，不同位置的显微组织也不尽相同。图 7-9 为激光选区熔化成型 AZ91D 试样的显微组织形貌。图 7-9(a) 与 (d) 分别为激光选区熔化成型 AZ91D 试样的表面 *XY* 跟截面 *XZ* 的光学显微镜（OM）图，可以观察到激光扫描运行轨迹以及熔池分布。在图 7-9(d) 中，在熔池中心形成了大量的等轴晶粒，熔池边缘形成了少量的柱状晶。同时在熔池边界处存在少量不规则孔洞，这主要归因于能量输入不足导致粉末未充分熔化，在激光选区熔化成型过程中，由于镁、锌元素熔沸点较低，导致镁、锌元素易蒸发，同时由于局部湍流气流影响产生副产物，激光与副产物相互作用显著降低了激光能量的输入。因此，由于少量未熔粉末颗粒的存在，易在熔池边缘处产生不规则孔洞。

图 7-9(b) 与 (e) 为激光选区熔化成型 AZ91D 试样腐蚀后 *XY* 与 *XZ* 面的 SEM 图，如图 7-9(b) 所示，在 *XY* 面处仅观察到含有细小胞状结构的致密等轴晶粒，在图 7-9(e) 中，*XZ* 面观察到熔池边界处由等轴晶与柱状晶共同组成。这主要是由于温度梯度（*G*）与凝固速度（*R*）协同作用导致。激光选区熔化成型 AZ91D 合金元素分布如图 7-9(c)、(f) 以及表 7-3 所示，在晶界处为富含铝元素的区域（区域 3 和区域 4），其中能检测到铝元素富集。此外，除晶界处，铝元素在

α-Mg 基体中的含量也比较高[图 7-9(c)和(f)]，表明大量铝元素固溶在基体中。

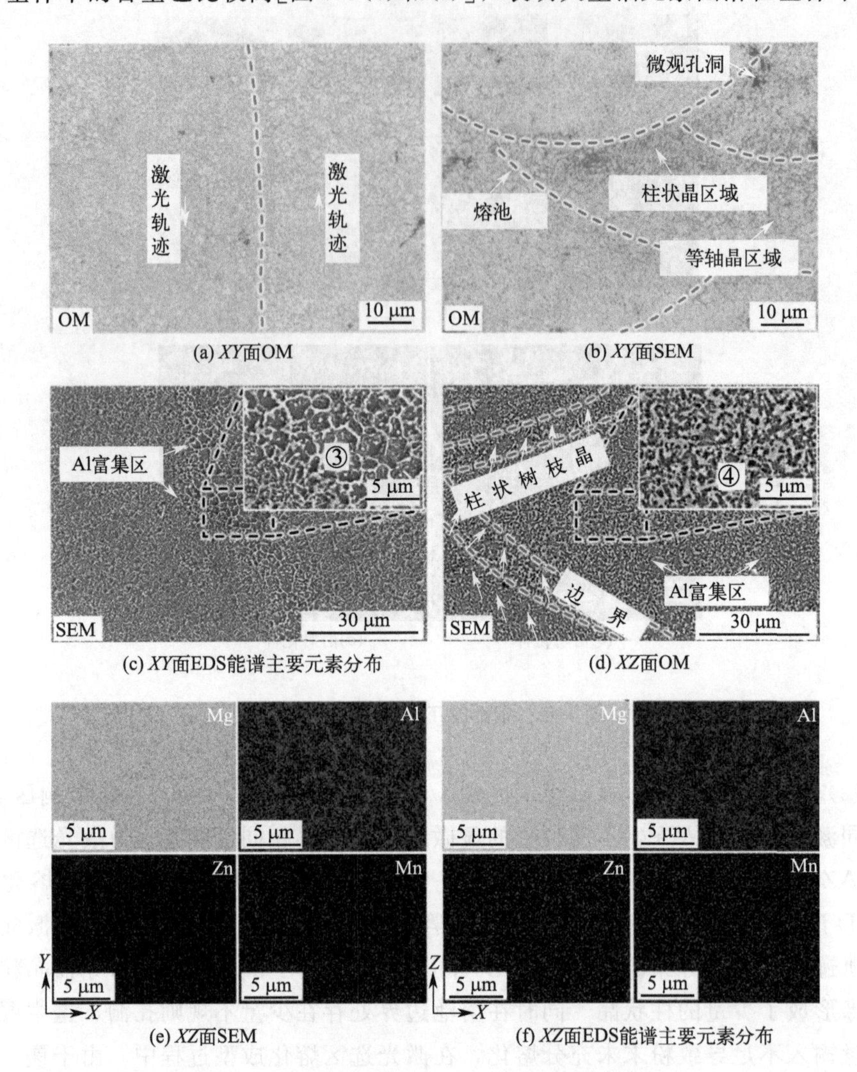

(a) *XY*面OM　(b) *XY*面SEM　(c) *XY*面EDS能谱主要元素分布　(d) *XZ*面OM　(e) *XZ*面SEM　(f) *XZ*面EDS能谱主要元素分布

图 7-9　激光选区熔化成型 AZ91D 试样的显微组织

表 7-3　激光选区熔化成型 AZ91D 试样元素分布

试样元素	区域 3		区域 4	
	%(质量分数)	%(原子分数)	%(质量分数)	%(原子分数)
Mg	81.62	83.65	82.56	84.26
Al	17.17	15.85	16.86	15.50
Zn	0.71	0.27	0.38	0.14
Mn	0.50	0.23	0.20	0.09

根据 Mg-Al 二元相图，铝在镁中的固溶度为 12.9%（质量分数）。因此，激光选区熔化成型过程中极快的冷却速度导致大量的铝元素溶解在 α-Mg 基体中，且 β-$Mg_{17}Al_{12}$ 相来不及生长及长大，无法形成铸态 AZ91D 试样中粗大的 β-$Mg_{17}Al_{12}$ 组织。激光选区熔化成型 AZ91D 合金的凝固过程及显微组织演变过程主要有四个阶段，如图 7-10 所示。

阶段Ⅰ：通过高能激光束对粉末材料照射，金属粉末逐渐熔化后形成液体，同时 AZ91D 粉末中的低沸点元素（镁、锌）在受到高能激光束后易蒸发，产生反冲压力，促使形成的熔池在反冲压力的作用下下沉；

阶段Ⅱ：由于 Marangoni 效应的存在，熔池中心处的液体向四周流动，使熔池凹陷的速度加剧，蒸发的气体无法逸出并夹带进熔池中，形成圆形孔洞，对试样的致密度造成影响；

阶段Ⅲ：随着冷却过程的进行，液相逐渐凝固并减少，且当冷却温度降到共晶温度线以下时，受到成型过程中冷却速度的影响，剩余液相发生共晶转变，直至液相消失，形成共晶组织。此时，共晶组织中的 α 相依附在初生 α 相上生长，共晶相中的 β 相推向晶界处凝固生长，这种两相分离的共晶体称为离异共晶组织；

阶段Ⅳ：随着 Al 元素溶解度的降低，初生 α 相中也析出少量 $β_{Ⅱ}$ 相组织。

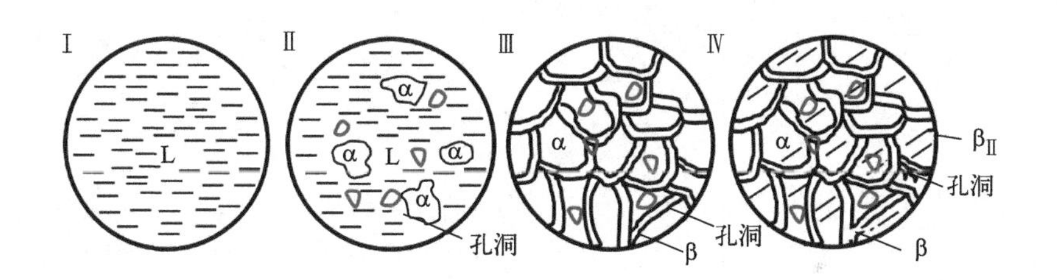

图 7-10　激光选区熔化 AZ91D 合金过程中的凝固行为及显微组织演变

此外，对于铝含量更高的 AZ91 镁合金，在激光选区熔化 AZ91D 镁合金中还观察到另一种组织，称为凝固亚晶粒，亚晶粒的粗细对材料的结构及性能都有着重要的影响，多束或多组的亚晶粒相交成为凝固晶界。对于 AZ91D 镁合金，根据凝固理论，AZ91D 镁合金在高温度梯度下由枝晶转变为等轴晶，并且在极快速的凝固过程中，晶核形成后没有时间长大粗化，便形成了细小的晶粒。此外，由于激光选区熔化过程冷却速度快，“溶质截留”效应明显，熔池界面前沿的原子没有时间充分扩散就被快速移动的固液界面所“捕获”，增大了铝元素在 α-Mg 基体中的固溶度，形成了过饱和 α-Mg 固溶体。激光选区熔化制备过程中瞬时激光能量大，可能导致 Mg 元素的挥发，铝元素的沸点相对较高，这将导致合金中铝元素的含量上升导致 AZ91D 镁合金中 β-$Mg_{17}Al_{12}$ 相含量及铝元素的固溶量均比传统铸造的镁合金高。且与熔池边界内部的显微组织相比，由于内部的热影响，熔池外侧形成了较大的第二相和较粗的晶粒。在激光选区熔化过程中，由外侧向内部顺序凝固，内部凝固过程中释放的热量将促使外侧的第二相和晶粒长大，但这只是亚微米级的长大，对镁合金整体性能影响很小。当 AZ91D 镁合金粉末在熔化过程中，溶质元素进入熔池，当激光束持续作用在熔池上时，溶质会在凝固界面处成分聚集，并形成了成分过冷区；凝固界面的最大成分过冷区的过冷度高于形核过冷度时，形核生长成为等轴晶。

（3）氧含量的来源及影响　激光选区熔化过程中的氧来自两方面：一是镁合金粉末中的氧，二是成形室中的氧。对于亲氧性较高的镁合金而言，激光选区熔化技术对此种镁合金材料成型的影响主要表现在析出相的分布、形貌及组成。

例如，稀土镁合金中由于稀土元素亲氧性更强而更易与氧结合。以 WE43 稀土镁合金为例，与 AZ 系列镁合金不同的是，激光选区熔化制备的 WE43 样品中表现出精细的微观组织，具有相当稳定的微观结构，如图 7-11(a) 所示，其中弥散的片状相为氧化物，具有片状特征的相有两种不同的成分，较粗的薄片含有 Zr 和 RE（主要为 Nd 和 Y)，而较细的富氧薄片在显微组织中的所有第二相中表现出最高的长宽比，仅含有 Zr 和 Y，没有 Nd 的迹象。

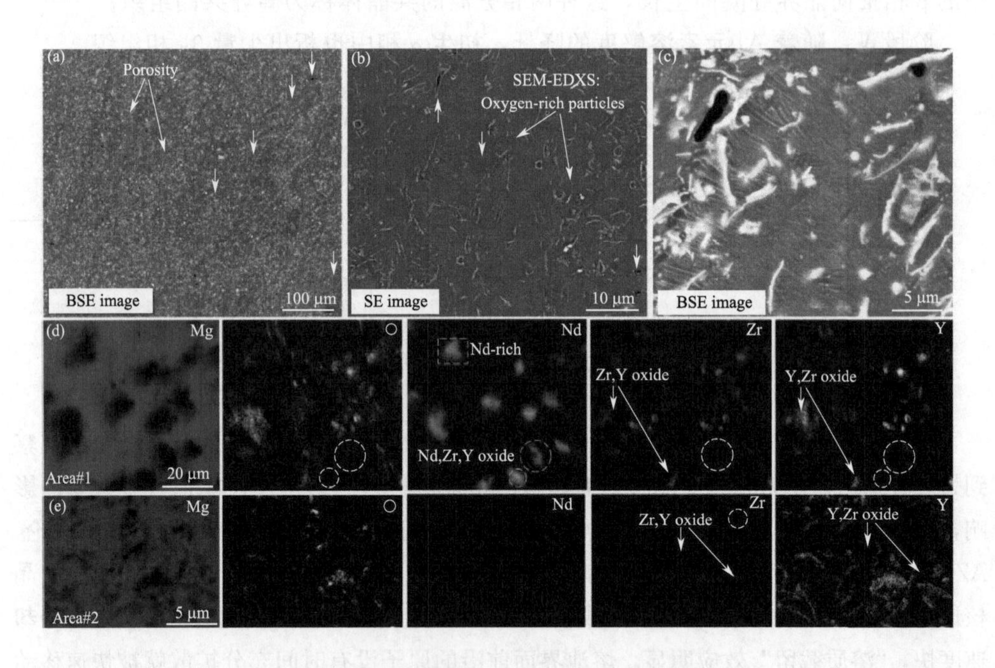

图 7-11　激光选区熔化 WE43 镁合金显微组织：

（a）~（c）BSE-SEM 下激光选区熔化 WE43 镁合金的典型凝固组织；

（d）~（e）同一材料在两种不同放大率下的 EDXS 图[2]

7.3.2 激光选区熔化镁合金晶粒尺寸及取向分布

随着能量密度的升高，激光选区熔化镁合金晶粒尺寸会发生较为明显的变化。不同镁合金的晶粒尺寸不同，受工艺参数的影响也不同。与铸造镁合金相比，激光选区熔化的高冷却速度可以起到细化晶粒的作用。因此，激光选区熔化镁合金晶粒尺寸比铸造镁合金低，下面以 AZ 系列及稀土镁合金中两种具有代表性的镁合金进行对比。

(1) AZ 系列镁合金　对于激光选区熔化镁合金，能量密度升高，晶粒尺寸发生粗化。如激光选区熔化制备 AZ61 镁合金，当 E_v 为 138.89 J/mm^3 时，平均晶粒尺寸通过线截距法测量后为 1.61 μm，而 E_v 升高到 156.25 J/mm^3 时，平均晶粒尺寸增加到 1.79μm，这是由于相对较低的能量输入和较快的凝固速度抑制了 α-Mg 晶粒的完整生长，继续增大能量密度到 178.57 J/mm^3 和 208.33 J/mm^3，平均晶粒尺寸分别为 2.12 μm 和 2.46 μm，如图 7-7 所示，表明能量密度的升高，平均晶粒尺寸发生粗化。随着能量密度升高而带来的晶粒粗化是由凝固时间延长引起，能量输入越大，凝固时间越长，晶粒粗化也越严重。即便如此，激光选区熔化成型的 AZ61 镁合金的晶粒尺寸仍远小于铸态下的 200～300μm 的 AZ61 镁合金的晶粒尺寸，相比铸态，激光选区熔化制备的镁合金晶粒细化了两个数量级。

此外，还可以通过 EBSD 技术直观地对激光选区熔化镁合金的晶粒尺寸及取向分布进行观察和统计。图 7-12 为激光选区熔化成型 AZ91D 试样在 *XY* 面的 EBSD 检测结果。如图 7-12(a) 为 *XY* 面的晶粒取向分布以及反极图（IPF），图中可以看出，激光扫描轨迹的平均宽度为 (24.12±0.025)μm，远小于激光光斑尺寸（43～50 μm），这是由于在高强度激光照射下，低熔点镁合金粉末容易熔化，从而产生一系列重叠率高的激光轨迹。图 7-12(b) 为 *XY* 面的晶粒尺寸分布，统计发现平均晶粒尺寸为 (1.95±0.125)μm，其中 1～2 μm 的晶粒占比为 38.78%，<1 μm 的晶粒占比为 18.14%，整个试样中晶粒较细小，对试样的力学性能产生很大的影响。

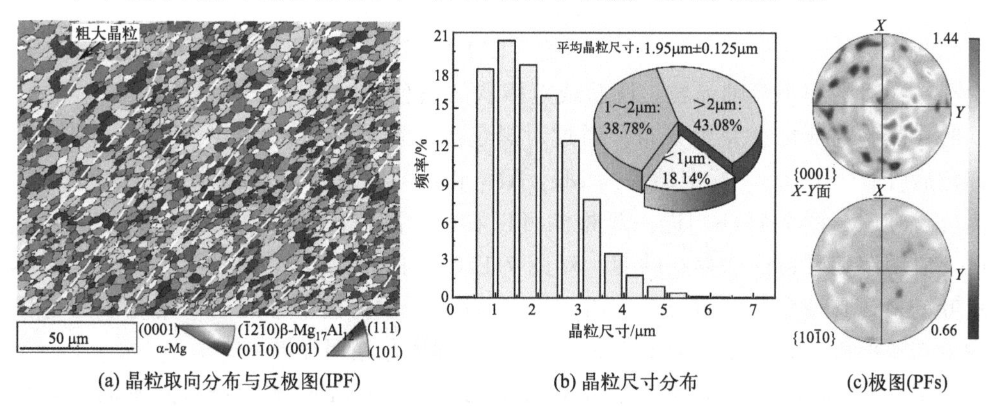

(a) 晶粒取向分布与反极图(IPF)　(b) 晶粒尺寸分布　(c)极图(PFs)

图 7-12　SLM 成型 AZ91D 试样 XY 面 EBSD 图

由反极图及晶粒统计图可知，激光选区熔化成型 AZ91D 试样 *XY* 面主要由大量的细小等轴晶粒构成，但由于激光选区熔化过程中的本征热处理（IHT），经历多次重熔后，在熔池边缘处形成了少量粗大的晶粒，如图 7-12(a) 箭头所示。尽管镁的 HCP 结构表现出良好的对称性，但镁合金作为 HCP 结构在通过激光选区熔化成型后，表现为不对称性[图 7-12(c)]，在晶面簇极图中的最大极密度值仅为 $1.44 \ll 5$，表明在 *XY* 面上呈现随机织构。

图 7-13(a) 为激光选区熔化 AZ91D 镁合金 *XZ* 面的晶粒取向分布以及反极图 (IPF)，该试样截面由柱状晶和等轴晶组成。柱状晶和等轴晶的形成和分布不仅受 G/R 比的控制，还受散热方向和熔体流动行为的影响。在快速凝固过程中，熔池与低温基体之间的 G 值较高，R 值较低，导致 G/R 较高，形成了垂直于熔池界面的柱状枝晶外延生长的典型特征。由于熔池底部的散热方向主要是通过周围凝固后的金属以及粉末床，因此枝晶的生长方式大多与散热方向相反[图 7-13(a)]。熔池顶部的 G/R 值较低，这是由于多个对流传热路径引起的高 R，即从熔池的中心到外围，以及从熔池的表面到周围环境。此外，在部分熔化的粉末和一些原位生成纳米颗粒的促进下，熔池顶部会发生异相形核。因此，在熔池顶部产生了大量细小的等轴晶。然而，激光选区熔化工艺引起的重熔现象不仅导致 *XZ* 面上的等轴晶粒比 *XY* 面上的少[图 7-13(a)]，而且由于 IHT 效应导致枝晶粗化[图 7-5(a)]。其次，由图 7-13(a) 所示，可以观察到柱状枝晶也会沿熔体流动方向倾斜生长。熔体流动冲刷了柱状枝晶前端的溶质富集层，导致枝晶尖端周围溶质分布不均匀。因此，朝向熔体流动方向的溶质浓度低于远离熔体流动方向的溶质浓度，进一步抑制了远离熔体流动方向的晶粒生长。因此，晶粒生长方向将偏向激光扫描方向[图 7-13(a)]。图 7-13(b) 为 *XZ* 面的晶粒分布图，可以发现平均晶粒尺寸为 $(3.11\pm0.118)\mu m$，其中 1～2 μm 的晶粒占比为 26.00%，<1 μm 的晶粒占比为 7.18%，相较于 *XY* 面的平均晶粒尺寸更粗大，<2 μm 的晶粒占比远低于 *XY* 面。此外，*XZ* 面的极密度为 $2.68 \ll 5$，呈现随机织构，如图 7-13(c) 所示。

激光选区熔化成型 AZ91D 试样的 TEM 观察结果如图 7-14 所示，图 7-14(a) 中存在大量的细小等轴晶粒，圆状或短棒状的黑色沉淀颗粒分布在等轴晶晶界处，同时在晶胞内部也有大量分布。通过对黑色沉淀颗粒进行选区电子衍射（SAED）标定后[图 7-14(c)]，标定结果为 $Mg_{17}Al_{12}$ 相，同时对纳米颗粒 $Mg_{17}Al_{12}$ 相通过高分辨 TEM[图 7-14(b)]进一步检测可以看出，晶粒内部形成了大量的位错缠结区，表明沉淀颗粒内部存在畸变。对图 7-14(b) 的衍射花样的副衍射斑进行反傅里叶变换，其畸变类型为刃型位错[图 7-14(d)]，主要由于激光选区熔化成型过程中冷却速度极快，导致形成的 $Mg_{17}Al_{12}$ 相内部也存在明显畸变。

图 7-15 和表 7-4 为激光选区熔化成型 AZ91D 的 TEM 观察结果及不同区域的具体成分组成。选取 HCP 结构中的 a 轴方向，即沿着晶向 $[2\bar{1}\bar{1}0]$ 进行明场像

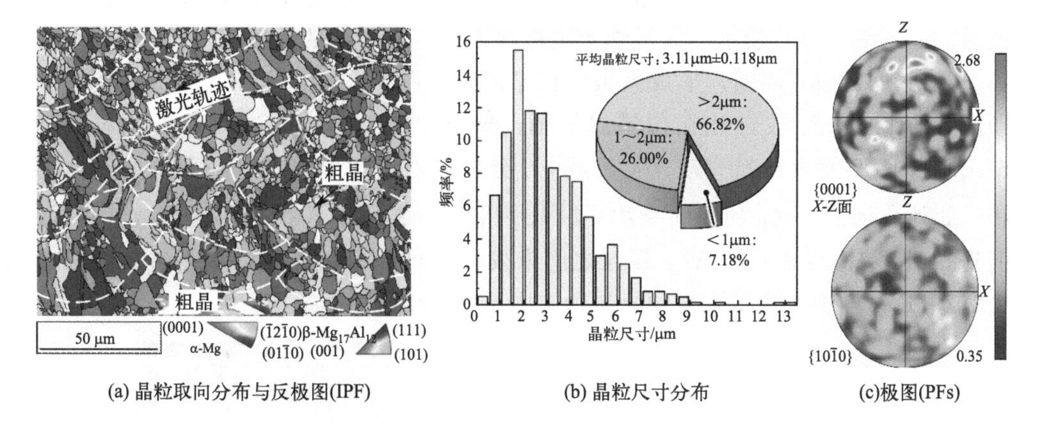

(a) 晶粒取向分布与反极图(IPF)　(b) 晶粒尺寸分布　(c)极图(PFs)

图 7-13　激光选区熔化 AZ91D 试样 XZ 面 EBSD 图

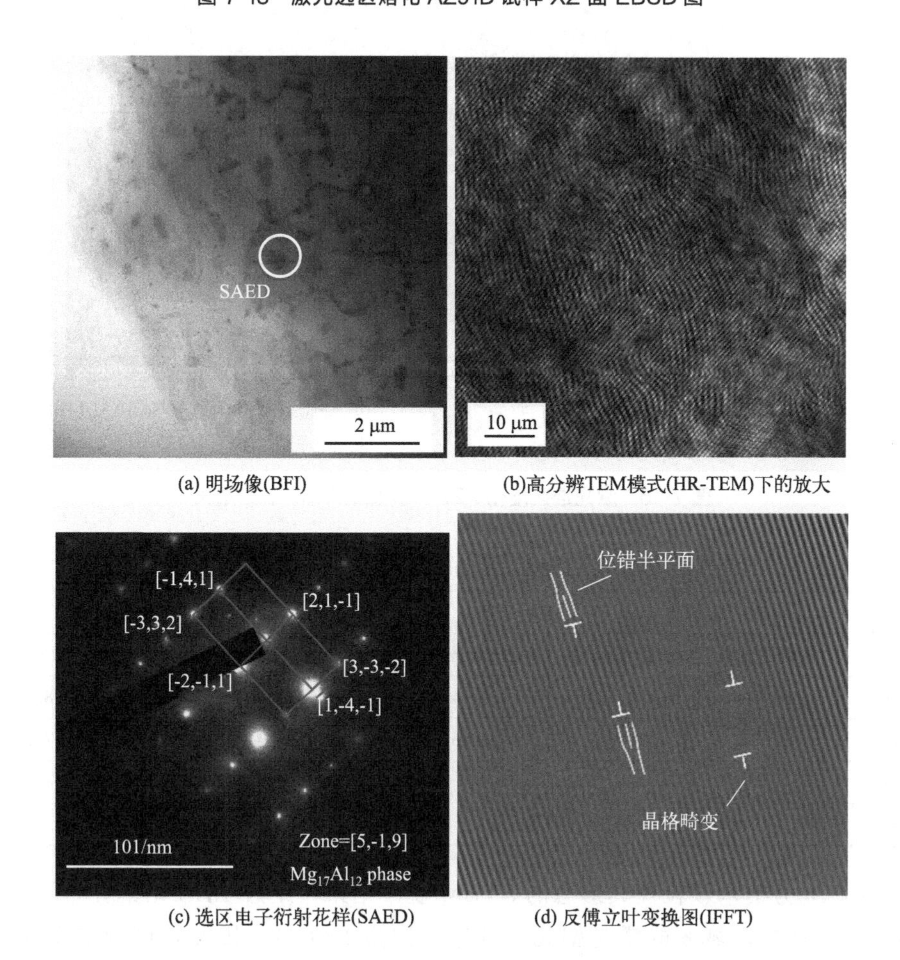

(a) 明场像(BFI)　(b)高分辨TEM模式(HR-TEM)下的放大

(c) 选区电子衍射花样(SAED)　(d) 反傅立叶变换图(IFFT)

图 7-14　激光选区熔化 AZ91D 样品的 TEM 观察结果

(BFI) 采集，其采集结果可通过 α-Mg 基体的选区电子衍射花样（SAED）进一步证明，如图 7-15(a) 所示。大量纳米颗粒均匀分布在细小的等轴晶[平均尺寸约为 (1.58±0.367)μm]周围，形成大量的位错墙，如图 7-15(a) 所示。大的球形纳米颗粒（约 95 nm）被钉扎在位错线周围，导致位错缠结。通过对纳米颗粒进行 SAED 和 EDS 元素分布（表 7-4 区域 5）分析，判定球形纳米颗粒为 β-$Mg_{17}Al_{12}$ 相。此外，尽管 α-Mg 的晶向指数 $[2\bar{1}\bar{1}0]$ 平行于 β-$Mg_{17}Al_{12}$ 的晶向指数 [111]，但是 α-Mg 基体与 β-$Mg_{17}Al_{12}$ 颗粒之间未发现平行晶面。因此，激光选区熔化成型 AZ91D 试样中保留了来自原材料粉末中不完全熔融的 β 结构。

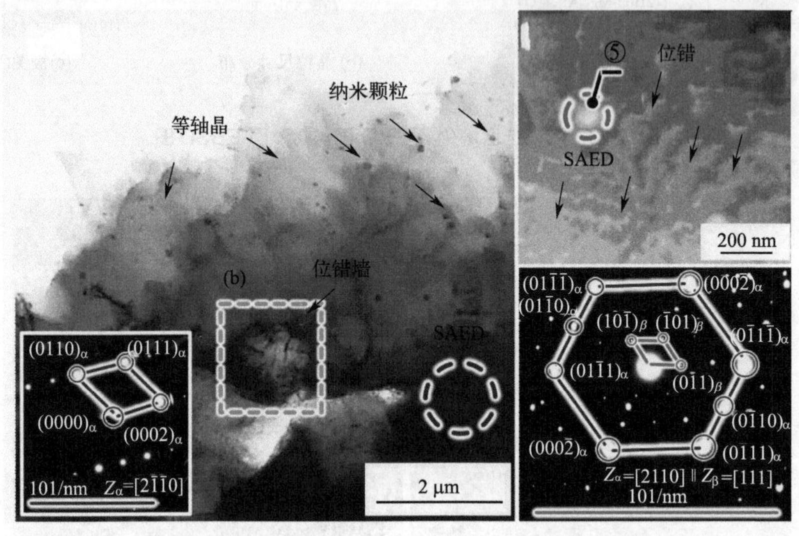

(a) 明场像(BFI)

(b) 扫描透射高角环形暗场(HAADF)和选区电子衍射花样(SAED)

图 7-15 激光选区熔化 AZ91D 样品的 TEM 观察结果

表 7-4 TEM 内不同区域的 EDS 分析结果

元素	区域 5		区域 6		区域 7	
	%(质量分数)	%(原子分数)	%(质量分数)	%(原子分数)	%(质量分数)	%(原子分数)
Mg	60.66	63.12	54.64	57.21	47.68	58.00
Al	39.34	36.88	45.36	42.79	24.84	27.21
Zn	—	—	—	—	27.48	14.79
Mn	—	—	—	—	—	—

图 7-16 为纳米颗粒及其形态的 STEM 观察结果，结合 EDS 元素分布[图 7-16 (b)]及表 7-4 中区域 6 的镁与铝元素的原子比为 17∶12，因此，可判定宽度约为 25 nm 的长板条状纳米颗粒为 $Mg_{17}Al_{12}$ 相。由图 7-16(c) 对纳米颗粒进行 SAED

可发现，纳米颗粒 β-$Mg_{17}Al_{12}$ 相与 α-Mg 基体具有伯格斯位向关系（Burgers Orientation Relationship），即 α-Mg 基体晶向指数 $[2\bar{1}\bar{1}0]$ 与纳米颗粒 β-$Mg_{17}Al_{12}$ 晶向指数 $[1\bar{1}5]$ 平行，同时 α-Mg 基体晶向指数 $[\bar{1}011]$ 与纳米颗粒 β-$Mg_{17}Al_{12}$ 晶向指数 $[3\bar{2}\bar{1}]$ 平行，与图 7-15 中表征的球形 β 相不同。主要在于激光粉末床熔融成型过程中的快速凝固，导致大量的铝元素固溶在试样基体中，在 IHT 的作用下，大量 β-$Mg_{17}Al_{12}$ 纳米颗粒析出，进一步钉扎位错线。此外，在图 7-16(a) 与 (b) 的亚晶周围发现大量短棒状富镁颗粒，忽略基体中镁元素的影响，通过图 7-16(b) 的 EDS 元素分布与表 7-4 中的区域 7 发现铝跟锰原子比为 8∶5，发现其短棒状颗粒为 Al_8Mn_5 相。根据图 7-16(d) 的 Mg-Al-Mn 三元相图[12] 可知，富 Mn 熔体［图 7-16(d)中圆点］发现一系列冶金反应，如式(7-7) 及式(7-8) 所示：

$$\mathrm{L} \xrightarrow{950\sim1000℃} \beta\text{-Mn}+\mathrm{L} \xrightarrow{900\sim950℃} \mathrm{Al_8Mn_5}+\alpha\text{-Mg}+\mathrm{L} \tag{7-7}$$

$$\mathrm{Al_{11}Mn_4}+\alpha\text{-Mg} \xrightarrow{600\sim620℃} \mathrm{Al_4Mn}+\alpha\text{-Mg}+\mathrm{Mg_{17}Al_{12}} \tag{7-8}$$

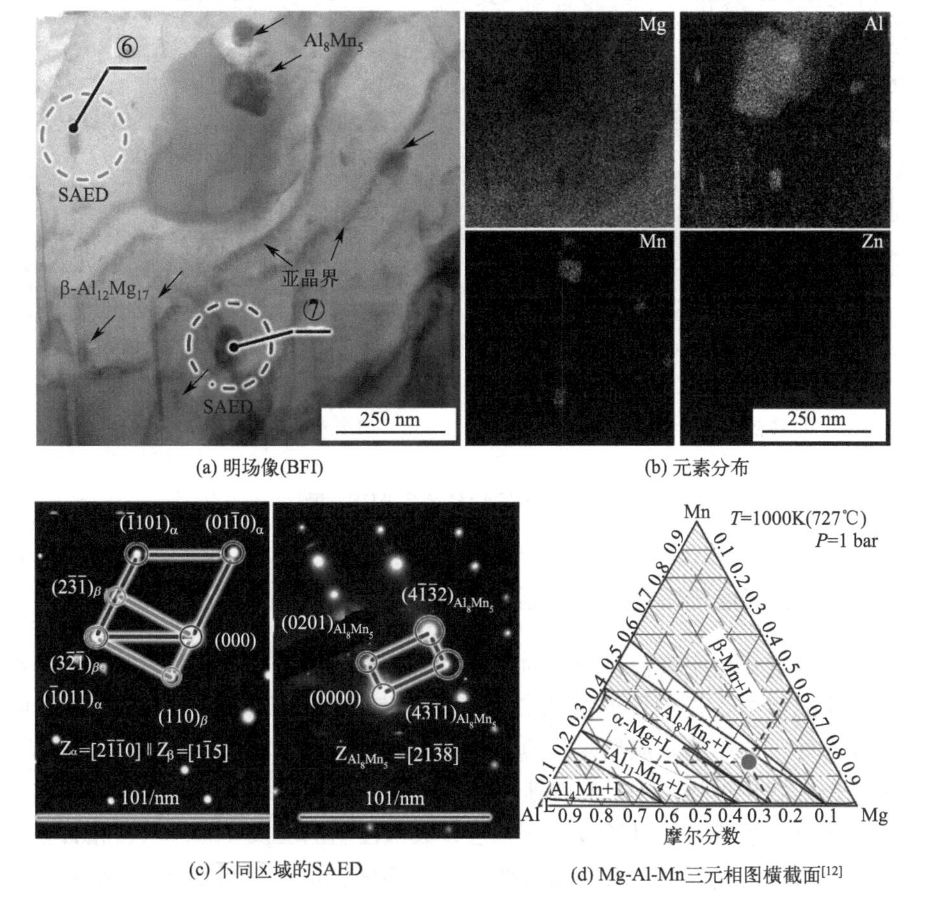

(a) 明场像(BFI)

(b) 元素分布

(c) 不同区域的SAED

(d) Mg-Al-Mn三元相图横截面[12]

图 7-16 激光选区熔化 AZ91D 样品的 STEM-EDS 观察结果

由于激光选区熔区成型过程中较高的冷却速度，试样进行非平衡凝固过程，形成 Al_8Mn_5 相，不会形成 $Al_{11}Mn_4$ 与 Al_4Mn 相。根据晶格错配度计算，$Mg_{17}Al_{12}$ (111) 跟 Al_8Mn_5 (111) 面的最小错配度仅为 1.21%，Al_8Mn_5 可以促进 β-$Mg_{17}Al_{12}$ 形核和生长。而 Al_8Mn_5 (110) 与 α-Mg (0001) 面的最小点阵错配度最小为 22.07%，而 Al_8Mn_5 无法促进 α-Mg 的形核和生长[13]。

(2) 稀土镁合金　图 7-17 对比了 WE43 稀土镁合金在铸态及激光选区熔化态下的晶粒尺寸及形貌，激光选区熔化成型的 WE43 稀土镁合金晶粒呈现出不规则的形态，与成型期间的熔池相对应。铸造 WE43 镁合金的平均晶粒较为粗大，激光粉末床熔融 WE43 镁合金的最终微观结构表现出许多新成核的再结晶晶粒，平均晶粒尺寸为 (2.5±0.2)μm。Zumdick 等[8] 人也报道了在激光选区熔化制备的 WE43 镁合金中发生这种“局部”再结晶现象。

(a) 铸态WE43镁合金　(b) 激光选区熔化WE43镁合金

图 7-17　WE43 镁合金 EBSD 图

7.3.3　激光选区熔化镁合金显微组织的特点

激光选区熔化由于其快速凝固的特性而使成型样品具有特殊的显微组织，在激光选区熔化成型中，受不同的工艺参数、能量密度，以及材料的特性（粉末吸收率、热导率等）的影响，成型样品的显微结构有所差异。

激光选区熔化过程由于具有快速冷却的特点，其结构会得到细化。微观结构会受到工艺参数的影响，可以通过设计工艺参数来控制晶粒尺寸和形状、相百分比和相组成，以制造高性能或具有特定机械性能的部件。由于材料在 SLM 制造过程中微观结构的特征对其在成型期间的热历史很敏感，制备过程中可能包括高的加热/

冷却速度，显著的温度梯度等，从而导致产生的微观结构非常细小。由于制备过程中变量多，如工艺参数对热过程产生的影响，因此在SLM样品微观结构特征的预测，以及微观结构与工艺参数的相关性方面仍然是一个需要攻克的难题，然而，克服这一难题对成功制造具有高性能的激光选区熔化零件，并有效建立其控制机制至关重要。

由于激光选区熔化具有快速凝固的特点，冷却速度可达 $10^4 \sim 10^5 K \cdot s^{-1}$，显微组织随冷却速度的变化而变化。在不同的冷却速度下，可以通过比较铸态、亚快速凝固和快速凝固（即激光选区熔化）样品中的组织，从而直观地总结出现有研究成果中激光选区熔化镁合金显微组织的特征。

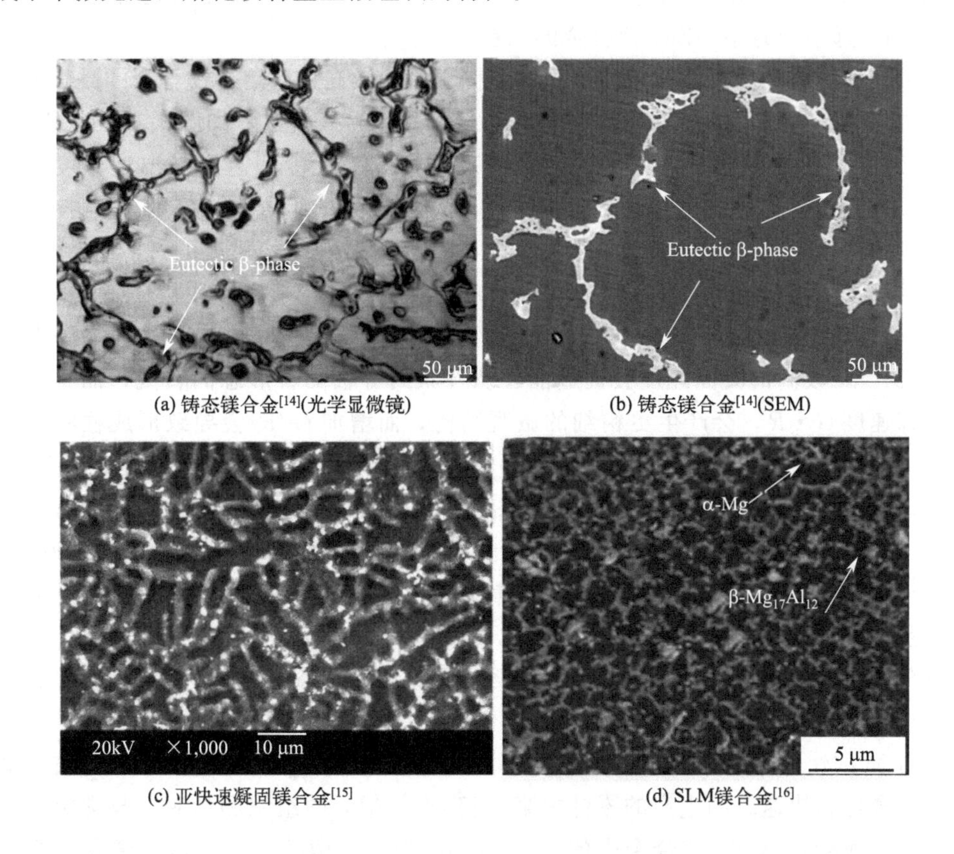

(a) 铸态镁合金[14](光学显微镜)　(b) 铸态镁合金[14](SEM)

(c) 亚快速凝固镁合金[15]　(d) SLM镁合金[16]

图 7-18　不同凝固速度下的镁合金微观结构

图7-18(a)和（b）是铸态AZ61镁合金的光学显微镜图片和SEM图像[14]。铸态AZ61镁合金具有典型的枝晶状共晶网络结构。其由α-Mg晶粒和沿晶界分布的第二相 $\beta\text{-}Mg_{17}Al_{12}$ 共晶相组成。铸态下镁合金的平均晶粒尺寸约为（320±5）μm，晶粒较大而且尺寸不均匀。AZ61和AZ91D都属于低锌亚共晶镁铝合金，在亚共晶镁铝合金中，共晶相的形态取决于冷却速度。较高的冷却速度导致更为离散

的微观结构[17]。因此，激光选区熔化过程中固有的高冷却速度导致了β-$Mg_{17}Al_{12}$在激光选区熔化试样和镁合金铸态试样之间的变化。对于压铸样品，铝和锌大部分集中在β-$Mg_{17}Al_{12}$相中，因此随着α-Mg固溶体铝含量的降低，不仅降低了固溶强化效果，还会对耐蚀性产生影响[18]。

亚快速凝固是一个非平衡凝固过程，凝固速度可以达到10^3 K·s^{-1}[19]。与铸态样品相比，亚快速凝固组织发生了显著变化[图7-18(c)]。在晶界上连续分布的β-$Mg_{17}Al_{12}$相消失。显微组织明显细化，主要由小的等轴晶组成。文献[15]中的研究结果显示，随着板材厚度的减小（即凝固过程加快），晶粒尺寸减小，微观组织中出现大量花瓣状枝晶。在亚快速凝固条件下，AZ61镁合金的晶粒尺寸为13.5μm，远小于铸态AZ61镁合金的晶粒尺寸。

激光选区熔化的凝固速度比亚快速凝固更快，激光选区熔化镁合金的微观组织更为均匀，且为细化的等轴晶粒，β-$Mg_{17}Al_{12}$在晶界处析出，如图7-18(d)所示。当SLM工艺参数变化时，获得的强化微观结构取决于冷却速度与温度梯度的比R，以及固-液界面的温度梯度G。两种临界凝固参数的组合中，G/R影响控制组织类型的固-液界面形状，冷却速度$G \cdot R$影响控制微观结构尺度的过冷度[20]。不同的G值和R值可能导致SLM部件中形成三种主要结构形态：柱状（细长的晶粒形态）、柱状加等轴状和等轴状（各向同性的晶粒形态）。Srikanth Bontha等人研究发现[21]，较高的凝固速度会促进晶粒从柱状到等轴晶粒形态的转变，而且提高了冷却速度$G \cdot R$，会产生更精细的微观结构，而增加G/R会导致形成柱状结构的趋势增加，减小G/R则有利于形成等轴结构。与亚快速凝固组织相比，SLM镁合金组织中的晶粒细化程度更高，图7-18(d)中的晶粒尺寸为2.9μm(能量密度为167J/mm^3)。其他研究也发现SLM镁合金具有相似的微观结构特征[22,23]。Wei等人[10]认为与铸态AZ91D相比，SLM制备的AZ91D中Mg和Al的分布更加均匀，基体中Al含量随着能量密度的变化而变化。这说明在快速凝固条件下，化学成分分布更均匀，有利于减少组分的偏析，而能量输入对固溶体中的元素含量有一定影响。

SLM的快速凝固还会对合金中第二相的产生造成影响。Cai等人[24]比较了常规铸态零件和快速凝固生产的零件中第二相$Mg_{17}Al_{12}$的组织和形貌。与常规铸造相比，快速凝固AZ91镁合金中的β-$Mg_{17}Al_{12}$更小，微孔较少，这些微孔主要由凝固收缩和溶解气体形成，在外力作用下，分散的微孔作为裂纹萌生点，会促进裂纹扩展，导致拉伸性能显著劣化。

SLM制备工艺不仅对晶粒尺寸、元素固溶产生影响，其相组成也同样有可能受到影响，这需要结合相图进行分析。以AZ系列镁合金为例，主要的合金元素为镁、铝、锌等，图7-19为Mg-Al二元平衡相图。一般AZ系列的镁合金中主要为镁元素，铝含量占比较少，其凝固路径会随着冷却速度的变化而不同，导致最终的产物不同，从而得到不同的相组成。

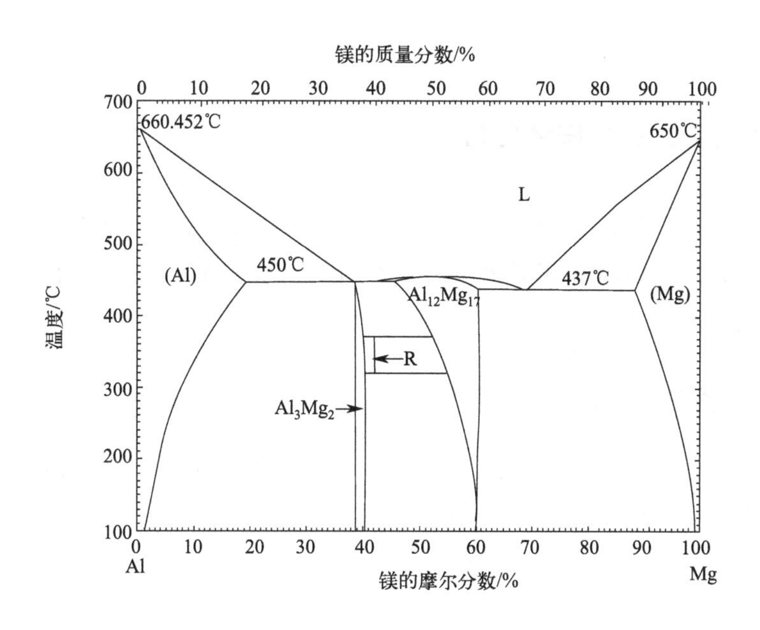

图 7-19 镁铝合金平衡相图[25]

晶粒形状、尺寸、相组成均与冷却速度有关。不同的工艺参数导致了熔池的凝固速度和热循环的不同，从而导致熔区微观结构的变化。在 SLM 过程中，扫描速度和激光功率的结合是控制冷却速度的关键。冷却速度越快，微观组织越细化。因为在凝固过程中冷却速度越低，晶粒粗化的时间就越长。一般来说，随着扫描速度的降低和激光功率的增加（即线能量密度的增加），熔池内热量的积累导致熔池温度升高，冷却速度减慢，晶粒粗化。这是因为更高的激光功率、更慢的激光扫描速度为晶界运动提供了更多的动力，从而促进晶粒的生长。在较低的扫描速度下，激光与粉末相互作用时间的延长抑制了熔池中的热耗散。因此，由于热积累较大，晶粒外延生长动力学条件增强。

综上所述，通过控制工艺参数，即控制扫描速度和激光功率（能量密度），可以实现对晶粒尺寸、第二相析出和元素固溶的控制。在晶粒尺寸方面，更快的冷却速度有利于细化晶粒。适当提高扫描速度，降低激光功率（即降低能量密度），有利于提高冷却速度，减少熔池内的积热，从而细化微观结构。能量密度必须控制在一个合适的范围内。能量输入过高会导致晶粒粗化、元素偏析增加和固溶元素减少。但是，如果盲目地降低激光功率或增加扫描速度，粉末会因不能完全熔化结合，产生严重的气孔，影响样品质量。因此，在选择性激光熔化成型镁合金的过程中，如何通过控制扫描速度或激光功率来更准确地控制凝固组织、凝固组织对SLM镁合金缺陷和力学性能的影响及其性能与实际应用场景的匹配问题，还需要进一步的研究。

7.4 激光选区熔化镁合金力学性能

镁合金样品的力学性能根据显微组织的不同以及缺陷程度的差异而有所不同。不同条件下的显微组织和相对密度对于激光选区熔化镁合金力学性能的影响也不同。

7.4.1 激光选区熔化镁合金的强度

镁合金密度在所有结构用合金中属于最轻者，在不减少零部件的强度下，可减轻铝或铁的零部件的重量。镁合金的比强度明显高于铝合金和钢，比刚度与铝合金和钢相当。由于激光选区熔化技术快速凝固的特性，赋予镁合金细化的显微组织及更优的性能。

对比了AZ91D镁合金粉末、铸态及激光选区熔化试样的显微硬度。图7-20为不同状态下的AZ91D试样的显微硬度分布，AZ91D合金粉末的平均显微硬度值为(74.0±4.01)HV0.1，铸态AZ91D的平均显微硬度值为（73.3±6.89)HV0.1，激光粉末床熔融成型AZ91D试样的平均显微硬度值为（95.6±5.28)HV0.1。可以看出，激光选区熔化成型AZ91D试样的平均显微硬度比铸态及粉末态AZ91D的显微硬度提升约30.1%。

激光选区熔化制备的镁合金在不同能量密度或工艺条件下，镁合金样件的强度也会随之变化。以AZ61镁合金为例，激光选区熔化成型AZ61镁合金以及铸造态下镁合金的极限抗拉强度（UTS）、屈服强度（YS）以及延伸率列于图7-20和表7-5中，从数据可以看出，激光选区熔化制备的镁合金的极限抗拉强度（UTS）和屈服强度均高于铸造态的AZ61镁合金的强度，分别为140 MPa和99MPa，能量密度为156.25J/mm^3时，其UTS和YS相较于铸态样品分别提高了92.6%和135%；随着能量密度的升高（138.89～156.25 J/mm^3），极限抗拉强度和屈服强度在156.25J/mm^3时达到了最高，之后随着能量密度的升高，分别从178.57 J/mm^3下的261.1 MPa和225.2 MPa下降到了208.33 J/mm^3时的239.3 MPa和216.8 MPa。但相比之下，SLM样品的塑性延伸率仅为3.28%～2.14%，显著低于铸态5.2%的延伸率。强度高而塑性差这一现象也发生在其他激光选区熔化制备的镁合金中。

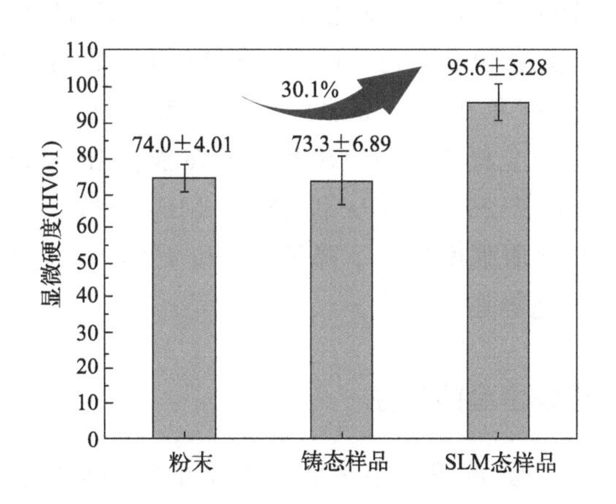

图 7-20 不同状态下 AZ91D 试样的显微硬度

表 7-5 不同 E_v 和铸态 AZ61 镁合金试样的拉伸性能

$E_v/(J/mm^3)$	UTS(拉伸强度)/MPa	$\sigma_{0.2}$/MPa	延伸率/%
138.89	272.7	219.0	3.28
156.25	287.1	233.4	3.12
178.57	261.1	225.2	2.76
208.33	239.3	216.8	2.14
铸态	149	99	5.2

与铸态试样相比，激光选区熔化镁合金强度的提高可以归因于以下因素。

第一种是细晶强化，根据 Hall-Petch 公式(7-9)：

$$\sigma=\sigma_0+kd^{-1/2} \tag{7-9}$$

式中，σ 为屈服应力；σ_0 是位错在滑移面上滑动时的摩擦应力；k 是应力集中因子；d 为平均晶粒尺寸，合金的强度随着晶粒尺寸的减小而增大。

第二种是固溶强化，根据 Labusch 方程[26] 式(7-10)：

$$\sigma_{sol}=\sigma_{y0}+Z_L G(\delta^2+\beta^2\eta^2)^{2/3}c^{2/3} \tag{7-10}$$

式中，σ_{y0} 为纯镁的屈服应力；Z_L 为一个常数；β 介于 1/20 和 1/16 之间；δ 是尺寸错配参数；η 是模量错配参数；c 是溶质的浓度。从式(7-10) 可以看出，随着溶液中溶质浓度 c 的增加可以增强合金元素的固溶强化作用。而且由于激光选区熔化工艺是一种快速凝固过程，在单位时间内每次只熔化一小部分粉末材料，铺粉层薄，熔池小，致使元素偏析少，化学成分分布更均匀，使激光选区熔化镁合金强度高于铸件。

样品中的缺陷会对材料的性能产生影响，具体表现为，缺陷的减少会使材料的力学性能提升。受不同工艺参数的影响，镁合金样品的相对密度不同。AZ61 镁合金样品在能量密度为 156.25 J/mm^3 时相对密度最高。室温拉伸结果表明，在此能量输入下的 AZ61 样品的强度也达到了最大，SLM 成型的 AZ61 样品的 UTS 比铸态 AZ61 合金的 UTS 升高了 93%，屈服强度比铸态 AZ61 合金的升高了 136 %。然而，SLM 成型的镁合金样品的 UTS 和 YS 在能量密度为 178.57 J/mm^3 和 208.33 J/mm^3 时，分别从 261.1 MPa 和 225.2 MPa 下降到 239.3 MPa 和 216.8 MPa，极限抗拉强度与屈服强度分别下降了 8%和 4%，而样品的相对密度也相应下降，这与相对密度的趋势是一致的。

7.4.2 激光选区熔化镁合金的塑性

镁合金材料的塑性与硬-脆第二相 β-$Mg_{17}Al_{12}$ 的析出形式、数量息息相关。在力学性能测试中，激光选区熔化成型的镁合金样品的延伸率均低于铸态水平（图 7-21 和表 7-5），低伸长率可以用以下三个因素来解释。

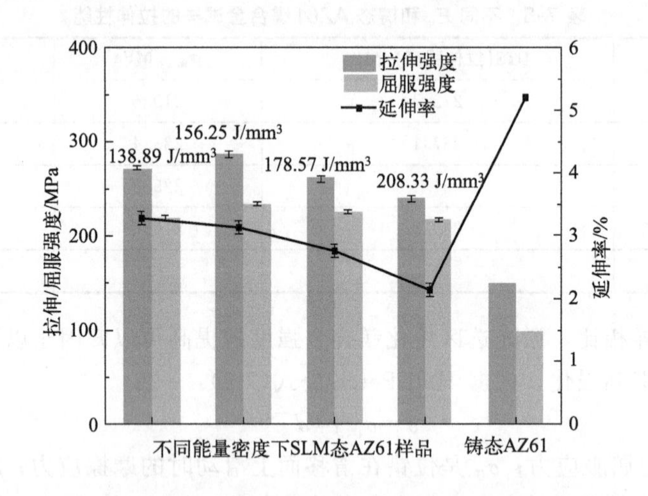

图 7-21 SLM 法制备的 AZ61 镁合金与铸态 AZ61 镁合金的力学性能比较

塑性的恶化程度随着硬-脆第二相 β-$Mg_{17}Al_{12}$ 的析出而加重。由于镁基体较软，具有较好的塑性，而金属间化合物 β-$Mg_{17}Al_{12}$ 较硬且脆，又主要为沿晶界析出，并相互连接形成一个网状，SLM 镁合金在拉伸变形时，塑性变形主要集中在 α-Mg 基体，在拉伸过程中，α-Mg 晶粒首先经历变形从而形成尺寸较小的韧窝，当变形遇到晶界上的硬-脆第二相 β-$Mg_{17}Al_{12}$ 时，塑性变形受到阻碍而停止，且 α-Mg 与 β-$Mg_{17}Al_{12}$ 的两相界面上会由于应力集中的问题，导致裂纹源在 α-Mg/β-$Mg_{17}Al_{12}$ 相界面上（即晶界处）萌生并扩展，从而引发过早的断裂，导致塑性较差，所以 E_v 为 138.89 J/mm^3 第二相弥散析出时的塑性优于 208.33 J/mm^3 第二相沿晶界析出时的塑性。此外，镁基体的晶体结构为密排六方结构，$Mg_{17}Al_{12}$ 为立方晶体结构，两种结构互不相容，导致了镁与第二相 $Mg_{17}Al_{12}$ 相界面的脆性。众所周知，晶粒细化对强度和塑性均有所提高。然而，激光选区熔化镁合金在晶粒细化后，塑性反而较铸态试样下降，这归因于在镁合金晶粒细化后，晶界数量随之增多，激光选区熔化镁合金的晶界密度大于铸态材料，造成在晶界处析出的 β-$Mg_{17}Al_{12}$ 也增多，这些晶界处的析出相成为了试样拉伸时断裂的来源。这种现象同样出现在许多关于 AZ 系列的镁合金的研究中。其次，孔隙的数量同样会影响材料的塑性。激光选区熔化镁合金相对密度（非完全致密）较完全致密的铸态镁合金的降低导致了延伸率的降低。在激光选区熔化成品样品中存在的其他类型缺陷，如裂纹等，也会导致延伸率低。

图 7-22 为不同激光选区熔化工艺下制备镁合金的抗拉强度及延伸率气泡图总结。从图 7-22 中可看出激光选区熔化镁合金抗拉强度超过 300 MPa，且延伸率大于 5%较少，强度高但是延伸率不足同样会限制镁合金的应用。因此如何达到激光选区熔化镁合金强韧协同提升是需要关注与解决的问题。

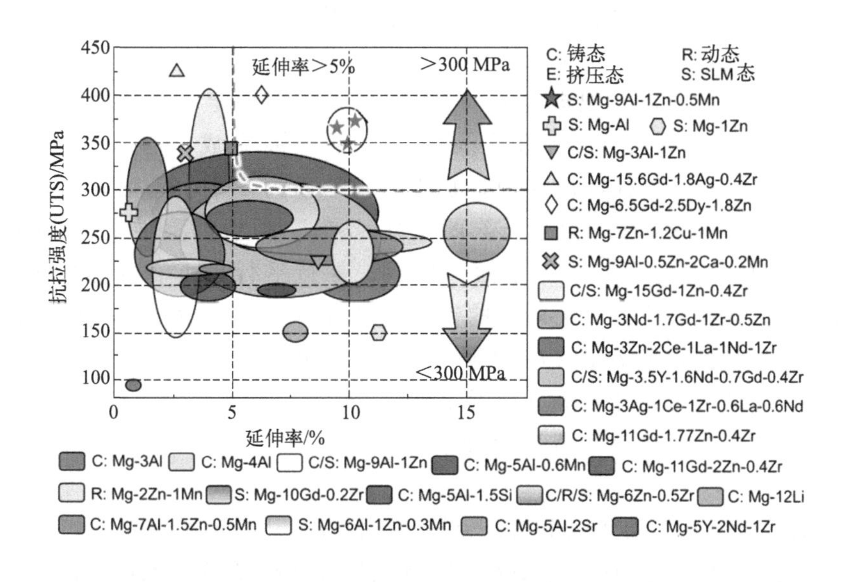

图 7-22 不同工艺下制备的镁合金抗拉强度及延伸率气泡图[9, 14, 23, 24, 27-41]

7.4.3 激光选区熔化镁合金断裂机理

镁合金材料在室温下的断裂机理主要为解理或准解理断裂，归因于镁合金 HCP 结构在室温下只存在少量的滑移系。镁合金的塑性与其滑移系有关。滑移系可分为三种：基面滑移、柱面滑移以及锥面滑移。而镁合金的滑移系又可以依据位错分为：a 位错滑移、c 位错滑移以及 c+a 位错滑移。室温下镁合金可能的滑移系总结见表 7-6。室温下，变形主要依靠滑移以及孪生。在这两种变形方式中，又主要以滑移为主要变形机制。但进一步提升塑性单单依靠滑移还不足以完成，还需要诱导孪生的发生。镁合金发生室温塑性变形的主要微观特征之一是孪生与滑移的协同作用。当外力作用于镁合金表面时，塑性变形沿滑移面产生，滑移的本质是位错。

表 7-6 室温下镁合金滑移系

滑移面	Bragg 矢量/滑移方向	滑移系数量	
		独立滑移	总滑移
基面，(0001)	a，$\{11\bar{2}0\}$	2	3
柱面，$\{10\bar{1}0\}$	a，$\{11\bar{2}0\}$	2	3
锥面第一序，$\{10\bar{1}1\}$	a，$\{11\bar{2}0\}$	4	6
锥面第二序，$\{11\bar{2}2\}$	c+a，$\{\bar{1}\bar{1}23\}$	5	6

晶体滑移的开动需要有一定大小的临界切应力 CRSS(critical shear stress)。温度不同，不同滑移面上的 CRSS 也不相同。室温下，镁合金的塑性受到独立的滑移系数目少的限制。根据 Von-Mises 准则，一般假定多晶材料的晶粒间的任意变形在至少五个独立滑动系统的条件下才能完成，而从表 7-6 看出，＜a＞基面滑移和＜a＞柱面滑移中，独立的滑移系为 4 个，且两者组合在一起又等同于锥面第一序＜a＞滑移。除此之外，＜a＞位错滑移中，＜a＞锥面滑移和＜a＞柱面滑移的方向因与基面 $\{11\bar{2}0\}$ 保持平行，而不能协同 c 轴方向的应变作用；在室温下，高 CRSS 的锥面第二序＜c+a＞滑移，纵使可以提供附加的滑移系并能协同 c 轴方向的应变，也难于开动。在这种镁合金塑性变形机理下，传统镁合金由于制造工艺和冷却工艺的不同，其断口形貌略有不同，但断口形貌基本为解理断裂或准解理断裂。部分断口形态特征为沿晶断裂，无明显韧窝。

对铸态及激光选区熔化成型镁合金拉伸试样断口进行形貌观察，如图 7-24 所示为不同 E_v 下的激光选区熔化 AZ61 镁合金拉伸试样断口形貌：(a) 138.89J/mm^3，(b) 156.25J/mm^3，(c) 178.57J/mm^3，(d) 208.33J/mm^3。

铸态 AZ91D 试样的断口表面没有颈缩现象，如图 7-23(a) 所示。在图 7-23(b) 中，铸态 AZ91D 试样断口表面存在许多微裂纹及解理面与解理台阶，表明铸态 AZ91D 试样其断裂机制为解理断裂。如图 7-23 铸造 AZ91D 试样的显微组织所示，在基体（α-Mg）与硬脆相（β-$Mg_{17}Al_{12}$）产生微裂纹后，在受到拉力后，微裂纹会沿着粗晶界进一步扩展，从而导致铸态试样发生脆性断裂。

激光选区熔化成型镁合金试样的拉伸断口形貌如图 7-23(c)、图 7-24 所示，可以观察到与铸态镁合金的断口形貌明显存在区别，在激光选区熔化镁合

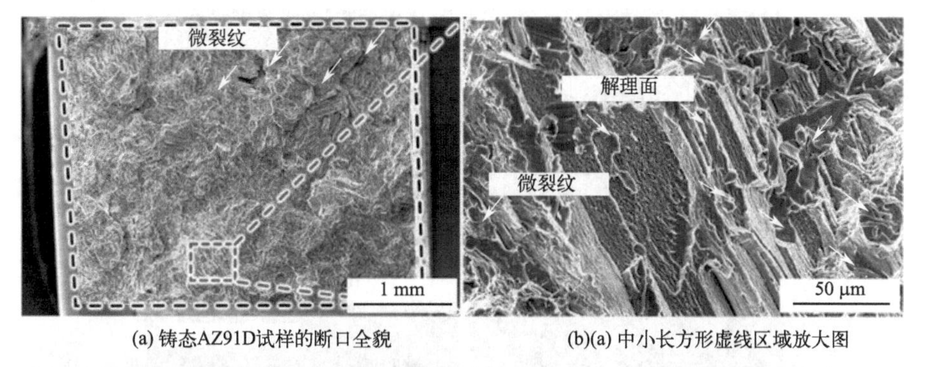

(a) 铸态AZ91D试样的断口全貌　　(b)(a) 中小长方形虚线区域放大图

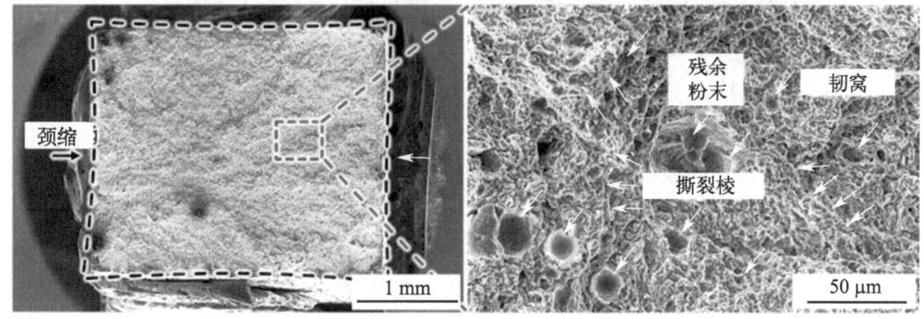

(c) 激光选区熔化AZ91D试样的断口全貌　　(d)(c) 中虚线区域放大图

图 7-23　铸造 AZ91D 及激光选区熔化 AZ91D 试样的断口形貌

金试样中可以观察到试样存在颈缩现象。且断口出现了一些氧化膜附着在表面，这些氧化物薄膜可能为在拉伸试验过程中由温度升高而引起的表面氧化。此外，在图 7-23(d)、图 7-24 中可以观察到大量的韧窝以及撕裂脊，存在少量微裂纹及孔洞[图 7-24(a)]，表明激光选区熔化成型镁合金试样呈现韧脆性混合断裂机制。断口存在少量残留的粉末颗粒，影响试样的塑形。因此，断裂机制由铸态镁合金试样的脆性断裂机制[图 7-23(a)和(b)]转变为激光选区熔化成型镁合金试样的韧脆混合断裂机制[图 7-23(c)和(d)]，且试样的力学性能得到明显的改善。

结合高倍 SEM 图下的激光选区熔化镁合金断口形貌，如图 7-25 所示，可以看到激光选区熔化所制备的镁合金的断口形貌由许多小而浅的等轴韧窝组成，韧窝周围有撕裂脊[图 7-25(a)和(b)]，韧窝底部存在一些 β 相颗粒。这种形貌特征表明，许多原始 α-Mg 相在受到外力时被“拉出”从而产生了韧窝，这意味着在断裂之前原始镁合金经历了塑性变形的过程。断口形貌中存在许多由细小等轴晶粒组成的细化的晶粒和大的晶界[图 7-25(c)、(e)]，具有沿晶断裂的特征。在其他镁合金断口形貌研究中也有类似的报道。晶粒细化后应力分散，在变形过程

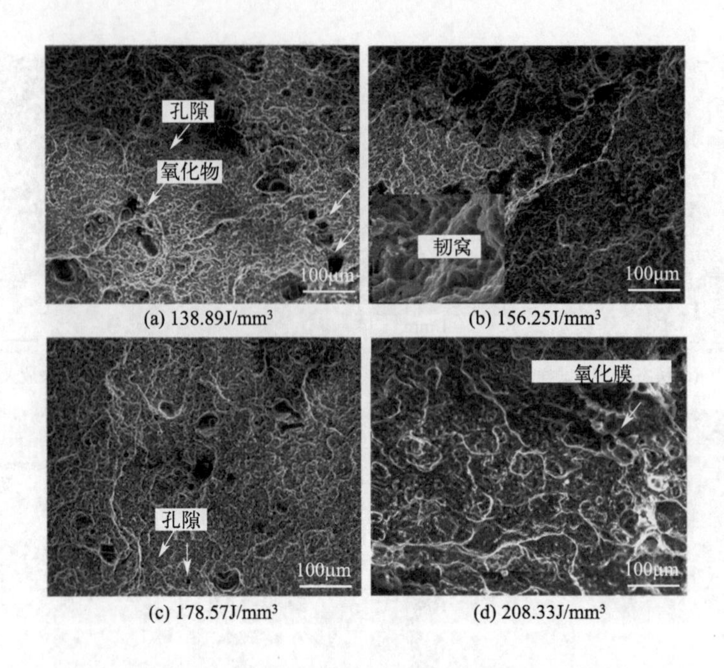

图 7-24 不同 E_v 下的激光选区熔化 AZ61 镁合金拉伸试样断口形貌

中，等轴的 α-Mg 晶粒的形状与断口中的韧窝相类似，变形时 α-Mg 晶粒遇到晶界上的脆硬第二相颗粒，导致晶粒并未达到完全变形而断裂。因此，断口呈现出了一个小的等轴韧窝的形状，表明在拉伸试验中较软的 α-Mg 基体塑性变形被沿晶界析出的脆硬第二相 β-$Mg_{17}Al_{12}$ 所抑制，从而造成了激光选区熔化镁合金塑性较差。

除此之外，随着能量密度的增加，韧窝数量和尺寸减小，并出现了裂纹，如图 7-25(d) 所示，致使塑性随能量密度的增加而下降，与表 7-5 不同 E_v 和铸态 AZ61 镁合金试样的拉伸性能的结果一致。延伸率的提高可以通过进一步提高激光选区熔化镁合金的密度，通过优化工艺参数，从而控制缺陷的来源，如孔隙，或是利用固溶热处理等方式使铝固溶进基体，改善第二相在晶界的析出，减少 β-$Mg_{17}Al_{12}$ 沿着晶界沉淀。

7.4.4 激光选区熔化镁合金的强韧性

激光选区熔化技术能显著提高镁合金的极限抗拉强度（UTS）与屈服强度(YS)，能量密度为 156.25J/mm^3 时，UTS 和 YS 分别达到了 287 MPa 和 233 MPa，相较于铸态试样提升了 93%和 135%，晶粒细化和固溶强化是激光选区熔化 AZ61 的主要强化机制；SLM 镁合金的塑性延伸率为 3.1%，较铸态有所下降。结

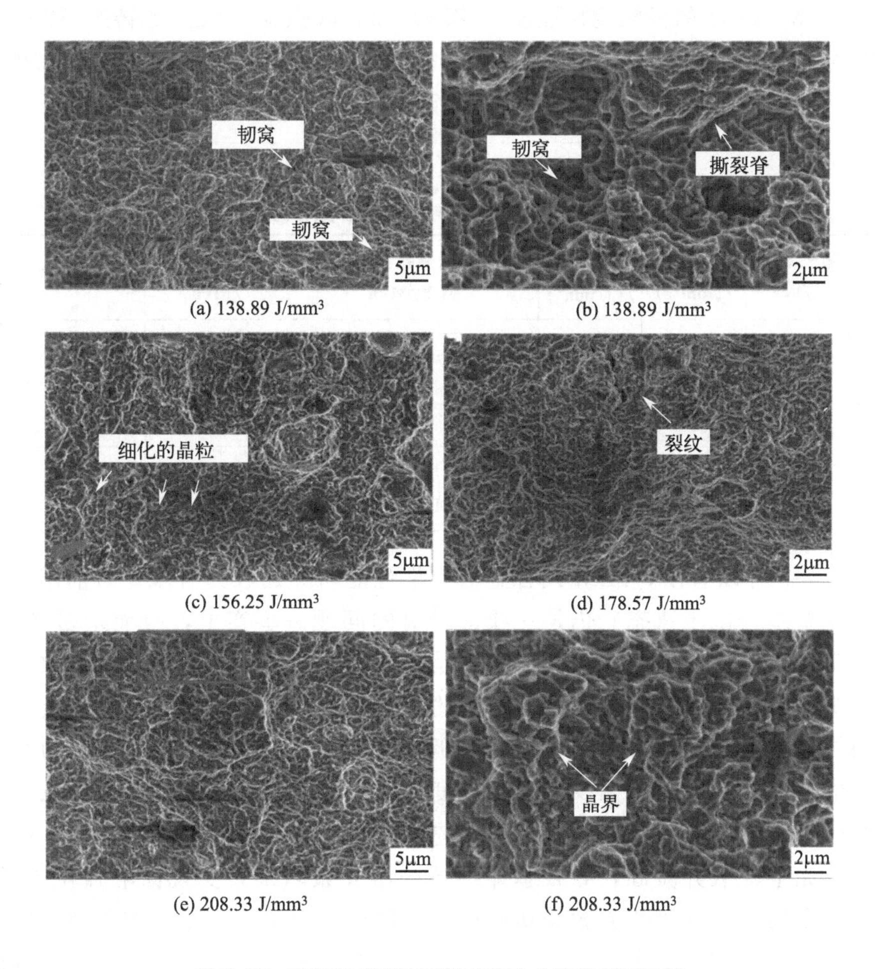

(a) 138.89 J/mm³ (b) 138.89 J/mm³

(c) 156.25 J/mm³ (d) 178.57 J/mm³

(e) 208.33 J/mm³ (f) 208.33 J/mm³

图 7-25 不同能量密度下铸态镁合金高倍断口形貌

合显微结构以及断口形貌分析，内部孔隙、沿晶界析出的 β-$Mg_{17}Al_{12}$ 为限制塑性的原因。较软的 α-Mg 基体与沿晶界析出的脆-硬 β-$Mg_{17}Al_{12}$ 由于晶体结构不相容导致了相界面的脆性，拉伸变形中易产生应力集中，引发相界面处裂纹源的萌生和扩展，晶粒细化又使晶界密度增大，β-$Mg_{17}Al_{12}$ 相沿晶界析出增加，裂纹源增多，最终降低了塑性。

镁合金由于其轻量特性，可以降低燃料成本，镁零部件的总寿命周期成本也低于其他材料零部件[42]。因此，镁合金在汽车和航空航天领域得到广泛的应用。轻量化不仅可以节约能源，还可以减少温室气体的排放。镁合金具有良好的强度、延展性和可铸造性，这是镁合金应用的先决条件。但目前对 SLM 镁合金力学性能的研究较少，可供参考的实验数据有限。

现有研究表明，SLM 镁合金的强度明显高于铸态镁合金，但是塑性仍然较差[25]。SLM AZ91的极限抗拉强度（UTS）和屈服强度（YS）比铸态AZ91镁合金高出约30%和50%，但SLM镁合金试样的延伸率（1.24%～1.83%）比铸态试样的3%低约40%，表7-7为不同SLM镁合金的力学性能以及对应的工艺参数总结。

表7-7 不同SLM镁合金粉末的工艺参数和力学性能总结

合金	激光功率/W	扫描速度/(mm/s)	能量密度/(J/mm^3)	极限抗拉强度/MPa	屈服强度/MPa	延伸率/%	参考文献
AZ91	200	333～667	83～167	(274±7)～(296±3)	(227±3)～(254±4)	(1.2±0.1)～(1.8±0.2)	[25]
AZ91	100	800	104	329	160	1.8±0.2	[13]
Mg-2Ca	50～100	10	625～1125	5～46(抗压强度—水平) 51～111(抗压强度—垂直)	—	—	[26]

从表7-7可以看出，SLM镁合金的力学性能研究还较为有限，目前研究成果中，延伸率差（低于铸态）仍是一项待解决的问题。事实上，与能量密度相比，激光功率和扫描速度（线性能量密度）是改变熔池特性的主要因素，导致制造样品的组织和力学行为发生显著变化。因此有必要结合这两个工艺参数进行综合分析。当扫描速度增加或激光功率减少（低能量密度），激光和粉末之间的交互作用时间缩短，熔池的热积累少，温度梯度较小，晶粒没有足够的时间成长，有利于晶粒细化。就固溶而言，更快的扫描速度导致了较高的熔池冷却速度，固溶元素来不及完全扩散并凝固，导致基体中的固溶元素增加，实现固溶强化的目的。但也要注意扫描速度过快或激光功率过低导致粉末无法充分受热熔化而产生的气孔问题。激光功率和扫描速度对微观结构的影响将在后面的章节中详细讨论。SLM AZ91镁合金断口分析表明，SLM AZ91的断口表现为韧脆混合断裂。SLM Mg-Ca合金的极限抗压强度（UCS）和弹性模量也随着激光功率（能量密度）的增加而增加[44]。这主要是由于不同能量输入下孔隙率的不同造成的。随着激光功率的增加，孔隙率减小，导致多孔镁钙合金的抗拉强度、弹性模量和塑性均增加。

研究还发现，镁合金在不同方向的力学性能存在差异，说明该合金具有明显的各向异性。这主要是受到多孔材料中气孔分布的影响。Liu等人[44]认为气孔的存在导致应力集中，大大降低了镁合金的力学性能。随着孔隙率的降低，材料的力学性能提高。因此，可以通过调整激光参数或能量密度（特别是扫描间距）来调整多孔Mg-Ca合金的孔径大小，从而降低孔隙率，最终提高多孔材料的力学性能。

显然，延伸率低一部分是受到缺陷的限制，可以通过调整工艺参数，寻找到最优的能量密度来改善粉末间的熔合问题，减少孔隙，从而提升塑性。另一方面，影响 SLM 镁合金延伸率的其他因素还需进一步从组织结构的角度进行深入探究，探寻在 SLM 制备工艺下的镁合金组织对力学性能，尤其是延伸率的影响。

7.4.5 激光选区熔化镁合金显微硬度

从制备过程来看，不同的工艺条件下，不同镁合金的显微硬度也有显著差异，能量密度对显微硬度的影响如图 7-26(a) 所示[10,16,22,32,45,48]，图 7-26(b) 为图 7-26(a) 中灰色区域的局部放大图，可以看出随着能量输入的增加，显微硬度略有下降。这种现象主要是由于晶粒尺寸的增大和溶质捕获效应的减弱所致。

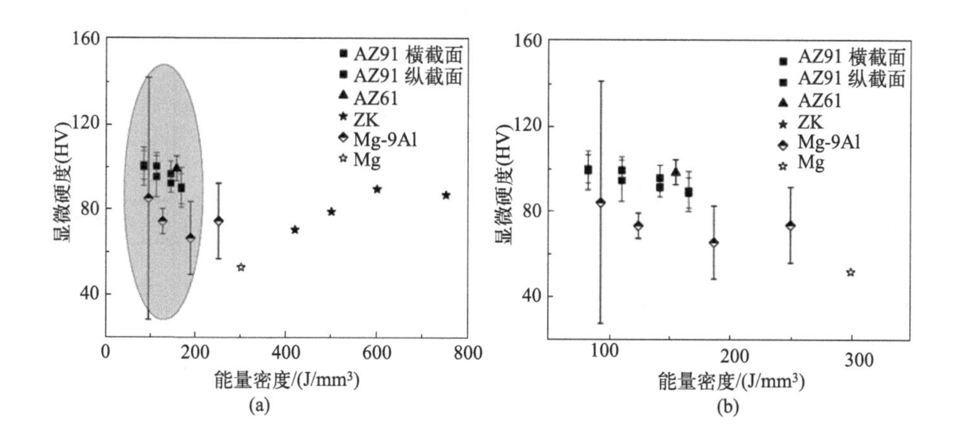

图 7-26 (a)能量密度对显微硬度的影响； (b)：(a)中灰色区域局部放大[16, 22, 23, 28, 32]

首先，结合图 7-27 SLM 对晶粒尺寸的影响[10,16,22,43,49,50] 和表 7-8 各种 SLM 镁合金粉末的加工参数和晶粒尺寸可知，SLM 制备的镁合金晶粒尺寸主要为 1～15 μm，最大晶粒尺寸为 20μm[16]。与铸态试样相比，SLM 样品的晶粒明显细化。根据霍尔佩奇公式可知，晶粒细化可显著提高显微硬度。不同合金系列镁合金的晶粒尺寸会受到温度的影响，比如图 7-27 SLM 对晶粒尺寸的影响[16,22,24] 中的 ZK60 镁合金，随着能量密度从 420 J/mm^3 增加到 750 J/mm^3，晶粒尺寸从 2 μm 增长到 8 μm。AZ61 镁合金随着激光功率从 90 W 降低到 60 W（能量密度 10811～7207 J/mm^3），晶粒尺寸从 14 μm 减小到 5 μm。

SLM 镁合金的晶粒尺寸也会随着合金元素的引入而发生变化[48]。由文献 [48] 可知，随着钆含量的增加，镁合金的晶粒尺寸增大，显微硬度显著降低，如图 7-26 所示。

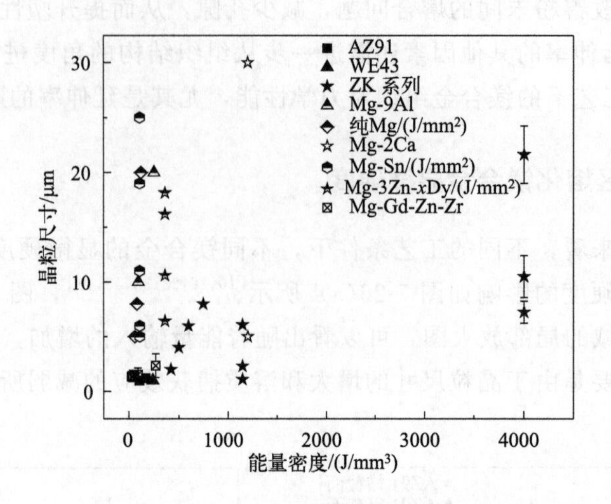

图 7-27 SLM 对晶粒尺寸的影响[16, 22]

表 7-8 各种 SLM 镁合金粉末的加工参数和晶粒尺寸

合金种类	能量密度/(J/mm³)	晶粒尺寸/μm	参考文献
AZ91	104～167	1～1.2	[16]
WE43	238	1	[43]
ZK60	420～750	2～8	[23]
ZK30-xAl	4004 Al(%质量分数):0～7	(21.6±2.6)～(7.3±1.0)	[49]
ZK61-xZn	1146 Zn(%质量分数):5～30	1.1～6.1	[50]
Mg-9Al	94～250	10～20	[45]
Mg	60～120	5～20	[46]
Mg-2Ca	1200	5	[44]
Mg-xSn	107 Sn(%质量分数):0～7	5～25	[47]
Mg-3Zn-xDy	360 Dy(%质量分数):0～5	6.4～18.1	[48]
Mg-Gd-Zn-Zr	27～267	(1.3±0.4)～(2.3 ± 1.0)	[32]
AZ61	7207～10811	5～14	[22]

其次，由于快速凝固引起的“溶质捕获”效应，基体中元素的固溶性增强，显微硬度增加。因此，SLM 镁合金样品中的合金元素的浓度远远高于铸态样品。根据固溶强化理论，元素固溶越多，机械强度越好[16,51]。

显微硬度同样受到 SLM 镁合金中第二相的影响。SLM 制备的镁合金的显微硬度值随金属间相体积分数的增加而增大，如图 7-28(b) 所示。随着 Dy 含量的增加，Mg-Zn-Dy 合金中第二相的体积分数增加，弥散的第二相主要在晶界析出，抑制了晶粒的移动，提高了合金的显微硬度。而对于 Mg-Al 合金而言，金属间化合物通常为

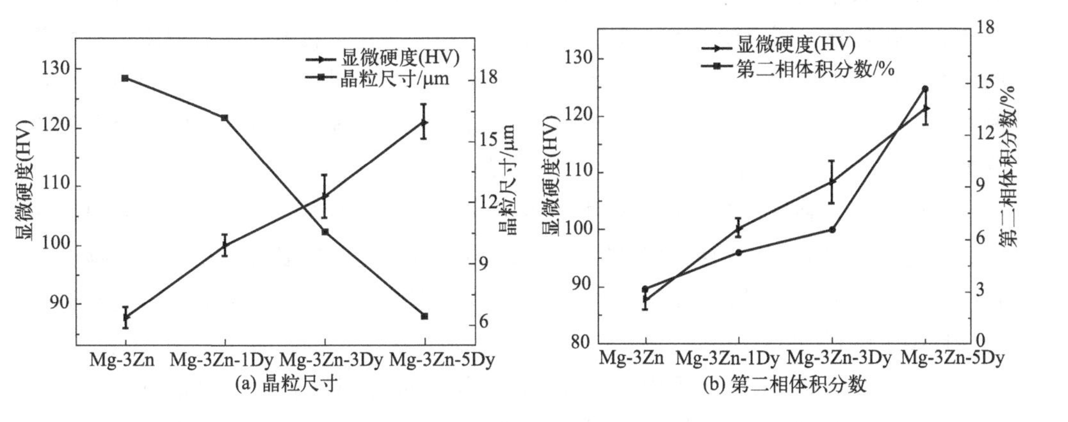

(a) 晶粒尺寸
(b) 第二相体积分数

图 7-28　SLM Mg-3Zn-xDy 合金的晶粒尺寸、第二相与显微硬度的关系

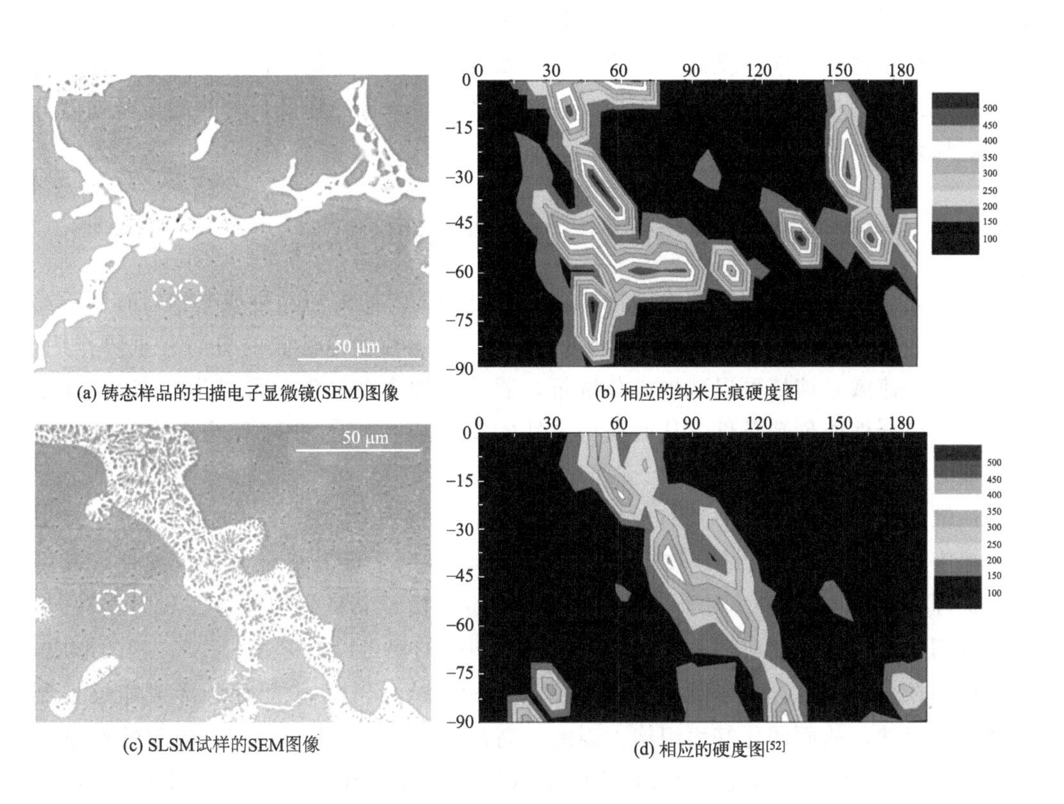

(a) 铸态样品的扫描电子显微镜(SEM)图像
(b) 相应的纳米压痕硬度图
(c) SLSM试样的SEM图像
(d) 相应的硬度图[52]

图 7-29　AZ91 镁合金基体与第二相的硬度分布

β-$Mg_{17}Al_{12}$，其显微硬度与 α-Mg 基体不同。图 7-29 为 AZ 系列镁合金基体与第二相间的硬度差异分布。可以从图 7-29(a)、(b) 的纳米压痕实验看出，白色第二相 β-

$Mg_{17}Al_{12}$ 的硬度为（174±103）HV，明显高于镁基体的平均硬度（123±13）HV，两相硬度存在差异。而经过激光表面处理（SLSM）后镁合金表面的第二相硬度有所降低，为（150±60）HV，但镁基体的硬度没有改变。这表明激光处理后样品中的元素偏析和残余应力减少。另一方面，对 β-$Mg_{17}Al_{12}$ 相进行 SLSM 改性，使镁合金的相分布更加均匀、连续，降低了 β-$Mg_{17}Al_{12}$ 相的硬度。

除此之外，在同一镁合金试样中，由于同一样品中不同的位置经历了不同的热历史，造成了显微组织的细微差异，从而影响显微硬度。缺陷的存在也会影响显微硬度。低能量密度下试样中产生的气孔和高能量密度下试样中残余应力形成的裂纹会导致硬度降低。

综上所述，在 SLM 过程中，镁合金的显微硬度受到快速凝固的影响，主要影响镁合金的组织和元素的固溶。一方面，快速凝固使镁合金的微观结构得到了显著的细化，使 SLM 镁合金的显微硬度明显高于传统铸态镁合金。另一方面，SLM 过程中的溶质捕获效应导致合金元素在基体中固溶。此外，第二相的分布和数量以及缺陷的存在也会影响显微硬度。第二相的硬度普遍高于基体，镁合金的显微硬度普遍通过抑制晶粒间的位错运动而提高。随着第二相含量的降低，材料的显微硬度分布更加均匀。

7.4.6 激光选区熔化镁合金合金化对力学性能的影响

激光加工的快速加热和冷却特性，可以将加工时间缩短到秒或毫秒，有利于晶粒尺寸的细化。而晶粒细化对镁合金耐蚀性、力学性能等性能的提高有重要作用。此外，快速激光熔炼可以减少成分偏析，通过添加合金元素，可以为提高 SLM 镁合金的综合性能创造条件，从而获得高性能镁合金。也是 SLM 镁合金未来的一个发展方向。

铝元素在固体 Mg 中具有较大的固溶度，最高可达 12.7%（质量分数），室温固溶度约为 2.0%（质量分数）。铝含量提高，有利于提升镁合金的耐蚀性，其耐蚀机理如图 7-30 所示。对于 AZ 系列的镁合金，由于其良好的铸造性和力学性能，通常用于铸造和锻制应用领域[53-55]。AZ 系列中的铝可以促进 $Mg_{17}Al_{12}$ 相的形成，而该相在合金中的含量影响了合金的变形织构，$Mg_{17}Al_{12}$ 中间相的形成能够抑制孪晶界运动，从而弱化基面织构。因此，高铝浓度的 AZ 合金是工程应用的首选。

Shuai 等人[49] 研究了在 SLM 中引入不同含量的铝［0～7%（质量分数）］元素后对 SLM 镁合金耐蚀性的影响，晶粒尺寸和金属间化合物是影响镁合金生物降解行为的两个关键因素。结果表明：随着铝含量的增加，晶粒逐渐细化，金属间相 β-$Mg_{17}Al_{12}$ 体积分数增大。晶粒细化后的合金晶界密度较大，有利于降低压应力以补偿氧化物与母材之间的不匹配。因此，失配的减少可以提高氧化膜的性能，

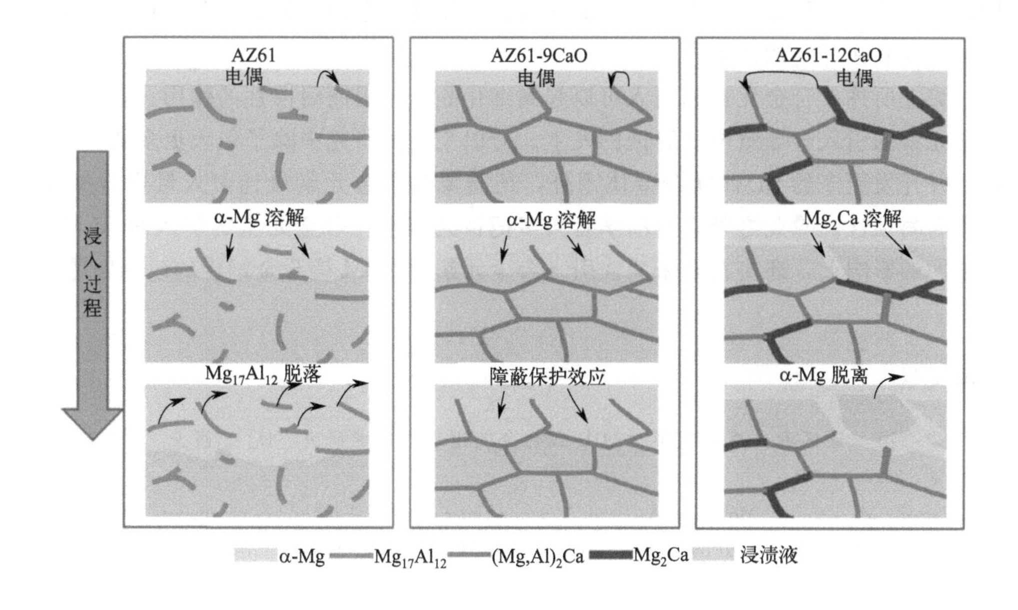

图 7-30 AZ 系列镁合金的耐蚀性机理[43]

更好地保护氧化膜不受氯离子的损害，提高降解率。继续增加铝含量，较大的金属间相体积分数引起了严重的电偶腐蚀，加速了腐蚀过程。因此 SLM ZK30-3Al 在晶粒尺寸和金属间相体积分数之间达到了平衡状态，生物降解率较低。力学性能方面，SLM 镁合金的显微硬度随铝含量的增加而增加。这一现象主要是由晶粒细化、固溶强化和脆硬 β-$Mg_{17}Al_{12}$ 相强化引起的。

Zhou 等人[56] 在研究 SLM 镁合金中引入锡时，也同样发现降低 SLM Mg 的降解速度需要平衡第二相 Mg_2Sn 相的体积分数与晶粒尺寸的关系。

镁合金中引入钙可以显著提高镁合金的塑性、耐蚀性和整体性能。钙不仅提高了镁合金的燃点和耐高温氧化性，而且对镁合金的晶粒细化具有重要作用[57]。钙对镁有很强的亲和力，可以作为结构修饰元素或分散相来提高合金的耐热性和屈服极限[58]。文献 [58] 研究了在 SLM 制备的 AZ61 合金中引入 0～12%（质量分数）的 CaO。添加不同 CaO 含量的镁合金的耐蚀机理如图 7-30 所示。结果表明，随着 CaO 的加入，$Mg_{17}Al_{12}$ 的含量降低。CaO 的引入使离散的 $Mg_{17}Al_{12}$ 相转变为连续的（Mg，Al）$_2$Ca 相，进而再转变为粗化的 Mg_2Ca 相[9%～12%（质量分数）CaO]。当 Mg_2Ca 相的体积分数足够高时，会包裹住周围的 α-Mg，一旦周围的 Mg_2Ca 相溶解，α-Mg 就会脱落，导致腐蚀速度加快。

文献 [48] 研究表明，稀土元素镝对 SLM Mg-Zn 合金的组织和耐蚀性有影响。Dy[1%～5%（质量分数）]对晶粒尺寸有细化作用。另一方面，引入过量的镝后，大量的第二相会引起严重的电偶腐蚀，加速镁合金的降解。因此，稀土元素的含量应控制在适当的范围内。

综上所述，合金元素的引入可以起到细化晶粒，提高耐蚀性的作用。但过量的合金元素的引入会导致电偶腐蚀的发生。所以今后的研究中除了引入更多的合金元素，并开发更多的SLM镁合金体系外，还需要对合金元素最佳引入量进行探究，以提高耐蚀性。除此之外，目前学者大多把目光集中在合金元素的引入对SLM的耐蚀性的影响上，还应在未来关注引入合金元素对SLM镁合金塑性的改善问题。

参考文献

[1] 华心雨．选区激光熔化成形AZ91D镁合金的组织与性能研究［D］．西安：西安理工大学，2022.000671.

[2] Esmaily M，Zeng Z，Mortazavi A，et al. A detailed microstructural and corrosion analysis of magnesium alloy WE43 manufactured by selective laser melting［J］. Additive Manufacturing，2020，35（prepublish）.

[3] Danilov D，Nestler B. Phase-field modelling of solute trapping during rapid solidification of a Si-As alloy［J］. Acta Materialia，2006，54（18）：4659-4664.

[4] Aziz M J，Tsao J Y，Thompson M O，et al. Solute trapping：Comparison of theory with experiment［J］. Physical review letters，1986，56（23）：2489-2492.

[5] Suresh C H，Koga N. A Consistent Approach toward Atomic Radii［J］. The Journal of Physical Chemistry A，2001，105（24）：5940-5944.

[6] Mathieu S，Rapin C，Hazan J，et al. Corrosion behaviour of high pressure die-cast and semi-solid cast AZ91D alloys［J］. Corrosion Science，2002，44（12）：2737-2756.

[7] Deutges M，Barth H P，Chen Y，et al. Hydrogen diffusivities as a measure of relative dislocation densities in palladium and increase of the density by plastic deformation in the presence of dissolved hydrogen［J］. Acta Mater，2015，82：266-274.

[8] Zumdick A N，Jauer L，Kersting C L，et al. Additive manufactured WE43 magnesium：A comparative study of the microstructure and mechanical properties with those of powder extruded and as-cast WE43［J］. Materials Characterization，2018，147.

[9] Rosenthal I，Nahmany M，Stern A，et al. Structure and mechanical properties of AlSi10Mg fabricated by selective laser melting additive manufacturing（SLM-AM）［J］. Advanced Materials Research，2015，1111（1）：62-66.

[10] Wei P，Wei Z，Chen Z，et al. The AlSi10Mg samples produced by selective laser melting：single track，densification，microstructure and mechanical behavior［J］. Applied Surface Science，2017，408（18）：38-50.

[11] Li W，Li S，Liu J，et al. Effect of heat treatment on AlSi10Mg alloy fabricated by selective laser melting：Microstructure evolution，mechanical properties and fracture mechanism［J］. Materials Science and Engineering：A，2016，663（15）：116-125.

[12] Du Y，Wang J，Zhao J，et al. Reassessment of the Al-Mn system and a thermodynamic description of

the Al-Mg-Mn system [J]. International journal of materials research, 2007, 98 (9): 855-871.

[13] Pan F, Feng Z, Zhang X, et al. The types and distribution characterization of Al-Mn phases in the AZ61 magnesium alloy [J]. Procedia Engineering, 2012, 27: 833-839.

[14] Jiang M G, Yan H, Chen R S. Microstructure, texture and mechanical properties in an as-cast AZ61 Mg alloy during multi-directional impact forging and subsequent heat treatment [J]. Materials & Design, 2015, 87 (6): 891-900.

[15] Teng H, Zhang X, Zhang Z, et al. Research on microstructures of sub-rapidly solidified AZ61 Magnesium Alloy [J]. Materials Characterization, 2009, 60 (6): 482-486.

[16] Wei K, Gao M, Wang Z, et al. Effect of energy input on formability, microstructure and mechanical properties of selective laser melted AZ91D magnesium alloy [J]. Materials Science and Engineering: A, 2014, 611 (23): 212-222.

[17] Dahle A K, Lee Y C, Nave M D, et al. Development of the as-cast microstructure in magnesium-aluminium alloys [J]. Journal of Light Metals, 2001, 1 (1): 61-72.

[18] Tradowsky U, White J, Ward R M, et al. Selective laser melting of AlSi10Mg: Influence of post-processing on the microstructural and tensile properties development [J]. Materials & Design, 2016, 105 (17): 212-222.

[19] Haitao T, Tingju L, Xiaoli Z, et al. Influence of sub-rapid solidification on microstructure and mechanical properties of AZ61A magnesium alloy [J]. Transactions of Nonferrous Metals Society of China, 2008, 18 (Supplement 1): s86-s90.

[20] Selcuk C. Laser metal deposition for powder metallurgy parts [J]. Powder Metallurgy, 2011, 54 (2): 94-99.

[21] Bontha S, Klingbeil N W, Kobryn P A, et al. Thermal process maps for predicting solidification microstructure in laser fabrication of thin-wall structures [J]. Journal of Materials Processing Technology, 2006, 178 (1 3): 135 142.

[22] He C, Bin S, Wu P, et al. Microstructure evolution and biodegradation behavior of laser rapid solidified Mg-Al-Zn alloy [J]. Metals, 2017, 7 (3): 105.

[23] Shuai C, Yang Y, Wu P, et al. Laser rapid solidification improves corrosion behavior of Mg-Zn-Zr alloy [J]. J Alloys Compd, 2017, 691: 961-969.

[24] Cai J, Ma G C, Liu Z, et al. Influence of rapid solidification on the microstructure of AZ91HP alloy [J]. Journal of Alloys and Compounds, 2006, 422 (1-2): 92-96.

[25] 郝士明. 镁的合金化与合金相图 [J]. 材料与冶金学报, 2002, 1 (3): 166-170.

[26] Labusch R. A statistical theory of solid solution hardening [J]. Physica status solidi (b), 1970, 41 (2): 659-669.

[27] Deng Q, Wu Y, Wu Q, et al. Microstructure evolution and mechanical properties of a high-strength Mg-10Gd-3Y-1Zn-0.4Zr alloy fabricated by laser powder bed fusion [J]. Additive Manufacturing, 2022, 49: 102517.

[28] Wei K, Zeng X, Wang Z, et al. Selective laser melting of Mg-Zn binary alloys: Effects of Zn content on densification behavior, microstructure, and mechanical property [J]. Mater Sci Eng A, 2019, 756: 226-236.

[29] Liu S, Guo H. Influence of hot isostatic pressing (HIP) on mechanical properties of magnesium alloy produced by selective laser melting (SLM) [J]. Mater Lett, 2020, 265: 127463.

[30] Niu X, Shen H, Fu J. Microstructure and mechanical properties of selective laser melted Mg-9 wt% Al powder mixture [J]. Mater Lett, 2018, 221: 4-7.

[31] Myers R H. Response surface methodology—current status and future directions [J]. Journal of quality technology, 1999, 31 (1): 30-44.

[32] Deng Q, Wu Y, Zhu W, et al. Effect of heat treatment on microstructure evolution and mechanical properties of selective laser melted Mg-11Gd-2Zn-0.4 Zr alloy [J]. Materials Science and Engineering: A, 2022, 829: 142139.

[33] Liang J, Lei Z, Chen Y, et al. Microstructure evolution of laser powder bed fusion ZK60 Mg alloy after different heat treatment [J]. J Alloys Compd, 2022, 898: 163046.

[34] Hyer H, Zhou L, Liu Q, et al. High strength WE43 microlattice structures additively manufactured by laser powder bed fusion [J]. Materialia, 2021, 16: 101067.

[35] Fu P, Wang N, Liao H, et al. Microstructure and mechanical properties of high strength Mg-15Gd-1Zn-0.4 Zr alloy additive-manufactured by selective laser melting process [J]. T Nonferr Metal Soc, 2021, 31 (7): 1969-1978.

[36] Liang J, Lei Z, Chen Y, et al. Formability, microstructure, and thermal crack characteristics of selective laser melting of ZK60 magnesium alloy [J]. Mater Sci Eng A, 2022, 839: 142858.

[37] Julmi S, Abel A, Gerdes N, et al. Development of a laser powder bed fusion process tailored for the additive manufacturing of high-quality components made of the commercial magnesium alloy WE43 [J]. Materials, 2021, 14 (4): 887.

[38] Hendea R E, Raducanu D, Nocivin A, et al. Laser Powder Bed Fusion Applied to a New Biodegradable Mg-Zn-Zr-Ca Alloy [J]. Materials, 2022, 15 (7): 2561.

[39] Pawlak A, Szymczyk P E, Kurzynowski T, et al. Selective laser melting of magnesium AZ31B alloy powder [J]. Rapid Prototy J, 2020, 26 (2): 249-258.

[40] Deng Q, Wu Y, Su N, et al. Influence of friction stir processing and aging heat treatment on microstructure and mechanical properties of selective laser melted Mg-Gd-Zr alloy [J]. Addit Manuf, 2021, 44: 102036.

[41] Deng Q, Wu Y, Zhu W, et al. Effect of heat treatment on microstructure evolution and mechanical properties of selective laser melted Mg-11Gd-2Zn-0.4 Zr alloy [J]. Mater Sci Eng A, 2022, 829: 142139.

[42] Hakamada M, Furuta T, Chino Y, et al. Life cycle inventory study on magnesium alloy substitution in vehicles [J]. Energy, 2007, 32 (8): 1352-1360.

[43] Lucas J, Meiners W, Vervoort S, et al. Selective Laser Melting of Magnesium Alloys [J]. European Cells and Materials, 2015, 30 (2): 1.

[44] Liu C, Zhang M, Chen C. Effect of laser processing parameters on porosity, microstructure and mechanical properties of porous Mg-Ca alloys produced by laser additive manufacturing [J]. Mater Sci Eng A, 2017, 703: 359-371.

[45] Zhang B, Liao H, Coddet C. Effects of processing parameters on properties of selective laser melting Mg-9% Al powder mixture [J]. Mater Des, 2012, 34: 753-758.

[46] Yang Y, Wu P, Lin X, et al. System development, formability quality and microstructure evolution of selective laser-melted magnesium [J]. Virtual Phys Prototy, 2016, 11 (3): 173-181.

[47] Zhou Y, Wu P, Yang Y, et al. The microstructure, mechanical properties and degradation behavior of

laser-melted MgSn alloys [J] . J Alloys Compd, 2016, 687: 109-114.

[48] Long T, Zhang X, Huang Q, et al. Novel Mg-based alloys by selective laser melting for biomedical applications: microstructure evolution, microhardness and in vitro degradation behaviour [J] . Virtual Phys Prototy, 2018, 13 (2): 71-81.

[49] Shuai C, He C, Feng P, et al. Biodegradation mechanisms of selective laser-melted Mg-xAl-Zn alloy: grain size and intermetallic phase [J] . Virtual and Physical Prototyping, 2018, 13 (2): 59-69.

[50] Zhang M, Chen C, Liu C, et al. Study on porous Mg-Zn-Zr ZK61 alloys produced by laser additive manufacturing [J] . Met, 2018, 8 (8): 635.

[51] Wen H, Topping T D, Isheim D, et al. Strengthening mechanisms in a high-strength bulk nanostructured Cu-Zn-Al alloy processed via cryomilling and spark plasma sintering [J] . Acta Materialia, 2013, 61 (8): 2769-2782.

[52] Taltavull C, Torres B, López A J, et al. Selective laser surface melting of a magnesium-aluminium alloy [J] . Mater Lett, 2012, 85: 98-101.

[53] Fintová S, Kunz L. Fatigue properties of magnesium alloy AZ91 processed by severe plastic deformation [J] . J Mech Behav Biomed, 2015, 42: 219-228.

[54] Alaneme K K, Okotete E A. Enhancing plastic deformability of Mg and its alloys—A review of traditional and nascent developments [J] . Journal of Magnesium and Alloys, 2017, 5 (4): 460-475.

[55] Zhou M, Morisada Y, Fujii H. Effect of Ca addition on the microstructure and the mechanical properties of asymmetric double-sided friction stir welded AZ61 magnesium alloy [J] . Journal of Magnesium and Alloys, 2020, 8 (1): 91-102.

[56] Kondori B, Mahmudi R. Effect of Ca additions on the microstructure, thermal stability and mechanical properties of a cast AM60 magnesium alloy [J] . Materials Science and Engineering: A, 2010, 527 (7-8): 2014-2021.

[57] Zhang L, Deng K, Nie K, et al. Microstructures and mechanical properties of Mg-Al-Ca alloys affected by Ca/Al ratio [J] . Materials Science and Engineering: A, 2015, 636 (17): 279-288.

[58] Shuai C, He C, Xu L, et al. Wrapping effect of secondary phases on the grains: increased corrosion resistance of Mg-Al alloys [J] . Virtual and Physical Prototyping, 2018, 13 (4): 292-300.

第8章 激光选区熔化镁合金热处理

激光选区熔化工艺直接制备的镁合金材料面临强韧性不匹配和致密度差等问题，调整工艺参数不能完全解决，可以加入相关的后处理技术来改善。

8.1 热等静压工艺

镁合金的激光选区熔化工艺使材料的强度较铸态显著提高，但面临塑性较差的问题。强韧性不匹配的原因，一方面与激光选区熔化镁合金仍未达到完全致密有关，调整工艺参数可以在一定程度改善粉末间熔合，从而减少孔隙率，但是由于熔池内热对流引起的气孔难以简单通过调整工艺参数去除，需要考虑加入后处理技术来解决；另一方面镁合金材料的塑性较低与相变有关，相界面的脆性在拉伸变形中容易引发裂纹的萌生与扩展，从而损害塑性。提升镁合金材料塑性需要解决内部孔隙和第二相的问题。

热等静压是一种可以同时对样品施加压力与温度的工艺技术，通常被用来消除铸件中的孔隙和疏松等问题，或是直接应用于金属粉末，提高铸件、粉末的相对密度，进而提升铸件整体的力学性能。热等静压（HIP）是粉末冶金工艺中常见的后处理工艺，有研究表明，应用热等静压技术对 SLM 制备的 Ti6Al4V 可以闭合内部孔隙并完成相转变，对提升塑性有一定效果，但会损害一部分强度[1]。

根据文献［2］报道，SLM 样品的强度性能远远低于使用 HIP 技术进行后处理的合金，这表明将复杂形状的 SLM 工件应用 HIP 进行后处理是一种合理的提升 SLM 样品性能的方式。

Wolfgang Schneller 等人[3] 研究了 SLM 制备的 AlSi10Mg 合金在热等静压（HIP）处理后的性能。结果表明，HIP 工艺和随后的退火，对微观组织有改善作用，而且 HIP 使 SLM 铝合金样品中整体孔隙率显著降低和微孔尺寸减小，从而提高了抗疲劳性能。

HIP 工艺对激光选区熔化态镁合金的孔隙缺陷和低延伸率也有很大的作用。2019 年，Gangireddy 等[4] 对激光选区熔化态 WE43 镁合金进行了 HIP 处理，发现对于 HIP 可以显著闭合高孔隙率样品的孔洞，例如将孔隙率从 12.4%减小到 2.7%，但是对于 0.3%低孔隙率样品进行 HIP 处理后孔隙率不变。

Liu 和 Guo[5] 在 2020 年对激光选区熔化态 AZ61 镁合金进行了 HIP（450℃、103 MPa 和 3 h）处理：激光选区熔化态镁合金的孔隙率为 0.8%，平均孔隙尺寸为 (43±27)μm，HIP 处理后大部分孔隙闭合，致密度接近 100%。目前针对激光选区熔化镁合金的 HIP 后处理研究还很有限，有必要了解 HIP 过程中显微组织的演变规律及其对力学性能的影响，寻求最佳的 HIP 参数，解决激光选区熔化镁合金致密度及强韧性的问题。

8.2 热等静压参数的选取

以 AZ61 镁合金样品为例，采用 Mini HIP Qih-9 热等静压炉，HIP 过程在氩气保护下进行，热等静压后样品随炉冷却。图 8-1 是热等静压设备原理图，热等静压设备主要包括压力容器、气瓶、压缩机、热电偶以及温控和压力调节系统等几部

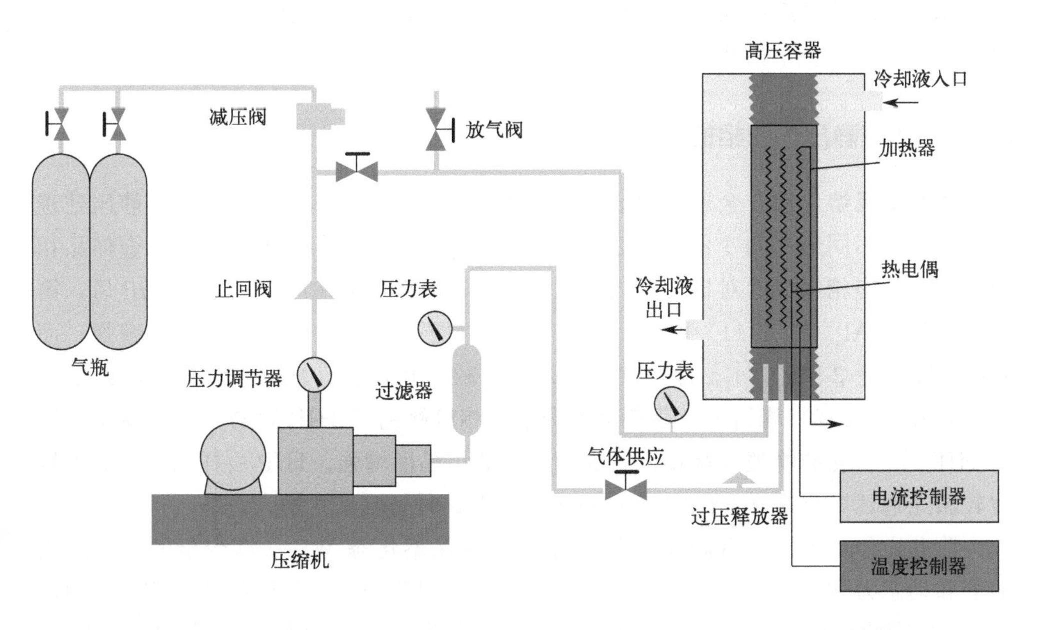

图 8-1　热等静压设备示意图

分。通常将镁合金样品放入压力容器中，并充入惰性气体（高纯氩气，纯度为99.99%），利用温度控制系统与压力调节系统设置实验所需温度、压力，加热后保温一定时间，在温度与压力作用下，样品自身组织发生显微变形，产生闭合孔隙等缺陷，提升样品致密度。表8-1为热等静压实验参数，其选取了350℃、410℃和450℃三个温度，并在压力103 MPa下保温3h，通过对比不同温度下的微观结构、硬度以及力学性能，阐明HIP下激光选区熔化镁合金显微组织的演变机理。

表8-1　热等静压实验参数

样品编号	实验温度/℃	实验压力/MPa	保温时间/h
1	350	103	3
2	410	103	3
3	450	103	3

8.3　热等静压下相组成、显微组织及力学性能

热等静压工艺通过温度-压力-时间共同作用于激光选区熔化镁合金材料，在整个过程中，相组成、显微结构均会发生演变，继而影响力学性能。明确不同热等静压状态下对应的相组成及显微结构的演变规律，有助于调控激光选区熔化镁合金的显微组织，优化力学性能。

8.3.1　热等静压下物相的组成

激光选区熔化镁合金通常由α-Mg以及金属间化合物组成。通过热等静压处理会使相发生不同形式的变化。图8-2展示了热等静压后激光选区熔化镁合金样品相组成与原始态相组成的对比。激光选区熔化AZ61镁合金在经过350℃ HIP后，第二相$\beta\text{-}Mg_{17}Al_{12}$的（411）峰和（232）峰有所增强，表明第二相结晶性增强；而410℃ HIP后$\beta\text{-}Mg_{17}Al_{12}$的（411）峰和（232）峰减弱，450℃ HIP后，第二相（411）峰和（232）峰消失，表明大部分的β相溶解到了HIP后的样品基体中。同时HIP后，Mg的峰值强度提高，表明Mg的结晶度增强。HIP后样品Mg的半峰宽较激光选区熔化态样品细，表明HIP后，Mg的晶粒尺寸增大。

除此之外，另有学者研究了HIP后激光选区熔化态WE43镁合金的显微组织演变和动态力学行为（分离式Hopkinson压杆测试系统），研究表明，HIP处理后富Nd的带状析出相破碎转变为更短更厚的板状析出相[4]；激光选区熔化WE43镁合金经过HIP（520 ℃、103 MPa、4 h）或者HIP＋固溶热处理（525 ℃、8 h）后晶粒尺寸没有显著长大，但是可以改善耐腐蚀性能，表明SLM态WE43合金具

有较稳定的相组成和显微组织[6]。

不同牌号的镁合金以及不同的 HIP 和其他复合热处理的后处理方式均会对激光选区熔化镁合金的显微组织及各项性能产生不同程度的影响，未来还需不断深入探索热处理工艺-SLM 镁合金显微组织-性能三者间的构效关系，建立不同牌号激光选区熔化镁合金的标准热处理制度数据库。

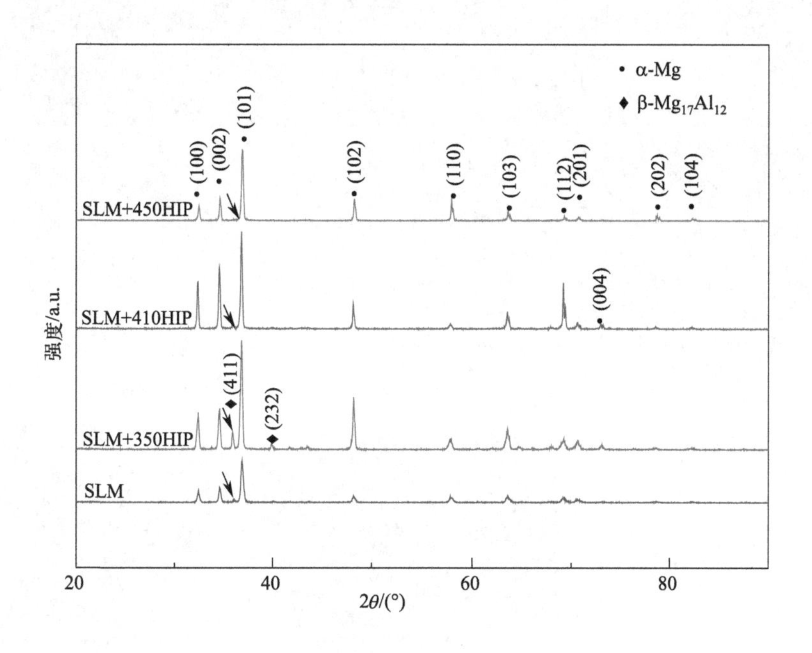

图 8-2 样品相组成

8.3.2 热等静压下显微组织与演变规律

激光选区熔化镁合金样品在热等静压前后的显微组织变化具有一定规律。以 AZ61 镁合金为例，图 8-3 展示了激光选区熔化 AZ61 镁合金在 350 ℃、410 ℃、450 ℃三个温度下热等静压后的显微组织。从图 8-3 可以看出，原始态激光选区熔化镁合金的第二相 β-$Mg_{17}Al_{12}$ 的析出形式为沿晶界析出，呈细条状分布，并且构成网状结构，第二相尺寸较细小。经过热等静压处理后，在 350 ℃时第二相不再沿晶界析出，且形状从细条状向方块状演变，表明 350 ℃后富 Al 第二相 β-$Mg_{17}Al_{12}$ 发生分解，网格结构被破坏，第二相尺寸较 SLM 态增大，结晶性增强。410 ℃和 450 ℃热等静压后，第二相析出数量、尺寸均明显减小，与 XRD 测试结果较为一致。

表 8-2 对比不同温度热等静压后的样品各相元素含量，在激光选区熔化成型镁合金样品中，与黑色基体相相比，白色相 Al 含量较高，占比 10.38%（质量分

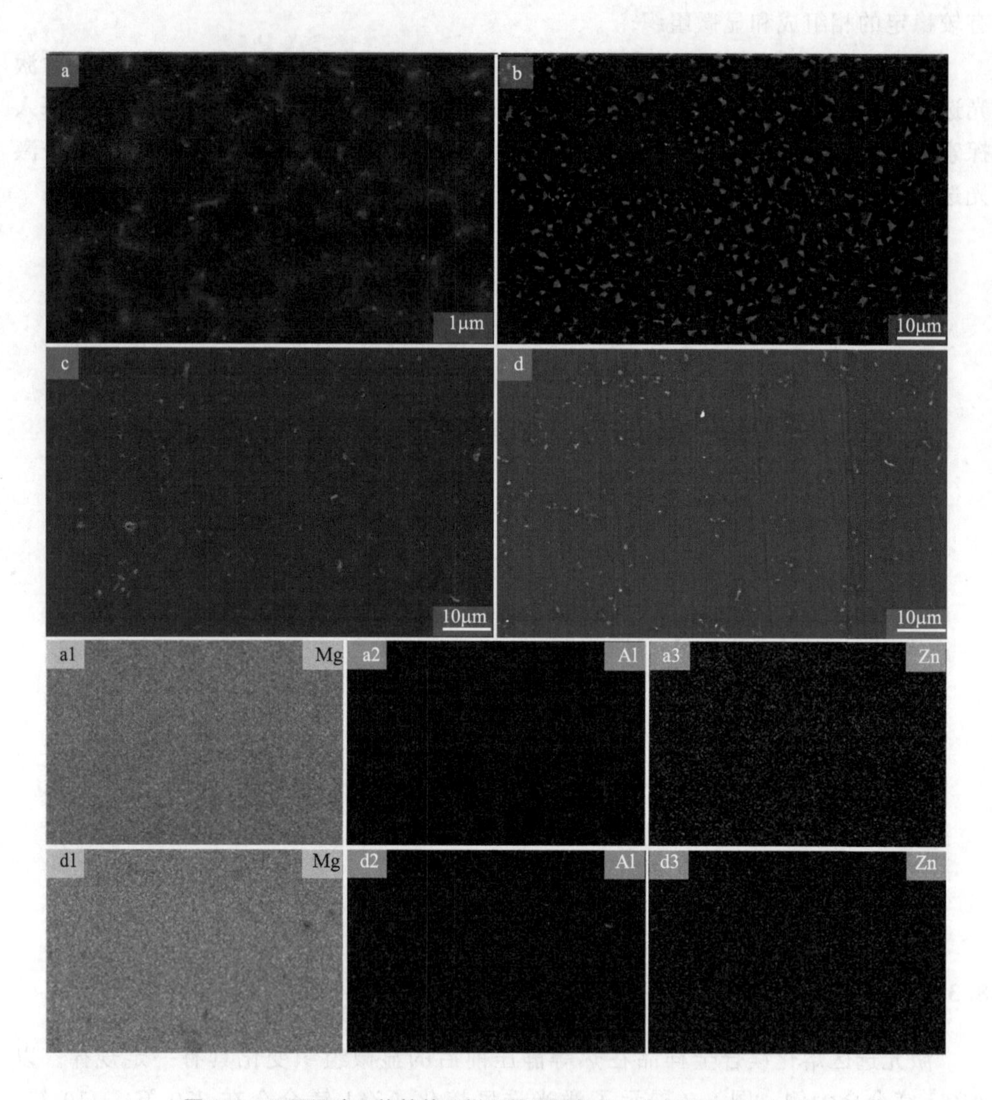

图 8-3 不同温度下热等静压样品的显微组织：(a) 原始 SLM 态；(b) 350 ℃；(c) 410 ℃；(d) 450℃；(a1)~ (a3)为图 (a) 中的元素分布；(d1)~ (d3)为图 (d) 中的元素分布

数），根据 7.3.1 节，白色相为在 α-Mg 固溶体上析出的 β-$Mg_{17}Al_{12}$；350 ℃ HIP 后样品中白色相中 Al 元素含量明显升高，占比 33.60%（质量分数），Mg 元素占比 60.77%（质量分数），可以确定该相为 β-$Mg_{17}Al_{12}$，而基体相中 Al 元素略高于 SLM 样品，表明在 350 ℃、3h 的 HIP 下，基体中大量的 Al 元素析出，网格状第二相被分解，Al 元素一部分参与固溶，另一部分以金属间化合物 β-$Mg_{17}Al_{12}$ 析出，随着保温时间的延长，析出的 β-$Mg_{17}Al_{12}$ 粗化长大；410 ℃与 450 ℃、3h 的

HIP 后，基体中 Al 元素含量较 SLM 升高，分别占比 8.16%（质量分数）和 8.1%（质量分数），白色相与黑色相之间各元素含量差别不大，一方面是由于第二相尺寸太小，EDS 无法精准测出其含量，另一方面在此温度下，Al 元素大量固溶进基体，第二相基本消失。进而对于不同温度下的 HIP 处理后的样品中第二相的尺寸分布、面积分布以及第二相面积分数利用 Imagepro 进行计算，结果如图 8-4～图 8-6 所示。

表 8-2 SLM 样品与 SLM+ HIP 样品元素含量对比

样品编号/组成	黑色相质量分数/%				白色相质量分数/%			
	Mg	Al	Zn	O	Mg	Al	Zn	O
SLM	90.47	7.66	1.31	0.56	87.6	10.38	1.46	0.56
SLM＋350HIP	86.98	8.31	1.04	3.84	60.77	33.60	4.55	1.08
SLM＋410HIP	90.89	8.16	0.95	0	89.92	7.77	1.09	1.22
SLM＋450HIP	90.27	8.10	0.98	0.65	89.74	8.31	1.07	0.88

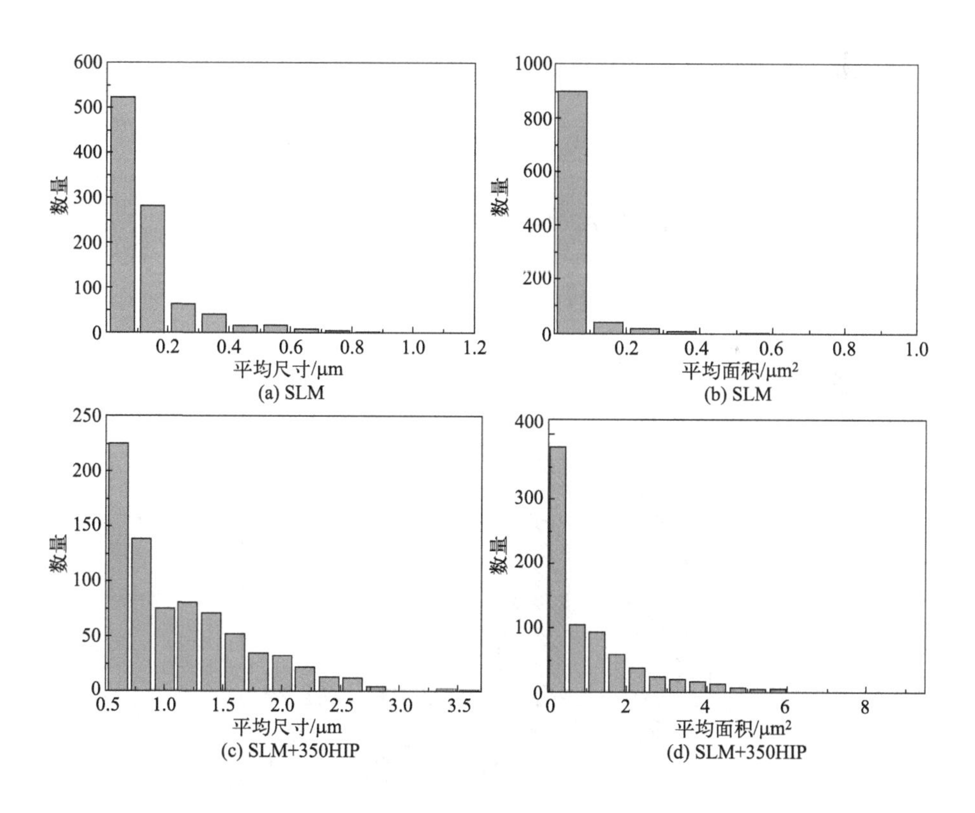

图 8-4

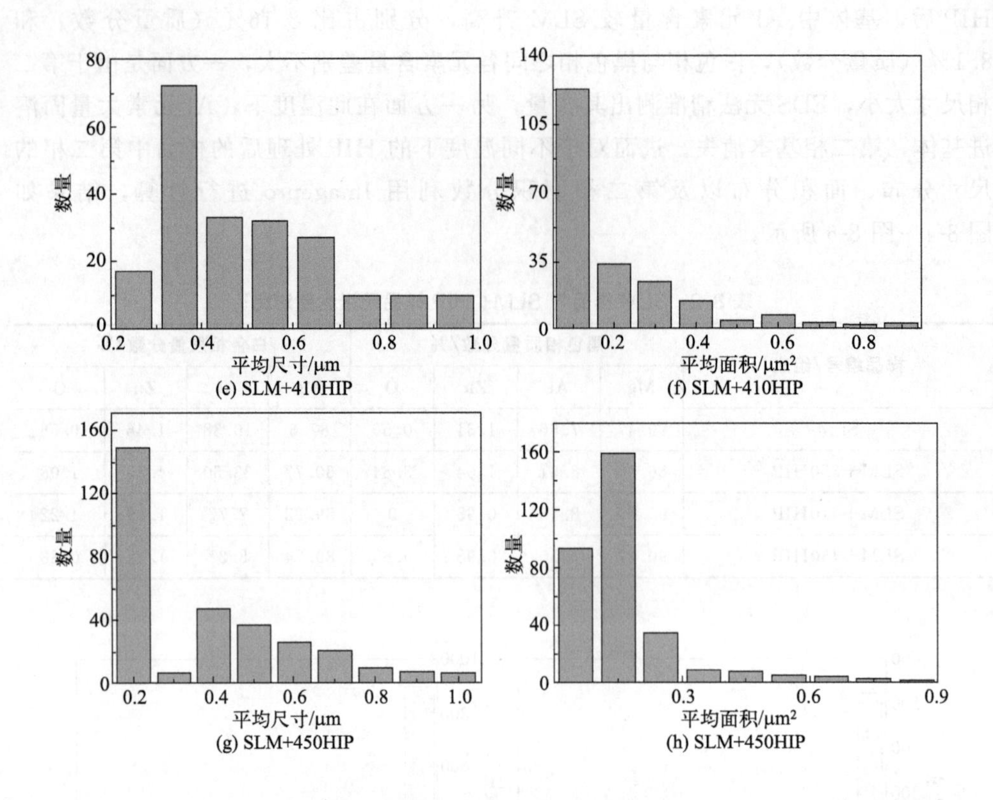

图 8-4 AZ61 中第二相尺寸、面积统计

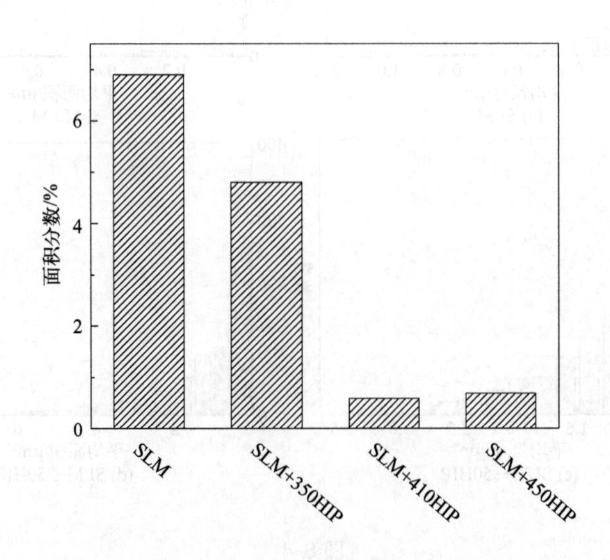

图 8-5 AZ61 中第二相面积分数统计

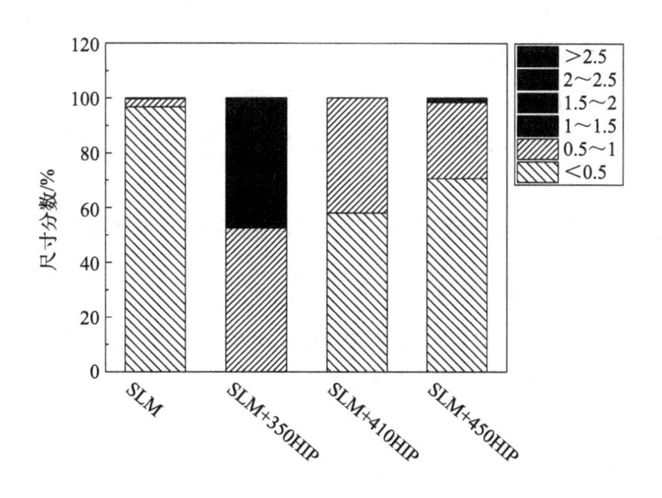

图 8-6 AZ61 中第二相尺寸分布

激光选区熔化 AZ61 镁合金 β 相尺寸范围在 0.03~0.6 μm 之间，平均尺寸为 0.1 μm，其中尺寸小于 0.2 μm 的占比为 90%，沿晶界析出的 β 相较细小，为主要析出尺寸。激光选区熔化镁合金经 350 ℃ HIP 后，第二相发生了长大，β 相尺寸范围在 0.5~3.5 μm 之间，平均尺寸为 1.12 μm，较原始激光选区熔化样品尺寸增大了一个数量级，其中 0.5~1 μm 的 β 相占比为 58%，是 350 ℃ HIP 后主要存在的 β 相尺寸，大于 1 μm 的 β 相颗粒数量随着尺寸增大而减小，较激光选区熔化样品增多；温度升高到 410 ℃后，HIP 处理后 β 相尺寸、面积明显减小，尺寸在 1 μm 以下。450 ℃ HIP 处理后 β 相尺寸在 0.15~1.1 μm，总体上介于激光选区熔化原始态样品与 350 ℃样品的 β 相尺寸之间，平均尺寸为 0.49 μm，小于 0.2 μm 的占比为 48%，与激光选区熔化态样品 β 相尺寸分布类似，小于 1 μm 的占比为 97%，表明 450 ℃下第二相平均颗粒尺寸虽有所长大，但较激光选区熔化态并不明显，且大于 1 μm 的第二相基本消失，主要是因为在此温度下 β 相基本固溶，第二相溶解。从 β 相面积统计中看出，激光选区熔化样品的 β 相面积基本一致，均为晶界析出的细条状结构，激光选区熔化 AZ61 镁合金样品的第二相面积分数最高，占比为 6.3%，经热等静压处理后，β 相由于形状改变而面积分布出现不同，350 ℃ HIP 后，第二相颗粒面积分布为 0.01~9.8 μm^2，其中 0.01~0.5 μm^2 的第二相颗粒占比为 50.3%，主要由较小颗粒构成，第二相颗粒总面积分数为 4.8%，虽然 XRD 结果显示 β 相的结晶性增强，但是其总面积分数较激光选区熔化下降了 30.4%，第二相颗粒减少，表明在此温度下发生了 Al 元素固溶，但是温度较低、保温时间短导致固溶程度低。410 ℃ HIP 后，第二相基本溶解，面积小于 1 μm^2。450 ℃ HIP 后第二相颗粒尺寸、面积均减小，面积范围在 0.01~0.87 μm^2，其中

0.01～0.2 μm^2 第二相颗粒占比为 79.2%，第二相颗粒总面积分数显著下降到 0.69%，第二相基本完全固溶。

因此，综合多种分析手段可以看出，HIP 后的激光选区熔化镁合金显微组织具有一定的演变规律，可以以此为依据对显微组织进行调控，以期得到相应性能。

8.3.3 热等静压工艺对激光选区熔化镁合金晶粒尺寸和相对密度的影响

图 8-7 为相同标尺下不同处理后激光选区熔化镁合金的光学显微镜照片，可以看出 SLM AZ61 镁合金在 HIP 处理后晶粒由均匀细小的等轴晶粒演变为粗化颗粒，晶粒尺寸明显增大。图中 SLM 试样的平均晶粒尺寸为（2.2±0.3）μm，350 ℃ HIP 后晶粒尺寸长大，平均晶粒尺寸为（19.8±2.7）μm，410 ℃ HIP 后平均晶粒尺寸为（18.1±1.2）μm，而 450 ℃ HIP 后平均晶粒尺寸为（23.9±6.0）μm。表明 SLM 镁合金样品的晶粒尺寸会随温度发生粗化，温度越高，晶粒尺寸越大，但 410 ℃ HIP 与 350 ℃ HIP 相比，尺寸增长幅度不大，且长大后的尺寸仍远小于铸态样品平均晶粒尺寸（大约在 200～300 μm）的水平。而晶粒长大必然会引起材料在力学性能方面的变化。除此之外，热等静压技术也对激光选区熔化镁合金的致密化具有一定作用。图 8-8 对比了 HIP 前后激光选区熔化 AZ61 镁合金的宏观表面孔隙情况。

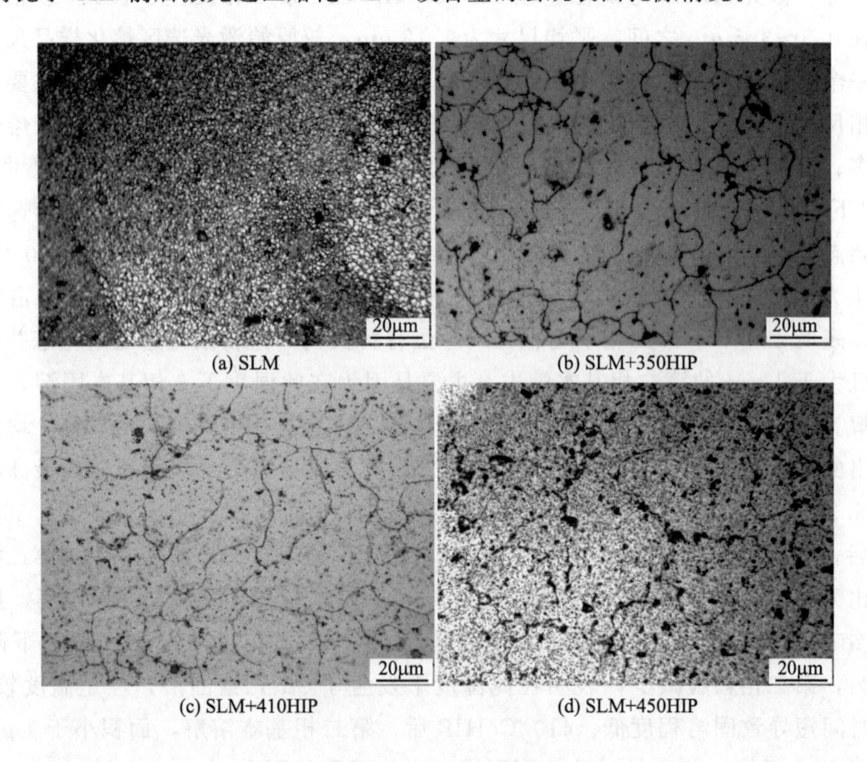

(a) SLM (b) SLM+350HIP (c) SLM+410HIP (d) SLM+450HIP

图 8-7 不同工艺 AZ61 晶粒尺寸对比

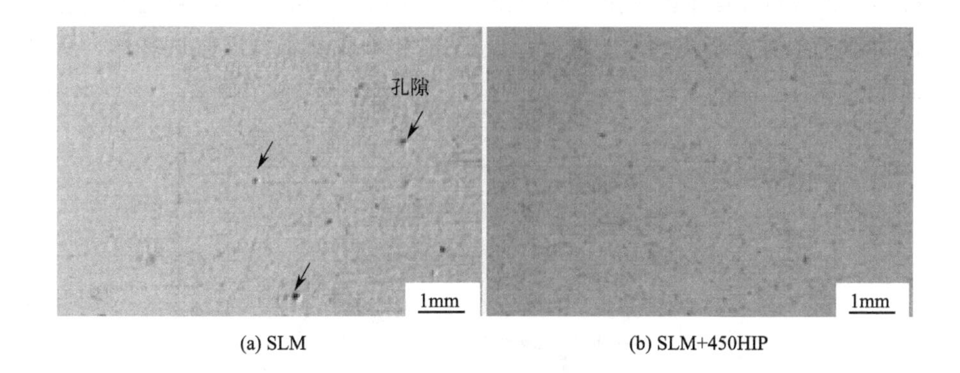

(a) SLM　　(b) SLM+450HIP

图 8-8　热处理前后孔隙分布

从图 8-8 可以看出，根据 Imagepro 软件统计，SLM 试样的孔隙面积分数为 0.8%，平均孔隙尺寸为（43±27）μm。HIP 处理对于闭合 SLM 样品内部孔隙有着明显效果，HIP 后孔隙数量显著减小，大部分孔隙经 HIP 处理后闭合，相对密度接近 100%。

8.3.4　热等静压对激光选区熔化镁合金显微硬度的影响

Mg-Al 系镁合金材料的硬度主要取决于 α-Mg 基体的过饱和度以及 β 相数量、形态及尺寸。HIP 前后镁合金样品的显微组织不同，其中镁合金基体较软，而第二相颗粒较硬，显微组织的差异会对样品的显微硬度产生影响，图 8-9 对比了激光选区熔化 AZ61 镁合金样品在 HIP 前后的显微硬度测试结果，每个样品表面等间距取 10 个点进行测量，并计算得到平均硬度值。从图 8-9 看出，HIP 后激光选区熔化镁合金的显微硬度有所降低，SLM 试样的显微硬度为（98.9±5.9）HV，350 ℃ HIP 后，样品平均硬度为（96.1±8.2）HV，410 ℃ HIP 后样品的平均硬度降至（83.5±4.0）HV，450 ℃ HIP 后样品的显微硬度为（87.4±3.9）HV，但仍整体高于锻造镁合金试样的显微硬度（63.5±3.4）HV[7]。

HIP 后硬度下降的现象可以结合显微组织的演变规律进行理解。350 ℃ HIP 后，由于第二相并未完全固溶进基体，且有大量尺寸较大的块状第二相析出，所以平均硬度较 SLM 态差别不大；温度高于 410 ℃，在保温过程中第二相逐渐减少，直至消失，表明在该温度下出现了 Al 元素的固溶，经固溶处理后，大量 Al 原子溶入 α-Mg 基体中，由于二者原子半径不同，从而在所获得的过饱和置换固溶体中引起晶格畸变，阻碍位错运动，这种固溶强化效果理论上有利于提高硬度，然而显微硬度不升反降。这是由于随着合金从不完全固溶向完全固溶发生转变，具有硬脆特征的第二相基本消失，显著降低其对晶界迁移的抑制作用，甚至超过固溶强化效果，最终导致材料硬度不断下降。结合图 8-3 和图 8-2 的显微组织和 XRD 相组成，450 ℃ HIP 后沿晶界析出的脆、硬 β-$Mg_{17}Al_{12}$ 相颗粒基本均固溶进基体，所以样品表面硬度略有下降。

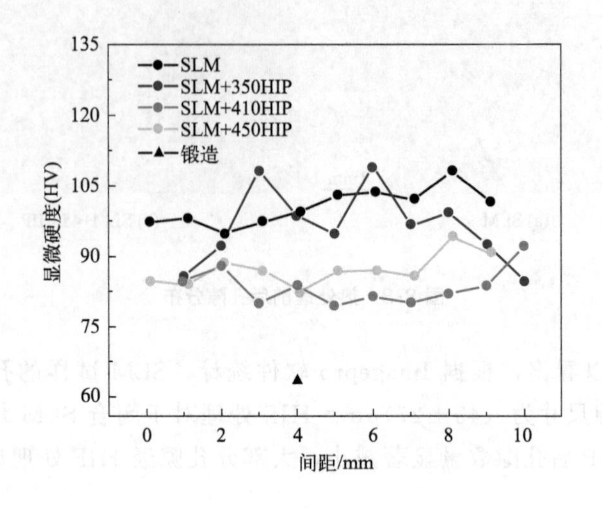

图 8-9 不同工艺 AZ61 镁合金显微硬度对比

8.3.5 热等静压对激光选区熔化镁合金力学性能的影响

在适当的热等静压工艺条件下，可以使激光选区熔化镁合金在保持极限抗拉强度的同时，有效提升延伸率，解决强韧性问题，但屈服强度在 HIP 处理后有所降低。

图 8-10、图 8-11 展示了激光选区熔化 AZ61 镁合金样品、350 ℃ HIP 样品和 450 ℃ HIP 样品的极限抗拉强度、屈服强度以及延伸率，三者的极限抗拉强度（UTS）分别为 287 MPa、279 MPa 和 274 MPa，屈服强度（YTS）分别为 233 MPa、198 MPa 和 126 MPa。350℃ HIP 后屈服强度较激光选区熔化下降了 15%，450 ℃ HIP 后下降了 46%。主要原因是晶粒粗化的结果，HIP 后晶粒尺寸由激光选区熔化态的（2.2±0.3）μm 增长到 450 ℃ HIP 态的（23.9±6.0）μm，根据 Hall-Petch 公式，屈服强度随着晶粒尺寸的增加而降低。

与激光选区熔化相比，延伸率显著提高，激光选区熔化镁合金的延伸率为 3.1%，350 ℃ HIP 后提高到 5.5%，而 450 ℃ HIP 后进一步提高到 8.2%，在没有降低 UTS 的情况下，较激光选区熔化样品分别提高了 77% 和 165%，激光选区熔化镁合金的塑性得到了极大的改善。在采取相同压力闭合孔隙的条件下，不同 HIP 温度处理保温后，β-$Mg_{17}Al_{12}$ 固溶程度不同，导致塑性提高程度也因此不同。

HIP 后保持高极限抗拉强度主要源于两方面：一方面，随着相对密度增加，

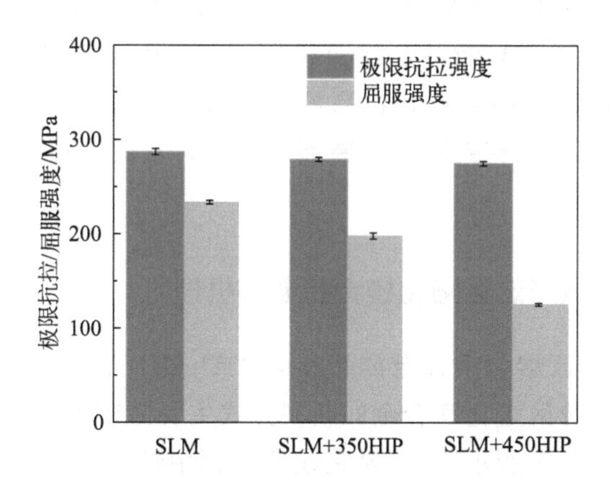

图 8-10　不同工艺下 AZ61 镁合金的强度对比

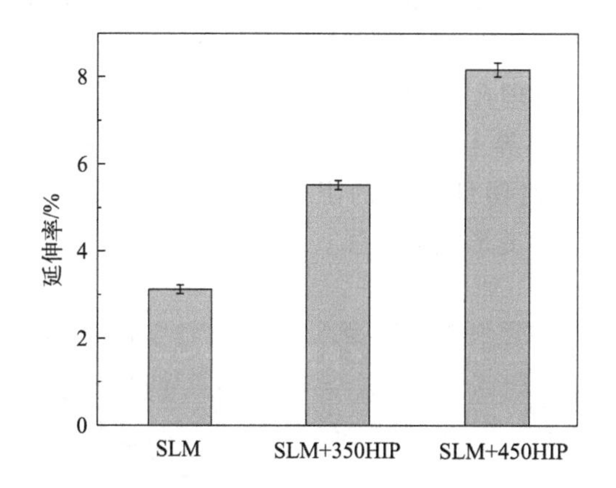

图 8-11　不同工艺下 AZ61 镁合金的延伸率对比

样品固有缺陷减少，拉伸时强度提高；而另一方面，根据固溶强化理论式（8-1）[8] 为：

$$\sigma_{sol}=\sigma_{y0}+Z_L G(\delta^2+\beta^2\eta^2)^{2/3}c^{2/3} \tag{8-1}$$

由公式(8-1) 可以看出，固溶强度与固溶原子的浓度 c 成正比。

孔隙、裂纹源的减少和晶界处 β-$Mg_{17}Al_{12}$ 钉扎效应的减弱是激光选区熔化镁合金材料塑性增加的原因。HIP 后激光选区熔化镁合金材料的塑性得到了显著的改善，塑性的提高可能是由于以下两点：第一，HIP 处理使致密化增加，减少了导致断裂的孔隙等；第二，沿晶界析出的脆、硬第二相是影响材料塑性的关键因素，在较软的 α-Mg 基体和脆、硬 β 相之间存在较高的应力集中。以 AZ 镁合金为例，HIP 处理后沿晶粒呈网状分布的 β-$Mg_{17}Al_{12}$ 在晶界处会对裂纹的形成提供机会，从而在拉伸的过程中产生裂纹源使样品断裂。HIP 后晶界处的 β-$Mg_{17}Al_{12}$ 发生了溶解，由 β-$Mg_{17}Al_{12}$ 导致的裂纹源减少，而且由于 β-$Mg_{17}Al_{12}$ 处于晶界处，在拉伸时晶粒受力形变后遇到钉扎在晶界的 β-$Mg_{17}Al_{12}$，形变受到阻碍，由于晶界处 β-$Mg_{17}Al_{12}$ 的溶解，有效阻止了断裂的发生，从而获得了高延伸率的镁合金材料。

8.3.6 热等静压下激光选区熔化镁合金断裂机理

图 8-12 为激光选区熔化镁合金样品和 450 ℃ HIP 后镁合金样品的断裂形貌。图 8-12(a) 中，激光选区熔化镁合金的断裂方式主要为韧脆混合断裂机制，断口形貌中存在许多孔隙（箭头所示），主要是建造过程中形成的气孔，韧窝呈小且浅的等轴状，晶粒在拉伸过程中发生了变形，遇到晶界处的第二相而断裂。HIP 处理后断口形貌中孔隙明显减少，表明 HIP 对于样品内部孔隙的闭合起到了重要的作用，且断口形貌特征与激光选区熔化镁合金不同，450 ℃ HIP 的断口主要由大而深的韧窝[图 8-12(b)]和解理台阶组成，镁合金作为 HCP 结构的金属，较易发生解理断裂，大量韧窝和解理台阶的同时出现揭示了韧性断裂和脆性断裂的混合断裂模式。450 ℃ HIP 后，晶界上第二相固溶进基体，Mg 晶粒在受到拉伸的外力作用下变形，晶界处第二相对塑性变形的阻碍消失，继而形成大而深的韧窝，表明 HIP 后，韧性改善，塑性变形能力增强。

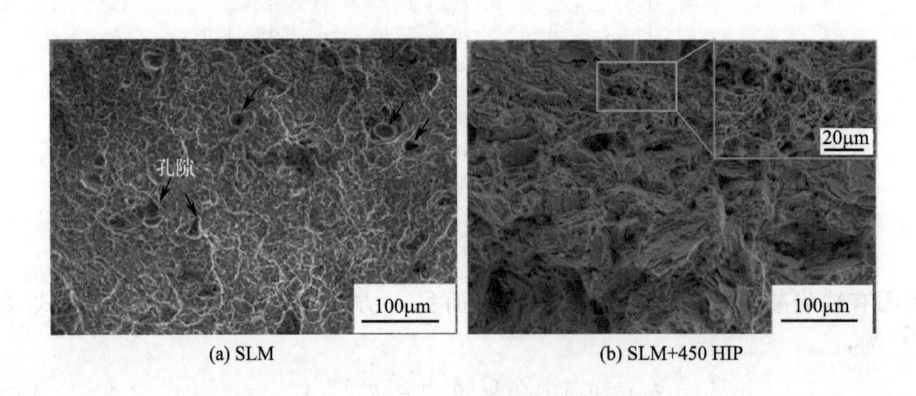

图 8-12 不同工艺下 AZ61 镁合金断口形貌对比

图 8-13 为原位拉伸实验（DIC）过程中镁合金的典型应变分布。激光选区熔化镁合金和 HIP 后的镁合金在拉伸过程中应变分布呈现明显的差别，激光选区熔化镁合金从拉伸开始到断裂之前，应变分布均匀，最高局部应变值在 1.02%，而相比之下，HIP 后样品则出现了局部应力集中的现象，从拉伸开始到断裂，整体的应变均高于 SLM 镁合金，在断裂前，局部最高应变达到 12.4%，较激光选

区熔化样品的应变值高出 10 倍左右，而在 450 ℃ HIP 处理后，晶粒尺寸也增加了 10 倍左右[(2.2±0.3)～(23.9±6.0)μm]，表明局部应变集中的现象与 HIP 后镁合金晶粒尺寸增大有关，也印证了关于晶粒尺寸长大的分析。在室温下变形时应降低初始晶粒尺寸，因为大尺寸晶粒的镁合金在较高的应变下会产生孪晶从而导致断裂，而较小的晶粒尺寸使得应力在晶界处分布更加均匀，可以有效避免应力集中。

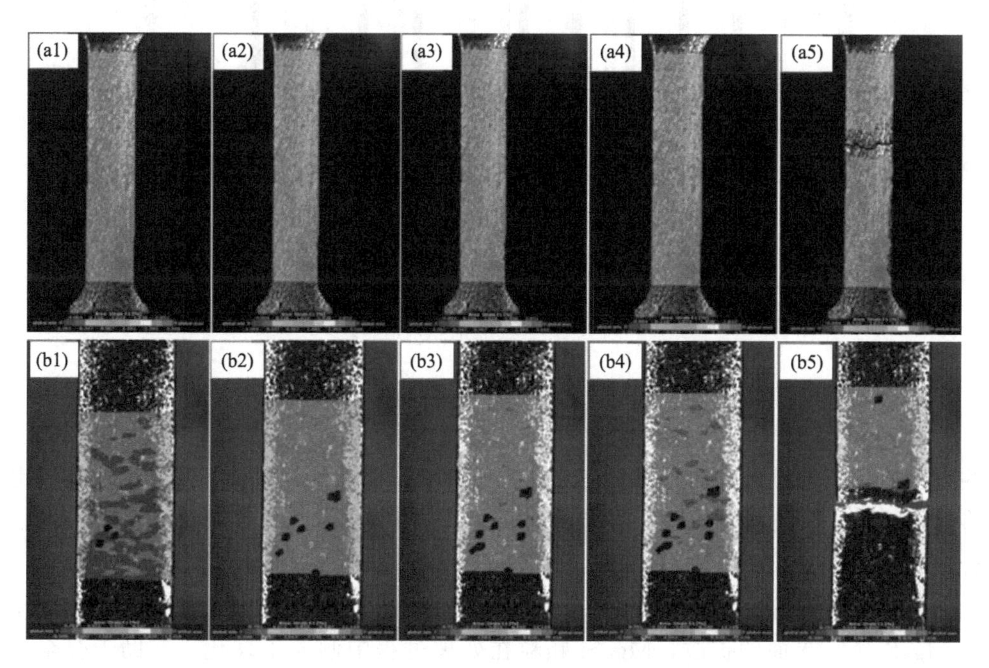

图 8-13 不同工艺下 AZ61 镁合金 DIC 应变分布：
(a1) ～ (a5) SLM；(b1) ～ (b5) SLM+ 450 HIP

8.4 固溶热处理工艺

通常情况下，热处理对镁合金的性能提升有一定作用。常用的镁合金热处理方法有固溶热处理（T4）、时效热处理（T5）和固溶+时效热处理（T6）。

Tang 等人[9] 研究了热处理对 Mg-Gd 基镁合金微观结构和机械性能的影响，采用几种不同的热处理工艺，如图 8-14，研究表明，当采用 475 ℃/0.5 h 的热处理工艺时，样品的极限拉伸强度、拉伸屈服强度和延伸率达到了 449 MPa、321 MPa 和 2.6%，强度方面有了显著提高。

王敬丰等人[10] 研究了 AZ61 镁合金热处理后的性能。经固溶处理（T4）后，合金在固溶的过程中发生了静态再结晶，但是较高的温度使晶粒平均尺寸变大，这

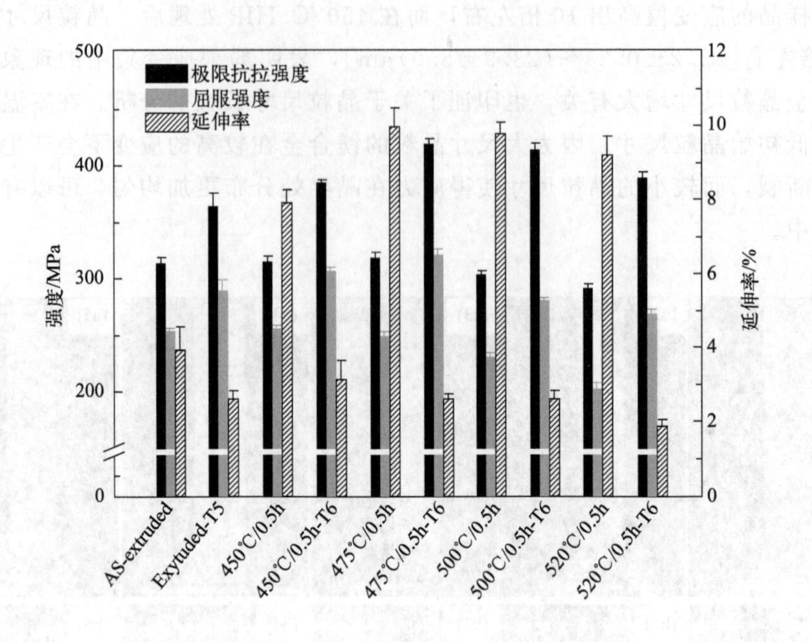

图 8-14 热处理工艺的影响[11]

些粗大的晶粒会对材料的力学性能产生负面影响，但晶界对位错运动的阻碍作用也将随之减弱，因此材料的阻尼性能将有所提高。T4 态虽未提高其强度，但提升了合金的延伸率[11]。

文献［12］研究表明，Mg-6Al-xSi 在 420 ℃的固溶热处理工艺中由于硅原子沿 Mg_2Si/Mg 界面的扩散，Mg_2Si 颗粒在处理过程中倾向于球化，有助于合金的机械性能的提高。

对于 AZ 系列镁合金，文献［13］中指出，固溶热处理有助于溶解 β-$Mg_{17}Al_{12}$ 相，并使晶粒粗化。固溶处理和时效处理后均提高了材料的强度和延伸率，解决了 AZ 镁合金塑性差的问题。

由此可见，热处理对提高镁合金的强度、塑性和耐蚀性具有积极的作用。第二相 β-$Mg_{17}Al_{12}$ 是影响激光选区熔化镁合金塑性的关键因素。热等静压处理后，不同温度下 HIP 处理后的样品，在采取相同的压力以及时间闭合孔隙的条件下，由于第二相溶解情况不同而塑性提升程度不同。因此，可以对激光选区熔化镁合金在不同固溶温度和固溶时间下进行固溶热处理，对比固溶热处理和热等静压处理对激光选区熔化镁合金显微组织及力学性能的影响，有助于分析第二相溶解规律，建立第二相分解动力学模型，阐明固溶热处理与第二相溶解的关系，及其对塑性的影响机理，亦为工程实际应用提供实验依据。

8.5 激光选区熔化镁合金热处理制度设置

采取单一的热处理制度易导致熔孔的发生。对激光选区熔化镁合金的固溶热处理工艺若采用单段加热模式，即在固溶温度下直接将样品放入热处理炉中进行热处理，会导致孔隙率增加。图 8-15 为经过不同处理后的激光选区熔化 AZ61 镁合金的孔隙度光镜图像，图 8-15(c) 显示，采取单段热处理模式，即 410 ℃直接放入炉中进行热处理，样品中出现了孔隙率较分段式热处理[图 8-15(d)]明显增多的现象。激光选区熔化制备镁合金中的相组成发生变化，很容易由于升温过快而造成快速熔化导致过烧，从而形成熔孔。

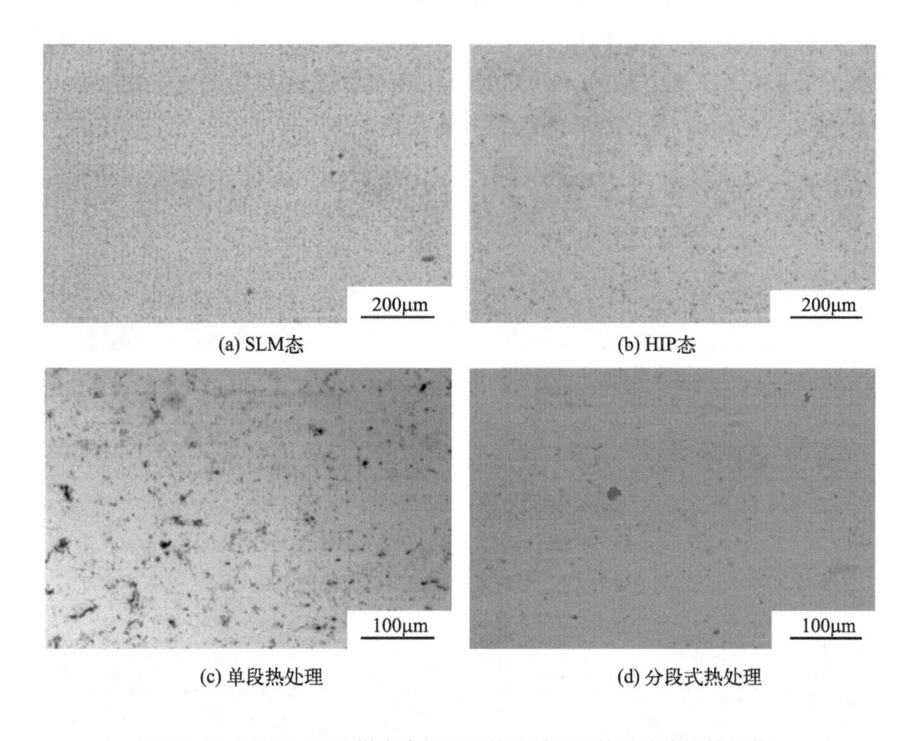

(a) SLM态　(b) HIP态　(c) 单段热处理　(d) 分段式热处理

图 8-15　SLM AZ61 镁合金经不同处理过程后的孔隙度光镜图像

AZ 系列镁合金在进行固溶热处理时应慎重选择热处理制度，不同的热处理方式会造成样品质量产生较大差异。在进行固溶热处理时，应综合考虑保护气氛、装炉温度、升温速度及淬火介质等因素以获得最佳质量的热处理样品。因此在设置激光选区熔化镁合金的热处理制度时，为了避免熔孔的出现，应考虑镁合金中第二相的析出特性，同时参考 AMS-M-6857A、QJ2906A—2011 航天行业标准和 HB-5462-90 等标准，对于易过烧的镁合金件，采取分段加热的方式，保证缓慢升温，升温速度不高于

100 ℃/min，加热到第一阶段后应进行保温处理，保温时间至少 2 h，同时装炉温度应低于 300 ℃，以防止共晶化合物熔化导致质量恶化。如选择分段加热方式，可将样品于 260 ℃时装炉，并保温 1 h，后缓慢升温至固溶热处理温度，升温时间在 2 h 左右，随后进行不同时间的热处理。采用此种热处理制度后，热处理后的样品中孔隙率较 410 ℃直接装炉的单段式热处理方式明显减少[图 8-15(d)]。

8.6 固溶热处理下显微组织及力学性能

8.6.1 固溶热处理对激光选区熔化镁合金显微组织演变的影响

不同固溶热处理温度和时间下，激光选区熔化镁合金主要的显微组织会发生明显变化。其显微组织演变规律如图 8-16～图 8-19。图 8-16～图 8-19 分别为固溶温度为 330 ℃、350 ℃、380 ℃和 410 ℃时第二相随固溶时间的变化。图 8-20 为保温 2 h、4 h、6 h、8 h 和 10 h 后显微组织的演变情况。

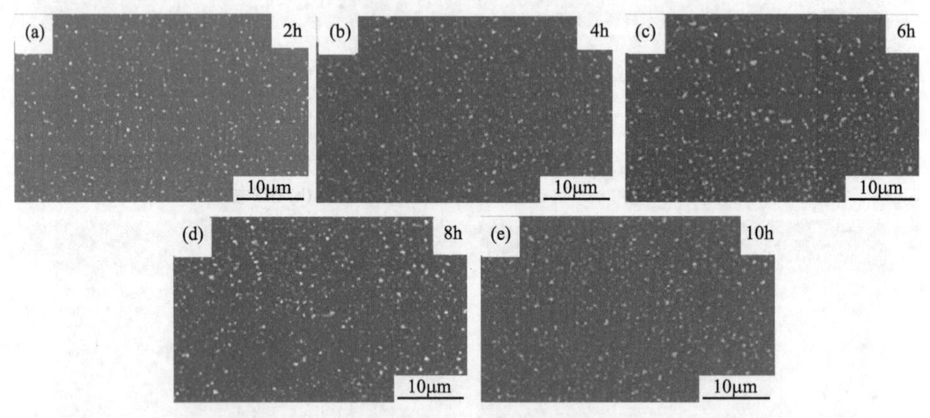

图 8-16 330 ℃时第二相随固溶时间的变化

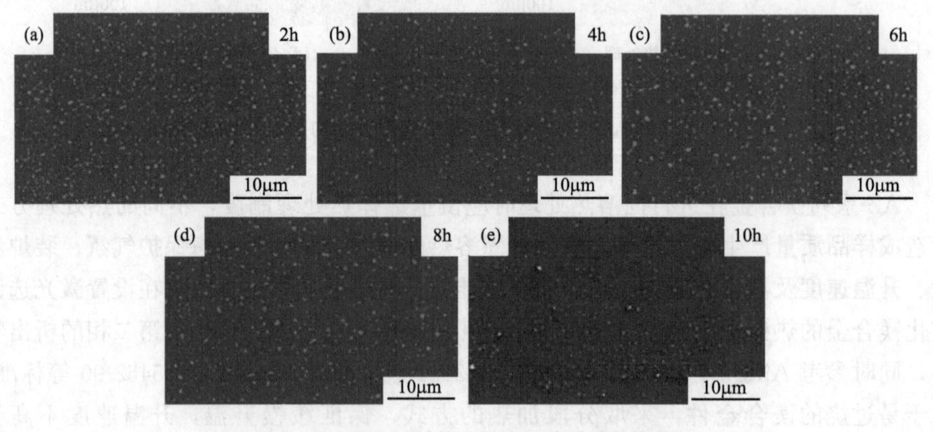

图 8-17 350 ℃时第二相随固溶时间的变化

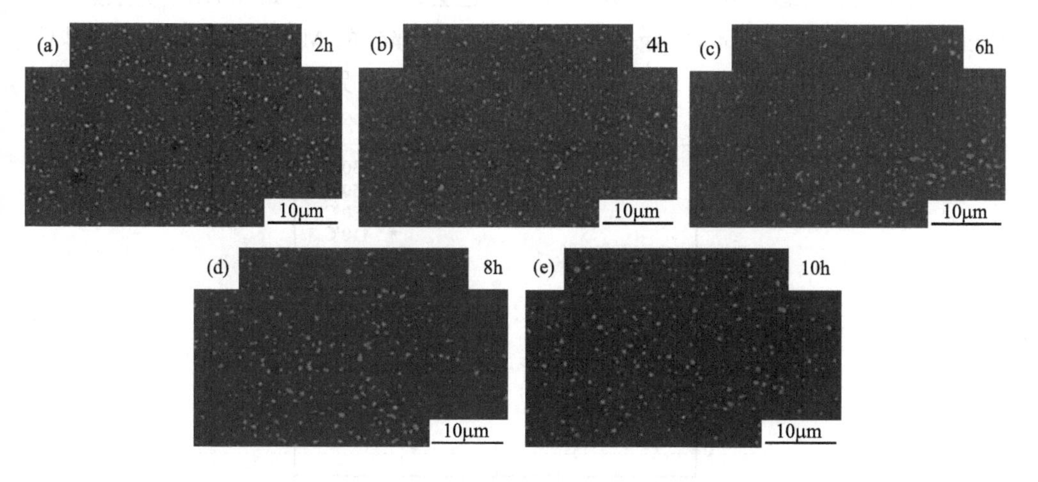

图 8-18　380 ℃时第二相随固溶时间的变化

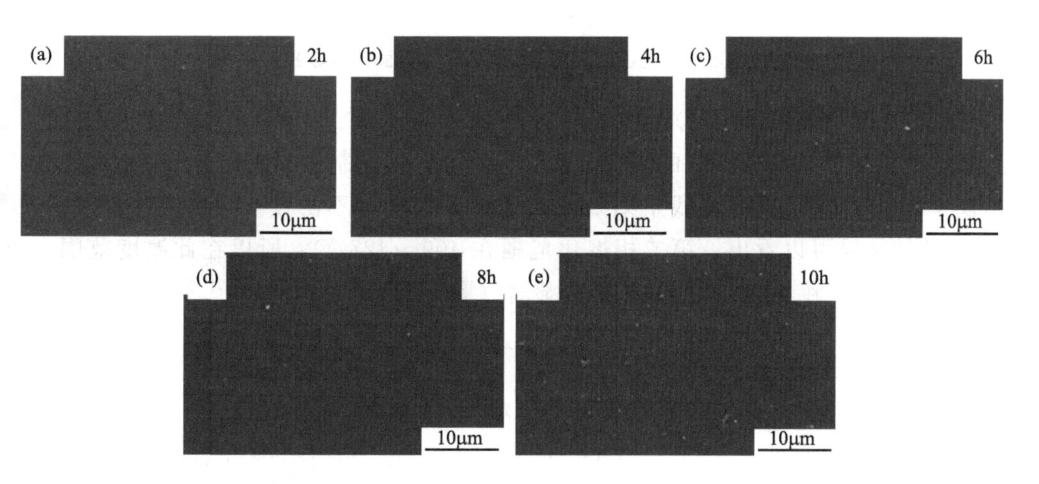

图 8-19　410 ℃时第二相随固溶时间的变化

从图 8-20 中可以看出，330 ℃时，激光选区熔化 AZ61 镁合金显微结构中的网格状富 Al 的 β-$Mg_{17}Al_{12}$ 第二相开始分解，随着固溶保温时间的延长，α-Al 基体内富 Al 的 β-$Mg_{17}Al_{12}$ 颗粒逐渐长大，网格状 β-$Mg_{17}Al_{12}$ 分解加剧。当时间延长至 10 h 时，网格状 β-$Mg_{17}Al_{12}$ 完全分解形成块状颗粒。固溶温度从 330 ℃升高到 380 ℃时，第二相的面积分数随着固溶温度及时间的变化较小，均在 4%～6%的范围内，380 ℃下固溶 10 h 仍有大量第二相未溶解，而当固溶温度升高为 410 ℃时，在 2 h 内第二相就基本消失，未观察到明显的第二相存在。因此，可以认为沿晶界析出的第二相在固溶温度升至 410 ℃时 2 h 内即可完全溶解，形成单相过饱和的 α Mg 固溶体，且第二相的溶解速度较其他温度时显著升高。而对于其他激光选区熔化镁合金而言，采取热处理后，其显微组织也会发生改变。如 WE43 稀土镁合金经过固溶热处理后，全部的 Mg-Y-Nd 稀土相和大部分的 $Mg_{12}Nd$ 溶解到 Mg 基体中，少量的 $Mg_{12}Nd$ 转变为细小的颗粒状均匀分布在晶界处。

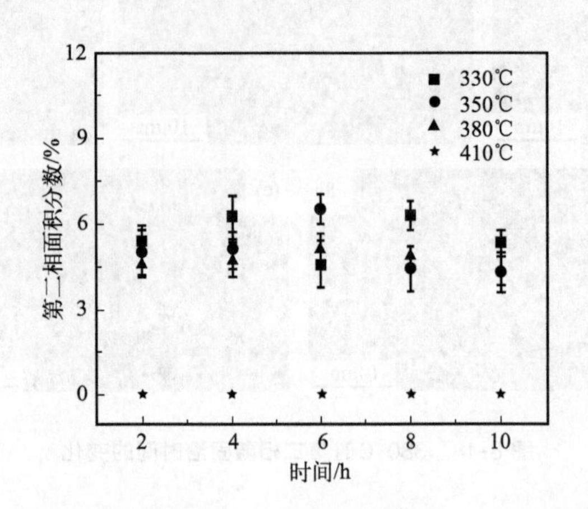

图 8-20 不同固溶温度和时间后第二相面积分数变化

DSC（差示扫描量热仪）可以进一步确认并验证第二相理论熔化温度，表征固溶热处理下镁合金显微组织的演变。由于激光选区熔化制备的镁合金样品中的第二相较少，所以 DSC 升温曲线中第二相开始熔化的峰并不明显，采取快速降温后，从 DSC 的结果可以看出，第二相熔化范围在 409～427 ℃，所以在此温度范围内（如 410 ℃）对第二相的固溶效果最为显著（图 8-21）。

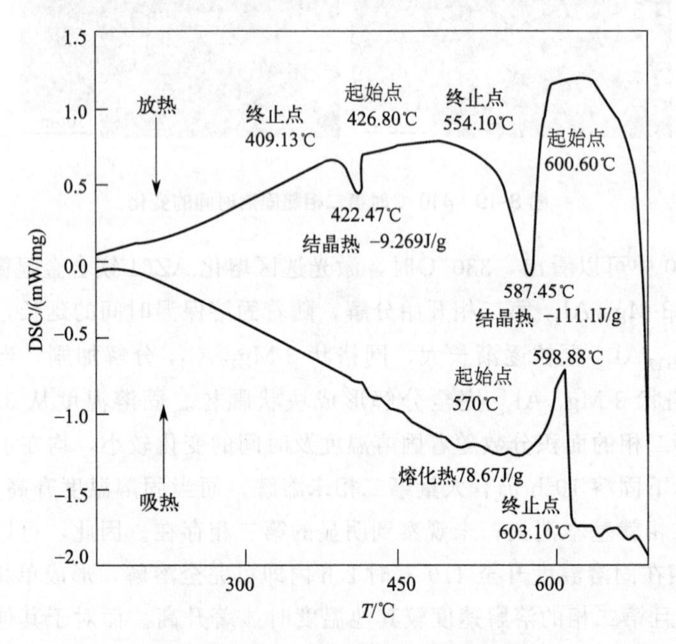

图 8-21 SLM AZ61 镁合金 DSC 曲线

8.6.2 固溶热处理对激光选区熔化镁合金晶粒尺寸的影响

激光选区熔化镁合金最佳的固溶条件与第二相溶解相关，同时还要综合晶粒尺寸的变化，平衡热处理过程中晶粒尺寸粗化对样品的力学性能的影响。

图 8-22 对比了激光选区熔化制备的 AZ61 镁合金在不同固溶温度与时间下的晶粒尺寸。可以直观地看出固溶温度与时间对 SLM AZ61 镁合金样品晶粒尺寸的影响。激光选区熔化镁合金的晶粒随固溶温度的升高出现粗化。从光镜图可以看出，激光选区熔化态 AZ61 镁合金平均晶粒尺寸细小，为 1.9 μm±0.3 μm，且样品表面还可以清晰地观察到熔道[图 8-22(a),(b)]，并伴有一些孔隙。330 ℃下固溶 10 h 后，部分晶粒出现了长大，剩下的晶粒仍保持细化态，平均晶粒尺寸为(3.3±1.3)μm[图 8-22(c),(d)]。350 ℃固溶 10 h 后[图 8-22(e)]，镁合金晶粒长大，在晶界和晶粒内部有一些等轴状的晶粒形成，表明在此温度下的热处理过程中出现了动态再结晶晶粒，此

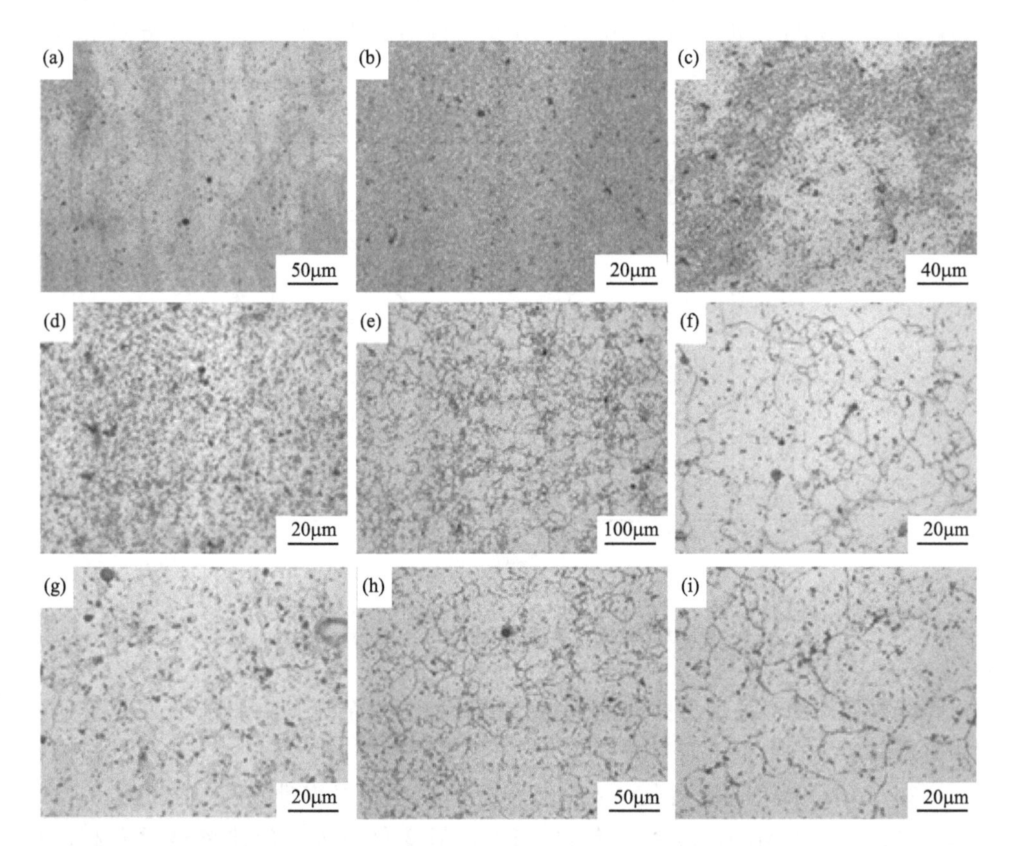

图 8-22 不同固溶温度与固溶时间下晶粒尺寸光镜图：(a)，(b) 为原始 SLM 态；(c)，(d) 为 330 ℃固溶 10 h；(e)，(f) 为 350 ℃固溶 10 h；(g) 为 410 ℃固溶 2 h；(h)，(i) 为 410 ℃固溶 10 h

时平均晶粒尺寸为(19.9±1)μm。采用 410 ℃进行热处理时，随着固溶时间的延长，晶粒并未长大。固溶 2 h 后平均晶粒尺寸为(29.2±3.7)μm，10 h 后晶粒尺寸并未有较大变化，平均晶粒尺寸为(29.4±2.5)μm。综合显微组织演变情况，在 410 ℃固溶热处理时大量第二相固溶进镁合金基体，第二相钉扎对晶粒长大的抑制作用降低，晶粒尺寸增大。

最佳固溶热处理温度的选取需在保证第二相固溶的情况下晶粒尺寸最小，因此激光选区熔化 AZ61 镁合金最佳固溶温度为 410 ℃。此方法可为激光选区熔化其他系列镁合金的最佳热处理温度选取奠定基础。

8.6.3 固溶热处理对激光选区熔化镁合金力学性能的影响

激光选区熔化镁合金试样经过不同温度及时间的固溶热处理后，第二相和晶粒均发生不同程度的变化，因此固溶热处理对激光选区熔化态镁合金的力学性能有一定的影响。图 8-23 为四个温度下固溶 10 h 后的激光选区熔化镁合金极限抗拉强度、屈服强度以及延伸率的对比。

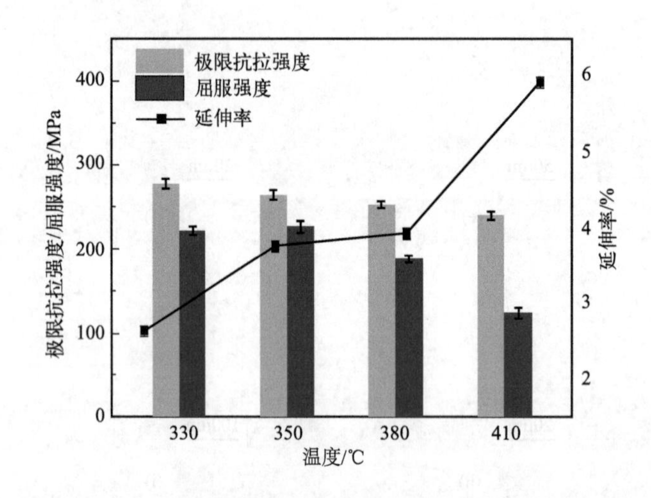

图 8-23 相同固溶时间、不同固溶温度下 SLM 镁合金力学性能

固溶热处理的后处理方式对激光选区熔化镁合金的延伸率具有明显改善的作用，但对强度具有一定负面影响。以 AZ61 镁合金为例，如图 8-23，当固溶温度在 330～380 ℃时，激光选区熔化 AZ61 镁合金的强度随温度升高从（276±4）MPa 下降到（253±3）MPa，总体下降 23 MPa，但变化不大，延伸率略微升高，在 2.6%～3.9 %之间，而后延伸率随着固溶温度升高而升高。410 ℃固溶处理 10 h 后，极限抗拉强度维持在（240±5）MPa，屈服强度降低为（124±6）MPa，延伸率升高至 5.9%，较激光选区熔化 AZ61 镁合金升高了 84%，但略低于 450 ℃ HIP

态下的镁合金的塑性。强度与塑性变化的原因主要是在固溶温度的影响下，晶粒发生粗化，造成了强度尤其是屈服强度的降低；其次，第二相 β-$Mg_{17}Al_{12}$ 在小于等于 380 ℃时只发生了部分固溶，大量的第二相仍然存在，所以 β-$Mg_{17}Al_{12}$ 对塑性的影响并未消除，延伸率较低。但温度升高到 410 ℃时，β-$Mg_{17}Al_{12}$ 基本固溶完全，第二相与基体间的由于不匹配而在拉伸时易产生的裂纹源被消除，塑性得以改善，延伸率提高。

对比热等静压后处理与固溶热处理方式对激光选区熔化镁合金显微组织及力学性能的影响，热处理过程中脆硬第二相的溶解可以一定程度改善激光选区熔化镁合金的塑性，而 HIP 在溶解第二相的同时还具有闭合 SLM 镁合金内部孔隙的作用，其晶粒尺寸虽然有所增大，但仍然远小于铸态镁合金，塑性提升的同时减小对强度的损害，是一种有效解决激光选区熔化镁合金强韧性问题的方式。

8.6.4 固溶热处理下激光选区熔化镁合金断裂机理

固溶热处理工艺对激光选区熔化镁合金的显微结构具有明显影响，其断裂方式也会发生一定变化。图 8-24 为两个典型温度下固溶热处理后激光选区镁合金的断口形貌，即第二相未完全固溶时的断口形貌（330 ℃下、10 h），以及第二相基本完全固溶时的断口形貌（410 ℃下、10 h）。热处理后的激光选区熔化镁合金样品断口中有部分孔隙存在，断口主要由小而浅的韧窝组成[图 8-24(b)，(c)]，断口形貌与激光选区熔化原始态的形貌类似，第二相颗粒 β-$Mg_{17}Al_{12}$ 没有完全溶解，晶粒也未完全长大，此时镁合金样品的强度和塑性与激光选区熔化态相近。固溶温度为 410 ℃保温 10 h 的条件下，镁合金样品中第二相 β-$Mg_{17}Al_{12}$ 基本完全溶解，此

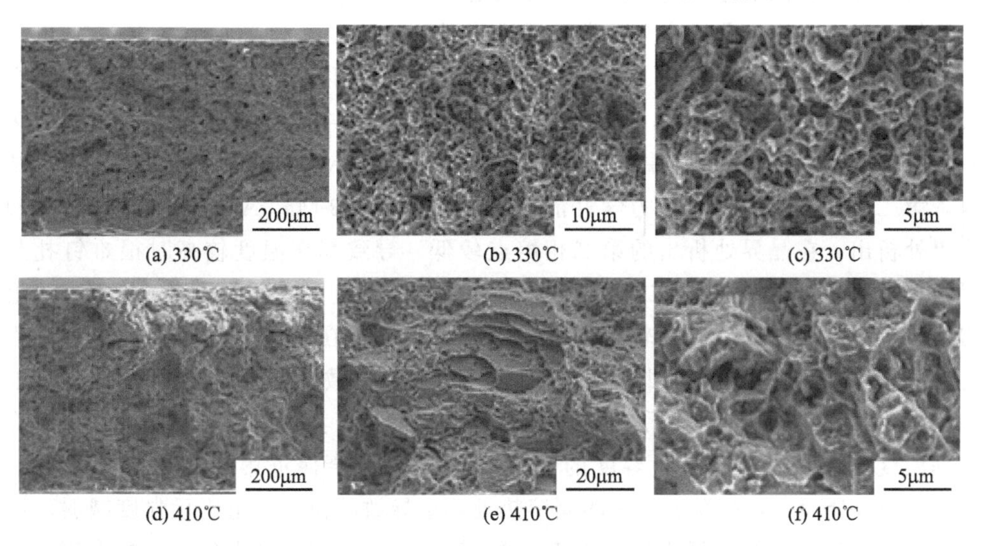

(a) 330℃ (b) 330℃ (c) 330℃
(d) 410℃ (e) 410℃ (f) 410℃

图 8-24 不同固溶温度下的断口形貌

时断口形貌演变为大而深的韧窝[图 8-24(e),(f)]，塑性较 330 ℃的条件下有所提高。镁与第二相 β-$Mg_{17}Al_{12}$ 由于晶格结构不同会导致相界面的脆性，激光选区熔化镁合金在拉伸变形时，塑性变形主要集中在 α-Mg 基体中，在 410 ℃固溶处理后，激光选区熔化态的镁合金样品中沿晶界析出的第二相被完全固溶进基体，所以 α-Mg 与 β-$Mg_{17}Al_{12}$ 的两相界面上应力集中问题得以解决，α-Mg/β-$Mg_{17}Al_{12}$ 相界面上（即晶界处）裂纹源减少，塑性改善。除此之外，断口形貌中可看到有少量解理台阶，表明固溶后的激光选区熔化镁合金为韧脆混合断裂机制。

8.7 激光选区熔化镁合金热处理对析出相的影响规律

激光选区熔化镁合金中的显微组织演变与热处理的温度、时间都息息相关。不同温度、不同时间下第二相分解情况不同，对力学性能的影响也不同。为解决激光选区熔化镁合金的强韧性问题，需要明晰热处理工艺对激光选区熔化镁合金中析出相的影响规律，从而有效调控第二相析出带来的负面影响，改善延伸率差的问题。

8.7.1 激光选区熔化镁合金析出相析出行为

对于铸态镁合金而言，适当的热处理工艺能细化镁合金晶粒，调整微观组织，改善第二相的结构、形态和分布等，减小镁合金铸件的铸造内应力或淬火应力，使其获得良好的强韧性。元素融入基体中易产生点阵畸变，当运动的位错受到应力场的阻碍，提供了合金的强度。镁合金在结晶过程中晶内往往会出现成分不均匀的现象，为了使溶质浓度达到均匀化，尽可能避免晶内成分不均匀，为了提高合金的力学性能，激光选区熔化镁合金常常需要热处理。

热处理中的第二相析出、分解对改善激光选区熔化镁合金的性能具有重大意义。对于 AZ 系镁合金来说，AZ 系镁合金具有很强的各向异性，沿不同方向的热胀系数不同。AZ 系镁合金中的第二相主要为 β-$Mg_{17}Al_{12}$，其晶体结构为 BCC 结构，第二相形貌及数量对其力学性能有重要的影响。β-$Mg_{17}Al_{12}$ 相主要在晶内和晶界处析出，在晶界处析出的第二相熔点较低，导致其在温度较高时很难钉扎晶界，抗蠕变性较差。晶内第二类和第三类的析出相垂直于镁合金基面，能很好地阻碍镁合金的基面滑移，起到较好的强化效果。镁合金在室温下可固溶的铝含量为 2%(质量分数)左右，最大固溶度可达 12.7%(质量分数)，具有很强的固溶强化效果，也为第二相的析出提供了可能。随着温度的降低，其固溶度进一步减小，深冷处理温度为 −150 ℃时，固溶度的变化和体积收缩会促进第二相的析出。对于 WE43 镁合金而言，高温长时间的固溶热处理会导致晶粒显著粗化且强度减弱，而人工时效热处理会析出薄片状的 β_1-Mg_3Nd 第二相，可以起到强化合金的作用。热处理后抗拉强度保持在 251 MPa，屈服强度从 215 MPa 略微增加到 219 MPa，延伸率从 2.6%增加到 4.3%[14]。了解第二相的析出行为，可以为综合调控激光选区熔化镁合金中第二相的析出奠定基础。

8.7.2 最佳固溶制度下激光选区熔化镁合金第二相分解动力学

激光选区熔化镁合金的第二相析出及分解行为直接影响着材料的强度及塑性，建立激光选区熔化镁合金第二相分解动力学模型，有助于进一步了解激光选区熔化镁合金中第二相的固溶情况以及溶解特性。

图 8-25 和图 8-26 为激光选区熔化 AZ61 镁合金在 410 ℃下，保温 5 min、10 min、15 min、20 min、30 min、1 h、2 h、4 h、6 h、8 h、10 h 和 15 h 的显微组织。

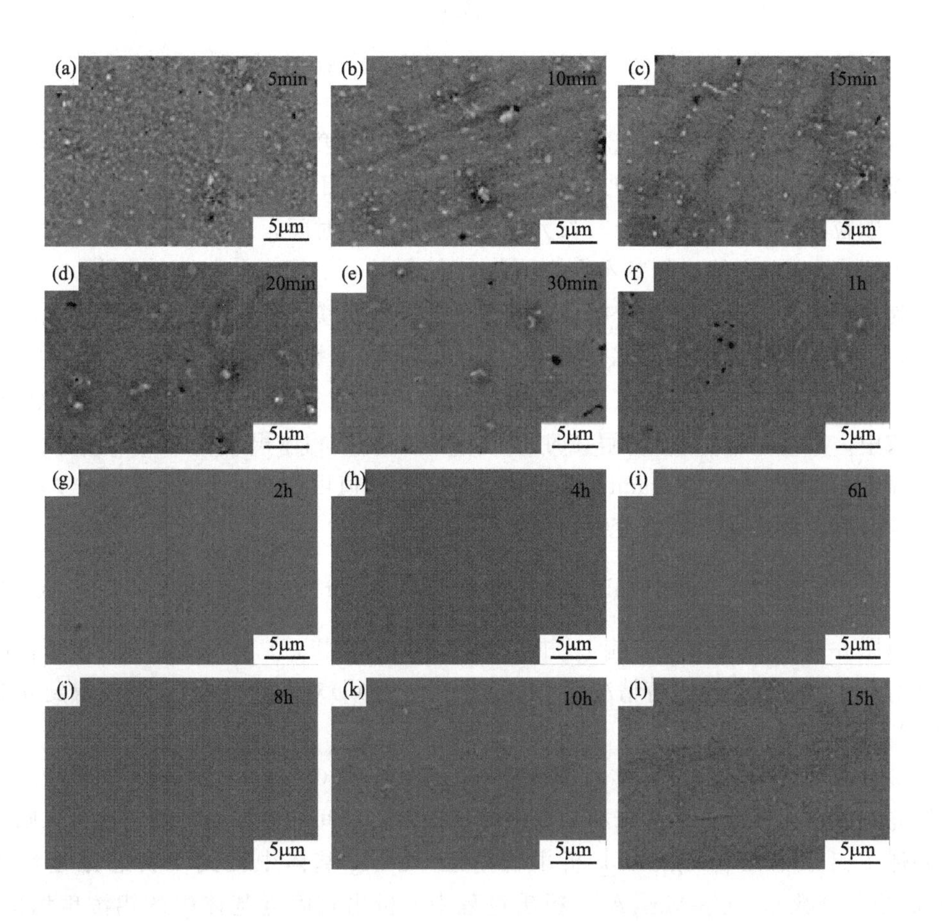

图 8-25 不同时间下镁合金第二相固溶情况

在 410 ℃下，随着保温时间延长，第二相 β-$Mg_{17}Al_{12}$ 数量减少。与原始激光

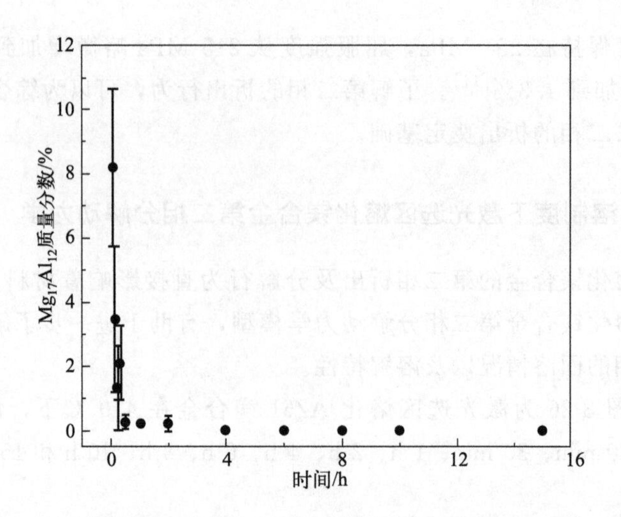

图 8-26　β-$Mg_{17}Al_{12}$ 质量分数随固溶时间变化

选区熔化态镁合金的显微组织相比，固溶 5 min 后，第二相呈网状分布，小部分第二相发生溶解；固溶 10 min 时，沿晶界分布的第二相网状结构基本完全消失，变为圆形颗粒状结构，第二相颗粒长大，继续增长保温时间，颗粒状的第二相发生大面积固溶，2 h 左右第二相基本完全溶解。

为了对第二相分解进行分析，对于激光选区熔化镁合金固溶热处理中发生的相转变，其动力学可以用 JMAK 方程描述[15]，如式（8-2）：

$$f=1-\exp(-kt^n) \tag{8-2}$$

式中，f 为恒定温度下溶解在时间 t 下的第二相的相体积分数；k 为与温度有关的等温速度常数；n 为 Avirami 时间指数。k 和 n 的值可以通过 $\ln(\ln[1/(1-f)])$和 $\ln(t)$来计算，将式(8-2)进行变换，如式(8-3)所示：

$$\ln\ln\frac{1}{1-f(t)}=\ln k+n\ln t \tag{8-3}$$

从图 8-26 可以看出，在前 1 h 内，第二相溶解较快，1 h 后变化不再显著，所以针对前 1 h 的第二相固溶情况用 $\ln(\ln[1/1-f(t)])$对 $\ln(t)$作图，从而得到 n 和 k 的值，如图 8-27 所示。

拟合曲线结果显示，k 和 n 分别 $6.2\times10^2\ s^{-1}$ 和 0.22，n 介于 0～1 之间，表明激光选区熔化镁合金中第二相的溶解速度随溶解时间的增加而降低。这可以归因于基体中铝分布在 β-$Mg_{17}Al_{12}$ 析出物附近。α-Mg 基体中铝的平衡态浓度约为 12%(质量分数)，在 β-$Mg_{17}Al_{12}$ 析出过程中，析出相附近基体中的铝浓度增加。因此，为了使 β-$Mg_{17}Al_{12}$ 析出物进一步溶解，铝必须从析出物附近的区域扩散到周围的基体中，以便容纳更多的铝。这个过程很慢，因为铝在镁中的扩散率很小(在 $10^{-13}\ m^2/s$ 到 $10^{-14}\ m^2/s$ 之间)，导致 β-$Mg_{17}Al_{12}$ 析出物的溶解速度随着溶解时间的增加而降低。

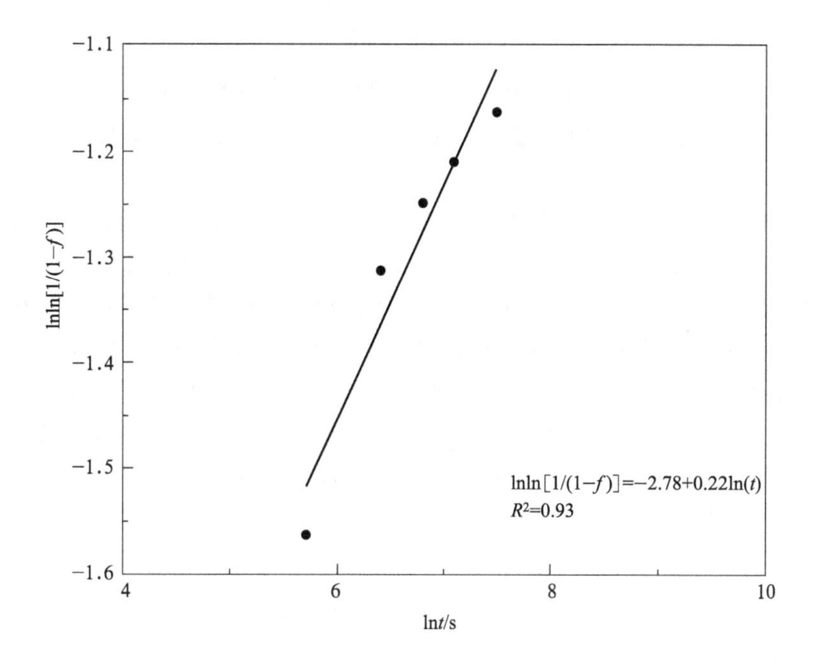

图 8-27　β-$Mg_{17}Al_{12}$ 固溶 lnln[1/(1− f)]-ln(t)曲线

8.8　激光选区熔化镁合金及热处理下的强化机理

强化机制可以分为晶界强化、固溶强化及沉淀强化等，每种强化机制的贡献程度不同，激光选区熔化镁合金及热处理前后的强化机制可以通过以下几个方程计算得到。

8.8.1　强化机制分类

（1）晶界强化（grain boundary strengthening）：晶界强化是由于晶粒细化后，晶界增多，强度增强，晶界强化对屈服强度的贡献可由 Hall-Petch 得出式(8-4)[16]：

$$\sigma_{HP}=\sigma_0+kd^{-\frac{1}{2}} \tag{8-4}$$

对于 AZ61 镁合金，k 一般为 164 MPa·$\mu m^{1/2}$[17]，σ_0 为位错运动的内在阻力，一般为最大单晶的屈服应力，约 11 MPa[18]。

（2）固溶强化（solid solution strengthening）：与 AZ 系列镁合金中的铝元素相比，锌元素熔点和沸点较低，蒸汽压较高，容易蒸发。且合金中锌元素含量较低，约为 1%。因此，本研究排除了锌元素的固溶强度效应，只考虑了铝元素的固溶。固溶强度对屈服强度的影响可由式(8-5)给出[18]：

$$\sigma_s = \sigma_u + \frac{3.1\varepsilon G c^{1/2}}{700} \tag{8-5}$$

式中，ε 为经验常数 0.74 MPa[19]；σ_u 和 G 分别为纯 Mg 的屈服强度（约为 39 MPa[20]）以及基体剪切模量（1.66×10^4 MPa[18]）；c 为溶质浓度[%(原子分数)]。

(3) 沉淀强化：当 AZ61 镁合金采用激光熔化成型时，由于熔池的冷却速度较高，因此熔融合金通常以非平衡凝固方式，导致更多的第二相 β-$Mg_{17}Al_{12}$ 的形成。由于 AZ61 镁基体与第二相 β-$Mg_{17}Al_{12}$ 晶格常数和晶体结构的不同，两相无法相容。因此，金属基复合材料的强化机理模型可应用于激光选区熔化 AZ61 镁合。这种强化机制由以下四个部分组成：位错——β-$Mg_{17}Al_{12}$ 颗粒的相互作用过程，记为 σ_{Orowan}；从 α-Mg 基体到 β-$Mg_{17}Al_{12}$ 粒子的载荷传递引起的强化，记为 σ_{LT}；由于 α-Mg 基体与 β-$Mg_{17}Al_{12}$ 之间热膨胀的差异而产生的位错而引起的强化，记为 σ_{TE}；变形过程中需要几何位错的产生所引起的强化，记为 σ_{GRD}。

a. Orowan 强化。在本研究中，SLM 镁合金中析出的第二相为沿晶界分布的细长条状，而经过 HIP 处理后变为颗粒状，因此，HIP 后镁合金中的第二相颗粒对屈服强度的影响可以由式(8-6)得出[21]：

$$\sigma_{Orowan} = \frac{Gb}{2\pi\sqrt{1-\nu}\left[(0.779/\sqrt{f})-0.785\right]d_t}\ln\frac{0.785d_t}{b} \tag{8-6}$$

式中，b 为 Burgers 矢量（3.21×10^{-10} m[18]）；ν 为泊松比 0.35[19]；d_t 和 f 分别为 β-$Mg_{17}Al_{12}$ 颗粒的直径以及体积分数。

b. 载荷从基体向第二相粒子转移引起的 σ_{LT} 强化，可以由式(8-7)描述[22]：

$$\sigma_{LT} = \sigma_m\left(\frac{1}{2}f\right) \tag{8-7}$$

式中，σ_m 为基体的屈服强度，约为 70 MPa。

c. 对基体和 β-$Mg_{17}Al_{12}$ 颗粒的热胀系数的差异引起的强化可以用公式(8-8)表示[23]：

$$\sigma_{TE} = \alpha G b\left(\frac{12\Delta T\Delta C f}{b d_t}\right)^{1/2} \tag{8-8}$$

式中，α 为常数 1.25；ΔT 为温度的增量（SLM 过程温度 863 K 和结束温度 293 K）；ΔC 为 α-Mg 与 β-$Mg_{17}Al_{12}$ 颗粒间的热胀系数的差值（$\Delta C = C_{Mg} - C_{Mg_{17}Al_{12}}$，$C_{Mg}$ 是 2.61×10^{-5} K^{-1}[18]，$C_{Mg_{17}Al_{12}}$ 为 7.5×10^{-6} K^{-1}[18]）。

d. 在变形过程中，由于几何条件的限制，材料会产生位错，从而导致镁合金强化。由于基体与 β-$Mg_{17}Al_{12}$ 颗粒不相容，在变形过程中必然会产生几何位错，导致有第二相增强的金属的应变硬化率高于不存在第二相的金属。几何必要位错密度对屈服强度的贡献如式(8-9)[18]：

$$\sigma_{GRD}=\alpha Gb\left(\frac{f8\gamma}{bd_{t}}\right)^{1/2} \tag{8-9}$$

式中，γ 为剪切应变0.013[18]，利用泰勒因子计算得到。变形过程中几何必要位错的密度增大，导致了材料的强度增大。由此可见，第二相沿晶界析出时，位错密度较大，而随着第二相的溶解，位错密度降低，对屈服强度贡献减弱，屈服强度因此降低。

8.8.2 同状态下激光选区熔化镁合金强化机理

(1) 激光选区熔化镁合金强化机理　根据公式(8-4)～式(8-9)计算了激光选区熔化成型镁合金试样各强化机制的贡献程度，如表8-3和图8-28所示，结果表明，激光选区熔化镁合金屈服强度的提升主要为晶界强化，占比相对于固溶强化效果高，而沉淀强化中承载强化效应所占比例最少，对激光选区熔化成型镁合金试样的屈服强度贡献值最小。

表8-3　不同强化机制对激光选区熔化成型镁合金屈服强度的影响

强化机制		强化效果/MPa	占比/%
σ_{GB}		114.11	38.11
σ_{S}		52.94	17.68
σ_{P}	σ_{Orowan}	13.36	4.46
	σ_{LB}	0.65	0.23
	σ_{TE}	62.40	20.84
	σ_{GRD}	55.93	18.68
预测值 σ_{YS}		299.40	—
实际值 σ_{YS}		269.90	—

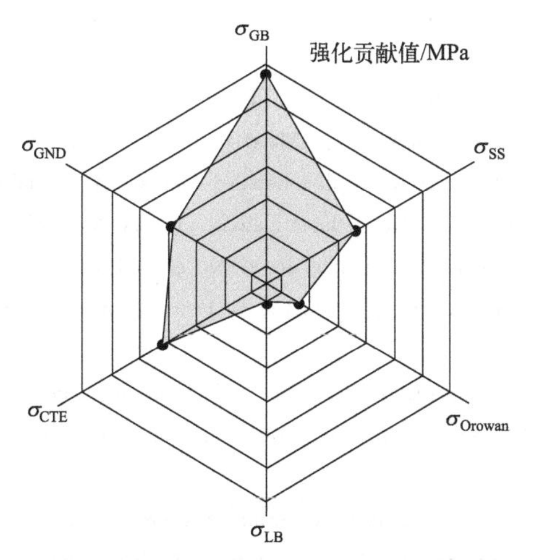

图8-28　不同强化机制对激光选区熔化成型AZ91D屈服强度强化效果图

（2）激光选区熔化镁合金热处理后的强化机制　激光选区熔化镁合金热处理后的各强化机制的贡献程度见表 8-4，由于理论模型的系统误差以及计算误差与实际值存在一定偏差，但可依据理论计算值定性分析各强化机制对屈服强度所做的贡献。激光选区熔化镁合金中主要起强化作用的为晶界强化，而激光选区熔化镁合金经热等静压处理后，晶界强化作用减弱，固溶强化作用升高。

表 8-4　激光选区熔化镁合金热处理下强化机制对屈服强度贡献对比

编号/占比	σ_{HP}/MPa	σ_S/MPa	σ_{PS}/MPa				σ_{Total}/MPa
			σ_{Orowan}	σ_{LT}	σ_{TE}	σ_{GRD}	理论
SLM	121.6	52.2	0.03	1.4	2.3	0.13	177.7
占比	68%	29%	0.01%	0.7%	1.2%	0.07%	—
SLM+350HIP	47.9	53.9	0.006	2.6	0.86	0.087	105.4
占比	45%	51%	0.005%	2.5%	0.82%	0.08%	
SLM+410HIP	49.5	53.8	0.003	0.19	0.37	0.009	103.9
占比	48%	52%	0.003%	0.18%	0.36%	0.0087%	—
SLM+450HIP	44.6	53.4	0.003	0.13	0.37	0.007	98.5
占比	45%	54%	0.003%	0.14%	0.38%	0.0071%	

参考文献

[1] Qiu C, Adkins N J E, Attallah M M. Microstructure and tensile properties of selectively laser-melted and of HIPed laser-melted Ti-6Al-4V [J]. Materials Science and Engineering A: Structural Materials: Properties, Microstructure and Processing, 2013, 578: 230-239.

[2] Lee S, ham H J, Kwon S Y, et al. Thermal Conductivity of Magnesium Alloys in the Temperature Range from 125 ℃ to 400 ℃ [J]. International Journal of Thermophysics, 2013, 34 (12): 2343-2350.

[3] Schneller W, Leitner M, Springer S, et al. Effect of HIP Treatment on Microstructure and Fatigue Strength of Selectively Laser Melted AlSi10Mg [J]. Journal of Manufacturing and Materials Processing, 2019, 3 (1).

[4] Gangireddy S, Gwalani B, Liu K, et al. Microstructure and mechanical behavior of an additive manufactured (AM) WE43-Mg alloy [J]. Additive Manufacturing, 2019, 26: 53-64.

[5] Liu S, Guo H. Influence of hot isostatic pressing (HIP) on mechanical properties of magnesium alloy produced by selective laser melting (SLM) [J]. Materials Letters, 2020, 265.

[6] Esmaily M, Zeng Z, Mortazavi A N, et al. A detailed microstructural and corrosion analysis of magnesium alloy WE43 manufactured by selective laser melting [J]. Additive Manufacturing, 2020, 35.

[7] Chamos A N, Pantelakis S G, haidemenopoulos G N, et al. Tensile and fatigue behaviour of wrought magnesium alloys AZ31 and AZ61 [J]. Fatigue & Fracture of Engineering Materials & Structures, 2008, 31 (9): 812-821.

[8] Tang, ChangpingWang, XuezhaoLiu, et al. Effect of Deformation Conditions on Dynamic Mechanical Behavior of a Mg-Gd-Based Alloy [J]. Journal of Materials Engineering and Performance, 2020, 29 (12): 8414-8421.

[9] Changping, Tang, Wenhui, et al. Effects of thermal treatment on microstructure and mechanical properties of a Mg-Gd-based alloy plate [J]. Materials Science & Engineering A, 2016, 659: 63-75.

［10］ 王敬丰，赵亮，潘复生，等．热处理对AZ61镁合金力学性能和阻尼性能的影响［J］．材料热处理学报，2009，30（04）：99-102.

［11］ 杨林，姚远程，姚建强，等．热处理对挤压变形AZ61镁合金力学性能的影响［J］．沈阳工业大学学报，2006，（04）：365-368.

［12］ Lü Y Z，Wang Q D，Zeng X Q，et al. Behavior of Mg-6Al-xSi alloys during solution heat treatment at 420 ℃［J］. Materials Science & Engineering A，2001，301（2）：255-258.

［13］ Chen F T，Jiang S N，Chen Z Y，et al. Effects of heat treatment on microstructure and tensile mechanical properties of isothermal die forged AZ80-Ag casing with large size［J］. Transactions of Nonferrous Metals Society of China，2023，33（8）：2340-2350.

［14］ Hyer H，Zhou L，Bensou G，et al. Additive manufacturing of dense WE43 Mg alloy by laser powder bed fusion［J］. Additive Manufacturing，2020，33：101123.

［15］ Kadali K，Dubey D，Sarvesha R，et al. Dissolution Kinetics of Mg17Al12 Eutectic Phase and Its Effect on Corrosion Behavior of As-Cast AZ80 Magnesium Alloy［J］. JOM，2019，71（7）：2209-2218.

［16］ Gao L，Chen R S，Han E H. Microstructure and strengthening mechanisms of a cast Mg-1.48Gd-1.13Y-0.16Zr（at.%）alloy［J］. Journal of Materials Science，2009，44（16）：4443-4454.

［17］ He S M，Zeng X Q，Peng L M，et al. Microstructure and strengthening mechanism of high strength Mg-10Gd-2Y-0.5Zr alloy［J］. Journal of Alloys and Compounds，2007，427（1-2）：316-323.

［18］ Shen J，Wen L，Li Y，et al. Effects of welding speed on the microstructures and mechanical properties of laser welded AZ61 magnesium alloy joints［J］. Materials Science & Engineering A，2013，578：303-309.

［19］ Yang Z，Li J P，Guo Y C，et al. Precipitation process and effect on mechanical properties of Mg-9Gd-3Y-0.6Zn-0.5Zr alloy［J］. Materials Science and Engineering：A，2007，454：274-280.

［20］ Cáceres C H，et al. Solid solution strengthening in concentrated Mg-Al alloys［J］. Journal of Light Metals，2001，1（3）：151-156.

［21］ Aikin R M，Christodoulou L. The role of equiaxed particles on the yield stress of composites［J］. Scripta Metallurgica et Materialia，1991，25（1）：9-14.

［22］ Shen J，Wen L，Li Y，et al. Effects of welding speed on the microstructures and mechanical properties of laser welded AZ61 magnesium alloy joints［J］. Materials Science and Engineering：A，2013，578（20）：303-309.

［23］ Mabuchi M，Higashi K. Strengthening mechanisms of Mg-Si alloys［J］. Acta Materialia，1996，44（11）：4611-4618.

第9章 人工智能下激光选区熔化镁合金

激光选区熔化过程的复杂性以及表面质量对后续层成型质量的影响，会导致球化、孔隙等缺陷。因此需要科学建立工艺参数与成型之间的定量模型，以节约前期试错成本。如何准确、快速确定工艺参数非常重要，随着计算机性能的提升以及人工智能等的快速发展，借助大数据建立定量模型成为解决问题的新途径。

9.1 概述

为将激光选区熔化镁合金落实到实际应用中，首先，需要解决前期实验成本的问题。前期实验过程实际上不仅是探究的过程，更是试错的过程，所以解决成本问题会有助于前期实验的进行。由于多工艺参数同时作用，工艺参数与成型结果间的关系较为复杂，几乎不可能用解析式的形式建立工艺参数与成型结果之间的定量数学模型，目前较为主流的方式是借用田口等实验设计方法辅助进行定性分析[1-3]。近些年，随着计算机基础软硬件的性能提升以及算法科学的进步，借助算法建立定量模型成为解决问题的新途径，在大数据的框架下，可以在少量的数据下预测出实验规律，进而为工艺参数优化提供可能，并为后续实际应用奠定基础。

9.2 基于智能算法预测成型参数

激光选区熔化是一个分层制造的过程，样品单层的表面质量会直接影响后续层的成型过程。球化、孔隙等缺陷越少，单层表面越平整，后续层的成型效果越佳。所以控制单层形貌是控制最终成型样品质量的关键。然而在激光选区熔化镁合金过程中，激光功率、铺粉层厚等诸多工艺参数均会对镁合金样品表面的粗糙度产生影响，进而影响成型样品的质量与性能。了解激光选区熔化的成型工艺参数种类，并从中选取适当的工艺参数进行研究、建模，是控制激光选区熔化镁合金成型质量的前提。

9.2.1 工艺参数分析

激光选区熔化制造过程涉及众多工艺参数，不同的工艺参数对于最终的成型结果有着不同方式、不同程度的影响，因此理解不同的工艺参数与成型结果间的关系对于推动技术发展起着至关重要的作用。激光选区熔化的全过程涉及激光系统、机械系统、模型切片、加工过程 4 部分，11 个工艺参数，具体如图 9-1 所示。

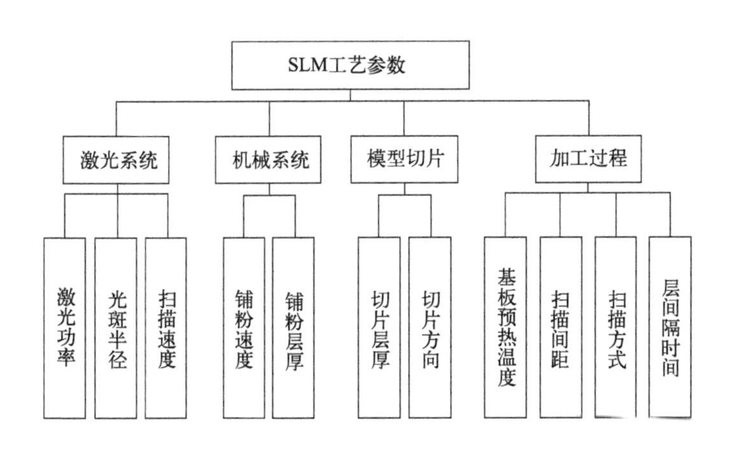

图 9-1 SLM 工艺参数分析

(1) 激光系统　激光系统可以控制直接辐照在粉末表面的工艺参数，如激光功率、光斑半径、激光移动速度（即扫描速度）、两条轨道激光光斑中心的间隔（即扫描间距）等。

(2) 机械系统　机械系统由升降系统及铺粉系统组成，主要涉及铺粉速度与铺粉层厚两个工艺参数，具体如图 9-2 所示，两个因素相互作用影响了铺粉的质量，较高的铺粉质量可以有效提高成型结果的致密程度。

(3) 模型切片　模型切片过程是将立体模型进行切片，通过三角形近似逼近模拟立体模型的表面，形成 STL 格式的可执行文件，如图 9-3 所示，不同的切片层厚设置与切片方向设置对成型结果有着较为明显的影响，过大的切片层厚或不合适的切片方向可能导致成型结果遗失一部分工件特征。

(4) 加工过程　加工过程中，针对激光选区熔化成型设备的工艺参数设置会直接影响最终的成型结果，不恰当的工艺参数设置可能会导致结果较差甚至不能成

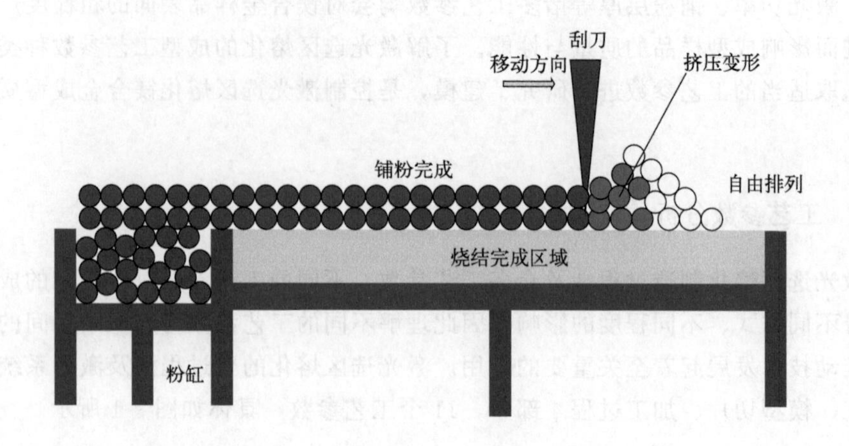

图 9-2 铺粉工作示意图

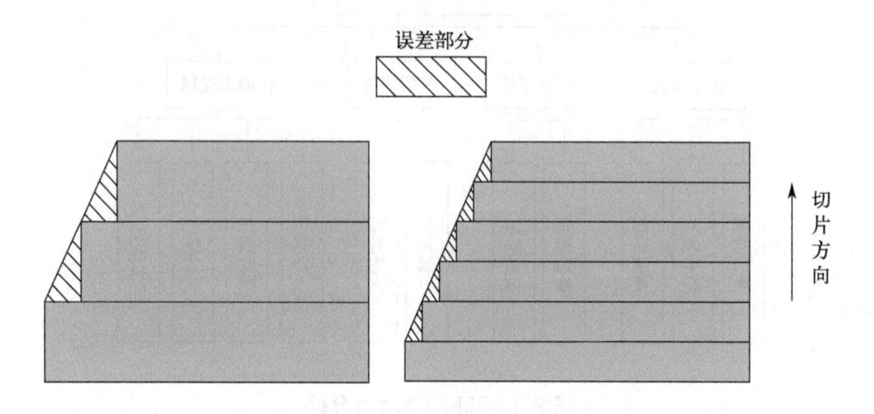

图 9-3 模型切片示意图

型，加工过程的工艺参数主要包括基板预热温度、扫描间距、扫描策略、层间隔时间等。其中，预热温度为加工开始前针对基板进行预热的设定温度；扫描间距为两条轨道间激光光斑中心的距离；扫描策略为激光在每层的预设路径规划；层间隔时间为扫描完一层后到下一层扫描开始间的空闲时间。

9.2.2 工艺参数选取

激光选区熔化镁合金的表面质量、相对密度、力学性能与扫描速度 v 以及扫描间距 H 有关。然而在激光选区熔化工艺过程中，激光功率 P 以及铺粉层厚 T 的设置也尤为重要。根据经验公式(9-1)可知，表面粗糙度与激光功率、扫描速度、扫描间距均存在联系。而铺粉层厚也会影响激光选区熔化镁合金的宏观形貌、微观结构和力学性能。层厚较厚会导致激光选区熔化制备的样品中出现残留的微孔，从而影响相对密度。随着层厚的增加，晶粒尺寸会发生粗化，从而对试样的性能造成影响。因此，较薄的层厚，粉末受热越充分，单层冷却速度越快，试样的密度和尺寸精度越好。但是，如果层厚过薄，建造速度就会很慢，而且会因为与粉末粒径不匹配而造成铺展不均。在实际生产中，需要综合考虑经济、效率等多方面因素，在保证建造速度的同时，使粉末铺展均匀致密，所以需要对层厚进行进一步的研究。因此，选定四个工艺参数，分别为激光功率、层厚、扫描间距以及扫描速度来进一步建立表面质量预测的定量模型，工艺参数的作用如图 9-4 所示。

$$Ra = 1.682 + 0.059P + 0.076v + 0.274H - 0.072Pv + 0.052PH - 0.225P^2 - 0.072P^2v \tag{9-1}$$

式中，Ra 为试样的表面粗糙度；P 为激光功率；v 为扫描速度；H 为扫描间距。

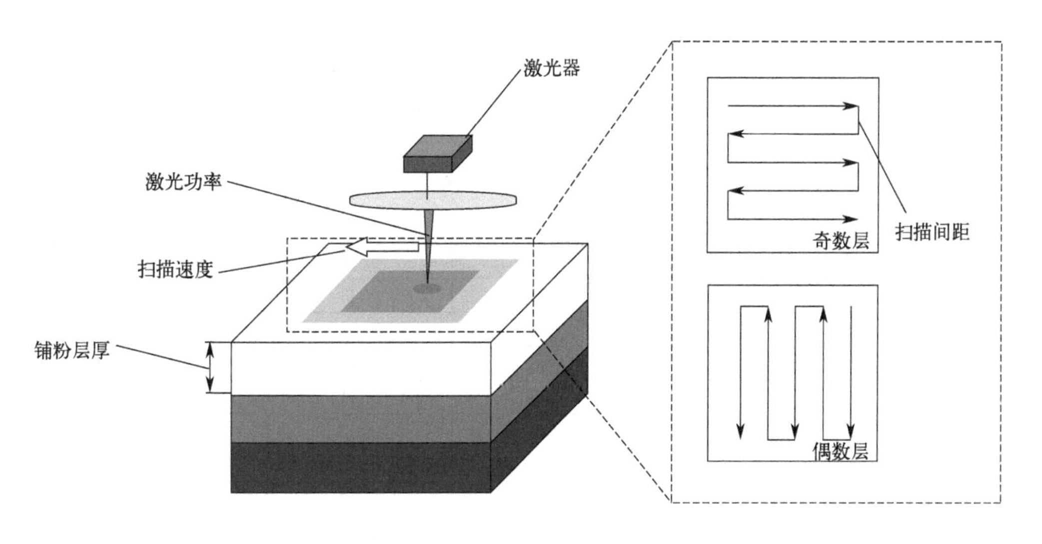

图 9-4　工艺参数示意图

9.2.3　正交实验设计

建立模型前，需要一定的数据样本进行模型训练。数据样本采集工作中，所选取的工艺参数应保证其具有代表性并且数据要保证分散、均匀，以提高实验效率。目前较为主流实验设计方法为田口正交实验设计方法，该方法可对数据进行整合，以节约实验成本，提高实验效率。保证一定的样本数量，从而更好地训练模型。设计的 L_{25} (5^4) 正交表 9-1，选取激光功率为 50～250W，扫描速度为 150～550mm/s，扫描间距为 0.03～0.11mm，铺粉层厚为 0.03～0.07mm，每个因素的具体水平选择如表 9-1 所示。

表 9-1 正交实验因素水平选择

水平	激光功率/W	扫描速度/(mm/s)	扫描间距/mm	铺粉层厚/mm
水平 1	50	150	0.03	0.03
水平 2	100	250	0.05	0.04
水平 3	150	350	0.07	0.05
水平 4	200	450	0.9	0.06
水平 5	250	550	0.11	0.07

按照正交实验 $L_{25}(5^4)$ 正交表进行实验设计，设计结果如表 9-2 所示。

表 9-2 实验方案

实验	激光功率/W	扫描速度/(mm/s)	扫描间距/mm	铺粉层厚/mm
1	50	150	0.03	0.03
2	50	250	0.05	0.04
3	50	350	0.07	0.05
4	50	450	0.09	0.06
5	50	550	0.11	0.07
6	100	150	0.05	0.05
7	100	250	0.07	0.06
8	100	350	0.09	0.07
9	100	450	0.11	0.03
10	100	550	0.03	0.04
11	150	150	0.07	0.07
12	150	250	0.09	0.03
13	150	350	0.11	0.04
14	150	450	0.03	0.05
15	150	550	0.05	0.06
16	200	150	0.09	0.04
17	200	250	0.11	0.05
18	200	350	0.03	0.06
19	200	450	0.05	0.07
20	200	550	0.07	0.03
21	250	150	0.11	0.06
22	250	250	0.03	0.07
23	250	350	0.05	0.03
24	250	450	0.07	0.04
25	250	550	0.09	0.05

激光选区熔化镁合金的表面质量以表面粗糙度 Ra 来衡量，成型结果见图 9-5。Ra 通过激光共聚焦显微镜测量得到，每个样品表面测量三次取平均值，实验过程的界面如图 9-6 所示，Ra 的测量结果展示在表 9-3 中。

图 9-5 成型结果

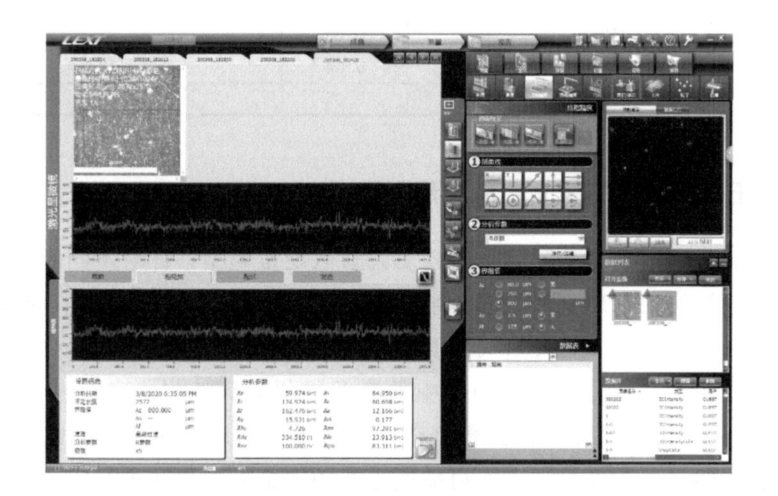

图 9-6 实验过程

表 9-3 表面粗糙度实验结果

实验	激光功率/W	扫描速度/(mm/s)	扫描间距/mm	铺粉层厚/mm	表面粗糙度 Ra/μm
1	50	150	0.03	0.03	10.47±0.46
2	50	250	0.05	0.04	11.83±0.20
3	50	350	0.07	0.05	14.12±0.52
4	50	450	0.09	0.06	16.31±0.60
5	50	550	0.11	0.07	17.95±1.27

续表

实验	激光功率/W	扫描速度/(mm/s)	扫描间距/mm	铺粉层厚/mm	表面粗糙度 Ra/μm
6	100	150	0.05	0.05	10.60±0.04
7	100	250	0.07	0.06	10.19±0.86
8	100	350	0.09	0.07	13.54±0.86
9	100	450	0.11	0.03	12.52±0.95
10	100	550	0.03	0.04	10.38±0.53
11	150	150	0.07	0.07	9.98±0.11
12	150	250	0.09	0.03	10.59±0.86
13	150	350	0.11	0.04	10.09±0.43
14	150	450	0.03	0.05	10.38±0.52
15	150	550	0.05	0.06	10.53±0.35
16	200	150	0.09	0.04	11.12±0.42
17	200	250	0.11	0.05	10.13±0.49
18	200	350	0.03	0.06	9.34±0.27
19	200	450	0.05	0.07	11.00±0.43
20	200	550	0.07	0.03	10.90±1.21
21	250	150	0.11	0.06	9.92±0.54
22	250	250	0.03	0.07	10.37±0.59
23	250	350	0.05	0.03	10.97±0.77
24	250	450	0.07	0.04	10.73±0.05
25	250	550	0.09	0.05	9.30±0.37

9.2.4 基于智能算法的表面粗糙度预测模型

一些学者开展了利用不同算法建立工艺参数定量模型，针对不同应用场景与数据特点，不同算法的表现不尽相同。结合大量文献调阅，初步选取了目前较为主流的几种算法：线性回归、贝叶斯线性回归、支持向量回归以及弹性网络回归四个算法进行预测准确性对比。应用表 9-3 中的实验结果，训练样本选取前 22 组数据，测试集为 23～25 组，以检验算法准确率。分别建立激光功率、扫描速度、扫描间距、铺粉层厚四个工艺参数与表面粗糙度之间的定量模型，并进行四种模型预测结果的对比。

9.2.5 支持向量回归算法

支持向量机（support vector machines，SVM）可以寻找直线或超平面（n 维空间），使类之间的分离间隔裕度最大化。它们最初用于分类任务，也被用于解决非线性回归问题，它们可以用于粗糙度预测，以及确定切割参数和误差之间的关系等。该算法具有较高的通用性，可以很好地适应小样本下的模型预测，具体原理如下[4]：

假定数据样本：(x_i, y_i)，$i=1, 2, \cdots, n$，$y_i \in R$，$x_i = R^n$，式中，y_i、n 分别为期望和样本数量，当创建非线性映射 $\varphi(x)$ 时，将样本数据 x 映射到高维空间 F 后进行线性回归，如式（9-2）：

$$f(x)=w^{\mathrm{T}}\varphi(x)+b\varphi : R^n \longrightarrow F, w \in F \tag{9-2}$$

式中，b 是阈值；w 是回归系数。根据结构风险最小原则，上述问题就是寻求风险最小函数的 f，即式(9-3)：

$$R_{\text{reg}}=\frac{1}{2}\|w\|^2+R_{\text{reg}}=\frac{1}{2}\|w\|^2+C \times \frac{1}{n}\sum\nolimits_{i=1}^{n}|y_i-f(x_i)| \tag{9-3}$$

式中，$\|w\|^2$、C、$|y_i-f(x_i)|$ 分别为描述函数、惩罚因子以及不敏感损失函数，通过引入 ε，实现了偏差控制，描述函数的 $|y_i-f(x_i)|$ 定义如式(9-4)：

$$|y_i-f(x_i)|=\begin{cases} |y_i-f(x_i)|<\varepsilon \\ |y_i-f(x_i)|-\varepsilon \quad |y_i-f(x_i)| \geqslant \varepsilon \end{cases} \tag{9-4}$$

式（9-2）中的 w 和 b 通过式（9-5）来确定：

$$\min \frac{1}{2}\|w\|^2+C\sum\nolimits_{i=1}^{n}(\xi_i+\xi_i^*) \tag{9-5}$$

$$\text{s.t. } y_i-w^{\mathrm{T}}\varphi(x)-b \leqslant \varepsilon+\xi^*$$

$$-y_i+w^{\mathrm{T}}\varphi(x)+b \leqslant \varepsilon+\xi_i$$

$$\xi_i \geqslant 0$$

$$\xi^* \geqslant 0$$

式中，ξ、ξ^* 为松弛变量。进一步将以上优化问题转变为对偶问题，如式(9-6)：

$$\max z=\sum\nolimits_{i=1}^{n} y_i(a_i^*-a_i)-\sum\nolimits_{i=1}^{n}(a_i^*+a_i)\varepsilon \tag{9-6}$$

$$-\sum_{i=1}^{n}\sum_{j=1}^{n}(a-a_i^*)(a_j-a_j^*)k(x_i, x_j)$$

$$\text{s.t. } \sum_{i=1}^{n}(a-a_i^*)=0$$

$$0 \leqslant a_i \leqslant C$$

$$0 \leqslant a_i^* \leqslant C$$

式中，a、a^* 为拉格朗日乘子。因此，支持向量回归（support vector regression，SVR）问题可以归为求解式(9-6)的二次规划问题，并得到 w 的值，如式(9-7)：

$$w=\sum\nolimits_{i=1}^{n}(a_i-a_i^*)\varphi(x_i) \tag{9-7}$$

式中，a_i、a_i^* 是最小化目标函数的界，由此可以得到线性回归函数表达式(9-8)：

$$f(x)=\sum\nolimits_{i=1}^{n}(a_i-a_i^*)k(x_i, x_j)+b \tag{9-8}$$

式中，$k(x_i, x_j)=\phi(x_i)\phi(x)$ 为核函数，选取径向基核函数来建立支持向量回归算法模型。

以激光选区熔化 AZ61 镁合金为例，利用支持向量回归算法，得到成型粗糙度的平均绝对误差（MAE）为 0.44，均方误差（MSE）为 0.33，复相关系数（R^2）为 0.38，支持向量回归算法在不同测试指标下都有着更好的表现，能够很好地适应小样本并进行准确的表面粗糙度预测，结合支持向量回归模型的原理与特点进行模型参数优化，能提供模型的预测效率与预测准确度。支持向量回归算法结果如图 9-7 所示。

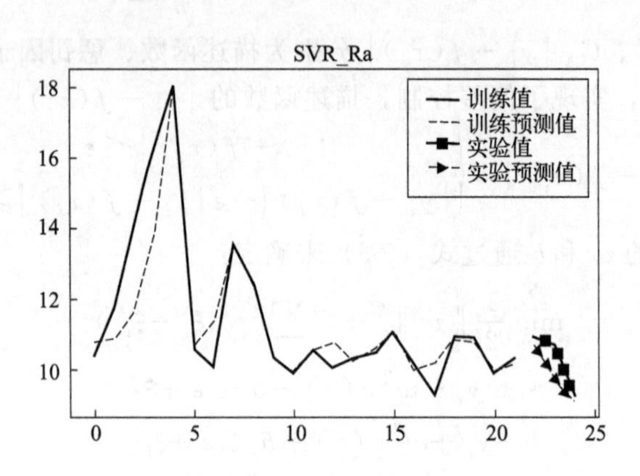

图 9-7　支持向量回归（SVR）算法模型预测结果

9.2.6　弹性网络回归算法

弹性网络回归算法是结合了 Lasso 和 Ridge Regression 的模型，弹性网络回归算法具有多个特征，并且特征之间具有一定关联的数据比较有用。弹性网络回归算法的优势在于它永远可以产生有效解。由于它不会产生交叉的路径，所以产生的解都较为有效。如公式(9-9)所示，通过 λ 和 ρ 来控制惩罚项的大小：

$$\mathrm{Cost}(\omega)=\sum_{i=1}^{n}(y_i-\omega^{\mathrm{T}}x_i)^2+\lambda\rho\|\omega\|_1+\frac{\lambda(1-\rho)}{2}\|\omega\|_2^2 \tag{9-9}$$

同样是求使代价函数最小时 ω 的大小，如式（9-10）所示：

$$\omega=\mathrm{argmin}\left(\sum_{i=1}^{n}(y_i-\omega^{\mathrm{T}}x_i)^2+\lambda\rho\|\omega\|_1+\frac{\lambda(1-\rho)}{2}\right) \tag{9-10}$$

当 $\rho=0$ 时，其代价函数就等同于岭回归的代价函数，当 $\rho=1$ 时，其代价函数就等同于 Lasso 回归的代价函数。与 Lasso 回归一样代价函数中有绝对值存在，不是处处可导的。

以激光选区熔化 AZ61 镁合金为例，利用弹性网络回归算法分别建立激光功率、扫描速度、扫描间距、铺粉层厚四个工艺参数与表面粗糙度之间的定量模型，模型预测结果如图 9-8 所示。弹性网络回归算法预测结果的平均绝对误差为 1.13，均方误差为 1.82，复相关系数为－2.36。平均绝对误差和均方误差在四种方法中大小排第三位。

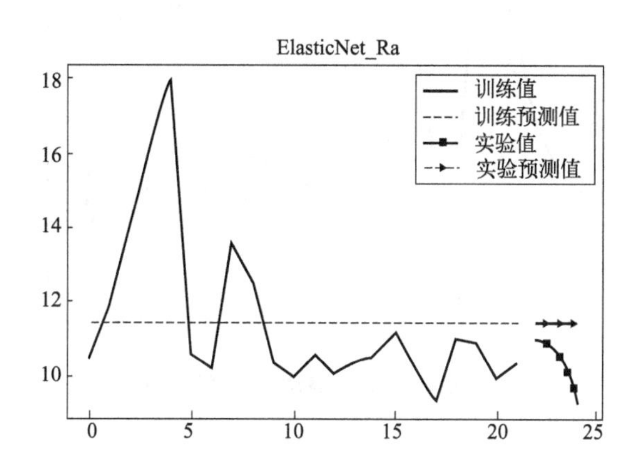

图 9-8　弹性网络回归算法模型预测结果

9.2.7　线性回归算法

线性回归的定义为目标值预期是输入变量的线性组合。线性模型形式简单、易于建模，但却蕴含着机器学习中一些重要的基本思想。线性回归，是利用数理统计中回归分析来确定两种或两种以上变量间相互依赖的定量关系的一种统计分析方法，运用十分广泛。多元线性模型是指建立因变量和自变量集合之间线性关系的方法，如果将因变量设定为 y，自变量设定为 $\{x_1, x_2, \cdots, x_n\}$，那么线性回归模型将在因变量和自变量集合之间建立如式(9-11)所示的关系：

$$y = \beta_0 + \beta_1 x_1 + \beta_2 x_2 + \cdots + \beta_{n-1} x_{n-1} + \varepsilon \tag{9-11}$$

式中，β_k 为变量 x_k 的系数；β_0 为线性模型中的常数项；ε 为误差项，误差项服从正态分布，其均值为 0。

基于上述的模型理论，使用 sklearn 中的 linear regression（线性回归）构造器来建立线性回归模型，最终得到的验证集的模型预测值与验证集实际值的图像，如图 9-9 所示。

利用线性回归算法分别建立激光功率、扫描速度、扫描间距、铺粉层厚四个工艺参数与激光选区熔化镁合金表面粗糙度之间的定量模型，模型预测结果如图 9-9 所示。弹性网络回归算法预测结果的平均绝对误差为 2.14，均方误差为 5.47，复相关系数为－9.07。平均绝对误差和均方误差在四种方法中大小排第一位。

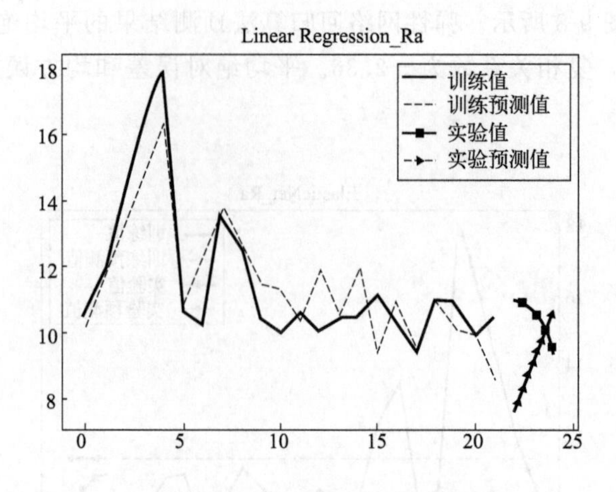

图 9-9 线性回归算法模型预测结果

9.2.8 贝叶斯算法

贝叶斯算法是一种基于贝叶斯定理，以近似逼近为基本思想的参数优化方法，由多种可用的概率代理模型来拟合优化变量与优化目标之间的关系，通过采集函数选择有希望的参数组合进行迭代，最终得出效果最佳的参数组合。理论证明，在最优化采集函数的前提下，贝叶斯算法能够保证最终收敛。贝叶斯算法模型由以下五部分组成。

① 优化目标：即期望最优化的内容，通常通过评价函数或试验获取优化目标取值。

② 优化空间：即优化变量的取值范围。优化空间的设置会影响优化效率和最终优化效果。

③ 优化变量：即用于调控以获取最优的优化目标取值的变量。

④ 概率代理模型：用于代替优化变量与优化目标之间复杂的非线性映射关系。这种映射关系通常未知且难以获取。

⑤ 采集函数：即用于选取下一组优化变量的依据，一般通过最值化采集函数来选择下一个最有潜力的评价点。

贝叶斯算法模型如公式(9-12)～式(9-14)所示：

$$p(f \mid D_{1:t})=\frac{p(D_{1:t} \mid f)p(f)}{p(D_{1:t})} \tag{9-12}$$

$$D_{1:t}=[(x_1,y_1),(x_2,y_2),\cdots,(x_t,y_t)] \tag{9-13}$$

$$y_t=f(x_t)+\varepsilon_t \tag{9-14}$$

利用贝叶斯算法分别建立激光功率、扫描速度、扫描间距、铺粉层厚四个工艺参数与激光选区熔化镁合金表面粗糙度之间的定量模型，模型预测结果如图 9-10

所示。弹性网络算法预测结果的平均绝对误差为1.98，均方误差为4.55，复相关系数为−7.38。平均绝对误差和均方误差在四种方法中大小排第二位。

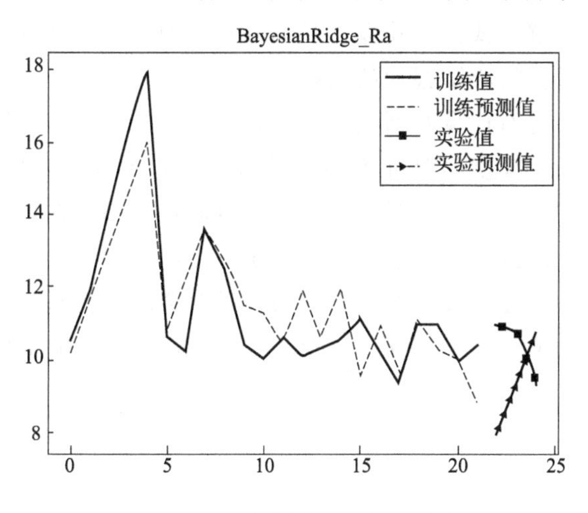

图 9-10 贝叶斯算法模型预测结果

9.2.9 几种算法模型预测结果的分析对比

上述四种算法模型的预测准确性对比如表9-4所示，通过平均绝对误差(MAE)、均方误差（MSE)、复相关系数（R^2）进行衡量。通过对比可以直观看出，预测结果的平均绝对误差和均方误差的数据由大到小排列为：线性回归>贝叶斯>弹性网络>支持向量回归，SVR的平均绝对误差和均方误差分别达到了0.45和0.34。SVR在不同测试指标下都有着更好的表现，能够很好地适应小样本并进行准确的表面粗糙度预测，后文将结合支持向量回归模型的原理与特点进行模型参数优化，提供模型的预测效率与预测准确度。

表 9-4 不同算法预测结果对比

模型算法	MAE	MSE	R^2
贝叶斯算法	1.98	4.55	−7.38
线性回归算法	2.14	5.47	−9.07
弹性网络回归算法	1.13	1.82	−2.36
支持向量机算法	0.44	0.33	0.38

9.3 算法与优化

由于激光选区熔化镁合金加工过程中工艺参数与成型结果之间的关系受到诸多因素影响，呈现复杂、非线性的特性，因此应用一般的分析方法建立预测模型过程十分烦琐，并且精度很难保证。又因研究数据较多，实验所需成本较高，导致效率较差。因此结合各种算法的特点，选取适合的算法类型是十分重要的。选择合适的算法可以避开复杂的解析式模型建立，从而在保证预测准确率的同时简化了问题，为前期实验的试错过程解决了很大的问题。

四种算法中，通过对比贝叶斯线性回归、线性回归、弹性网络回归、支持向量回归四个算法对表面粗糙度预测准确性，预测结果的MAE和MSE的数据由大到小排列为：线性回归＞贝叶斯＞弹性网络＞支持向量回归，在预测模型建立的基础上，对模型进行优化以提升预测准确性。基于支持向量回归算法，提出了另一种优化后的数据挖掘算法，建立针对激光选区熔化镁合金的工艺参数（激光功率、扫描速度、铺粉层厚、扫描间距）与成型结果（表面粗糙度）间的优化后的定量预测模型。

9.4 量子遗传算法

量子遗传算法（quantum genetic algorithm，QGA）综合了量子计算以及遗传算法的优势。将量子计算的原理融入遗传算法中，以量子态的矢量形式对遗传算法的编码进行表达，利用量子逻辑门实现染色体演化，得到的结果相较传统遗传算法更优。

遗传算法在寻找最优个体中，采用了与生物在进化中相类似的染色体交换方法，对个体进行优胜劣汰的选择，通过模拟生物遗传过程中的选择、交叉、变异这三种基本过程搜寻最优个体，因此对复杂的优化问题有较好的寻优效果。遗传算法在优化过程中应用目标函数进行以概率为引导的全局性搜索，不会受到问题性质、优化准则等常见因素的影响，因此有着广泛的应用场景。

然而，遗传算法也存在着一定的缺陷，如果算法设计过程中选择、交叉、变异的方式设计选择不当，会影响到算法的收敛速度，导致局部最优等问题发生。针对遗传算法这一特点，通过与量子态矢量表示相结合，在染色体编码中引入量子比特的概率表示方法，以达到每个染色体可同时对多个态的叠加进行表达，利用量子的相干特性构造“全干扰交叉”操作，并利用量子逻辑门实现染色体的变异更新操作，最终实现目标的优化求解。

(1) 量子比特编码　量子遗传算法信息的储存单元为双态量子系统，每个单元中以量子比特表示基因的存储，其“0”或“1”极化态与经典态的“0、1”相对应，也可以为任意的叠加态。基因不再表达单一确定信息，而是涵盖了一切可能的信息，而每一次独立操作都是针对一切可能的信息进行操作。正因如此，在丰富了多样性的同时收敛效果更佳。

(2) 全干扰交叉　量子遗传算法中的交叉过程目的是增加种群的多样性，防止算法陷入局部最优，未成熟时便收敛。经典遗传算法中，以单点交叉、多点交叉以及算数交叉等方法为主，但这类方法中两两交换的方式不再适用于两个个体相同的量子编码，因此QGA中通常采取全干扰交叉法，在这种交叉操作中种群中的所有染色体的参与度更高，参与范围更全面，相较于经典遗传算法，全干扰交叉有着明显的优势，可以更好地维持种群的多样性。

（3）量子门更新　量子遗传算法采用量子门更新作为迭代演进方法，目前主流的量子门更新方法为量子旋转门方法，操作方法为式(9-15)：

$$U(\theta_i)=\begin{bmatrix}\cos\theta_i & -\sin\theta_i \\ \sin\theta_i & \cos\theta_i\end{bmatrix} \tag{9-15}$$

更新过程为式(9-16)：

$$\begin{bmatrix}\alpha'_i \\ \beta'_i\end{bmatrix}=U(\theta_i)\begin{bmatrix}\alpha_i \\ \beta_i\end{bmatrix}=\begin{bmatrix}\cos\theta_i & -\sin\theta_i \\ \sin\theta_i & \cos\theta_i\end{bmatrix}\begin{bmatrix}\alpha_i \\ \beta_i\end{bmatrix} \tag{9-16}$$

式中，$(\alpha_i, \beta_i)^{\mathrm{T}}$ 和 $(\alpha'_i, \beta'_i)^{\mathrm{T}}$ 分别代表染色体的第 i 个量子比特旋转门更新前后的概率幅，旋转角 θ_i 的大小由事先设计的调整策略进行调整。

（4）算法流程　量子遗传算法的主要算法流程如图9-11所示，主要包括以下11个步骤：

① 种群 $Q(t_0)$ 初始化，n 个以量子比特为编码方式的染色体在随机的状态下产生。

② 对初始化后的种群 $Q(t_0)$ 中的每个个体分别进行计算测量，得到对应的一组状态 $P(t_0)$。

③ 分别对不同状态进行适应度评估。

④ 记录最优状态和状态下对应的适应度的值。

⑤ 判定终止条件满足与否，若满足，则退出算法，否则继续运行至下一步。

⑥ 对种群中 $Q(t)$ 中的每一个个体进行一次测量，得到相应的确定状态 $P(t)$。

⑦ 对确定的状态进行适应度评估。

⑧ 利用全干扰交叉方法进行量子交叉。

⑨ 利用量子旋转门 $U(t)$ 对不同个体实施变异调整，得到新的种群 $Q(t+1)$。

⑩ 记录最优个体和对应的适应度。

⑪ 将迭代次数 t 加1后返回至步骤⑤进行判断。

9.4.1 QGA-SVR 预测模型建立

应用核函数（radial basis function，RBF）建立支持向量回归预测模型的过程中涉及核函数参数 g 与惩罚因子 c 的确定，不同的参数 c 与参数 g 的值对模型最终的预测效果起着至关重要的作用，其中，惩罚因子 c 的作用主要是对特征空间中的经验风险和置信范围进行限定，参数 g 对样本分布的复杂情况进行改变。目前支持向量回归算法中常用的确定惩罚因子 c 和参数 g 的方法为应用网格搜索算法结合交叉验证的方法，具体过程为：惩罚因子 c 和参数 g 被限定在一定的数值范围内，连续变化 c 和 g 的值，并应用训练集数据模型训练并进行交叉验证，获得模型的预测准确率，选取预测准确率最高的模型所对应的参数 c 和参数 g 作为最终的模型训练参数。网格搜索算法虽然能够有效地完成支持向量回归算法的参数寻优工作，但因为需要遍历经验范围内所有的参数组合并进行计算，只有当参数变化间隔较小时才能有效完成寻优工作，因此有着较高的时间成本，当参数搜索范围增大时，会大幅增加计算时间，因此引入启发式算法完成参数寻优工作，无须遍历全部解空间即可有效地寻得最优参数组合，完成支持向量回归模型的建立，算法流程如图 9-12 所示。

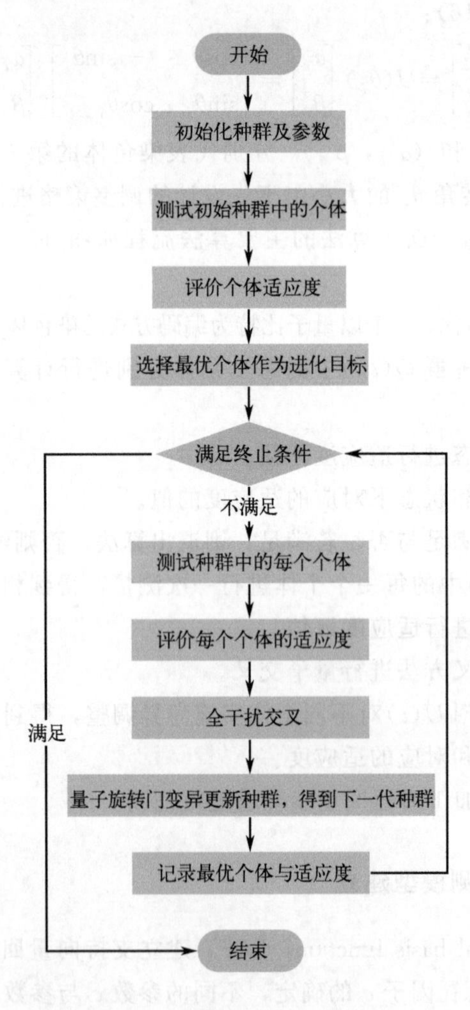

图 9-11　量子遗传算法流程图

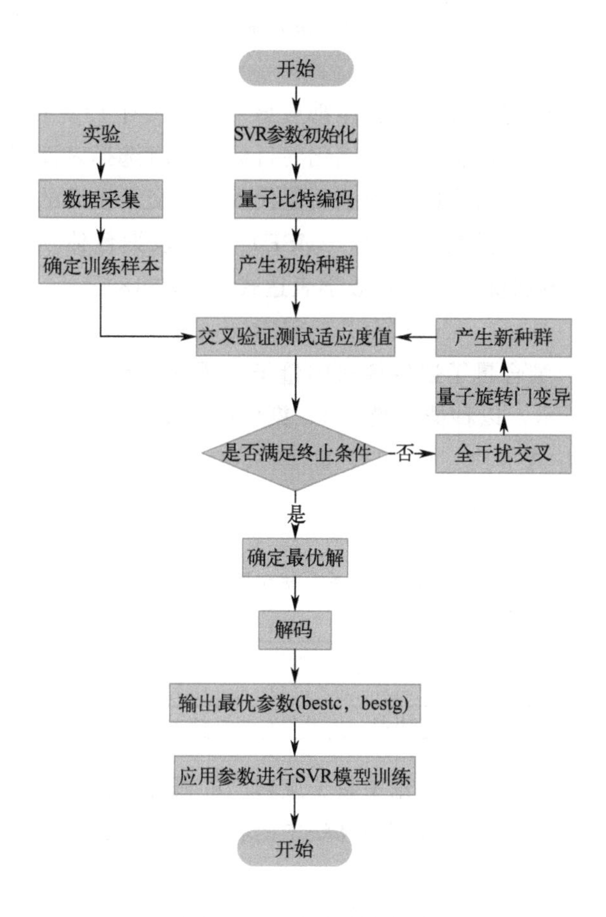

图 9-12　QGA-SVR 算法流程图

9.4.2　算法策略选择

应用 QGA-SVR 建立预测模型需要涉及一系列算法策略的选择，根据上述 QGA-SVR 算法流程来看，主要涉及染色体编码、适应度函数确定、交叉策略、变异策略、终止策略等确定过程，具体过程及其原理如下。

(1) 染色体编码　量子遗传算法的编码方式在一定程度上决定了寻优问题中的目标解与寻优过程中的寻优空间的对应关系，针对经典遗传算法，应用较广的编码方式主要有二进制、最小字符集等编码方式。针对量子遗传算法的特点，染色体编码以量子比特的编码方式进行，用一对复数对量子比特位进行定义，定义染色体长度为 20，即拥有 20 个量子比特位，具体如式(9-17)：

$$\begin{bmatrix} \alpha_1 & \alpha_2 & \cdots & \alpha_{20} \\ \beta_1 & \beta_2 & \cdots & \alpha_{20} \end{bmatrix} \tag{9-17}$$

式中，$|\alpha|_i^2+|\beta|_i^2=1$ ($i=1$, …, m) 利用这种表达方式可以表现任意特征的叠加态。

(2) 适应度函数确定　每个染色体都应该对应于一个针对目标问题的评价值，也就是通过确定适应度函数从而确定优化的目标。本章选择表面粗糙度作为优化目标，通过将每个染色体所对应的 c 和 g 的值代入基于交叉验证的支持向量回归模型进行计算，并以预测结果的均方误差（MSE）作为该染色体所对应的适应度值。以 MSE 最小化作为算法优化目标，数学表达式如式(9-18)：

$$\min \mathrm{MSE}=\mathrm{SVR}(c,g) \tag{9-18}$$

(3) 交叉策略　结合量子遗传算法中量子编码的特点，采用全干扰交叉策略，具体操作如表 9-5 所示，以种群规模为 4，染色体长度为 8 的全干扰交叉操作为例，交叉后得到的 S1′ 为 A（1）、B（2）、C（3）、D（4）、A（5）、B（6）、C（7）、D（8），同理可得到 S2′、S3′、S4′。

表 9-5　全干扰交叉示例

S1	A(1)	A(2)	A(3)	A(4)	A(5)	A(6)	A(7)	A(8)
S2	B(1)	B(2)	B(3)	B(4)	B(5)	B(6)	B(7)	B(8)
S3	C(1)	C(2)	C(3)	C(4)	C(5)	C(6)	C(7)	C(8)
S4	D(1)	D(2)	D(3)	D(4)	D(5)	D(6)	D(7)	D(8)

(4) 变异策略　参考量子理论中量子旋转门的概念理论设计量子遗传算法中的变异算子，通过量子门变换矩阵实现算法中的状态转移，完成量子遗传算法中的变异过程，采用如下的变异算子，如式(9-19)：

$$U(\theta_i)=\begin{bmatrix}\cos\theta_i & -\sin\theta_i \\ \sin\theta_i & \cos\theta_i\end{bmatrix} \tag{9-19}$$

旋转变异角度 $\Delta\theta$ 参照表 9-6 进行确定。

表 9-6　量子旋转门变异角度

x_i	best_i	$f(x_i)>f(\mathrm{best}_i)$	$\Delta\theta_i$	$\alpha_i\beta_i>0$	$\alpha_i\beta_i<0$	$\alpha_i=0$	$\beta_i=0$
0	0	假	0	0	0	0	0
0	0	真	0	0	0	0	0
0	1	假	0.01π	1	−1	0	±1
0	1	真	0.01π	−1	1	±1	0
1	0	假	0.01π	−1	1	±1	0
1	0	真	0.01π	1	−1	0	±1
1	1	假	0	0	0	0	0
1	1	真	0	0	0	0	0

注：x_i 为当前染色体的第 i 位；best_i 为目前最优染色体的第 i 位；$f(x)$ 为适应度函数；$\Delta\theta_i$ 为量子旋转门的旋转角度，用来限制算法的收敛速度。

9.4.3 表面粗糙度预测结果

利用 QGA 进行参数 c 和 g 寻优的结果，如图 9-13 所示。求得最优参数 c 值为 0.0001，参数 g 的值为 27.188，最佳适应度（Best fitness）为 0.9341，并以此为依据进一步建立支持向量回归预测模型。

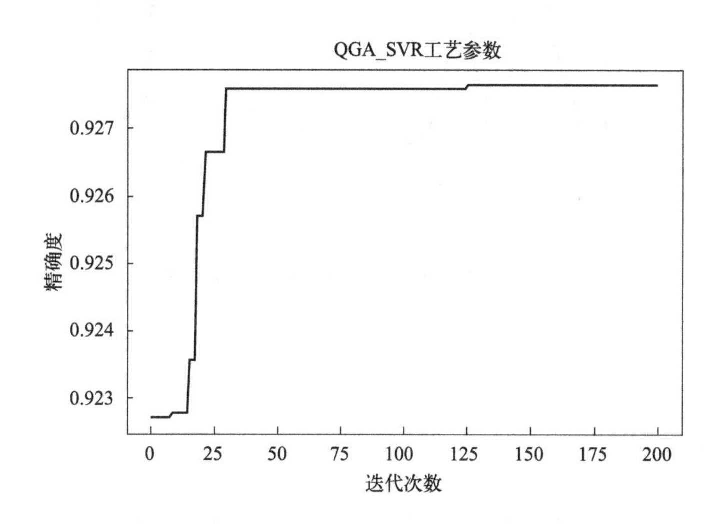

图 9-13 利用 QGA 进行参数 c 与参数 g 寻优结果

应用 QGA-SVR 进行表面粗糙度预测结果，如表 9-7、图 9-14 所示，针对训练样本的预测结果，分别用最大绝对误差 E_{maxA}、最大相对误差 E_{maxR}、平均绝对误差 E_{meanA} 以及平均相对误差 E_{meanR} 四个指标来表示。$E_{\mathrm{maxA}}=1.0186\mathrm{mm}$，$E_{\mathrm{maxR}}=9.99\%$，$E_{\mathrm{meanA}}=0.2301\mathrm{mm}$，$E_{\mathrm{meanR}}=2.10\%$。针对测试样本的预测结果为 $E_{\mathrm{maxA}}=0.9913\mathrm{mm}$，$E_{\mathrm{maxR}}=9.23\%$，$E_{\mathrm{meanA}}=0.8023\mathrm{mm}$，$E_{\mathrm{maxR}}=6.58\%$。

表 9-7 预测结果准确度分析

样本	E_{maxA}	E_{maxR}	E_{meanA}	E_{meanR}
训练样本	1.0186	0.0999	0.2301	0.0210
测试样本	0.9913	0.0923	0.8023	0.0658

根据上述数据可知，应用 QGA-SVR 建立的预测模型可以很好确定激光选区熔化制备的 AZ61 镁合金表面粗糙度与加工工艺参数之间的定量关系。模型在训练样本和测试样本上都具有较好的预测准确率表现，误差处于允许范围内，具有较强的泛化能力，为应用于激光选区熔化其他牌号镁合金的表面质量与工艺参数关系预测奠定了良好的基础。

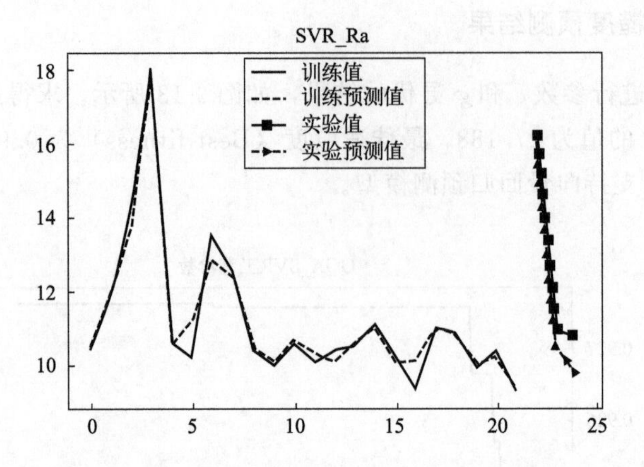

图 9-14　QGA-SVR 针对表面粗糙度预测结果

参考文献

[1] Khorasani A, Gibson I, Awan U S, et al. The effect of SLM process parameters on density, hardness, tensile strength and surface quality of Ti-6Al-4V [J]. Additive Manufacturing, 2019, 25 (1): 176-186.

[2] Benardos P G, Vosniakos G C. Predicting surface roughness in machining: a review [J]. International Journal of Machine Tools and Manufacture, 2003, 43 (8): 833-844.

[3] Mavoori N, Vekates H S, M. M. Investigation on surface roughness of sintered PA2200 prototypes using Taguchi method [J]. Rapid Prototyping Journal, 2019, 25 (3): 454-461.

[4] Arnaiz-González Á, Fernández-Valdivielso A, Bustillo A, et al. Using artificial neural networks for the prediction of dimensional error on inclined surfaces manufactured by ball-end milling [J]. The International Journal of Advanced Manufacturing Technology, 2016, 83 (5-8): 847-859.

第10章 激光选区熔化镁合金工程应用设计、成型实例及经济效益

镁合金兼具强度和轻质两大特性，对于轻量化航空器零部件这一应用有着广泛适用性[1]。随着激光选区熔化技术与粉末制备技术的进一步发展，激光选区熔化在镁合金产品制备方面有着巨大的发展潜力。

航天器中所需要的细小零件种类繁多，且形状不一、尺寸较小，而且零件的最终精度要求很高[2]。使用传统工艺制备需要对每一个不同形状、尺寸的零件进行模具的铸造，并需要进行一系列的切削加工。而由于零件尺寸较小和结构较为复杂，往往对加工技术提出了较为严苛的要求，导致后续加工难度较大，良品率较低。激光选区熔化工艺可以直接生产尺寸较小、结构复杂的零件，而且不需要后续再进行加工，因此节约了大量的时间，降低了前期研发成本，生产效率方面有了很大的改善[3]。在直接生产复杂结构的零件中具有传统工艺不具备的优势，尤其在具有代表性的多孔、不规则零件的加工试制方面的优势更加明显[4]。

为进一步优化并解决实际生产过程中涉及的关键零部件试制与小批量生产成本高的问题，以某镁合金航空器中零部件作为研究对象进一步阐述增材制造作为镁合金零件加工方式的可行性与先进性，验证激光选区熔化镁合金的可用性，同时从多个维度与传统切削加工方式进行对比，验证 SLM 镁合金的适用范围与研究效益[5]。

10.1 成型零件及建模

在激光选区熔化工艺之前，根据镁合金零件工程图进行所需制备零件的精准三维模型建模，具体如图 10-1 所示。

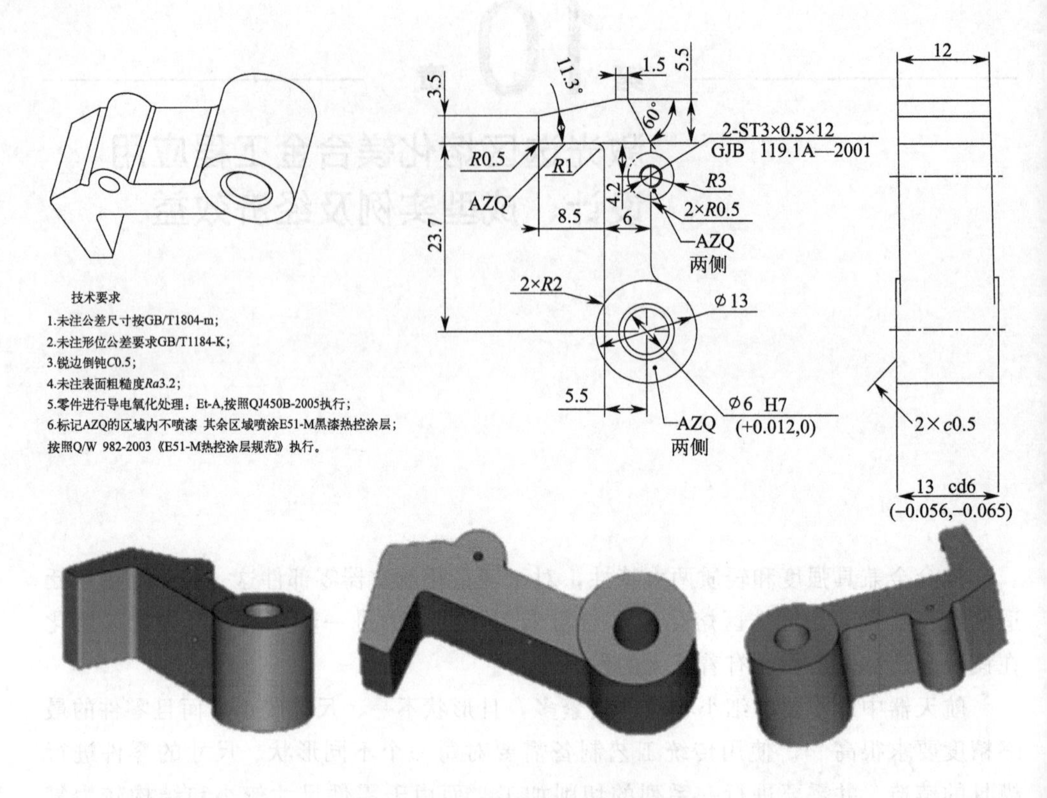

图 10-1　成型零件的设计图和模型图

实现目标零件的三维模型建模后，通过增材制造模型分层软件实现对所构建三维模型的分层和激光选区熔化过程的激光路径规划。同时规划激光选区融化方案，确定目标零件及其支撑的摆放方式，并使用适合的工艺参数进行目标零件的制备。

采用工艺参数组合：激光功率 $P=150$ W，扫描速度 $v=400$ mm/s，扫描间距 $H=0.06$ mm，层厚 $T=0.04$ mm 进行零件的试制，如图 10-2 所示。可以看出，成型零件具有较好的尺寸精度，表面较为平整，经过关键尺寸精加工后可以满足实际生产要求。

10.2　工程应用设计

激光选区熔化技术的工程应用设计从工艺过程、适用范围、加工时间、经济成本等四方面与传统切削加工方式进行对比分析。以上述镁合金航空器零部件为例，激光选区熔化镁合金成型可省去传统加工过程中的全部粗加工工艺，不受零件外形及内部构造的复杂程度限制，通过模型建立并切片后一次成型出目标零件，并通过后续关键尺寸的精加工即可达到实际使用的要求。两种工艺过程如表 10-1 和表 10-2 所示。

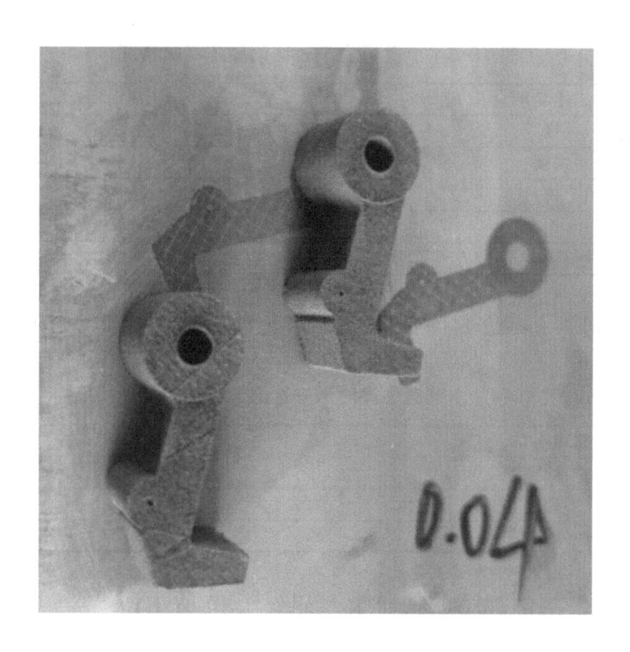

图 10-2　激光选区熔化成型的镁合金零件

表 10-1　切削加工工艺过程

工序号	工序名称	工序内容
1	铣	1.1 铣外形，保证尺寸 $13_{-0.065}^{-0.056}$，Ra3.2，四周见光，去棱边毛刺 1.2 铣孔 $\phi6_{0}^{+0.012}$，钻 ST3 螺纹底孔 ϕ3.2，去孔毛刺
2	线切	找正 $\phi6_{0}^{+0.012}$，ϕ3.2，线切外形，保证各外形尺寸 ϕ13、6、R3、5.5、1.5、11.3°、60°、3.5、23.7、5.5、R2
3	铣	两侧铣外形保证 12
4	钳	4.1 去毛刺、抛光线切纹，攻螺纹 ST3 螺纹 4.2 镶钢丝螺套 ST3×0.5×12

表 10-2　激光选区熔化成型工艺过程

工序号	工序名称	工序内容
1	选择性激光熔化成型	一次性成型保证外形尺寸及孔径尺寸
2	钳	2.1 去毛刺、抛光，攻螺纹 ST3 螺纹 2.2 镶钢丝螺套 ST3×0.5×12

对比工艺过程，激光选区熔化成型的工艺过程相较传统切削加工的工艺过程有了大幅的简化，这一优势随着零件复杂程度的提高会越发明显。通过简化工艺过程，有效降低了多设备多人员间切换所带来的时间浪费以及误差出现的可能性。

针对小批量生产与单个试制零件两种情况和上述工艺过程计算两种加工方式的加工时间，小批量生产（10 个零件）时切削加工的耗时情况如表 10-3 所示。

表 10-3　小批量生产时切削加工耗时情况

工序号	工序名称	工序时间/h
1	铣	18
2	线切	60
3	铣	18
4	钳	5
合计		101

小批量生产（10 个零件）时激光选区熔化的耗时情况如表 10-4 所示。

表 10-4　小批量生产时激光选区熔化加工耗时情况

工序号	工序名称	工序时间/h
1	激光选区熔化成型	12
2	钳	5
合计		17

单个零件试制时切削加工的耗时情况如表 10-5 所示。

表 10-5　单个零件试制时切削加工耗时情况

工序号	工序名称	工序时间/h
1	铣	2
2	线切	6
3	铣	2
4	钳	0.5
合计		10.5

单个零件试制时选择性激光选区熔化的耗时情况如表 10-6 所示。

表 10-6　单个零件试制时选择性激光选区熔化加工耗时情况

工序号	工序名称	工序时间/h
1	选择性激光选区熔化成型	1.5
2	钳	0.5
合计		2

激光选区熔化大幅降低加工所需时间，在小批量生产和单个产品试制上的加工时间都远小于传统切削加工，激光选区熔化成型单个零件耗时 2 h，传统切削加工成型单个零件耗时 10.5 h，单个试制产品上时间节省了约 80%。在激光选区熔化成型小批量生产（10 个）零件耗时 17 h，而传统切削加工成型小批量生产（10 个）零件耗时 101 h，时间节省了约 83%，具体对比情况如表 10-7 所示。

表 10-7 加工时间对比情况

零件耗时	选择性激光融化	传统切削加工
单个零件耗时/h	2	10.5
10个零件耗时/h	17	101

在产品研发过程中反复地设计与试验是必不可少的过程，而生产成本是制约这一过程的主要因素，根据工艺过程以及加工时间，同时考虑原材料消耗情况，对两种成型过程的经济成本进行进一步对比是必要的[6]。激光选区熔化经济成本核算如表10-8所示。切削加工经济成本核算如表10-9所示。通过对比可得，激光选区熔化镁合金成型在单个零件试制与小批量生产上都有着更低的成本，激光选区熔化成型单个零件需要花费690元，而切削加工成型单个零件至少需要花费851.9元，相较传统切削加工，降低了约20%。激光选区熔化成型小批量生产零件（10个）需要花费3500元，而切削加工成型小批量生产零件（10个）至少需要花费8099元，相较传统切削加工，降低了约57%。

表 10-8 激光选区熔化经济成本核算表

项目	单价	单个试制		小批量生产(10个)	
		数量	小计	数量	小计
AZ61镁合金粉末	700元/kg	0.5	350	1	700
选择性激光熔化工时费	200元/h	1.5	300	12	2400
铣工加工工时费	80元/h	0.5	40	5	400
合计/元		690		3500	

表 10-9 切削加工经济成本核算表

项目	单价	单个试制		小批量生产(10个)	
		数量	小计	数量	小计
镁合金块料	50元/kg	0.0382	1.9	0.382	19
加工工时费	80元/h	10.5	850	101	8080
合计/元		851.9		8099	

10.3 经济效益分析

通过对比分析，总的来看，相较传统切削加工方式，选择性激光熔化成型方式有着更为简单的工序过程、更好的材料适应性，同时在加工时间和经济成本控制上也有着更为良好的表现[7]。

（1）工艺过程更为简化　传统切削制造工艺制备成型零件大多需要较为复杂的工艺过程，涉及外形较为复杂的异形工件成型时，工艺编排上更是存在较大难度，而增材制造技术直接近净成型，不仅无须开发模具，还可以省去主要的粗加工过程，大幅降低了工艺过程的复杂程度，有效避免了零件在多设备间的反复装卡与多工种间切换带来的协调和准备工作[8]。

（2）适用范围更加广泛　传统切削受到加工机理的限制，可加工的材料范围具有一定的局限性，针对镁合金等性质较为活泼的金属或合金，采用诸如线切割等加工手段进行加工时存在燃烧的可能性，因此在零件设计材料选取及工艺编排上会带来较大的局限性。而激光选区熔化成型方式可通过工艺参数灵活组合以及惰性气体保护等方式适应成型材料，有着更为广泛的应用场景。

（3）加工过程更加高效　激光选区熔化更加简化的工艺过程，节省了大量计划协调时间与生产准备时间，同时本身成型过程也较为高效，在小批量生产的应用场景下，成型加工时间方面相较传统切削加工方式有了大幅缩减，单个零件试制至少可节省约 80%的成型时间和 20%的成本，同时在小批量生产中有着更为突出的表现，可很好地适应产品研制过程中快速迭代的试制需求[8]。

此外，轻量化是应用在航空器上的零部件的一个重要指标，减少零件的质量可以达到节约能耗的目的[9]。镁合金是一种轻量化材料，激光选区熔化制备的镁合金零件的总质量相较其他常用合金有着较为明显的下降。其次镁合金的比强度较高，激光选区熔化制备的镁合金强度可以达到约 300MPa，能够适应绝大多数应用场景要求，镁合金在减重的同时保持了高强度，使激光选区熔化镁合金被广泛地应用于航空器成为可能[10]。

参考文献

［1］ QIN Y，WEN P，GUO H，et al. Additive manufacturing of biodegradable metals：Current research status and future perspectives ［J］. Acta Biomaterialia，2019，98：3-22.

［2］ 宿纯文，王安国，冯航旗，等．基于航空金属部件成形工艺的发展现状［J］．宇航材料工艺，2022，52（05）：21-34.

［3］ LEE h，LIM C h J，LOW M J，et al. Lasers in additive manufacturing：A review ［J］. International Journal of Precision Engineering and Manufacturing-Green Technology，2017，4:307.

［4］ C houd hury IA，S hirley S. Laser cutting of polymeric materials：An experimental investigation ［J］. Optics and Laser Technology，2010，42（3）：503.

［5］ 池敏．金属激光选区熔化增材制造数值模拟与实验研究［D］．上海：华东理工大学，2019.

［6］ 洪健敏．产品研发阶段的成本控制研究［J］．财经界，2010（20）：190.

［7］ 尹浜兆，刘金戈，刘冰川，等．WE43 镁合金激光选区熔化工艺研究［J］．中国激光，2022，49（14）：76-86.

［8］ 卢秉恒，李涤尘．增材制造（3D 打印）技术发展［J］．机械制造与自动化，2013，42（4）：1.

［9］ 杜善义．先进复合材料与航空航天［J］．复合材料学报，2007，24（1）：1-12.

［10］ 丁文江，曾小勤．中国 Mg 材料研发与应用［J］．金属学报，2010，46：1450.